M. Succow · L. Jeschke

Moore in der Landschaft

Prof. Dr. sc. Michael Succow
Dr. Lebrecht Jeschke

moore

in der Landschaft

Entstehung, Haushalt, Lebewelt, Verbreitung
Nutzung und Erhaltung der Moore

Verlag Harri Deutsch
Thun und Frankfurt/Main

CIP-Kurztitelaufnahme der Deutschen Bibliothek

Succow, Michael:
Moore in der Landschaft : Entstehung, Haushalt, Lebewelt, Verbreitung, Nutzung u. Erhaltung d. Moore / Michael Succow ; Lebrecht Jeschke. – 2. Aufl. – Thun ; Frankfurt/Main : Deutsch, 1990.
ISBN 3-87144-954-7

NE: Jeschke, Lebrecht:

ISBN 3-87144-954-7

2. Auflage 1990

Lizenzausgabe für den Verlag Harri Deutsch, Thun
Printed in the German Democratic Republic

inhalt

vorwort

Wohl jeder, der beginnt, sich mit der heimatlichen Natur zu beschäftigen und dabei noch lebenden, wachsenden Mooren begegnet, wird von dem Zauber dieses Lebensraumes berührt und immer wieder aufs neue angezogen. Gehören doch die Moore in Mitteleuropa zu den letzten naturnahen Lebensräumen überhaupt.

Wir hatten das Glück und die Möglichkeit, uns seit mehr als 25 Jahren mit den Mooren in unserer Landschaft zu beschäftigen. Waren es zunächst die eigenwillige Formenmannigfaltigkeit und Vergesellschaftung von Pflanzen und Tieren, die uns faszinierten, so traten bald Fragen der Entstehung und Entwicklung und schließlich der Erhaltung in den Vordergrund unserer Interessen. Spaten und Moorbohrer wurden zu wichtigen Arbeitsmitteln; durch sie wurde es möglich, in die Moore hineinzuschauen und etwas von ihrer wechselvollen Geschichte zu erfahren.

Michael Succow erarbeitete eine Dissertation über die mecklenburgischen Talmoore, ihre Vegetation und ihre Umwandlung durch den Menschen, um danach im Rahmen von Standortuntersuchungen in einem Meliorationskombinat die Stratigraphie, den Aufbau und Wasserhaushalt einer Vielzahl brandenburgischer und mecklenburgischer Moore zu erkunden. Die moorkundlichen Studien konnten im Rahmen von landschaftsökologischen Forschungsarbeiten an der Akademie der Landwirtschaftswissenschaften weitergeführt, auf das ganze Territorium der DDR ausgedehnt und zu einem gewissen Abschluß geführt werden.

Lebrecht Jeschke war es im Rahmen der Arbeiten am Institut für Landschaftsforschung und Naturschutz möglich, zahlreiche Moore in mecklenburgischen und brandenburgischen Naturschutzgebieten zu untersuchen und sich insbesondere mit Fragen des Moorschutzes und der Moorerhaltung zu beschäftigen. Wesentliche Arbeiten erfolgten aber auch an ungezählten Wochenenden und Urlaubstagen unter Mithilfe seiner Frau.

Das unmittelbare Erleben der gewaltigen Veränderungen unserer Moorstandorte und das tiefe Verantwortungsbewußtsein für die Bewahrung der uns noch verbliebenen lebenden Moore führte uns zusammen. Auf vielen gemeinsamen Moorexkursionen konnten die neuen Erkenntnisse immer wieder diskutiert und geprüft werden. An diesen Exkursionen, vor allem in die Volksrepublik Polen und die ČSSR, waren zahlreiche Fachkollegen beteiligt, denen wir uns freundschaftlich verbunden fühlen. Stellvertretend seien hier die Professoren Mieczysław und Janina Jasnowski, Szczecin, genannt. Mit besonderer Freude und Dankbarkeit erinnern wir uns jener Exkursion im Sommer 1976 durch die Moore Nordpolens, die von ihnen organisiert worden war. Ohne diese vielfältigen Anregungen, ohne diesen fruchtbaren Gedankenaustausch wäre unser Buch in der vorliegenden Form nicht zustande gekommen. Außerordentlich stimulierend wirkte auch die Zusammenarbeit mit Vegetationsgeschichtlern, allen voran Frau Professor Elsbeth Lange, Berlin.

Reisen zum Studium der Moore führten uns einzeln oder gemeinsam nach Ungarn und in die Sowjetunion, wo Moore von den baltischen Sowjetrepubliken bis Südsibirien und auf der Halbinsel Kola besucht werden konnten. Schließlich hatte Michael Succow mehrfach Gelegenheit, Moore der Mongolei kennenzulernen. Auf diesen Reisen konnten die im engeren Mitteleuropa erarbeiteten Vorstellungen immer wieder überprüft und erweitert werden. Jene Zwiesprache mit den Mooren und ihrer Landschaft über viele Jahre hinweg wurde zu einer wichtigen Quelle neuer Erkenntnisse und unwiederbringlicher Naturerlebnisse. So entstand schließlich die Absicht, das angesammelte Wissen allgemeinverständlich darzustellen. Dabei mußte auf das in wissenschaftlichen Publikationen übliche Zitieren und Nachweisen der Quellen weitgehend verzichtet werden. Aber die Literaturzusammenstellung am Schluß des Buches enthält eine Auswahl zusammenfassender und weiterführender Publikationen, darüber hinaus konnten nur einige für uns wesentliche Originalquellen aufgenommen werden.

Vielen haben wir zu danken! Nicht zuletzt auch unseren Familien, die uns in unseren Arbeiten vielfältig unterstützten und die unsere Moorbesessenheit mit großer Geduld ertrugen. Schließlich danken wir dem Urania-Verlag, der eine so großzügige Ausstattung des vorliegenden Buches möglich machte.

Greifswald und Eberswalde im Frühjahr 1989
Michael Succow Lebrecht Jeschke

mensch

und Moor

Moore leben vom Wasser. Überall auf der Erde, wo Wasser im Überfluß vorhanden ist, können Moore entstehen, wenn das Klima die Entfaltung einer torfbildenden Vegetation erlaubt. Wir finden Moore selbst in den unwirtlichen Gefilden jenseits der polaren Waldgrenzen, an den Meeresküsten der Subtropen und in der Tiefe der tropischen Regenwälder. Nur in den Wüsten- und Halbwüstengebieten der Erde fehlen sie verständlicherweise.

Der Lebensraum Moor gehört zu den eigenartigsten ökologischen Systemen der Erde. Er nimmt eine vermittelnde Stellung zwischen den Lebensstätten auf dem festen Lande und denen des Wassers ein. Das Moor ist ein schwankender Boden, dem Menschen wohl von Anfang an wenig vertraut, ja sogar feindlich. Niemals begab man sich freiwillig, ohne äußere Not und Verfolgung, in den Herrschaftsbereich der Moore, wo der Kampf um die Sicherung der Existenz ungleich härter sein mußte als anderswo. Dennoch gibt es Völker, die sich den harten Lebensbedingungen in den nördlichen Moorgebieten Amerikas und Asiens in vollkommener Weise angepaßt haben, z.B. die Cree-Indianer an der Hudsonbay im Nordosten Kanadas. Sie leben von der Jagd auf die in den Mooren heimischen Elche und die dort brütenden Wildgänse, und sie sammeln die vitaminreichen Moosbeeren. Das indianische Wort für Moor lautet »muskeg«. Es hat Eingang gefunden in den allgemeinen Sprachgebrauch und die wissenschaftliche Moorliteratur. Es sollte uns an diese ursprüngliche Form der Nutzung von Moorland erinnern.

Als die Menschen gelernt hatten, den Torf der Moore als Energiequelle zu nutzen, begann der Kampf gegen die Moore. Sie wurden verbraucht. Diese »Erfindung« ermöglichte schon in vorgeschichtlicher Zeit die Besiedlung der waldfreien Marschen an den westeuropäischen Küsten. So berichtet der römische Geschichtsschreiber Plinius von den an den Küsten der Nordsee lebenden Chauken: »Den mit den Händen gewonnenen Torf trocknen sie mehr mit Hilfe des Windes als der Sonne, und mit Erde wärmen sie die Speisen und den vom Nordwind erstarrenden Körper.« Die Fachleute sind sich heute darüber einig, daß die Chauken den Torf nutzten, der aus den vom Meer zerstörten Mooren in der Marsch stammte. Das Meer hatte ihn freigelegt, die Menschen brauchten ihn nur noch einzusammeln. So wurde das Meer zum Helfer der Menschen.

Es ließen sich weitere Beispiele anführen, die belegen, daß schon in grauer Vorzeit fruchtbares Moorland in Kultur genommen wurde; der einstige Moorcharakter solcher Flächen verrät sich heute nur dem Kundigen. Unbewußt trug der Mensch aber auch dazu bei, daß Moore an Stellen, die früher mit Wald bedeckt waren, neu entstanden. Das ist eines der spannendsten Kapitel der Moorgeschichte.

Bereits die ersten Ackerbauern, die in den europäischen Waldlandschaften vor mehr als 5000 Jahren seßhaft wurden, veränderten durch die Rodung der Wälder den Wasserhaushalt ganzer Landschaften tiefgreifend. Dadurch wurden in Verbindung mit einem

Feuchterwerden des Klimas, besonders in den letzten anderthalb Jahrtausenden, großflächige Versumpfungen und Moorbildungen ausgelöst. Hauptsächlich in den regenreichen Gebieten Englands, Schottlands und Irlands haben solche als Deckenmoore bezeichneten Torflager größte Ausmaße erreicht. Ja, selbst in den mitteleuropäischen Waldgebirgen sind solche jüngeren Vermoorungen, die sich erst nach der Zerstörung der ursprünglichen Wälder entwickelt haben, nachweisbar.

Zwischen Elbe und Oder gab es nach der Inbesitznahme des Landes durch die Deutschen kaum ein Fließgewässer, an dem kein Mühlenstau angelegt worden war. Der dadurch verursachte Rückstau förderte die Entwicklung großer Moorgebiete und löste Versumpfungen aus, über deren Ausmaß wir uns erst heute klarzuwerden beginnen. Ebenso wissen wir, daß sich die Sumpfwildnis in der ungarischen Tiefebene und besonders im Überflutungsraum der Theiß erst nach der Rodung der Wälder entfalten konnte. Heute sind sie Legende, und nur im Nationalpark von Hortobágy werden Reste des einstigen Reichtums an Pflanzen und Tieren dieser »Ursümpfe« für die Nachwelt bewahrt.

Moore wurden in verschiedenen Gegenden mit ähnlichen Namen belegt. Damit wird deutlich, daß sie für die Bauern kaum nutzbares Land waren. Sie taugten nicht einmal recht als Viehweide. Wen wundert es da, wenn die großen unbewaldeten Moore in früheren Zeiten als Aufenthaltsort der bösen Geister, ja des Teufels persönlich verschrien waren. Teufelsmoore gibt es von Sibirien bis Schottland. Die unwegsamen Moore waren gefürchtet, sie zu durchqueren galt als gefährlich, zu leicht konnte man sich verirren und fiel den »Moorgeistern« in die Hände. Wer erinnert sich da nicht an die Geschichte vom Knaben im Moor der Dichterin Annette von Droste-Hülshoff:

»O, schaurig ist's übers Moor zu gehen,
wenn es wimmelt von Heiderauche,
sich wie Phantome die Dünste drehen
und die Ranke häkelt am Strauche,
unter jedem Tritte ein Quellchen springt,
wenn aus der Spalte es zischt und singt. –
O, schaurig ist's übers Moor zu gehen,
wenn das Röhricht knistert im Hauche!«

Menschen mußten in allen Zeiten Moore überqueren, und es mag auch wohl vorgekommen sein, daß ein Mensch im Moor verunglückte, in einen Moorkolk geriet und ertrank. Doch die gefundenen Moorleichen beweisen, daß es sich nur sehr selten um Verunglückte handelt, sondern um Menschen, die Opfer von Verbrechen geworden sind oder die im Moor hingerichtet wurden. Auch den Göttern geopferte Menschen können ins Moor gebracht worden sein. Als Todesursache steht die Gewaltanwendung an erster Stelle. Der Zustand der Moorleichen, bei denen offensichtlich Männer im besten Alter überwiegen, ist unterschiedlich. Geradezu berühmt wegen seines guten Erhaltungszustandes ist der Mann von Tollund (Dänemark). »Wenn man ihn gekannt hätte, müßte man ihn wiedererkennen.« Dieser Mann wurde zwischen 100 v. u. Z. und 100 u. Z. durch Erdrosseln hingerichtet und im Moor »begraben«. Ähnlich erging es einem etwa 14jährigen Mädchen, dessen gut erhaltene Leiche im Moor von Windeby, Kreis Eckernförde, aus dem 1. Jahrhundert u. Z. gefunden wurde.

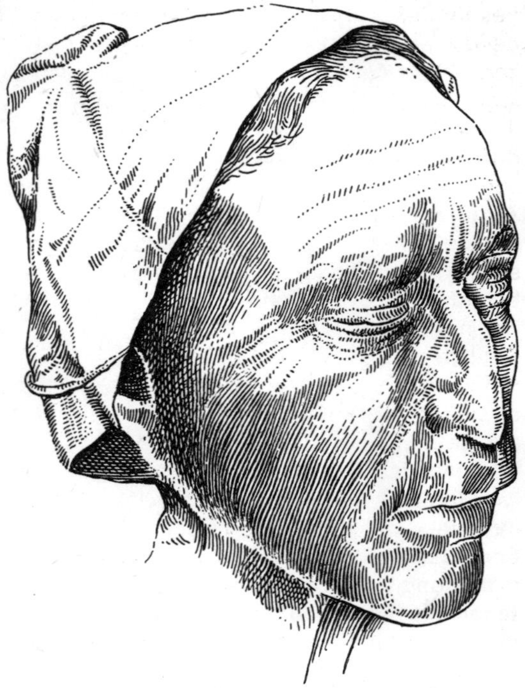

Der Kopf des Mannes von Tollund

Im Moor bei Kayhausen im Ammerland fand ein Bauer beim Torfstechen die Leiche eines Knaben, die so gut erhalten war, daß der gewaltsame Tod dieses jungen Menschen rekonstruiert werden konnte. Der Moorarchäologe Hajo Hayen schildert den Vorgang: »Der Junge hatte einen Apfel gegessen, bevor er durch einen Stich in den Oberarm und drei Stiche in den vorderen Hals getötet wurde. Dann zerriß man seine Wollkleidung, band ihn damit zu einem tragbaren Paket zusammen, schnürte sein Pelzcape um die Unterschenkel, brachte ihn ins Moor und drückte ihn dort in einer nassen Schlenke in den Torf hinunter.« Haut und Haare, Skelett und Eingeweide waren vollständig erhalten, nur die Muskeln waren aufgelöst. Auch diese Moorleiche stammt aus germanischer Zeit (200–400 u.Z.).

Schlimm erging es auch dem hingerichteten Mann im Moor von Dätgen zwischen Neumünster und Rendsburg. Hier wurde 1959 beim Torfabbau unter einer annähernd 3m mächtigen Torfschicht die Leiche eines Menschen entdeckt. Kriminalisten, Anatomen und Anthropologen konnten den Vorgang der Hinrichtung ebenfalls rekonstruieren. Der etwa 1,30m große, ungefähr 30jährige Mann gehörte offensichtlich einer gehobenen sozialen Schicht an, denn wie der Archäologe K.W. Struwe feststellte, sind »Finger- und Zehennägel gerundet und haben glatte Ränder«. Der Körper war unbekleidet und wies zahlreiche Stichwunden auf. Der Mann muß schwer mißhandelt worden sein, denn mehrere Wirbelfortsätze der unteren Rückenpartie waren abgeschlagen. »Versuche, den Schädel von vorne abzutrennen, sind nach mehreren Versuchen aufgegeben worden. Erst danach ist die Enthauptung von hinten vollzogen worden. Das Fehlen der Genitalien läßt auf eine Entmannung schließen.«

Der Kopf des Mannes war in etwa 3m Entfernung vom Rumpf in einer Moorschlenke bestattet worden. Körper und Kopf wurden durch Birkenknüppel unter den Moorwasserspiegel gedrückt, so daß sie weitgehend erhalten blieben. Selbst Magen- und Darminhalt der Leiche konnten untersucht werden. Die »Henkersmahlzeit« bestand aus Hirse und Weizen. Sogar Reste von Ackerwildkräutern, wie Samen von Ackerspörgel, Knöterich, Gänsefuß und Hederich, die mit der Nahrung aufgenommen worden sind, konnte man identifizieren. Dabei liegt das Geschehen im Moor von Dätgen mehr als 2100 Jahre zurück!

Im moorreichen nordwestlichen Mitteleuropa haben Moore als Hinrichtungs- und Bestattungsorte für Schuldiggewordene seit der vorrömischen Eisenzeit eine große Rolle gespielt. Die Toten wurden gewissermaßen ins Moor »verbannt«, so daß der Archäologe Struwe von »Bannungsmooren« spricht.

Insgesamt sind aus den europäischen Moorgebieten etwa 600 Leichenreste bekannt geworden, die uns über die materielle Kultur ihrer Zeit eine ungewöhnliche Fülle von Informationen liefern. Es ist kaum vorstellbar, wieviel weniger wir heute vom Leben der vorgeschichtlichen Völker wüßten, wenn es keine Moore gäbe! Mit den Leichen fand man Kleidungsstücke, Schmuck, Werkzeuge und Waffen. Auch Reste ihrer Jagdbeute spielen als archäologische Quellen eine Rolle.

Es gibt nicht nur »Teufelsmoore«, sondern auch Moore, die Göttern geweiht waren, denen man Opfer darbrachte. Allein in Dänemark sind über 20 Opferplätze aus germanischer Zeit in Mooren bekannt geworden, von denen Tausende von Einzelstücken geborgen werden konnten. In erster Linie wurde den Göttern Kriegsgerät geopfert. Aus dem Vimose stammen etwa 1000 Speere und 100 Schwerter. Das berühmteste Opfermoor ist zweifellos das Thorsberger Moor bei Süderbrarup in Schleswig-Holstein. 500 Jahre diente es als Opferplatz. Ein 20m langer Steg führte zu einer Plattform, von der die Opfergaben ins Moor, das damals teilweise noch ein offenes Gewässer war, geschleudert wurden. Auch das Moor bei Oderdorla in Thüringen spielte über mehrere Jahrhunderte eine Rolle als germanischer Opferplatz. Besonderes Aufsehen erregte der Fund einer geschnitzten hölzernen Götterfigur. Auch im Moor bei Possendorf, Kreis Weimar, fand man Opfergaben, die belegen, daß die Moore im Thüringer Becken, von denen heute kaum noch etwas übrig ist, zu Beginn unserer Zeitrechnung als Kultstätten in hohem Ansehen standen.

Kultfiguren wurden jedoch nur selten gefunden, die größten, als Götterfiguren gut erkennbar, stammen aus einem kleinen Moor bei Braak in Ostholstein. 1948 entdeckte man beim Torfstechen aus knorrigem Eichenholz geschnitzte Figuren. Sie sind 2,80 und 2,30m hoch und aufgrund ihrer vollständigen Einbettung in Torf ausgezeichnet erhalten. Der Archäologe K.W. Struwe sieht in den beiden

Figuren ein Fruchtbarkeitsgötterpaar und schreibt über den Fundplatz: »Das Heiligtum, in dem sie einst drohend, hochaufgerichtet und breitbeinig standen und verehrt wurden, lag in unmittelbarer Nähe. Auf dem feuchten Niederungsmoor, das mit Bruchwald bestanden war, hatten sich Torfmoospolster gebildet, die linsenförmig aufgewölbt waren. Auf einem dieser Polster von 12m Durchmesser konnte ein 60 bis 70cm mächtiges Rollsteinpflaster, das mit Ascheschichten und Tonscherben durchsetzt war, untersucht werden.« Asche und Topfscherben sind Reste der Opfergaben, die in der ausgehenden Bronzezeit und beginnenden Eisenzeit den Göttern dargebracht wurden, und das Rollsteinpflaster ist nichts anderes als der altarähnliche Opferplatz.

Irgendwann wurde die Kultstätte dann aufgegeben, nicht jedoch ohne das Götterpaar vorher zu stürzen und dem »Göttermann« das Glied durch »scharfe Axthiebe« zu verstümmeln. In dem feuchteren Klima der älteren Nachwärmezeit versanken Götter und Altar im lebhaft wachsenden Moor.

Ein besonderes Kapitel der Moorarchäologie sind die Moorwege. Die großen baumlosen Hochmoore Westeuropas waren durch die Jahrtausende echte Verkehrshindernisse. Nur bei strengen Kahlfrösten im Winter war das schwammig-sumpfige Gelände vollwüchsiger Moore mit Pferd und Wagen befahrbar. Auch dann bedurfte es noch kühner Männer, die die Richtung in den weglosen Mooren nicht verloren und die Mooreinsamkeit nicht fürchteten. So mögen die ersten Bezwinger der Moore ihre Wege markiert, mit Wegmarken versehen haben. Daraus sind Knüppelwege und schließlich solide Bohlenwege geworden, die mit Wagen bis zu 5 Zentner Nutzlast befahren werden konnten.

Mit planmäßig angelegten Handelswegen können wir seit der frühen Eisenzeit (800 v.u.Z.) rechnen. Moorwege gerieten aber auch wieder in Vergessenheit, und das wachsende Moor schloß sich über ihnen. So wurden im Ipweger Moor an der Unterweser im Laufe der Zeit beim Torfstechen 78 hölzerne Moorwege entdeckt. Sie reichen vom einfachen Knüppelsteg bis zum außerordentlich sinnvoll konstruierten Bohlenweg. Die Bohlenwege mußten unterhalten, schadhafte Bohlen erneuert werden, und an besonders gefährdeten Stellen standen hölzerne Kultfiguren. Dennoch ging gelegentlich ein Wagen zu Bruch, was nicht mehr brauchbar war, blieb am Wege liegen. Neben den Wegen fand man, eingebettet in den alles konservierenden Torf, Reste von Wagenrädern und Wagen und viele andere Dinge, die Aufschluß über die Transportmittel und transportierten Waren gaben.

Zu den ältesten von Menschen bearbeiteten Gegenständen, die in Mooren vor dem Zerfall geschützt worden sind, gehören Zackenharpunen und Geradbeile aus Rengeweih. Es waren Rentierjäger der jüngsten Altsteinzeit, die vor 13000 bis 10000 Jahren am Rande eines heute vermoorten Tales 20km nordöstlich von Hamburg ihre Fellzelte aufgeschlagen hatten. Ihre Abfälle warfen die Jäger in einen Sumpf, über dem sich später ein Erlenbruchwald entwickelte. Die bei Hamburg gefundenen Geradbeile aus Rengeweih entsprachen den Rengeweihbeilen aus dem Moor Lyngby Amose vor den Toren Kopenhagens. Sie geben uns Kunde von Rentierjägerkulturen am Ende der letzten Kaltzeit.

Am Nordufer des Schweriner Sees, dort, wo der Wallensteingraben den See verläßt, wurde in den 50er Jahren ein bedeutender mittelsteinzeitlicher Wohnplatz entdeckt. Vor etwa 8500 Jahren lebten hier auf den Torfen eines trockengefallenen Verlandungsmoores Jäger und Fischer, deren Werkzeuge aus Holz, Knochen und Geweih in den Torf gerieten und dort überdauerten. Als der Spiegel des Schweriner Sees in einer feuchteren Klimaperiode wieder anstieg, wurde ein Teil des Moores vom Wellenschlag aufgearbeitet. Schließlich geriet das Moor gänzlich unter Wasser, jüngere Seeablagerungen und Torfe überdeckten es. Von den im Torf erhalten gebliebenen Artefakten sind Hirschschädelmasken, durchlochte Gerätefassungen aus Geweih sowie hölzerne Speerschäfte und Pfeile besonders erwähnenswert.

Inzwischen konnte von den Potsdamer Archäologen im märkischen Rhinluch eine weitere mittelsteinzeitliche Jägerstation ausgegraben werden. Das Rhinluch war damals, vor 5000 bis 10000 Jahren, eine wohl noch nicht vollständig bewaldete Sand- und Moorlandschaft mit offenen Gewässern. Die trockenen Sandhügel im Moor boten den Jägern und Sammlern willkommene Rastplätze. Ihre Hinterlassenschaften, z.B. der Schaft einer Geweihaxt aus Haselholz und aus Kiefernholz angefertigte Netzschwimmer, gerieten ins Moor und blieben erhalten.

Waren die mittelsteinzeitlichen Wohnplätze der Jäger und Fischer auf die von Natur aus offeneren See- und Moorränder angewiesen, so schufen die vor mehr als 5000 Jahren nach Mitteleuropa eindringenden jungsteinzeitlichen Bauernvölker ihre Siedlungsräume durch Roden der Wälder. Dennoch sind in verschiedenen Gegenden jungsteinzeitliche Siedlungen an Seeufern und in Mooren entdeckt worden.

Eine Häufung solcher Moorsiedlungen können wir im Voralpengebiet feststellen. Der aufsehenerregendste Fundplatz dürfte das Federseeried im schwäbischen Alpenvorland sein. Ursprünglich war der Federsee, ein ausgedehnter Flachsee, schon zu Beginn der Jungsteinzeit einer schnellen Verlandung unterworfen. Es bildeten sich breite Schwingmoorgürtel. Was die Moorbauern veranlaßte, ihre Siedlungen auf dem beinahe noch schwimmenden Schwingmoor anzulegen, wissen wir nicht. Ein gesteigertes Schutzbedürfnis und der Fischreichtum des Flachsees als zusätzliche Nahrungsquelle können wohl als gewichtige Gründe für diese ungewöhnliche Siedlungsform gelten.

Auch in der etwa 1800 v. u. Z. beginnenden Bronzezeit entstanden im Federsee neue Moorsiedlungen und zum Ende der Bronzezeit im offenen Wasser des Sees die Wasserburg Buchau. Sie ist mit einem Schutzring aus 15000 berindeten Bergkiefernstämmen, die bis in den Untergrund des Sees getrieben wurden, versehen. Buchau stellt zweifellos die bedeutendste Anlage dieser Art dar. Die einstige »Insel« liegt heute inmitten ausgedehnter Verlandungsflächen. Schließlich erreichten die Versumpfungsprozesse die Stufe des allein durch Regenwasser ernährten Hochmoores, und Siedlungen und Bohlenwege wurden unter meterstarken Torfschichten begraben. Im ostfriedländischen Moor von Walle fand man beim Torfstechen einen bronzezeitlichen hölzernen Pflug. Wie dieser Pflug ins Hochmoor gelangte, wissen wir nicht. Sicher wurde dort

Der Bau einer 6 Meter breiten Straße durch das Moor zum Burgwall Sukow in Mecklenburg (zeichnerische Rekonstruktion, nach Ewald Schuldt, 1975)

damals noch kein Ackerbau getrieben, der Pflug ist wahrscheinlich eine Opfergabe.

Der wohl bedeutendste vorgeschichtliche Wohnplatz, der seine weitgehende Erhaltung der konservierenden Wirkung des Torfes verdankt, ist Biskupin in der Volksrepublik Polen. Bereits in der frühen Eisenzeit (700 bis 400 v. u. Z.) war, wahrscheinlich in einer Trockenphase, auf einer sumpfigen Halbinsel im Biskupiner See in Kujawien eine Siedlung gegründet worden. Die Anlage mußte aber durch Wellenbrecher geschützt werden, und die Feuchtigkeit bereitete den Bewohnern zunehmend Schwierigkeiten. Häuser und Straßen errichtete man auf Faschinen über den Seeablagerungen und Verlandungstorfen. Die Siedlung – in ihrer Blütezeit beherbergte sie etwa 1250 Einwohner – wurde dann jedoch durch kriegerische Auseinandersetzungen zerstört. Mit dem steigenden Wasserspiegel bildete sich über den Hausgrundrissen und Straßen eine Torfschicht, die die Reste dieses vor 2500 Jahren planvoll angelegten Gemeinwesens vor der totalen Zerstörung bewahrte.

Erst zwischen 200 und 100 v. u. Z. wurden die vom Meer freigegebenen Marschen besiedelt. Unter dem schweren Klei der Marsch befinden sich an vielen Stellen Torflager. Es sind Reste ehemaliger Moore, deren salzwasserdurchtränkter Torf wahrscheinlich schon in der römischen Kaiserzeit (0–400 u. Z.) als Brennstoff genutzt wurde. Dabei entdeckten die Marschbewohner die Möglichkeit, aus der salzreichen Torfasche Kochsalz zu gewinnen. So gilt es wohl auch als sicher, daß die Nutzung des Torfes als Energiequelle von den Küsten der Nordsee ihren Ausgang nahm.

In den Wirren der Völkerwanderungszeit war das Land zwischen Elbe und Oder weitgehend entvölkert. So konnten im 7. Jahrhundert slawische Stämme aus den sumpfreichen Gegenden zwischen Wisła und Dnestr in dieses Gebiet gelangen und sich hier niederlassen. Die Wahl ihrer Siedlungsplätze läßt erkennen, wie sehr sie mit Sumpf und Moor vertraut waren. Insbesondere ihre Fluchtburgen errichteten die Slawen inmitten unzugänglicher Sumpf- und Gewässerwildnisse. Ausgrabungen in den vergangenen Jahrzehnten erbrachten dafür in Mecklenburg eindrucksvolle Beispiele. Meisterlich beherrschten die Slawen die Kunst des Brückenbaues. Dafür ist die zur alten Burg von Sukow (7.–8. Jahrhundert) führende Brücke ein überzeugender Beweis, denn sie überquert ein etwa 1000 m breites Birkenmoor. Die Burg selbst lag auf einer Mineralbodeninsel inmitten der weiten Moorniederung im Teterower Becken.

Die nur wenige Kilometer nördlich gelegene Burg von Behren-Lübchin wurde auf einer zeitweise vom See überfluteten Insel angelegt. Auch sie ist durch eine lange Brücke mit dem festen Land verbunden. Zum Bau des Burgwalles verwendete man außer Holz auch Torfsoden. Über längere Zeit bewohnte Siedlungen auf Mooren sind jedoch selten.

Bei den Ausgrabungen im Gelände des Burgwalles von Groß Raden entdeckte man auch eine Siedlung unterhalb der Burg, die auf festen Bruchwaldtorfen errichtet worden ist. Bei diesen Ausgrabungen wurden die Reste des ersten slawischen Tempels gefunden. Nach der Zerstörung der Siedlung versumpfte das Gelände, und Seggen- und Schilftorfe schützten die Siedlungsreste vor dem Zerfall. Die Versumpfung wurde wahrscheinlich durch die Anlage von Mühlenstauen im 12. und 13. Jahrhundert verursacht.

Auch aus den Küstenmooren im Bereich der mecklenburgischen Boddenküste hat man reiche archäologische Schätze geborgen. Bei Meliorationsarbeiten am Rande der Ralswieker Niederung auf der Insel Rügen kamen Reste von Booten zutage. Systematische Ausgrabungen legten 3 Boote frei, die in den Torfen dieses Küstenmoores eingebettet waren. Sie stammen aus der Zeit um 1000, als sich Ralswiek zu einem frühstädtischen Handelsplatz entwickelt hatte. Auch in zahlreichen Verlandungsmooren im Binnenland fand man Boote, meist Einbäume, die teilweise bis in die Jungsteinzeit zurückdatiert werden konnten. Diese Moore waren damals noch Seen und wurden von vorgeschichtlichen Fischern befahren. Ihre Boote gingen gelegentlich unter und wurden in die Seeablagerungen eingebettet, oder sie blieben einfach am Ufer liegen und wurden vom Moor überwachsen.

Das menschenfeindliche Moor bot den mit ihm Vertrauten Schutz vor Feinden. Auch bei den im 12. und 13. Jahrhundert erfolgten deutschen Stadtgründungen nutzte man, wo es sich anbot, die geschützte Lage am Rande von Mooren. Dafür ließe sich eine lange Liste von Beispielen von Brandenburg in der Havelniederung bis Demmin, im Schnittpunkt von zwei

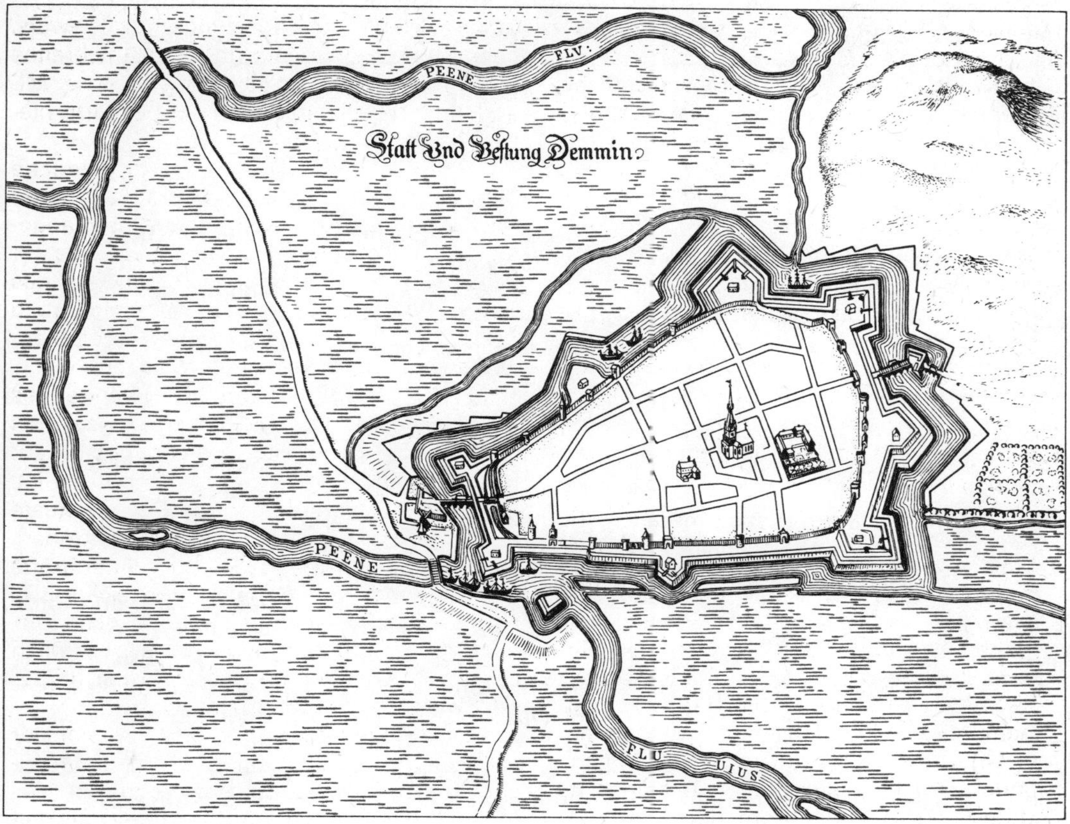

Die auf drei Seiten von Mooren umgebene Stadt Demmin, nach einem Stich von Merian, 1652

Talmoorsystemen gelegen, zusammenstellen. Waldlose Moore, von wasserreichen Flüssen durchzogen, konnten diese Städte besser schützen als hohe Mauern.

Da die Anzahl der in den Mooren bewahrten Zeugnisse menschlicher Kultur unübersehbar ist, sind die Moore eine geradezu unerschöpfliche Geschichtsquelle. Dabei wurde die übergroße Mehrheit der archäologisch wertvollen Moorfunde beim Torfstechen, beim Abbau der Moore und bei der Anlage von Entwässerungsgräben gemacht, bei Arbeiten also, die die Zerstörung der Moore bewirkten. Ebenso erfuhr die Moorkunde durch die Möglichkeit, den Schichtenaufbau und die Zusammensetzung der Torfe in den Torfstichen der großen Moore unmittelbar zu studieren, einen großen Aufschwung. So konnten die Moorarchäologen und die botanisch-geologische Moorkunde häufig voneinander profitieren.

In der ersten Hälfte des 17. Jahrhunderts begann man in Nordwestdeutschland mit der systematischen Erschließung der großen Hochmoore. 1630 gründete der bischöfliche Drost F. v. Wehen die Moorkolonie Papenburg. 1633 folgte die Stadt Bremen diesem Beispiel und schuf die Kolonie Großefehn; 16 Jahre später erfolgte durch Emden die Gründung von Rhauderfehn. Schon im 16. Jahrhundert stand die Fehnkultur der Moore im angrenzenden Holland in hoher Blüte. Die holländische Fehnkultur verfolgte den weitgehenden Abbau der als Brennmaterial verwertbaren Torfe und die anschließende landwirtschaftliche Nutzung der abgetorften Flächen. Daneben breitete sich Ende des 17. Jahrhunderts auf den nordwestdeutschen Mooren die Brandkultur aus, ein offenbar sehr altes Verfahren, das sicher schon in grauer Vorzeit angewendet wurde.

Zeit	Klimaperioden	Kulturperioden	Bedeutende Moorfunde
1500 u. Z.	Jüngere Nachwärmezeit (Jüngeres Subatlantikum)	Historische Zeit	
1000			
		Fränk.-Karolingische Zeit/Slawen	Boote von Ralswiek Tempel von Groß Raden Moorbrücke von Sukow
500			
		Völkerwanderungszeit	
			Moorleichen von Kayhausen, Windeby, Tollund
0	Ältere Nachwärmezeit (Älteres Subatlantikum)	Römische Kaiserzeit	
		Vorrömische Eisenzeit	Opfermoore von Thorsberg, Possendorf, Oberdorla, Braak Moorsiedlung Biskupin Moorwege im Ipweger Moor
1000	Späte Wärmezeit (Subboreal)	Bronzezeit	Pflug von Walle Wasserburg Buchau
2000		Jüngere Steinzeit (Neolithikum)	Moorsiedlung Federsee
3000	Mittlere Wärmezeit (Atlantikum) Jüngerer Teil		Lietzow-Kultur auf Rügen
4000	Mittlere Wärmezeit (Atlantikum) Älterer Teil		
5000		Mittlere Steinzeit (Mesolithikum)	Fischer, Jäger und Sammler am Schweriner See
6000	Frühe Wärmezeit (Boreal)		
7000	Vorwärmezeit (Präboreal)		
8000			
9000 v. u. Z.	Spätglazial	Ältere Steinzeit	Rentierjäger bei Hamburg und Lyngby

Dazu mußte das Moor oberflächlich entwässert und eine dünne Torfschicht mit der Hacke so gelockert werden, daß sie abtrocknen konnte. Nach dem Abbrennen dieser Torfschicht säte man Buchweizen in die Asche. Da der Nährstoffvorrat sich jedoch schnell erschöpfte, wurde die Fläche nach wenigen Jahren wieder sich selbst überlassen. Noch bis in unser Jahrhundert betrieb man diesen das Moor schnell aufzehrenden Landbau.

Die auf den Mooren in Nordwestdeutschland angesiedelten Kolonisten lebten jedoch in erster Linie vom Torfstechen und von dem Verkauf des Torfes. Auf großen Lastkähnen wurde er durch die Moorkanäle, die gleichzeitig der Entwässerung der Moore dienten, in die Städte gestakt. Die abgetorften Flächen taugten bereits für eine kleine Landwirtschaft.

Erst im 18. Jahrhundert nahm sich der Staat der Erschließung der Moore an. Denken wir an das berühmte Urbarmachungsedikt des Preußenkönigs Friedrich II. aus dem Jahre 1765. Mit diesem Edikt wurden alle Moorflächen, die noch keinen Eigentümer hatten, zu Staatseigentum erklärt.

Der Preußenkönig betrieb mit Hartnäckigkeit auch die Kultivierung der brandenburgischen Luch- und Bruchgebiete, z.B. die des Havelländischen Luchs, des Drömlings in der Altmark und des Oderbruchs.

Mit der Entwicklung eines Generalplanes zur Besiedlung der großen nordwestdeutschen Hochmoore wurde der Königliche Moorkommissar Jürgen Christian Findorff (1720–1792) betraut. Er gründete 41 Dörfer mit etwa 800 Bauernstellen. »Als sich aufopfernder, helfender Vater hat er seinen Kolonisten zur Seite gestanden«, der gelernte Tischler, der es bis zum Baumeister brachte, ehe er 1752 in das große Werk der Moorkolonisation einbezogen wurde.

In Ostfriesland legte man im Laufe der Jahre 82 Moorkolonien an, in denen etwa 22000 Menschen lebten. Aber anfangs vegetierten sie nur in elenden Torfhütten. Erst die zweite oder dritte Generation der Moorkolonisten konnte sich einigermaßen solide Häuser leisten. Unter diesen Bedingungen verließen viele Siedler wieder die Kolonistenstellen, »... aber die große Masse mußte ruhig aushalten und warten, bis das Armenhaus und der Tod sie vom Elend befreite ...«, wurde von einer 1871 berufenen staatlichen Moorkommission festgestellt.

Übersicht über die nacheiszeitliche Entwicklung in Mitteleuropa und entsprechende Moorfunde

Im Verlaufe der 80er und 90er Jahre des vergangenen Jahrhunderts hatte sich in dem von Moorkolonistendörfern umgebenen Worpswede bei Bremen eine Gruppe junger Maler zusammengefunden, ergriffen von der Einfachheit und Schönheit dieser Landschaft und dem schweren Los ihrer Bewohner. Als der Dichter Rainer Maria Rilke um die Jahrhundertwende Worpswede besuchte, widmete er der Künstlerkolonie einen Essay:

»Und da lagen nun vor den jungen Leuten, die gekommen waren, um sich zu finden, die vielen Rätsel dieses Landes. Die Birkenbäume, die Moorhütten, die Heideflächen, die Menschen ...« Die Menschen, das sind die Moorbauern, von denen Rilke schreibt: »Etwas von der Traurigkeit und Heimatlosigkeit ihrer Väter liegt über ihnen, die auswanderten, ein Leben verließen, um in den schwarzen, schwankenden Landen Neues zu begründen, von dem sie nicht wußten, wie es enden sollte ...

Im Frühling, wenn das Torfmachen beginnt, erheben sie sich mit dem Hellwerden und bringen den ganzen Tag, von Nässe triefend, durch das Mimikry ihrer schwarzen, schlammigen Kleidung dem Moore angepaßt, in der Torfgrube zu, aus der sie die bleischwere Moorerde emporschaufeln. Im Sommer, während sie mit den Heu- oder Getreideernten beschäftigt sind, trocknet der fertig bereitete Torf, den sie im Herbst auf Kähnen und Wagen in die Stadt fahren. Auf dem schwarzen Wasser des Kanals wartet beladen das Boot, und dann fahren sie ernst wie mit Särgen auf den Morgen und auf die Stadt zu, die beide nicht kommen wollen.«

Die Künstlerkolonie Worpswede ist heute Geschichte, ebenso wie es die Moore um Worpswede sind. Dennoch ging von diesen Malern eine starke Wirkung aus, die sich aus der bewußten Hinwendung zur Landschaft – einer bisher nicht beachteten, höchst ungewöhnlichen Landschaft – mit ihren Menschen erklärt.

Doch als die jungen Maler Fritz Mackensen, Otto Modersohn, Hans am Ende und Heinrich Vogeler um die Jahrhundertwende in Worpswede lebten, gab es keine unberührten, in »heiler Haut« daliegenden »wilden Moore« mehr, sondern bereits jenes durch menschliche Arbeit umgewandelte Moorland, das auf dem Wege war, Kulturlandschaft zu werden. Dennoch waren diesem Land Erhabenheit und Größe nicht abzusprechen. Fritz Overbecks Gemälde »Im Moor« (um 1900) zeigt die verschiedenen Abbaustadien eines aufgewölbten »Hochmoores« und darüber einen ungeheuer weiten Himmel. Nur wenige Birken durchbrechen die Horizontlinie. Bilder von Torfkähnen und verheideten Moorflächen wie Fritz Mackensens »Einsame Fahrt« oder Hans am Endes »Weites Land« sind immer wiederkehrende Themen. Die ganze Poesie dieser Moorlandschaft entfaltet sich im Herbst, wenn die warmen gelben und braunen Farben vorherrschen und die klare Herbstluft alle Gegenstände deutlicher hervortreten läßt. Otto Modersohns Gemälde »Herbst im Moor« aus dem Jahre 1895 gehört zu den eindrucksvollsten Darstellungen dieses Landschaftserlebnisses. Später wandten sich die Maler auch den Niederungsmooren zu, vor allem Otto Modersohn fand seine Motive immer wieder in den Hamme- und Wümmemooren. »Überschwemmung im Moor« (1903) zeigt bis zum Horizont Wasser, aus dem einige Inseln herausragen – ein noch ungebändigtes Überflutungsmoor. Der Betrachter ahnt etwas von der Bedrohung menschlicher Existenz in dieser noch ganz von den Naturgewalten beherrschten Landschaft.

Wenig erinnert heute noch an die schwere Pionierzeit der Eroberung der nordwestdeutschen Moore. Rilke hat diesen Mooren und ihren Bewohnern ein bleibendes Denkmal errichtet. War er doch der erste Dichter, der, durch die Worpsweder Maler angeregt, die Schönheit der Moorlandschaften bewußt erlebte und literarisch gestaltete.

Mit Worpswede Vergleichbares hat es zwar nirgendwo anders gegeben, doch zog es Künstler in den verschiedenen Ländern auch immer wieder in die Moore. Als eine der ältesten Darstellungen eines Moores kann vielleicht die Radierung des Holländers Alexander Voets (1613–1689/90) gelten. Der Moorcharakter der »Sumpflandschaft mit abgestorbenem Baum« ist auf den ersten Blick nur schwer erkennbar, der Sumpf im Vordergrund erinnert eher an Fischteiche, eingebettet in eine waldreiche Kulturlandschaft. Fischteiche aber wurden nicht selten in Mooren angelegt, so daß diese Radierung als frühes Dokument eines kultivierten Moores gewertet werden kann. Ganz anders jener Holzschnitt »Abends im Moor« des Mecklenburgers Karl Hennemann aus den 40er Jahren unseres Jahrhunderts. Man spürt förmlich, wie sich die alte Moorbirke auf der weiten baumlosen Ebene gegen das wachsende Moor zur Wehr setzt, ein Motiv, das wir auch bei dem norddeutschen Grafiker Paul Holz (1883–1938) wiederfinden. Aber verglichen mit dem Wald, dem zu allen Zeiten unzählige Dichtungen und Gemälde gewidmet wurden, spielten Moore als Gegenstand künstlerischer Darstellungen nur eine untergeordnete Rolle.

Bis in unsere Zeit stehen die Moore noch immer in dem Ruf, gefährlich und menschenfeindlich zu sein. Waren sie doch gerade gut genug, um entwurzelte Menschen anzusiedeln und einem ungewissen Schicksal zu überlassen. Besser noch schienen sie der preußischen Justizverwaltung geeignet, um straffällig gewordene Menschen für den Staat arbeiten zu lassen. Auf einer Sitzung des »Deutschen Landwirtschaftsrates« im Jahre 1911 forderte der preußische »Geheime Regierungsrat« Dr. Krohne, daß von den etwa 45000 Strafgefangenen 4000 bis 5000 »asoziale und staatsfeindliche Elemente« als billige Arbeitskräfte in die Moore geschickt werden sollten. Diesem Vorschlag folgend, setzte man dann auch bald in verschiedenen großen Moorgebieten Strafgefangene ein. Man brachte sie z. T. auf Schiffen unter, die auf den Moorkanälen verankert waren. Von hier führt ein gerader Weg zu den faschistischen Konzentrationslagern. Denken wir an das Lager Dachau im Dachauer Moor oder das Lager Börgermoor bei Bremen, wo das Lied von den »Moorsoldaten« entstand: »Wir sind die Moorsoldaten und ziehen mit dem Spaten ins Moor ...«, für die Überlebenden Erinnerung an diese schlimme Zeit.

Heute wird der Spaten kaum noch irgendwo als geeignetes Instrument zur Kultivierung von Mooren oder zum Abbau von Torf betrachtet. Doch gibt es selbst im zivilisierten Europa noch Gegenden, wo man den Familientorfstich mit dem Spaten betreibt. Im »Irischen Tagebuch« schreibt Heinrich Böll: »Hier wird geerntet, was Jahrhunderte der Feuchtigkeit zwischen nackten Felsen, Seen, grünen Weiden haben wachsen lassen: Torf, einziger natürlicher Reichtum eines Landes, das schon seit Jahrhunderten des Waldes beraubt ist, das sein tägliches Brot nicht immer gehabt hat, aber fast immer seinen täglichen Regen ... In großen Meilern trocknen sie die Klumpen dieses braunen Kuchens hinter jedem Haus, oft wächst der Torfstapel über das Dach hinaus, und so ist eines immer gesichert, das Feuer im Kamin.«

Man rechnet heute damit, daß bereits ein Drittel aller Moore der Erde verbraucht ist. Die Energiekrise läßt uns heute die Moore mit anderen Maßstäben messen. Ja, man stellt sogar Berechnungen an, welche Menge an Sonnenenergie in den Mooren gespeichert ist und wie lange die Wirtschaft damit betrieben werden könnte. Doch es gibt ein Land, wo der Mensch allen Scharfsinn aufbieten muß, um der Moore Herr zu werden: Westsibirien mit den Erdölrevieren von Tjumen und Surgut, die inmitten riesiger Moore liegen. Die Erschließung dieser Erdöl- und Erdgaslagerstätten erforderte die Anlage von Siedlungen, Straßen und Eisenbahnen. So verläuft die 700 km lange Strecke zwischen Surgut und Tjumen vollständig durch Moorgelände. Zur Durchquerung des Sadymsumpfes mußte auf 70 km Länge ein hoher Erddamm geschüttet werden. Wer will es ihnen verübeln, wenn die Straßenbauer dieses Moor als »furchtbares Sadymungeheuer« verfluchten.

Die Dichter aber berichteten von der Arbeit der Menschen und der Schönheit der westsibirischen Natur, denn »irgend einer ist ja wohl auch dazu geschaffen, Moore zu lieben«, wie Axel Hambraeus meint, dem es die schwedischen Moore angetan haben, »... eine Welt, die man nur mit dem Meer vergleichen kann, dem ewig pfadlosen. Und doch war es faszinierend wie das Meer in seiner ungeheuren Unüberwindlichkeit«.

Moore sind heute ein kostbarer Naturschatz der ganzen Menschheit. Die Nutzung der Moore im weitesten Sinne bedeutet nicht nur Verwertung ihrer Torfvorräte oder was sie sonst noch enthalten mögen, nicht nur ihre Umwandlung in Acker oder Grasland, Moore stellen vor allem in der Vielfalt ihrer Erscheinungen und in ihren Wirkungen auf die Umgebung einen unentbehrlichen Teil der natürlichen Umwelt des Menschen dar. Wissenschaftler aller Länder sind sich einig, daß mit dem Naturschatz »Moor« in Zukunft sorgsamer umgegangen werden muß. Die Moore brauchten Jahrtausende, um zu wachsen. Viele von ihnen hat man in wenigen Jahrzehnten verbraucht! Die Einrichtung von Moornaturschutzgebieten ist ein Weg, um die noch vorhandenen biologisch-geologisch oder archäologisch wertvollen Moore für die nach uns Kommenden zu bewahren. Es ist sogar immer häufiger von der Wiederherstellung, der Renaturierung, geschädigter Moore die Rede, und Wissenschaftler diskutieren moorschonende Nutzungsformen, ein Problem, das zunehmend an Bedeutung gewinnt.

Voraussetzung für seine Lösung sind immer eingehendere Kenntnisse der im lebenden Moor ablaufenden Prozesse sowie der nach einer Entwässerung einsetzenden Umwandlungen. Möge dieses Buch dazu einen Beitrag liefern.

moore

im Landschaftshaushalt

Wachsendes Moor

Schon lange bewegte die Menschen die Frage, was ein Moor ist und wie sich Torf bildet. Noch vor 250 Jahren hatte man die eigenartigsten Vorstellungen. In einem der ersten speziellen Bücher über den Torf, das von dem Holländer H. Degner verfaßt und 1731 aus dem Lateinischen ins Deutsche übertragen wurde, rätselt der Autor darüber, »ob der Torf etwa Faulholtz sey« oder »ob er Erde sey«; »ob der Torf ein harzigt oder schweffelhaffte Materie sey« oder »ob derselbe ein Auswurf des Meeres sey«. Und schließlich wird gefragt, »ob der Torf ein Vegetabile oder Gewächs sey, so eine selbstwachsende Kraft hat«. Degner meint, »daß der Torf in der That eine Zuhauffsammlung unzehliger in und unter dem sumpfhaftstillstehenden Wasser, blühenden, grünenden und wachsenden sumpffigten Gewächse (vegetabilische Dinge) sey«. Damit erfaßte Degner bereits das Wesen der Torfbildung und setzte den in der damaligen Zeit herrschenden mysteriösen Vorstellungen eine naturwissenschaftlich begründete Erkenntnis entgegen, die er aus mikroskopischen Betrachtungen des Torfes sowie aus den Erfahrungen der Landbevölkerung über das Verlanden von Torfstichen gewann.

Vor mehr als 100 Jahren, im Jahre 1864, stellte Kohl in seiner Schilderung des Teufelsmoores bei Bremen fest, daß Torf »die wohlbekannte Substanz sei, welche man in fast allen europäischen Sprachen (ja sogar auch in der arabischen!) mit demselben Worte ›Torf‹, ›Tourbe‹ oder ›Torba‹ bezeichnet, ... eine höchst interessante Komposition von hübschen halbzerstörten Moosen, Sumpfgräsern, zierlichen Haideblumen, Blättern, Knospen, Stengeln und Zweiglein vieler andern See- und Landpflanzen, hier und da vermischt mit allerlei Gesämen, ... so wie auch mit den Flügeln und Körperchen vor Jahrtausenden lebendiger Insekten, Käfern, Schalentieren, mit Fischgräthen und Thierknochen und dann und wann mit andern wohlerhaltenen Kuriositäten, die alle zusammen mit Erdharzen geschwängert, mit Pflanzenlauge gegerbt und einförmig braun gefärbt wurden«.

Kohl führte weiter aus: »Dieser zur größten Hälfte vegetabilische, zum Theil aber auch mineralische Stoff, der ein Verwandter und Vorläufer der Steinkohle ist, hat sich in den Gegenden, in denen Wasser ins Stocken gerieth, gebildet. Gewisse Sumpfpflanzen ..., die an feuchten Stellen vorzugsweise gern wuchsen, gaben gewöhnlich zunächst dazu die Veranlassung, und indem sie ihre im Wasser verkommenden und absterbenden Leichnahme aufeinander häuften, rissen sie noch viele andere Pflanzen, die an und für sich und allein keinen Torf hätten bilden können, mit in das entstehende mächtige Quodlibet hinein ...«

So nehmen Moore tatsächlich eine Sonderstellung in den Stoffkreisläufen der Natur ein. Ihre »selbstwachsende Kraft« unterscheidet sie von allen anderen Ökosystemen auf unserer Erde. Moore sind Lebensräume mit positiver Stoffbilanz, d. h., die Bildung organischer Substanz im Ergebnis der Photosynthese der Pflanzen ist größer als ihre Zersetzung und damit ihr Aufbrauch. Dieser Zuwachs an organischer Masse und seine Ablagerung in Form des Torfkörpers sind aber nur an Standorten mit Wasserüberschuß möglich, an Stellen, wo die Vegetationsdecke fortwährend im Wasser »ertrinkt«, ohne dabei ihr Wachstum zu unterbrechen. Die wasserstauenden Eigenschaften der aufwachsenden organischen Ablagerungen bewirken bei ausreichender Wasserzufuhr die Stabilität dieser Ökosysteme und damit ihr fortwährendes Weiterwachsen.

Die Produktivität natürlicher Moorpflanzengesellschaften ist erstaunlich hoch. Sie beträgt beispielsweise auf den nur von Regenwasser ernährten Mooren bis zu 8t lufttrockener Pflanzenmasse je Hektar und Jahr und kann auf nährstoffreichen Überflutungsmoorstandorten mit ihren Großröhrichten aus Schilf, Rohrglanzgras oder Wasserschwaden sogar fast doppelt so hoch sein. Moorpflanzengesellschaften entsprechen damit in ihrer Produktivität mitteleuropäischen Laubwäldern, wobei sich in solchen Ökosystemen die produzierte Biomasse wegen des intensiven Stoffumsatzes nicht wie in den Mooren anreichern kann.

Auch auf den wachsenden Moorstandorten kommt es in gewissem Umfang zu einer Mineralisierung der gebildeten Pflanzensubstanz. Aus dem Vergleich der jährlichen Stoffproduktion und der jährlich abgelagerten Torfmasse ergibt sich, daß der Stoffverlust in natürlichen Mooren in der Regel immerhin mehr als die Hälfte der ursprünglich produzierten Pflanzensubstanz ausmacht. Diese Mineralisierung der organischen Substanz erfaßt aber im wesentlichen nur die oberirdisch gebildeten Pflanzenteile. Die Stoffverluste der im Wasser stehenden unteren Teile sind sehr gering, da bei Wassersättigung des Bodens kaum mikrobielle Abbauprozesse stattfinden. Damit entstehen je nach dem Wasserregime des Standortes Torfablagerungen aus unterschiedlich stark durch biochemische Prozesse humifizierten Pflanzenresten. Es kann zu hohem Zersetzungsgrad mit Unkenntlichkeit der pflanzlichen Strukturen, aber auch zu kaum wahrnehmbarer Zersetzung, also völliger Erhaltung der pflanzlichen Strukturen, kommen. Letztere Torfe, vor allem Moostorfe, entstehen besonders in den Schlenken der Moore.

Der jährliche Torfzuwachs der Moore Mitteleuropas wird mit 0,5 bis 1,5 mm angegeben. Die mächtigen Torfmoore haben also für ihre Bildung mehrere Jahrtausende benötigt. Unter besonders günstigen hydrologischen Bedingungen konnten jedoch auch in wesentlich kürzerer Zeit mächtige Torfmoore entstehen. So kann sich z. B. in mecklenburgischen Kesselmooren mit Torflagen von maximal 10 m in 500 Jahren bis zu 1 m Torf ablagern. Für ein Moor in der Rhön wurde sogar ein Zuwachs von 1 m Torf in 70 Jahren festgestellt. Diese Torfe weisen allerdings eine sehr lockere Lagerung auf.

Die bisher bekannten mächtigsten Torfmoore Europas sind Niedermoorbildungen von 70 m Mächtigkeit bei Grenada in Spanien und 200 m Mächtigkeit in Ostmazedonien (Griechenland). In diesen nicht von der letzten Eiszeit erfaßten Gebieten entstanden allerdings nur die obersten Torfschichten nacheiszeitlich; zur Tiefe hin gehen sie allmählich in Weichbraunkohlen über, die ein viel höheres Alter aufweisen.

Die Torflagen der Moore stellen also gewaltige Kohlenstoffvorräte dar. Sie sind das Ergebnis der Assimilationstätigkeit ihrer einstigen auf der Oberfläche wachsenden und damit das Moor bildenden Pflanzen. Somit beherbergen sie über Jahrtausende gespeicherte Sonnenenergie. Dies macht die Moore gerade in der heutigen Zeit der zunehmenden Verringerung der Kohlenstoffvorräte auf unserer Erde so kostbar. Neben der Unterbrechung des Kohlenstoffkreislaufes und damit der Akkumulation organischer Substanz wird mit der Torfbildung auch der Stickstoffkreislauf ausgeschaltet bzw. stark eingeschränkt. Bei der Torfbildung kommt es damit ebenfalls zu einer Stickstoffakkumulation.

Schließlich wird mit dem Aufwachsen eines Moores ständig Wasser aus dem natürlichen Kreislauf des Abflußgeschehens herausgelöst und im Moor gespeichert. Dieses ausgeprägte Festhaltevermögen für Wasser ist eine wesentliche Eigenschaft wachsender Moore. Natürliche, d. h. nichtentwässerte Torfmoore können bis zu über 95% aus Wasser bestehen, nur 3 bis maximal 10% des Volumens eines Torfmoores machen also die Feststoffe aus. Damit erklärt sich auch das Einsinken des Wanderers in die Pflanzendecke eines lebenden Moores. In Mooren sind enorme Wassermengen gespeichert, die allein durch die fossilisierten pflanzlichen Strukturen zusammengehalten werden; kein anderer Boden vermag in vergleichbarem Maße Wasser zu binden.

Schon seit Alexander von Humboldt wurde den Mooren eine bedeutsame Rolle im Landschaftswasserhaushalt zugeschrieben. Humboldt verglich sie mit riesigen Schwämmen, die in der Lage sind, große Wassermengen schnell aufzunehmen und allmählich wieder abzugeben, was allgemein als positiv bewertet wird. Diese auf simpler Beobachtung beruhende Hypothese ist nicht unwidersprochen geblieben. Insbesondere von Seiten der Bremer Kulturtechniker wurden Versuche durchgeführt, die die negative Rolle lebender Moore im Landschaftswasserhaushalt belegen sollten. In der Tat konnte leicht nachgewiesen werden, daß entwässerte Moore eine größere Wasseraufnahmefähigkeit besitzen als voll wassergesättigte, wachsende Moore. Daraus wurde dann ein schädlicher Einfluß lebender Moore auf den Landschaftswasserhaushalt abgeleitet. Die Wasseraufnahmefähigkeit aber muß nicht automatisch mit einer hohen Wasserrückhaltefähigkeit gekoppelt sein, ebenso wurde der Wasserverbrauch lebender Moore falsch eingeschätzt. Es wurde einfach behauptet, wachsende Torfmoore hätten einen höheren Wasserverbrauch als z. B. Grünlandflächen. Schon eine einfache Überlegung führt zu einer anderen Beurteilung: Auf Grund ihrer geringen Oberfläche und des Fehlens von Wasserleitungsbahnen müssen Torfmoose einen geringeren Wasserverbrauch, wissenschaftlich als Evapotranspiration bezeichnet, haben als jede andere vergleichbare Vegetationsform.

Durch einfache Pegelmessungen auf einem mecklenburgischen Moor konnte diese Annahme vom Grundsatz her bestätigt werden. Sobald der Moorwasserspiegel in niederschlagsarmen Zeiten während der Vegetationsperiode tiefer als 20 bis 30 cm abgesunken war, stellten die Torfmoosdecken ihren Wasserverbrauch drastisch ein. Moore können also äußerst rationell mit dem Wasser umgehen, das gilt zumindest für Wassermangelsituationen.

Der haushälterische Umgang der Moore mit dem Wasser muß sich zwangsläufig in einem höheren Gebietsabfluß auswirken, und das ist ohne Zweifel positiv zu bewerten. Denken wir nur an die vielen Talsperren in den mitteleuropäischen Gebirgen, ohne die die Wasserversorgung der Bevölkerung und Industrie zusammenbrechen würde. Diese Talsperren füllen sich schneller, wenn in ihren Einzugsgebieten lebende Moore vorhanden sind.

Es ist leicht vorstellbar, daß die Wasserrückhaltung von Mooren in Abhängigkeit von den Oberflächenstrukturen sehr unterschiedlich sein kann. So dürften sich die in den kontinentaleren Klimagebieten Europas verbreiteten Moore mit ihren konzentrischen Schlenken- und Blänkenzügen durch eine bedeutend höhere Wasserrückhaltung auszeichnen als die von tiefen peripher ziehenden Rüllen, also von Wasserableitungsbahnen, zerschnittenen Decken- und Plateaumoore der ozeanischen Klimagebiete. Gleiches gilt für mitteleuropäische Moore mit geneigter Oberfläche und abwärts führenden Schlenkenzügen. Die hohe Wasserrückhaltefähigkeit der sich durch eine reisfeldartige Oberflächenstruktur auszeichnenden nordischen Aapamoore, die vorwiegend von Zulaufwasser ernährt werden, liegt auf der Hand. Auch die Speicherfunktion von Mooren in Kessellage ist offensichtlich und bedarf keines weiteren Beweises. Derartige Moore nehmen den gesamten Wasserüberschuß ihres Einzugsgebietes auf. In niederschlagsreichen Jahren kann das Moor mehr als einen Meter aufschwimmen. In den folgenden Jahren wird dieses Wasser an die Atmosphäre abgegeben, das Moor sinkt wieder zusammen. Moore sind also landschaftsökologisch hochwirksame Wasserspeicher. Neben der Wasserrückhaltung kommt der Filterwirkung lebender Moore in unserer zunehmend belasteten Umwelt eine gesteigerte Bedeutung zu. Alle Moore, deren Torfkörper von Wasser durchströmt und durchsickert werden, halten Wasserinhaltsstoffe zurück, sie können wie Ionenaustauscher wirken. Bei allen von Zulaufwasser lebenden Mooren ist diese Filterwirkung eine bisher kaum richtig gewürdigte, aber dennoch sehr bedeutsame landschaftsökologische und landeskulturelle Funktion.

Werfen wir schließlich noch einen Blick auf die Rolle der Moore im Stoffhaushalt der Erde, ausgehend von den Berechnungen des schwedischen Moorforschers Hugo Sjörs. Die Menge des in den Mooren festgelegten Kohlenstoffs beträgt $300 \cdot 10^9$ t, das ist immerhin beinahe die Hälfte des als Kohlendioxid in der Atmosphäre vorhandenen Kohlenstoffs, und die jährliche Festlegung von Kohlenstoff in allen Mooren auf der Erde wird auf $90 \cdot 10^6$t geschätzt. Dagegen ist der jährliche biologische Kohlenstoffumschlag mit $100 \cdot 10^9$t um ein Vielfaches größer. Eine totale Inaktivierung der Moore als akkumulierender Ökosysteme würde demnach den Kohlenstoffkreislauf auf der Erde nicht ernstlich beeinflussen, hingegen würde eine totale Verbrennung aller Torfvorräte den Kohlendioxidgehalt der Atmosphäre bereits drastisch erhöhen.

Niemand zweifelt heute daran, daß lebende wachsende Moore, wo auch immer sie auftreten mögen, im Haushalt der Natur auf Grund ihrer Selbstregulationsmechanismen und ihrer akkumulierenden Stoffproduktion eine außerordentliche Rolle spielen. Je intensiver sich Wissenschaftler aller Länder der Erforschung der Moore widmen, desto mehr wächst die Einsicht: Moore sind ein nur in geologischen Zeiträumen regenerierbarer Naturschatz, ausgestattet mit einer eigenartigen Pflanzen- und Tierwelt und einem hohen Selbstregulationsvermögen. Sie sind für die Bewahrung der Mannigfaltigkeit des Lebens auf der Erde unersetzliche und das Gleichgewicht der Natur stabilisierende Lebensräume, um deren Erhaltung wir sehr besorgt sein müssen.

Entwässertes Moor

Bisher haben wir Eigenschaften und Besonderheiten der ungestört wachsenden Moore kennengelernt. Was geschieht jedoch, wenn ein Moor entwässert wird? Ist doch die Entwässerung Voraussetzung jedweder Form einer Moornutzung, und Mitteleuropas Moore sind heute bis auf geringe Restflächen entwässert und genutzt. Durch Moorentwässerung werden die stillgelegten Stoffkreisläufe mobilisiert, d. h., das Wasser wird abgeführt, die organische Substanz baut sich oxidativ biochemisch ab, und Stickstoff wird durch Nitrifizierung freigesetzt. Jede Entwässerung löst damit Prozesse aus, die zu einer irreversiblen ständig fortschreitenden Veränderung der biologischen, chemischen und physikalischen Eigenschaften des Torfkörpers führen. Der Abbau der organischen Substanz, als Mineralisierungsrate bezeichnet, beträgt z. B. bei mitteleuropäischen Niedermooren in Abhängigkeit von Entwässerungstiefe und Nutzungsart jährlich zwischen 5 und 25 mm. Die Moormineralisierung ist bei Ackerkultur, Saatgrasanbau oder Laubgehölzbeständen mit Grundwasserständen um 0,8 bis 1 m unter Flur besonders hoch. Dieser Abbau kommt erst bei nahezu völligem Torfaufbrauch zum Stillstand und führt zum Schwund des Moores. Auf diese Weise sind z. B. im niedersächsischen Raum in den letzten 50 Jahren etwa 7% der Moorfläche verschwunden. Man hat sie durch die landwirtschaftliche Nutzung mit ihren tiefen Entwässerungen regelrecht »verbraucht«. Meist waren es natürlich sehr flachgründige Moore. Aber auch aus der Polesje in der Belorussischen Sowjetrepublik ist bekannt, daß durch tiefe Entwässerungen und anschließende ackerbauliche Nutzung ganze Moorgebiete innerhalb weniger Jahrzehnte zu Sandlandschaften geworden sind. Nur noch inselhaft finden sich an den tiefsten Stellen kleinflächige Moore. Wie der bedeutende polnische Moorforscher Mieczysław Jasnowski 1977 feststellte, ist »der schnelle Schwund der Torflager nicht nur eine naturkundliche, sondern auch eine wirtschaftliche Katastrophe«.

Um eine Vorstellung vom Ausmaß der eigentlichen Moorentwässerung zu geben, sei nachfolgend ein Beispiel erwähnt: Bei Grundwasserabsenkung eines wassergesättigten natürlichen Moores um einen Meter unter Flur ergibt sich pro Hektar eine Wassermenge von mehr als 2000 m^3, die abgeführt werden muß. Eine entsprechende Bilanzierung der bisher entwässerten Moore der VR Polen erbrachte z. B., daß auf diese Weise mindestens 150 Mill. m^3 Wasser unwiederholbar abgeflossen sind. Auswirkungen auf die Moorumgebung blieben dabei noch unberücksichtigt. Aber jede Grundwasserabsenkung bringt mit dem Wasserverlust und damit dem Fortfall des Auftriebes auch enorme Sackungsbeträge mit sich. Durch die Entwässerungen weisen damit alle unsere Moore heute starke Oberflächenverluste auf. In der Regel haben sie ein Viertel bis ein Drittel ihrer einstigen Mächtigkeit allein durch Sackung eingebüßt. Ein weiteres Viertel ist inzwischen oft schon durch Torfmineralisierung verlorengegangen. Dieser Moorschwund hat für Baumaßnahmen auf Moorstandorten eine große Bedeutung.

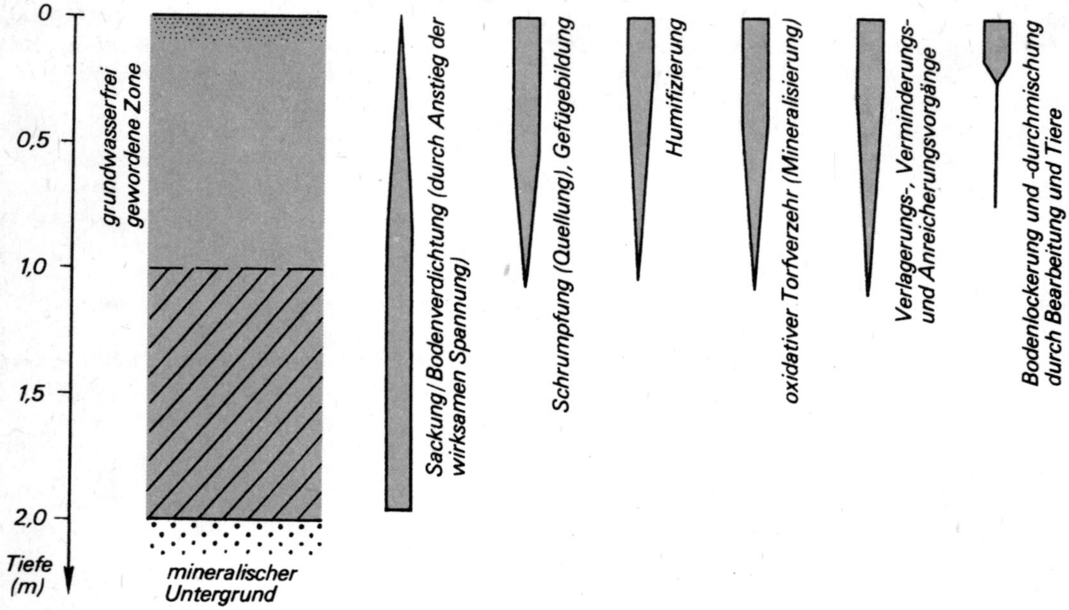

Bodenbildungsprozesse auf entwässerten Niedermooren (nach W. Schmidt 1981, verändert)

Entwässerte Moore zeigen aber auch ein stark verändertes hydrologisches Verhalten. Durch Sackung, Schrumpfung und Mineralisierung verlieren diese Standorte die Eigenschaft, sich bei Wasseranfall auszudehnen. Zwar können sie in den obersten lufterfüllten Torfschichten zunächst noch Wasser aufnehmen; sind diese aber aufgefüllt, so steht das Wasser großflächig über Flur. Zeitweilig überstaute Moore sind heute, wenn ein Vorflutanschluß fehlt, eine häufige Erscheinung. In Mooren mit künstlich regulierter Vorflut führt andererseits das durch Grabensysteme und Drains rasch abgeführte Wasser nach Starkniederschlägen, z. B. an Unterläufen von Flußtalmooren, zu weitläufigen Überschwemmungen, die früher unbekannt waren.

Auf den für die landwirtschaftliche Nutzung tiefgreifend entwässerten Niedermoorstandorten treten unerwartet schnell verlaufende Bodenentwicklungen ein, die zu grundlegenden physikalischen, chemischen und biologischen Veränderungen im Torfkörper führen. Bei ungebremster Entwicklung wirken sie sich ungünstig auf Fruchtbarkeit und Bewirtschaftbarkeit dieser Standorte aus, man spricht von Moordegradierung oder dem »Teufelskreis« in der landwirtschaftlichen Moornutzung.

Eine Entwässerung bedingt Sackung, Schrumpfung und Mineralisierung. Durch Graslandumbruch, intensive Nutzung und Düngung werden diese Prozesse noch forciert. Es kommt zu einer Tieferlegung der Oberfläche und damit zwangsläufig zu erneuter Vernässung, die eine erneute Grundwasserabsenkung verlangt. Durch stellenweise unterschiedlichen Moorschwund in Abhängigkeit von der Gesamtmoorträchtigkeit kommt es auf den einstmals ebenen Moorflächen zu einer deutlichen Mikroreliefbildung, die in gewisser Weise eine Widerspiegelung des Untergrundreliefs darstellt. Das führt zu einer beachtlichen Arealungleichheit, die sich besonders im differenzierten Flächenwasserhaushalt äußert.

Stärker austrocknender Torfboden zeigt irreversible Strukturveränderungen, es bildet sich im Oberboden ein Vermullungshorizont aus, der Kohlengrus ähnelt, unterlagert von einem Bröckel- und einem Schrumpfungshorizont. Das führt zu einer starken Minderung der horizontalen und vertikalen Wasserbeweglichkeit, einschließlich einem verminderten kapillaren Aufstieg. So wird der die Standorte einst prägende Grundwassereinfluß zuneh-

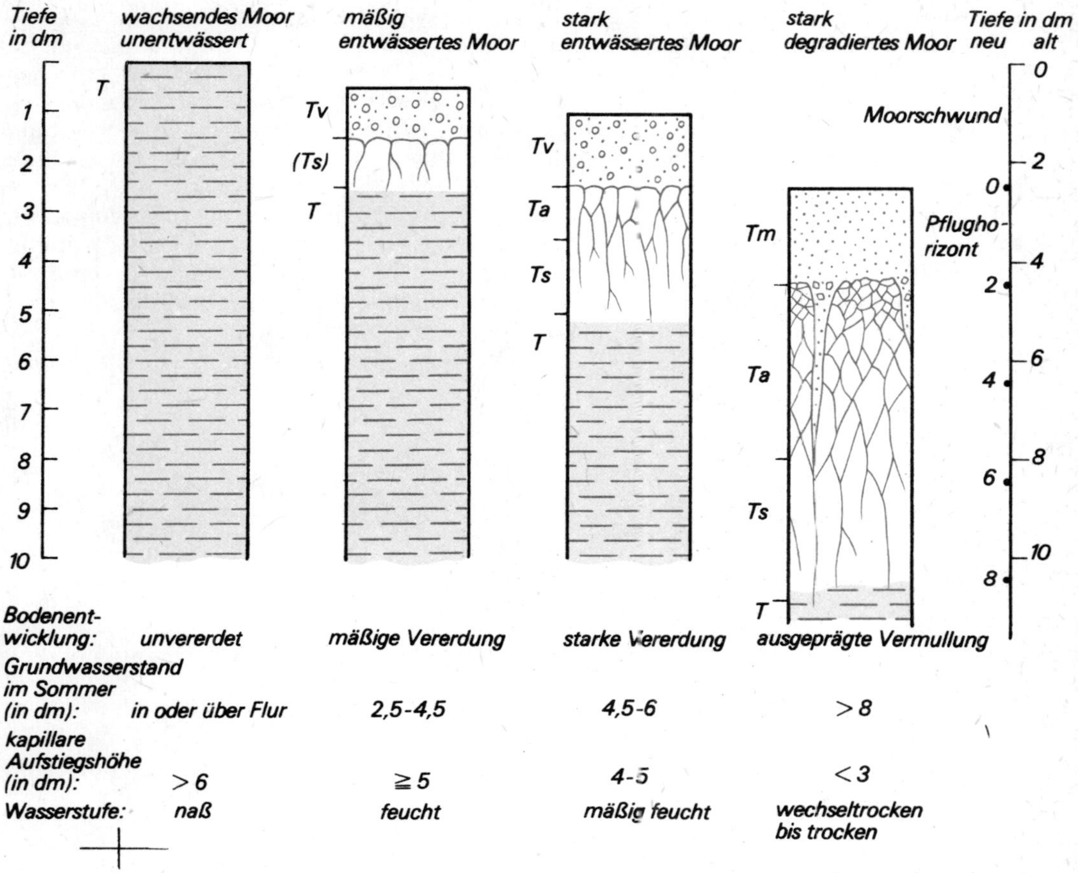

Bodenentwicklung auf tiefgründigem Niedermoor im Laufe fortschreitender Grundwasserabsenkung bei landwirtschaftlicher Nutzung (verändert nach W. Schmidt 1981). Erklärung zu den Bodenhorizontsymbolen am linken Profilrand:
T Torf, unvererdet
Tv Vererdungshorizont
Tm Vermullungshorizont
Ta Bröckel-(Aggregierungs-)Horizont
Ts Schrumpfungshorizont

mend durch Haft- und Staunässe ersetzt, in den flachen Mulden bilden sich Sammelwasserlachen. Damit herrscht Wechselfeuchtigkeit, während die schwachen Rücken durch Trockenheit charakterisiert sind.

Entsprechende Moorstandorte weisen neben dem starken Moorschwund eine hohe Anfälligkeit für Wind- und Wassererosion, Brandgefahr, verminderte Befahrbarkeit und Trittfestigkeit (durch den vermullten Oberboden), zunehmend pflanzensanitäre Probleme, ein erhöhtes Ansaatrisiko und mit all diesen Erscheinungen in Zusammenhang stehend ein vermindertes Ertragsniveau auf. Die Standorte werden zunehmend zu Problemstandorten.

Die Vegetationsdecke derartiger Flächen ist durch eine starke Verunkrautung, ein rasches Verschwinden der Ansaatgräser und eine außerordentlich starke Entfaltung der Gemeinen Quecke *(Agropyron repens)* gekennzeichnet. Das macht bald einen erneuten Umbruch notwendig, verstärkt damit aber nur die auftretenden Standortprobleme.

Schließlich führt Moorentwässerung auf basenreichen Niedermoorstandorten zur Freisetzung großer Stickstoffmengen. Hier sind z. B. in den oberen 20 cm/ha bis zu 30 000 kg Stickstoff vorhanden. Bei Moorentwässerung und damit Mineralisierung von jährlich etwa 1% wird der Krume eine Stickstoffmenge zugeführt, die teilweise über der liegt, die unsere Kulturgräser benötigen. Aus den ursprünglich meist nährstoffarmen Standorten werden also mit der Entwässerung sehr nährstoffreiche (hocheutrophe) Standorte, was uns üppige Brennesselfluren anzeigen. Die hohe Mineralisierung des Stickstoffs in kultivierten Niedermoorböden führt außerdem zu einer starken Stickstoffbelastung der mit dem Moor verbundenen Oberflächengewässer. Von einer derartigen Eutrophierung sind insbesondere die in den Moorniederungen gelegenen Seen betroffen, während sich nährstoffarme saure Regenmoore bei der Entwässerung durch eine starke Mobilität des Phosphors auszeichnen.

Diese Erkenntnisse zwingen uns, mit unseren Moorbildungen und ihren in den verflossenen Jahrtausenden entstandenen Vorräten an organischer Substanz sorgsam umzugehen. Vorrangig gilt es, schonendere Formen der landwirtschaftlichen Moornutzung als der gegenwärtigen Hauptnutzungsart der mitteleuropäischen Moore zu finden. Aber mit diesen Fragen wollen wir uns erst in einem späteren Kapitel beschäftigen.

Vielfalt der Moorbildungen

In der Schule haben wir noch gelernt, daß es Flach- oder Niedermoore und Hochmoore gibt, und vielleicht auch, daß dazwischen noch Übergangsformen, also Zwischenmoore, existieren können. Niedermoore sollten aus der Verlandung nährstoffreicher Seen hervorgegangen sein, Hochmoore aus der Versumpfung von Wäldern oder der Verlandung nährstoffarmer Seen. Ähnlich großzügig wurde mit der Pflanzendecke der Moore verfahren: Alle torfmoosreichen Pflanzengemeinschaften wurden dem Hochmoor zugeordnet, Röhrichte, Seggenriede und Erlenbruchwälder dem Niedermoor.

Mit dieser Einteilung kommen wir heute nicht mehr aus, die Wirklichkeit ist viel komplizierter. Um die Vielfalt der Moorformen, ihre Entstehung, ihren Stoffhaushalt und ihre Pflanzen- und Tierwelt besser zu verstehen, war es notwendig, dieses alte Schema zu erweitern.

Moore leben vom Wasser – eine Binsenweisheit –, aber daraus folgt, daß die Art und Weise der Wasserversorgung die Entstehungsgeschichte und den Charakter der Moore bestimmt. Zunächst wollen wir die Möglichkeiten der Wasserernährung untersuchen und damit die ökologischen Moortypen vorstellen. Später müssen wir dann auf den Wasserhaushalt der Moore näher eingehen und daraus die hydrologischen Moortypen ableiten.
Die Kennzeichnung der ökologischen und hydrologischen Bedingungen eines Moores ermöglichen bei ihrer Gesamtbetrachtung eine umfassende Charakterisierung von Moornaturräumen oder den Moorökosystemen.

Ökologische Moortypen

Die Vegetationsverhältnisse in unseren Mooren sind sehr mannigfaltig, was in differenzierten natürlichen Standort- und Umweltbedingungen begründet ist. Für die natürliche Vegetation eines Moores haben insbesondere die Nährstoffverhältnisse (Trophie) und die Säure-Basen-Verhältnisse (*p*H-Wert, Basensättigung) entscheidende Bedeutung. Entsprechend den Nährstoffgehalten und den Säure-Basen-Verhältnissen des das Moor ernährenden Wassers und des sich aufbauenden Substrates können Moore in verschiedenen Vegetationsausbildungen auftreten. Diese Ausbildungen werden als ökologische Moortypen bezeichnet. Da die Ausbildung des Torfkörpers letztlich durch die Moorvegetation bedingt wird, kann der ökologische Moortyp sowohl durch die lebende Vegetation als auch die abgelagerten Torfe, also die Torfarten, angesprochen werden. Eine solche Kennzeichnung ist aber nur möglich, solange die Vegetation eines Moores durch Entwässerung und Nutzung noch nicht stark abgewandelt wurde bzw. solange die Torfe noch nicht hochgradig zersetzt oder gar vererdet sind.

In Mitteleuropa wird meist zwischen den deutlich von Mineralbodenwasser beeinflußten (minerotrophen) Niedermooren (Flachmooren) und den ausschließlich durch Niederschlag ernährten (ombrotrophen) Hochmooren unterschieden. Die sogenannten Zwischen- oder Übergangsmoore vermitteln zwischen diesen beiden Ausbildungsformen, zumal sich in niederschlagsreichen Gebieten Niedermoore zu Regenmooren entwickeln können. Hochmoore werden als nährstoffarm (oligotroph) und sauer, Zwischenmoore als mäßig nährstoffarm (mesotroph) und schwach sauer und Niedermoore als nährstoffreich (eutroph) und neutral bis basisch angesehen.

Umfangreiche moorchemische und vegetationskundliche Untersuchungen an wachsenden und entwässerten Mooren haben aber ergeben, daß diese Beziehungen zwischen Nährstoffgehalten und Säure-Basenstufen nur zum Teil zutreffen. Zwar handelt es sich bei den allein durch Niederschlag ernährten Mooren stets um nährstoffarme und saure Standorte, innerhalb der von Mineralbodenwasser ernährten Moore gibt es aber eine größere Vielfalt in bezug auf Nährstoffgehalte und die Säure-Basen-Verhältnisse.

Um die Moorstandorte ökologisch zu charakterisieren, ist es zunächst wichtig, eine Charakterisierung des Nährstoffgehaltes und der Bodenreaktionsverhältnisse vorzunehmen. Für die Kennzeichnung der Trophie erweist sich der im Torfsubstrat vorhandene Stickstoffgehalt, bezogen auf den Kohlenstoffgehalt (N_C-Wert), als besonders aussagekräftig. Oligotrophe Moore sind arm an Stickstoff, die N_C-Werte liegen unter 3%. Bei den mesotrophen Mooren betragen sie 3 bis 4,9%, bei den eutrophen Mooren liegen sie zwischen 4,9 und 10% und bei den polytrophen Mooren über 10%.

Diese Kennzeichnung der Nährstoffverhältnisse durch den Stickstoffgehalt gilt sowohl für das oberste, die aktuelle Vegetationsausbildung bestimmende Bodensubstrat als auch für die fossilisierten Ablagerungen. Damit lassen sich auch Kenntnisse über die Nährstoffsituation früherer Phasen in der Entwicklung eines Moores gewinnen. Der Gesamtstickstoffgehalt des Moorwassers erlaubt ebenfalls Zuordnungen. Er beträgt bei oligotrophen Mooren 0,01 bis 0,25 mg/l, bei mesotrophen Mooren 0,25 bis 0,60 mg/l und bei eutrophen Mooren 0,60 bis 1,0 mg/l. Die Phosphor- und Kaliumgehalte als weitere für das Pflanzenwachstum wesentliche Voraussetzungen erbrachten bei den Mooren bisher keine klaren Beziehungen.

Die zweite für die ökologische Kennzeichnung eines Moorstandortes wesentliche Komponente, das Säure-Basen-Verhältnis des Moorwassers bzw. des Bodensubstrates, erlaubt ebenfalls eine Gruppierung der Moore. Bei sauren Mooren liegen die *p*H-Werte unterhalb 4,8; schwach saure (subneutrale) Moore haben *p*H-Werte von 4,8 bis 6,4. Bei den alkalischen Mooren liegen die *p*H-Werte oberhalb 6,4 bis maximal 8. Dabei zeigte sich, daß Moorstandorte mit *p*H-Werten oberhalb 6,4 in der Regel Kalk enthalten.

Saure Moore werden als Sauermoore, subneutrale (schwach saure) als Basenmoore (basenreich, aber noch nicht kalkhaltig) und neutrale bis alkalische Moore als Kalkmoore (Substrat in der Regel kalkhaltig) bezeichnet. In gleicher Weise können wir die Moore nach den Trophiestufen nährstoffarm (oligotroph), mäßig nährstoffarm (mesotroph) und nährstoffreich (eutroph) in Armmoore, Zwischenmoore (zwischen arm und reich vermittelnd) und Reichmoore einteilen. Die Verbindung von Trophiestufe und Säure-Basenstufe ergibt somit 9 Kombinationsmöglichkeiten. Vegetationskundliche Befunde erlauben aber bestimmte Zusammenfassungen, woraus sich für Mitteleuropa 5 ökologische Moortypen ableiten:

1. oligotroph-saure Moore = (Sauer-)Armmoore
2. mesotroph-saure Moore = Sauer-Zwischenmoore
3. mesotroph-subneutrale Moore (unter Einschluß oligotroph-subneutraler Standortkomplexe) = Basen-Zwischenmoore
4. mesotroph-kalkhaltige Moore (unter Einschluß oligotroph-kalkhaltiger Standortkomplexe) = Kalk-Zwischenmoore
5. eutrophe Moore (in Vereinigung von subneutralen, kalkhaltigen und sauren Mooren) = Reichmoore.

Auf Seite 29 wird nochmals eine Übersicht dieser ökologischen Moorgliederung gegeben.

Bei den **Armmooren, oligotroph-sauren Mooren**, handelt es sich weitgehend um allein durch Niederschlag ernährte Moore; seltener werden sie zeitweise von Mineralbodenwasser in stark gefiltertem Zustand gespeist. Meist sind es Moore, die in einer extrem nährstoffarmen Umgebung liegen. Die rein durch Niederschlag ernährten (ombrotrophen) Moore lassen sich weder nach ihren Wuchsbedingungen und der Zusammensetzung der Pflanzendecke noch nach standörtlichen

Kennwerten (pH-Werten, Trophie, Elektrolytgehalt) eindeutig von sehr nährstoffarmen, schwach vom Mineralbodenwasser beeinflußten Mooren unterscheiden. Deshalb faßt man sie als oligotroph-saure Moore zusammen und sieht von der Verwendung des Begriffs »Hochmoor« als eines ökologischen Moortyps ab. Der Haushalt dieser Moore und damit ihre Ökologie sind durch einen geringen Stofftransport gekennzeichnet. Die natürliche torfbildende Vegetation der Armmoore sind in unserem Raum vornehmlich Zwergstrauch-Wollgras-Torfmoosrasen. Entsprechend der Vegetation finden sich Torfmoostorfe, Wollgrastorfe und seltener Reisertorfe sowie Kiefernbruchtorfe.

Sauer-Zwischenmoore, mesotroph-saure Moore, werden durch saures Mineralbodenwasser gespeist und haben somit einen relativ hohen Elektrolytgehalt und eine etwas bessere Stickstoffversorgung. Es handelt sich um Moorbildungen in nährstoffarmer, kalkarmer Umgebung, z.B. in Altmoränenlandschaften, Dünengebieten und Kristallinbereichen der

Übersicht zur ökologischen Moorgliederung

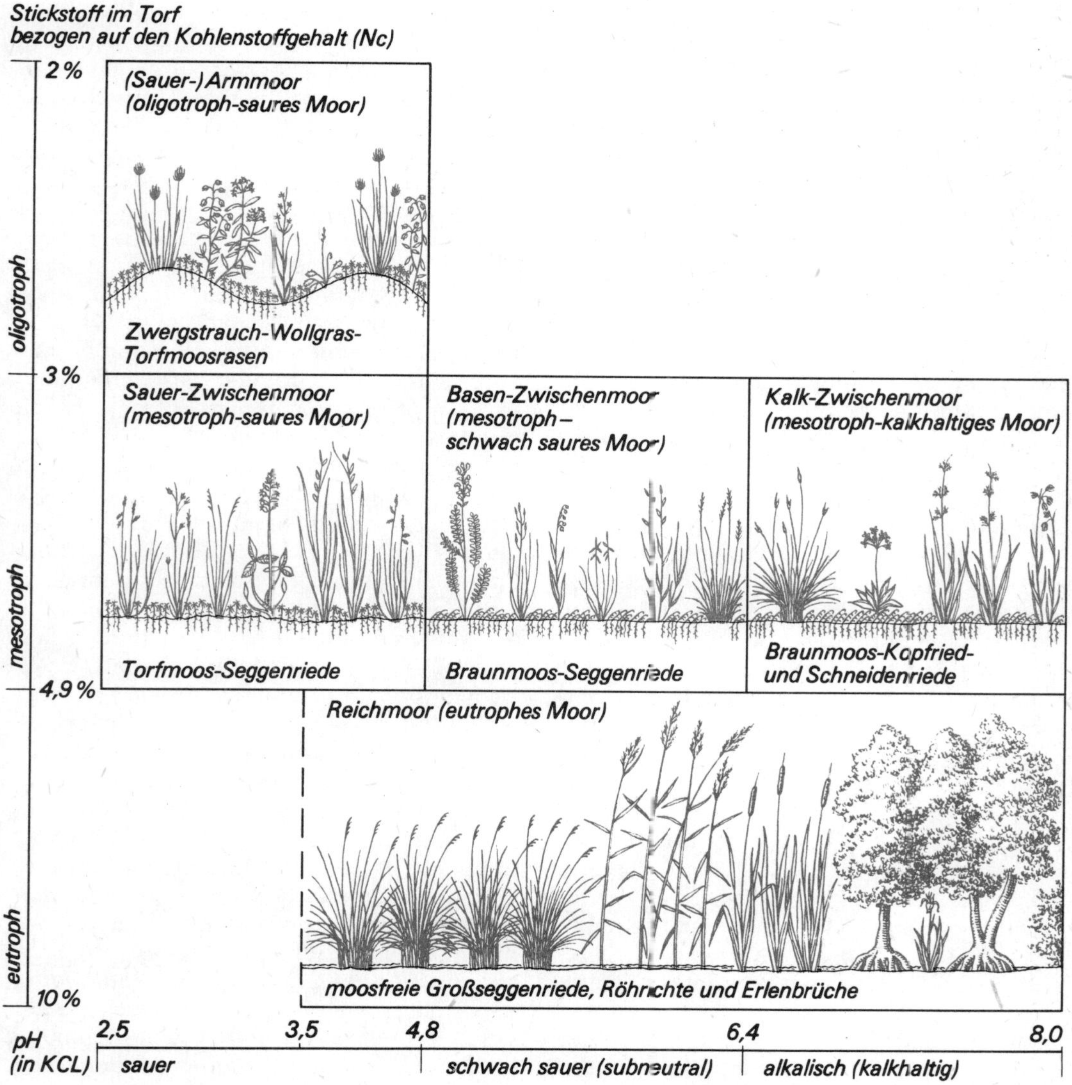

Mittelgebirgsregion sowie der Hochgebirge. In niederschlagsreichen Gebieten können sich aus diesen Mooren oft Armmoore entwickeln. In niederschlagsärmeren Landschaften bleiben sie dagegen immer Sauer-Zwischenmoore. Die natürliche torfbildende Vegetation der mesotroph-sauren Moore sind insbesondere torfmoosreiche Seggenriede, die ihrerseits torfmoosreiche Feinseggentorfe, Blasenbinsentorfe und seltener Pfeifengras- und Schilftorfe oder auch Birkenbruchtorfe ablagern.

Basen-Zwischenmoore, mesotroph-subneutrale Moore, bilden den größten Teil der Torfvorräte (Basentorfe) des östlichen Mitteleuropas. Heute ist dieser Moortyp im Aussterben begriffen, da sich derartige Moore durch allgemeine Nährstoffbelastung oder Entwässerungen in eutrophe Moore umwandeln bzw. die noch wachsenden Basenmoore häufig versauern und damit zu oligotroph-sauren Mooren werden. Die natürliche torfbildende Vegetation besteht vor allem aus braunmoosreichen Seggenrieden, z.T. mit einem schwachwüchsigen Schilfanteil. Als Torfarten treten vor allem Feinseggentorfe und Braunmoostorfe sowie schilfhaltige Feinseggentorfe auf.

Kalk-Zwischenmoore, mesotroph-kalkhaltige Moore, sind heute in Mitteleuropa ebenfalls relativ selten und durch Nährstoffanreicherung weitgehend in einen eutrophen Zustand übergegangen. Sie kommen vor allem in Kalkgebieten sowie in kalkreichen Jungmoränenlandschaften vor. Die natürliche Vegetation setzt sich aus Schneidenröhrichten, Kopfbinsenrieden und Braunmoos-Kleinseggenrieden zusammen. Die abgelagerten Torfe sind in der Regel kalkhaltig (Kalktorfe) und oft hoch zersetzt. Häufiger auftretende Torfe stellen Schneidentorfe und Braunmoostorfe dar. Für diese Moore sind aber vor allem mächtige Kalkmudde- oder Quellkalkablagerungen kennzeichnend.

Einen ökologischen Sonderfall bilden die sogenannten Stufenkomplexe ursprünglich meist mesotroph-kalkreicher, seltener mesotroph-subneutraler Moore, die in der Phase des Herauswachsens aus dem Grundwasserniveau zunehmend durch Regenwasser ernährt werden und damit oberflächig versauern. Charakteristisch hierfür ist das Auftreten eines an Bülten-Schlenken-Systeme gebundenen Mosaiks von Basen- und Säurezeigern. Diese Standorte repräsentieren damit eine große floristische Mannigfaltigkeit. Sie sind insbesondere für ehemals Kalkmudde sedimentierende Seen, die künstlich abgelassen wurden, charakteristisch. Es handelt sich dabei meist um relativ kurzlebige Pflanzengesellschaften, die durch das bald stagnierende Moorwachstum in Waldstandorte übergehen, in niederschlagsreichen Landschaften aber auch zu Regenmooren werden können.

Der größte Teil unserer gegenwärtig noch wachsenden Moore ist den **Reichmooren**, also **eutrophen Mooren**, zuzuordnen. In der Naturlandschaft waren eutrophe Moore sehr viel seltener. Wichtigste Standorte stellten die Überflutungsstandorte der Flußauen sowie der Küstenlandschaften. Die natürliche torfbildende Vegetation der eutrophen Moore besteht aus dichten hochproduktiven moosfreien Großröhrichten, Großseggenrieden oder Erlenbrüchen. Charakteristische Torfarten sind meist mineralstoffreiche Schilftorfe, grobe Seggentorfe, Seggenschilftorfe sowie Erlenbruchtorfe. Auf durch Salzwasser beeinflußten Küstenstandorten lagern sich spezielle Salzwiesentorfe ab. Die eutrophen Standorte haben meist eine schwach saure Bodenreaktion (Basenmoore). Es kommen aber auch ausgesprochen saure oder kalkreiche Standorte vor. Die *p*H-Verhältnisse werden also bei hohem Stickstoffangebot für die Vegetation nahezu bedeutungslos. Die eutrophen Bedingungen haben ihre Ursachen in dem zeitweiligen Überstau dieser Standorte mit Fremdwasser und in Phasen mit deutlicher oberflächiger Abtrocknung. Das führt einerseits zum Nährstoffeintrag mit dem oberflächig zufließenden Fremdwasser, andererseits in Austrocknungsphasen zu deutlicher Mineralisierung. Als Ergebnis dieser Prozesse lagern sich hochzersetzte und mineralstoffreiche Torfe ab, die schon natürlicherweise eine verringerte Wasserdurchlässigkeit haben.

Bei allen anderen ökologischen Moortypen mit ihren die Mooroberfläche bedeckenden Moosteppichen ist die Mooroberfläche immer voll Wasser gesogen: bei großem Wasseranfall stark ausgedehnt, bei geringerem Wasseranfall deutlich zusammengesunken. Wir sprechen von einem Oszillieren der Mooroberfläche in Zusammenhang mit dem Wasserdargebot. Austrocknungen und Überstauungen können hier in den lebenden Mooren nicht auftreten. Das durch den Torfkörper fließende Wasser wird schon bei Eintritt ins Moor stark gefiltert, so daß bei Mineralbodenwasserernährung nur mesotrophe und bei Regenwasserernährung nur oligotrophe Standortbedingungen in diesen Mooren auftreten können.

Betrachten wir abschließend noch kurz die ökologischen Verhältnisse von Moorbildungen außerhalb unseres humiden Mitteleuropas. In semihumiden Gebieten mit geringeren Niederschlägen und gesteigerter potentieller Verdunstung reichern sich selbst in ebenen Landschaften, auch im Grundwasser das nicht mit kalkhaltigen Gesteinsschichten im tieferen Untergrund in Verbindung steht, schwerer lösliche Kalziumsalze an. In den niederschlagsarmen Sommermonaten kommt es dann in den Mooren zu einer aufwärts gerichteten Grundwasserbewegung, und das im Grundwasser gelöste Kalziumbikarbonat lagert sich an der Oberfläche als Kalziumkarbonat ab, es entsteht ausgesprochen kalkreicher Torf. Dieser Vorgang wird als Kalkverbrackung bezeichnet. In mitteleuropäischen Mooren ist diese Kalkverbrackung nur in den wärmsten Landschaften andeutungsweise zu beobachten, die Hauptverbreitung dieser **Kalkverbrakkungsmoore** befindet sich im Waldsteppengürtel Südosteuropas.

Wohl die meisten der kalkreichen Moore Südosteuropas liegen mit ihren N_C-Werten über 4,9%, und wir müssen sie in die Gruppe der nährstoffreichen, eutrophen Moore stellen. Im Einflußbereich semiarider Klimate Südosteuropas werden die Kalkmoore von **Sodamooren** abgelöst, an die Stelle der Kalkverbrackung tritt die Sodaverbrackung. Soda (Natriumhydrogenkarbonat) entsteht dabei durch verwickelte Reaktionen von Natriumsulfat und Kalziumhydrogenkarbonat unter Mitwirkung von Humuskolloiden. Die meist flachgründigen Sodamoore sind z.B. aus der ungarischen Tiefebene als Sodalaaken bekannt geworden.

In den ariden Trockensteppen werden die extrem flachgründigen Moore durch Kochsalzanreicherung (Chloridverbrackung) zu **Salzmooren** und an ihren Rändern gehen sie meist in humose Wiesensteppenböden über.

Salzmoore sind im mitteleuropäischen Binnenland dagegen nur im Einflußbereich von Salzquellen und an der Küste auf Überflutungsstandorten anzutreffen.

Hydrologische Moortypen

Für die Entstehung und Entwicklung eines Moores sind vor allem die hydrologischen Bedingungen entscheidend. Unterschiede im Wasserhaushalt ergeben unterschiedliche Entwicklungstypen der Moore, eine Erkenntnis, die wir insbesondere dem bedeutenden polnischen Moorforscher Stanisław Kulczynski verdanken. Diese Typen werden als hydrologisch-entwicklungsgeschichtliche Moortypen, kurz auch als hydrologische Moortypen, bezeichnet.

Der unterschiedliche Wasserhaushalt der Moore und damit die Unterschiede in der Moorentwicklung beruhen auf den klimatischen Verhältnissen des betreffenden Gebietes, insbesondere auf dem Verhältnis von Niederschlag und Verdunstung, aber auch auf der Dauer und Eindringtiefe des Bodenfrostes. Von Bedeutung sind auch die Eigenschaften des Mooruntergrundes und die Relief- sowie Bodenverhältnisse der Moorumgebung, woraus sich der Wasserabfluß bzw. -zufluß in Abhängigkeit von Größe, Relief, Substrat und Pflanzendecke des oberirdischen Einzugsgebietes ergeben.

Wasserabfluß und -zufluß sind aber auch von der unterirdischen Wasserspeisung, der Größe des Moores, den Beziehungen zu Oberflächengewässern, dem eigenen Abfluß aus dem Moorkörper und den im Substrataufbau des Moorkörpers selbst begründeten hydrologischen Eigenschaften abhängig.

Diese vielfältigen Bedingungen im Wasserhaushalt müssen in ihrem Zusammenwirken und Wechsel über einen Zeitraum von teilweise bis zu 12000 Jahren betrachtet werden. Seit dieser Zeit bilden sich unsere heutigen Moore. In diesem langen Zeitraum spielten sich in unserer Landschaft starke großklimatische und hydrologische Veränderungen ab. Neben solchen natürlichen Prozessen wurden besonders in historischer Zeit zusätzlich vom Menschen Änderungen vorgenommen, z.B. Entwaldungen, Aufstau von Fließgewässern, Entwässerungen und Seespiegelabsenkungen, die wiederum das Wachstum und die Entwicklung von Mooren bestimmten. So ergibt sich in der Genese unserer Moore eine große Vielfalt. Wir wollen uns nun eingehend damit beschäftigen.

Hydrologischer Moortyp	BRD	DDR	Polen	ČSSR	Ungarn	Österreich	Schweiz
Versumpfungsmoore	27	35	32	10	25	5	5
Hangmoore	1	1	1	20	3	15	15
Quellmoore	1	1	1	4	1	2	2
Überflutungsmoore	10	5	5	5	25	5	5
Verlandungsmoore	10	20	20	5	20	15	15
Durchströmungsmoore	10	30	30	25	25	25	25
Kesselmoore	1	5	5	1	1	3	3
Regenmoore	40	3	6	30	0	30	30

Geschätzter Flächenanteil der hydrologischen Moortypen am Gesamtmoorbestand der Länder Mitteleuropas in Prozent

Nur durch Niederschlag ernährte (ombrogene) Moore, die einen über dem Grundwasserniveau liegenden eigenen Moorwasserspiegel aufweisen, bilden einen einheitlichen hydrologischen Typ: die Regenmoore. Die weitgehend von ihrer Umgebung her mit Wasser gespeisten, also von Mineralbodenwasser ernährten (geogenen) Moore werden nach Herkunft und Art der Wasserspeisung weiter untergliedert. Hier werden 7 Moortypen unterschieden: die Versumpfungsmoore, die Hangmoore, die Quellmoore, die Überflutungsmoore, die Verlandungsmoore, die Durchströmungsmoore und die Kesselmoore. Somit gibt es in Mitteleuropa zusammen mit den Regenmooren insgesamt 8 hydrologische Moortypen, die als Grundtypen anzusehen sind. Ihr geschätzter Flächenanteil am Gesamtmoorbestand der Länder Mitteleuropas ist der obenstehenden Übersicht zu entnehmen.

Das meist an bestimmte Landschaften gebundene Vorkommen dieser Moortypen wurde für den mitteleuropäischen Raum in der Karte auf Seite 33 dargestellt.

Die hydrologischen Moortypen treten z. T. in charakteristischen Kombinationen auf. Außerdem können im Laufe der Entwicklung eines Moores verschiedene hydrologische Grundtypen durch natürliche Torfbildungsprozesse oder menschliche Einflüsse einander überlagern. So lassen sich die 8 hydrologischen Grundtypen in primäre, sekundäre und tertiäre Moorentwicklungstypen unterscheiden. Zu den ersteren, die sich direkt aus einem mineralischen Naturraum bilden, gehören die Versumpfungsmoore, deren Torfablagerungen durch Grundwasseranstieg in Niederungen und damit flächenhaftes Versumpfen von Mineralbodenstandorten entstehen. Wir zählen zu ihnen auch die Hangmoore. Deren Torfbildungen entwickeln sich an geneigten Mineralbodenhängen durch ständig zulaufendes Hangwasser. Auch die Quellmoore, die mit einem aus dem Mineralboden tretenden Quellwasserstrom in Zusammenhang stehen, sind primäre Moorbildungen. Zu dieser Gruppe gehören schließlich noch die Überflutungsmoore, deren organische Ablagerungen an langzeitig überflutete, primär mineralische Naturräume gebunden sind, sowie die Verlandungsmoore. Bei letzteren beginnt die Entwicklung mit den Sedimentationen eines Gewässers und endet mit Abschluß der Verlandung.

Die sekundären Moorentwicklungstypen entstehen aus den primären Mooren bei Veränderung des für ihre Bildung verantwortlichen Wasserregimes. Zu ihnen gehören die Durchströmungsmoore, die auf Versumpfungs-, Hang- oder Verlandungsmooren aufwachsen, und die Kesselmoore, die in der Regel aus Verlandungsmooren hervorgehen. Die Regenmoore können sich direkt auf mineralischem Untergrund entwickeln (primäre Moore), sie entstehen aber meist aus Verlandungs-, Versumpfungs- und Hangmooren (sekundäre Moore) oder wachsen auch auf Durchströmungs- und Kesselmooren (tertiäre Moore) auf.

Die hydrologischen Moortypen treten jeweils nur in bestimmten ökologischen Ausbildungen auf, wie aus der Übersicht auf Seite 36 zu entnehmen ist.

Die Moore Mitteleuropas können damit in etwa 26 sogenannte Moor-Naturraumtypen

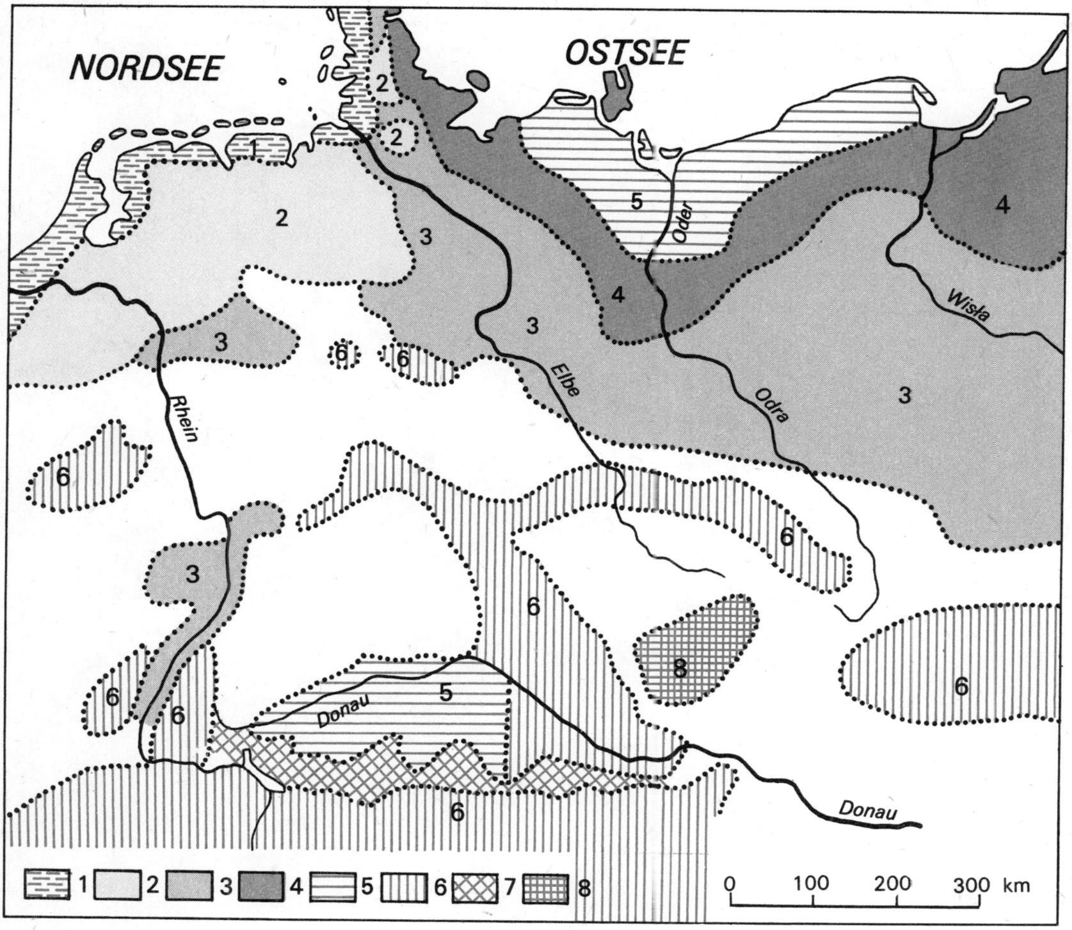

Moorgebiete Mitteleuropas. Gliederung Mitteleuropas nach vorherrschenden hydrologischen Moortypen

1 Landschaften mit dominierendem Auftreten von Küstenüberflutungsmooren
2 Landschaften mit dominierendem Auftreten von Küstenregenmooren
3 Landschaften mit dominierendem Auftreten von Versumpfungsmooren
4 Landschaften mit dominierendem Auftreten von Verlandungs- und Kesselmooren
5 Landschaften mit dominierendem Auftreten von Durchströmungsmooren
6 Landschaften mit dominierendem Auftreten von Gebirgsregenmooren und Hangmooren
7 Landschaften mit dominierendem Auftreten von Verlandungs- und Gebirgsregenmooren
8 Landschaften mit dominierendem Auftreten von Versumpfungs- und Hangmooren.
Landschaften mit einem Mooranteil unter 1% weiß.

als Kombinationen von hydrologischen und ökologischen Moortypen unterschieden werden. Wir wollen uns nun mit diesen Moor-Naturraumtypen etwas näher beschäftigen, wobei wir von den hydrologischen Grundtypen der Moore ausgehen und sie in den häufiger auftretenden ökologischen Moorausbildungen schildern. Diese Darstellungen beziehen sich allerdings nur auf vom Menschen nicht entwässerte Moore.

Versumpfungsmoore. Die Versumpfungsmoore machen in Mitteleuropa etwa ein Drittel der Moorfläche aus. Wir finden sie meist in eutrophen oder mesotroph-saurer und verein-

Folgende Seite:
Die Moore Mitteleuropas (einstige Verbreitung)

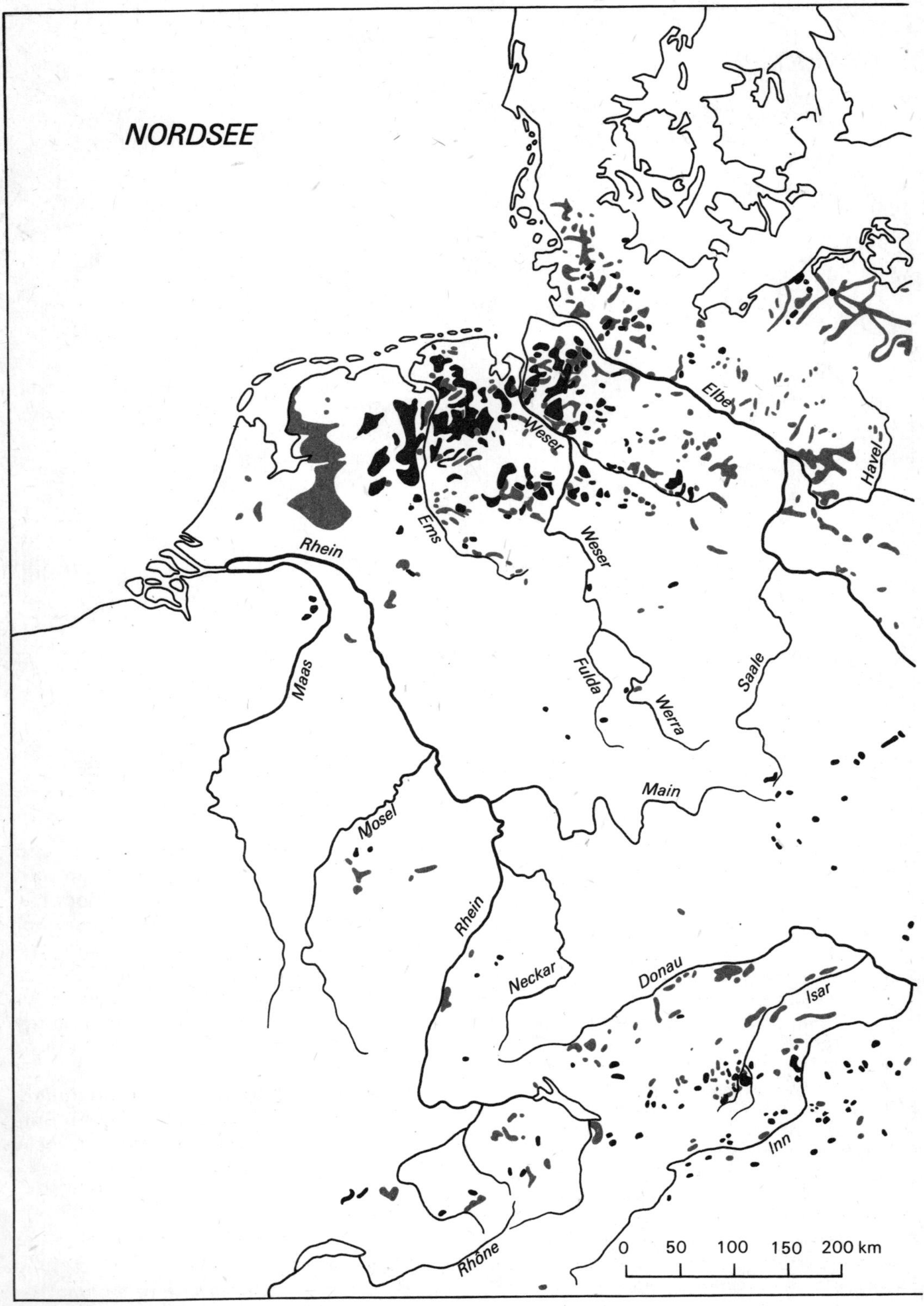
NORDSEE
Elbe
Havel
Weser
Ems
Rhein
Weser
Maas
Fulda
Werra
Saale
Main
Mosel
Rhein
Neckar
Donau
Isar
Inn
Rhône
0 50 100 150 200 km

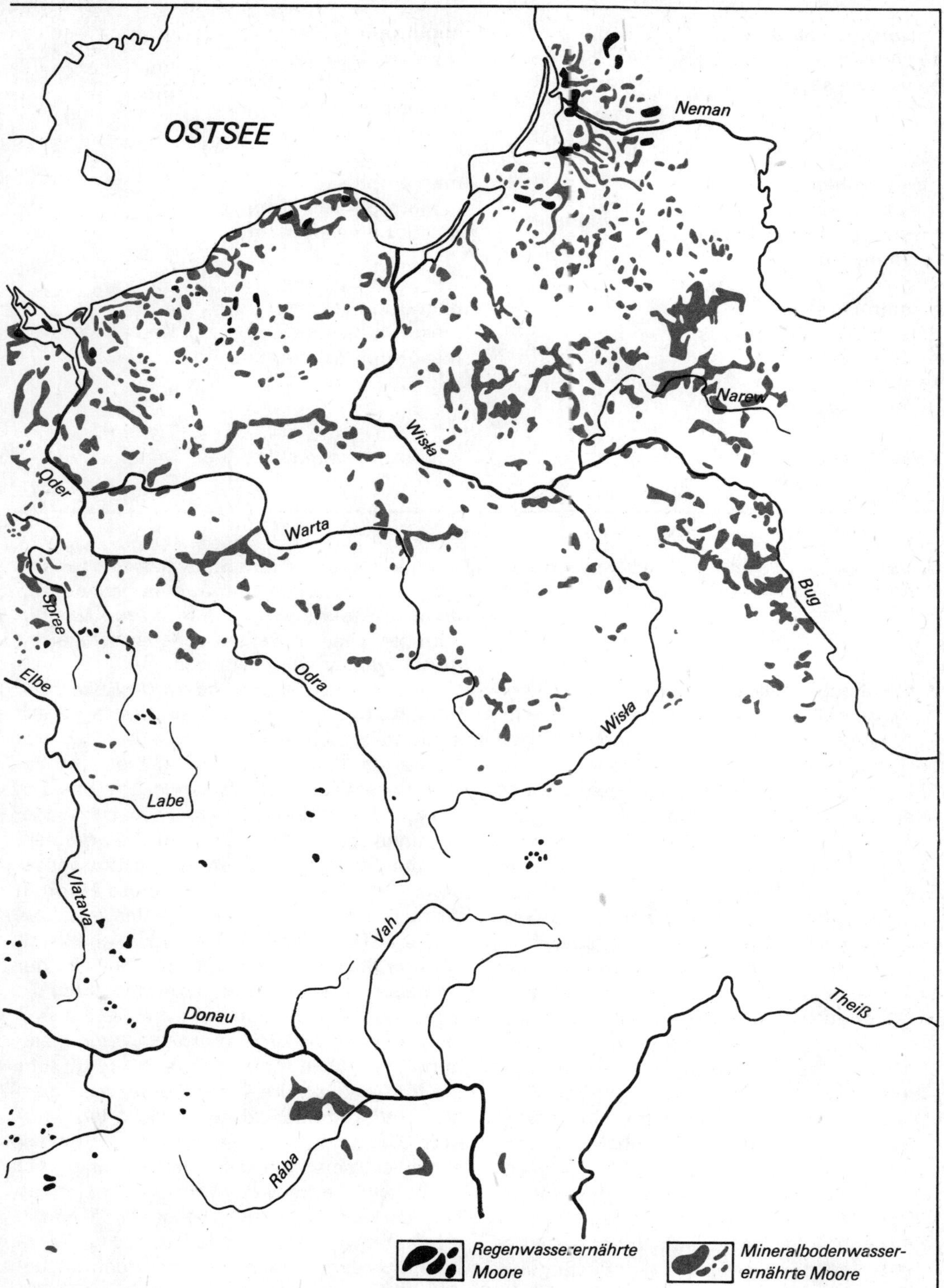

Darstellung der Moore ab einer Flächengröße von ca. 300 ha

mesotroph-saures eutrophes oligotroph-saures	Versumpfungsmoor	oligotroph-saures mesotroph-saures mesotroph-subneutrales mesotroph-kalkhaltiges eutrophes	Verlandungs- moor
mesotroph-saures mesotroph-subneutrales mesotroph-kalkhaltiges eutrophes	Hangmoor	mesotroph-saures mesotroph-subneutrales mesotroph-kalkhaltiges	Durch- strömungsmoor
mesotroph-saures mesotroph-subneutrales mesotroph-kalkhaltiges eutrophes	Quellmoor	oligotroph-saures mesotroph-saures mesotroph-subneutrales	Kesselmoor
eutrophes	Küsten- Auen- Überflutungsmoor	oligotroph-saures	Tieflands-, Mittelgebirgs- Regenmoor

Übersicht der ökologischen und hydrologischen Moortypen Mitteleuropas (Moor-Naturraumtypen)

zelt in oligotroph-saurer Ausbildung. Generell ist dieser Moortyp stratigraphisch sehr einfach aufgebaut, denn die geringmächtigen Torfe liegen direkt dem Mineralboden auf. Die Abbildung auf Seite 37 zeigt uns eine eutrophe Ausbildung, wie sie in flachen Senken jungeiszeitlicher Talsandgebiete häufig zu finden ist. Der durchlässige Sandboden ermöglicht bei Grundwasseranstieg eine flächenhafte Vermoorung. Das zufließende Mineralbodenwasser führt nach längeren Regenperioden bzw. nach der Schneeschmelze im Frühjahr zum Überstauen der Moorflächen, in Trockenphasen aber auch zum Absinken des Grundwassers. Diese Dynamik des Wasserhaushaltes und der Wasseraustausch mit der mineralischen Umgebung führten in jungeiszeitlichen Landschaften mit ihren relativ nährstoffreichen Mineralböden zu eutrophen Moorbildungen.

Charakteristische torfbildende Pflanzengesellschaften sind Schilfröhrichte und Schlenken-Erlenbrüche, aber auch Großseggenriede. Wir finden entsprechend den Bildungsbedingungen mäßig bis hochzersetzte Torfe. Diese Moore haben natürlicherweise meist keine Vorfluter, an ihre Stelle tritt eine für den Nährstoffaustausch wichtige gerichtete Bodenwasserbewegung. Die in diesen Mooren häufigen basalen Raseneisensteinablagerungen haben darin ihre Ursache.

Die Zentren der besonders großflächigen Versumpfungsmoore in den Urstromtälern sind meist schon im Spätglazial, also vor 10000 bis 12000 Jahren, angelegt worden. Hier durchziehen die Talsande oft Ton- und Schluffbänder oder auch Kalkabsätze, wobei sie einen stauenden Untergrund hervorrufen, auf dem sich dann zeitweilig Flachgewässer ausbildeten. So zeichnen sich diese Moorbildungen durch geringmächtige Basismudden aus, z.B. Ton- und Schluffmudden, aber auch Grobdetritusmudden. Solche schon in der Späteiszeit gebildeten Mudden sind durch die Frostbodendynamik oft stark verlagert, bilden Frostblasen oder sind in Frostkeilen eingelagert. Die Abbildung auf Seite 58 zeigt sehr eindrucksvoll solche Bodenprofile, wie sie bei Meliorationsaufschlüssen angetroffen wurden. Die Moore fielen dann in der Nacheiszeit zunächst meist trocken und begannen vor 4000 Jahren erneut zu wachsen. Dabei dehnten sie sich weit über die ersten Moorbildungszentren aus, ohne daß es noch zu Mudablagerungen kam. Es entstanden ausgedehnte Moorgebiete von z.T. mehr als 10000 ha Größe, die oft von zahlreichen Mineralinseln durchsetzt und von durch Grundwasser geprägten Sanden umgeben sind.

Mesotroph- und oligotroph-saure Versumpfungsmoore, oft als Heidemoore oder Schlatts bezeichnet, finden wir außer in Auswehungsmulden der Küstendünen vor allem in altpleistozänen Landschaften und vereinzelt auch im Mittelgebirgsraum. Am häufigsten treten sie in nährstoffarmen Sandgebieten Mittelpolens, der Lausitz, den Geestplatten Niedersachsens und auf den Maas-Terrassen im deutsch-niederländischen Grenzgebiet auf.

In solchen nährstoffarmen Versumpfungsmooren kam es hauptsächlich zur Ablagerung von Torfmoos- und Wollgrastorfen. An der Basis der tiefsten Stellen finden sich auch oft muddige Seggentorfe. Dies ist ein Hinweis darauf, daß sie sich meist aus flachen Heideweihern entwickelten.

Im Gegensatz zu eutrophen Versumpfungsmooren sind bei den meso- und oligotrophsauren Ausbildungen Überstauungen des Torfkörpers nur selten zu beobachten. Die lokkeren torfmoosreichen Torfe dehnen sich bei reichlichem Wasseranfall aus und sinken bei verminderter Wassermenge zusammen, vergleichbar mit einem Schwamm. Derartige Moore bilden während der Wachstumsphase geringzersetzte Torfe. Das weitgehende Fehlen von Überstauungen und damit verbundene Fäulnisprozesse führten zu der nährstoffarmen Gesamtsituation. Im atlantischen Klimagebiet entwickeln sich aus solchen Versumpfungsmooren oft Regenmoore.

In deutlich subkontinental geprägten Gebieten mit geringeren Niederschlägen und relativ hoher Verdunstung im Sommer hört (wenn der Grundwasserstand nicht kontinuierlich weitersteigt) das Torfwachstum auf, und es setzt eine Bewaldung der Moore durch Kiefern ein.

Hangmoore. Weitere primäre Moorbildungen, die Hangmoore, haben überwiegend ein sehr junges Alter. In Mitteleuropa setzte ihr Wachstum frühestens vor 2000 bis 3000 Jahren ein. Ein Großteil dieser Moore ist erst in der mittelalterlichen Rodungsphase entstanden. Die Rodung von Wäldern und die Anlage von Wiesen und Weiden mit einer im Vergleich zum Wald wesentlich geringeren Verdunstung bildeten den Ausgangspunkt für Hangvermoorungen, die sich dann in besonderem Maße mit dem Auflassen der Nutzung entwickelten.

Die in den Alpen bis in Höhenlagen von über 2000 m auftretenden Hangmoore sind dagegen ohne Einfluß des Menschen entstanden. Solche Hochgebirgshangmoore sind durch häufige Bodenverlagerungsprozesse stark mit Mineralbodenschichten durchschüttet. Sie entwickelten sich in ehemaligen Gletscherbahnen in oft langgestreckten Zügen. Bei den Hangmooren der Mittelgebirge handelt es sich dagegen um meist flächenhafte Vermoorungen an flach geneigten Hängen, deren Größe oft einige Hektar übersteigt.

Hangmoore werden durch das aus dem Mineralboden zufließende, das Moor überrieselnde Hangwasser ernährt (soligene Moore). Das Mineralbodenwasser tritt sowohl in breiter Front in das Moor ein, kann es aber auch in Bahnen und Bächen durchziehen. Bedingt durch den Stau des Mineralbodenwassers beim Eintritt ins Moor, wachsen Hangmoore

Profilschnitt durch ein nährstoffreiches Versumpfungsmoor in jungpleistozänem Talsandgebiet

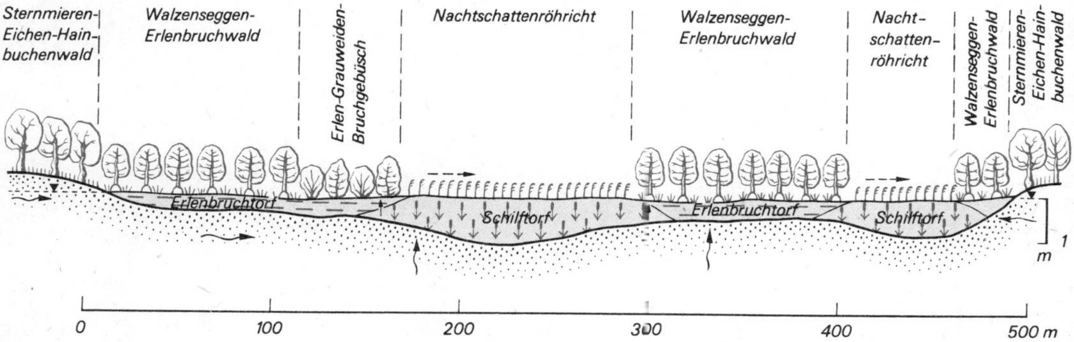

in der Regel hangaufwärts, also dem zufließenden Hangwasser entgegen. So erschöpft sich bei kleinen Einzugsgebieten das Wachstum bald, und es kommt nur zu geringer Torfmächtigkeit. Der Torf lagert dabei direkt dem mineralischen Untergrund auf.

Die Hangmoore unterscheiden sich von den Versumpfungsmooren der Niederungen, abgesehen von der geneigten Oberfläche, vor allem dadurch, daß es sich um Grundwasserentstehungsräume handelt. Von den für das atlantische Klimagebiet charakteristischen terrainüberziehenden Deckenmooren (blanket bogs), wie sie vor allem in Irland und Schottland auftreten, sind sie durch die allein auf Mittel- und Unterhänge beschränkte Lage zu unterscheiden.

Für Hangmoore ist weiterhin die meist hangabwärts fortschreitende Nährstoffverarmung kennzeichnend. Das führt häufig zu nur durch Niederschlag ernährten Moorteilen. Dann entstehen die für den Mittelgebirgsraum charakteristischen sogenannten ombrosoligenen Moore mit konkavem Querschnitt und schließlich sogar rein ombrogene Moore.

In Mitteleuropa sind Hangmoore von der submontanen bis zur alpinen Region auf silikatischen Gesteinsböden eine charakteristische Erscheinung. Sie kommen hier insbesondere auf Basalt-, Granit-, Porphyr- und Schiefer-Verwitterungsböden vor. Daneben wurden Hangmoore jedoch auch im pleistozänen Tiefland beobachtet, allerdings weitgehend in niederschlagreichen Gebieten der Altmoräne. Hangmoore weisen wegen der Hangneigung und des damit verbundenen starken Abflusses nur ein schwaches Wachstum auf. Insbesondere Tieflandsausbildungen sind durch Stillstandsphasen des Moorwachstums gekennzeichnet.

Hangmoore sind vorwiegend sauer-mesotroph bis teilweise oligotroph. Mesotroph-subneutrale Hangmoore treten relativ selten auf. Sie sind an basenreiches Gestein gebunden und meist nur für junge Stadien von Hangmooren kennnzeichnend, da diese Moore mit ihrer Entwicklung rasch versauern. Mesotroph-kalkhaltige Hangmoore kommen vor allem im Hochgebirge mit Kalkgestein vor. Eutrophe Hangmoore wurden schließlich besonders im Tiefland in Moränenlandschaften gefunden, treten aber auch im Mittelgebirgsraum auf. Der Profilschnitt auf dieser Seite unten zeigt uns ein mesotroph-saures Mittelgebirgshangmoor.

Quellmoore. Seit den Studien von Hess von Wichdorf und Range in den Jahren 1906 und 1907 an Quellmooren der Masuren sind wir über den Aufbau und die Bildung dieses Moortyps unterrichtet. Sie treten besonders in der jungpleistozänen Landschaft regelmäßig in Erscheinung. »Die verbreitete Wechsellagerung lehmig-toniger Substrate mit sandig-kie-

Profilschnitt durch ein mäßig nährstoffarm-saures Hangmoor im Kristallin der Mittelgebirge

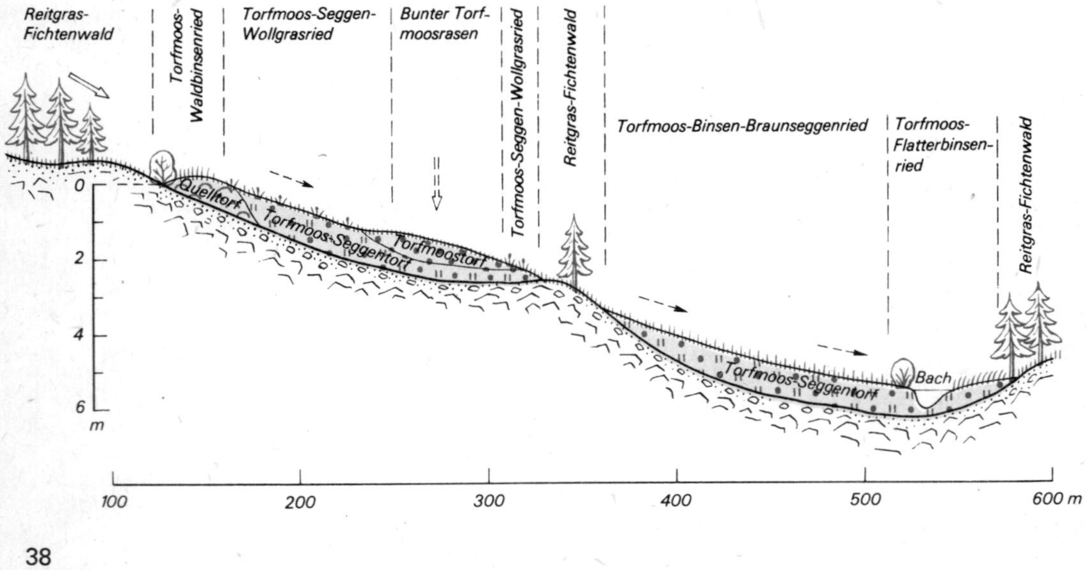

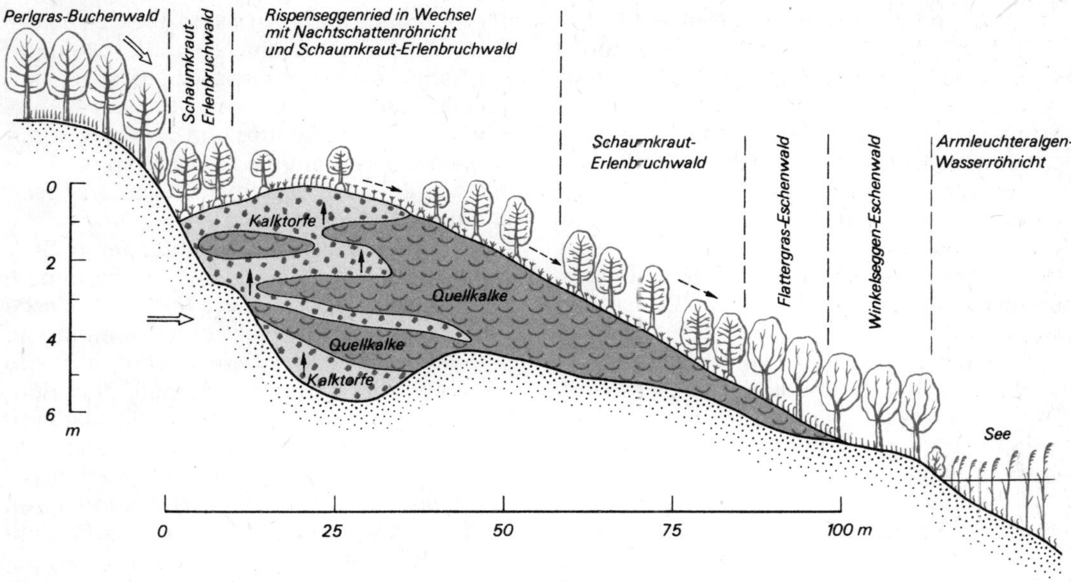

Profilschnitt durch ein nährstoffreich-kalkhaltiges Quellmoor an jungpleistozänem Gletscherzungenbeckensee

sigen Substraten bietet günstige Voraussetzungen für das Auftreten gespannten, im Extremfall artesisch austretenden Grundwassers. Quellmoorbildungen als ausgeprägteste Formen der Druckwasservernässung haben ergiebige und ständige Grundwasseraustritte zur Voraussetzung«, stellte Kirchner 1975 fest. Solche Standorte finden sich vor allem an Niederungsrändern in Grundmoränengebieten. Hier werden die als Grundwasserdeckschicht wirkenden Geschiebemergelhochflächen häufig von Tälern durchschnitten, an deren Niederungsrändern sich langgestreckte Quellmoorbereiche entwickeln. Aber auch in Endmoränengebieten mit ihrem starken geologischen Schichtenwechsel treten häufig Quellmoore auf. Ferner gehören sie zum charakteristischen Bestandteil der Landschaften der Mittelgebirge und des Hügellandes.

Quellmoore wachsen entsprechend der Quellschüttung punkt- oder linienförmig über den Grundwasseraustrittsstellen auf. Sie nehmen meist nur kleine Flächen ein, doch wurden auch Standorte von 5 ha Größe gefunden. Häufig stehen sie in Kontakt bzw. in direkter Beziehung zu anderen hydrologischen Moortypen und weisen in ihrer Gestalt eine große Mannigfaltigkeit auf.

Am verbreitetsten sind Hang-Quellmoore, die überwiegend an Unterhängen des Hangfußes aufwachsen. Mächtige Quellkuppen treten aber auch inmitten vermoorter Niederungen auf. Sie können eine Höhe von 10 m und einen Durchmesser von 200 m erreichen und gleichen dann großen Wasserblasen. Auf ihrem Gipfel sind sie unbetretbar, da dort das Quellwasser austritt. Hier bildet sich oft leuchtendroter Eisenockerschlamm. Wegen des hohen Sauerstoffgehaltes des Quellwassers sind Quelltorfe in der Regel hochzersetzt und schlammig. Sie enthalten viel Eisen und Sand, Schluff oder Ton und sind speziell in der jungeiszeitlichen Landschaft sowie in Kalkgesteinsgebieten sehr kalkreich, oft sogar vollständig aus Kalk aufgebaut. Die porösen Quellkalke weisen oft zahlreiche Einschlüsse, insbesondere Blattabdrücke, auf.

Quellmoore treten in 4 ökologischen Ausbildungsformen auf. Am häufigsten sind eutrophe Kalk-Quellmoore, so vor allem in der jungeiszeitlichen Landschaft (s. Abb. oben). Die Kalke besitzen eine körnige und z. T. knollige Struktur. Lagenweise sind höhere Humusgehalte vorhanden. Torfe finden wir meist nur am Rande im Bereich des hangaufwärts wachsenden Moores. Interessant ist, daß die Kalke weitgehend hangabwärts angelagert werden. Das geschieht in noch intakten, ungestörten Mooren in Wasserbahnen mit Sumpfvegetation. Dazwischen finden wir völlig trockene Komplexe mit sehr tief reichender Vererdung der Quellkalke bzw. Quellkalktorfe. Die den gesamten Hangkörper füllenden Kalkablagerungen sind als undurchlässige Schicht anzusehen. Folglich überrieselt das in der Quellkuppe und etwas unterhalb austretende Druckwasser den Quellhang, wobei es den Quellmoorkörper fortwährend weiter aufbaut. Inaktivierte Teile gehören damit zum charakteristischen Bestandteil eines natürlichen Quellmoores. Das Fehlen von Erlenbruchtorfen, groben Seggentorfen und Schilftorfen innerhalb der Quellmoorablagerungen ist auf die durch den Kalkgehalt extrem hohe Mineralisierungsrate der organischen Substanz während der Austrocknungsphasen zurückzuführen.

Neben diesen eutroph-kalkreichen Quellmooren finden wir in kalkärmeren Moränenlandschaften auch häufig eutroph-kalkfreie Quellmoore, die aber nicht sehr mächtig werden. Sowohl im Tiefland als auch im Löß- und Kalkhügelland, in den Kalkmittelgebirgen und den Kalkalpen gibt es weiterhin mesotroph-kalkreiche Quellmoore. Ein Teil dieser Moore ist erst nach Rodungen entstanden. Mesotroph-subneutrale, also kalkfreie, aber basenreiche Quellmoore sind relativ selten. Mesotroph-saure Quellmoore mit mineralstoffreichen Torfen finden wir dagegen vor allem im Kristallinbereich der Mittelgebirge recht häufig. Die Moorbildungen dieser Moore bleiben aber geringmächtig, weisen also selten eine Stärke von mehr als 2 m auf.

Überflutungsmoore. Ein weiterer Moortyp ist an Überflutungen gebunden und wird deshalb als Überflutungsmoor bezeichnet. Das spiegelt sich im Profilaufbau in mineralreichen Zwischenschichten wider. Entsprechend den Entstehungsbedingungen treten nur eutrophe Ausbildungen auf. Wir unterscheiden Auen-Überflutungsmoore und Küsten-Überflutungsmoore.

Zunächst wollen wir die Auen-Überflutungsmoore kennenlernen. Neben der rein mineralischen Sedimentation von Auenton und Auenlehm kommt es in Flußtälern des eiszeitlich geformten Tieflandes bei geringerem Gefälle der Flußstrecken verbreitet zu Moorbildungen, die besonders für die Unterläufe der Tieflandflüsse typisch sind. Sie treten aber auch in kleinen Bachtälern auf. Alleiniger Wachstumsfaktor für diese Moore ist ein steigendes Grundwasser, wie es durch die Selbsterhöhung des Flußbettes und damit die relative Senkung weiter vom Fluß entfernter Teile der Aue entsteht. Das in Hochwasserphasen herangeführte nähr- und mineralstoffreiche Überflutungswasser lagert in tieferen Stillwasserbereichen Mudden, insbesondere Tonmudden, aber auch rein silikatische Sedimente, wie Auenlehm und Auenton, ab und läßt in Flachwasserbereichen schwere mineralreiche Torfe aufwachsen. Nur Röhrichtarten, Erlen und Weiden sowie bestimmte Großseggenarten ertragen diese Standortbedingungen. Deshalb besteht die Pflanzendecke aus großen, stark deckenden Pflanzen mit fester Verwurzelung. Die organischen Ablagerungen mit ihrem hohen spezifischen Gewicht können sich nicht ausdehnen und aufschwimmen, wie es meist bei Torfbildungen mit niedriger moosreicher Vegetation der Fall ist. Das Wasser fließt über den Torfkörper. Solche Moore besitzen deshalb auch keine Wasserrückhaltekraft. In Trockenphasen, wenn das oberflächige Wasser abgeflossen bzw. verdunstet ist, kann das Moor austrocknen. So entstehen hochzersetzte Torfe bei langsamem Wachstum.

Naturnahe Auen-Überflutungsmoore, in denen die jährlich oft mehrfachen Überflutungen weite Teile der Flußniederungen erfüllen und die Moorbildung noch ungebrochen stattfindet, sind heute in Mitteleuropa sehr selten geworden. Wirklich intakte Moore dieses Typs gibt es großflächig noch im östlichen Teil der VR Polen. Gelegentlich treten aber auch in Flußauen Mitteleuropas weiträumige Überflutungen auf, die uns die einstige Dynamik und die Akkumulationsprozesse der Auen ahnen lassen.

In einem Profilschnitt aus dem unteren Odertal (s. Abb. S. 41) wollen wir den Aufbau dieses Moortyps vorstellen. Bei der tiefen talrandnahen Rinne handelt es sich um einen ehemaligen Flußlauf. Die früh einsetzende randliche Verlandung des Flußlaufes und der später darauf aufwachsende Erlenbruchwald stehen sicher in Zusammenhang mit dem Aufbau eines vom Talrand gespeisten Torfkörpers. Der verlandende Flußlauf weist von der Flußmitte ab durch Auftreten von Auenton-

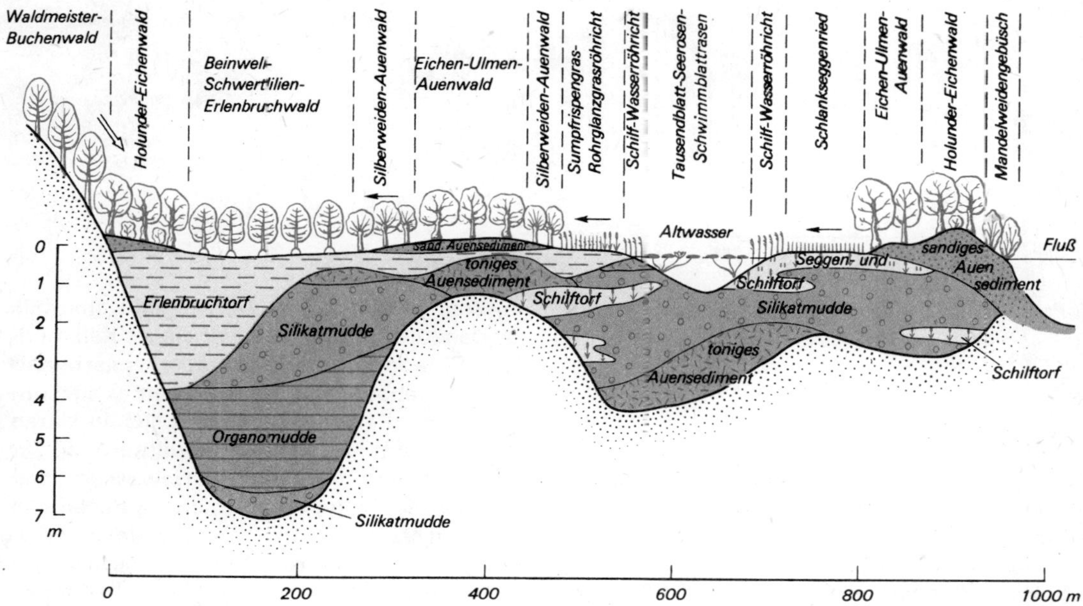

Profilschnitt durch ein nährstoffreiches Auen-Überflutungsmoor in der unteren Odertalaue

und Tonmuddeablagerungen auf den Übergang zum eigentlichen Überflutungsmoor hin. Daran schließen mit vielfachem Substratwechsel die flußfernen Feinsedimentationsbereiche im Flachwasser an, die von einem ehemaligen Flußarm (Altwasser) unterbrochen werden. Es wechseln eutrophe, schilfhaltige Tonmudden und silikatreiche schilfhaltige Grobdetritusmudden mit meist geringmächtigen und silikatreichen Schilftorfen – ein Zeichen flacher Gewässer mit starker Pflanzenproduktion und ständig wiederkehrendem Einfluß von Überflutungswasser. Erlenbruchtorfe sind relativ selten. Die Ablagerungen wurden in jüngerer Zeit z. T. mehrfach mit Auentonen durchsetzt. Der Uferwall besteht aus geschichteten mineralischen Grobsedimenten.

Die zweite Form der Überflutungsmoore, die Küsten-Überflutungsmoore, entstanden durch den nacheiszeitlichen Meeresspiegelanstieg im südlichen Küstenbereich der Nord- und Ostsee. Solche Moorbildungen begannen ihre Entwicklung in der Regel als Versumpfungsmoore, seltener als Verlandungsmoore. Ein Teil dieser Moore wurde durch das ansteigende Meer von mineralischen Sedimenten zugeschüttet, andere Moore wurden in ihrem weiteren Wachstum aktiviert. Vor allem im südlichen Ostseeküstenraum sind zahlreiche Überflutungsmoore entstanden. Der Ostseewasserspiegel erreichte vor etwa 5000 Jahren sein heutiges Niveau, ist aber bis heute Schwankungen unterworfen. Deshalb sind die Moore in der Kampfzone zwischen Meer und Land ständigen oder längere Zeit andauernden Meerwasserüberflutungen ausgesetzt. Ähnlich den Auen-Überflutungsmooren wechseln organische Ablagerungen mit silikatischen Sedimentationen, Stillstandsphasen des Moorwachstums mit Phasen der Anreicherung organischen Materials. Hinzu kommen starke Umlagerungserscheinungen. Das gilt besonders für Überflutungsmoorbildungen im Bereich von Haken und Nehrungen an den Außenküsten, die anschließend oft unter Meersanden begraben werden.

Besonders charakteristisch sind die sich an den Rückseiten von Binnenbodden befindenden Überflutungsmoore. Ein Bodenprofil derartiger Standorte zeigt die Abbildung auf Seite 56. Für die Überflutungsmoore im nordöstlichen mitteleuropäischen Küstenraum sind vor allem sandige Muddeablagerungen (Sandmudden) sowie Feinsand- und Schluffablagerungen kennzeichnend. Demgegenüber dominiert in Überflutungsmooren der

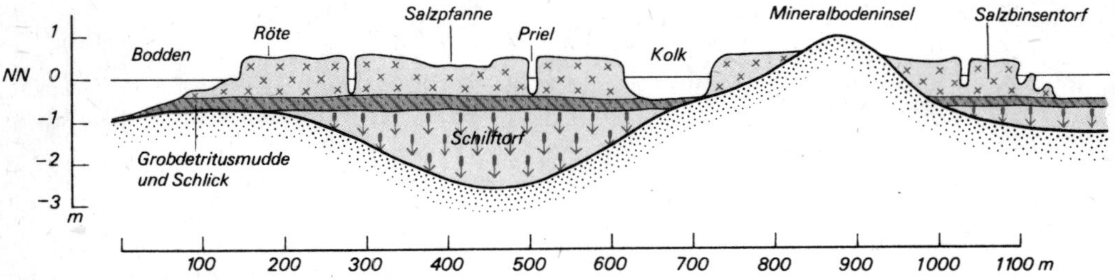

Profilschnitt durch ein Küstenüberflutungsmoor an der Ostseeküste (Boddenufer)

südwestlichen Ostsee die tonige Komponente. Sie tendieren damit zu sogenannten Moormarschen im Nordseeküstenraum, wo ausgedehnte Versumpfungsmoore mächtige Tonschlickdecken tragen.

Verlandungsmoore. Charakteristisch für gewässerreiche Landschaften sind die Verlandungsmoore. Wir treffen sie in Mitteleuropa in den Jungmoränengebieten des südlichen Ostseeraumes sowie im Alpenvorland an. Hier können sie in den Endmoränen- und Sandergebieten der herrschende Moortyp sein.

Alle Gewässer unterliegen einer Verlandung, die prinzipiell mit der Ablagerung von Mudden beginnt. Solche Mudden bilden sich durch im Wasser vorhandene und von außen dorthin gelangte organische und anorganische Bestandteile. Sie setzen sich am Grund des Gewässers ab und füllen es so allmählich auf. Wenn diese Sedimente vorwiegend aus pflanzlichen und tierischen Resten bestehen, bezeichnet man sie als Organomudden. Dabei handelt es sich um dunkelfarbene gallertige Lebermudden, wenn sich die organische Substanz weitgehend aus abgestorbenen, mikroskopisch kleinen Algen zusammensetzt. Feinzerteilte pflanzliche und tierische Reste ergeben die Feindetritusmudden, und wenn sich die Mudden weitgehend aus groben pflanzlichen Strukturen, z. B. von Wasserpflanzen, zusammenlagern, wird von Grobdetritusmudden gesprochen. Entstehen die Ablagerungen in einem mit Nährstoffen überlasteten Gewässer, wie es heute die Regel ist, so lagert sich Faulschlamm, auch Sapropel genannt, ab. Es ist ein nach Schwefelwasserstoff riechendes Sediment – Ausdruck für fehlenden Sauerstoffgehalt am Gewässerboden.

Wenn die Mudden überwiegend aus Kalk bestehen, so bezeichnen wir sie als Kalkmudden. Sie können aber auch ganz aus Karbonatkalk aufgebaut sein, dann handelt es sich um Seekreide. Kalkmudden lagern sich in klaren nährstoffarm-kalkreichen Gewässern ab. In solchen Seen wachsen am Gewässerboden bis in Tiefen von 5 bis 10 m dichte Rasen von Armleuchteralgen, an denen sich der im Wasser gelöste Kalk abscheidet und die nach ihrem Absterben im Herbst diese Kalkmudden bilden. Setzen sich die Muddeablagerungen vorherrschend aus Sand, Ton oder Schluff zusammen, so handelt es sich um Silikatmudden, die man je nach der herrschenden Kornfraktion weiter in Sand-, Ton- oder Schluffmudden unterteilt. Die silikatischen Bestandteile werden meist von außen in die Gewässer verfrachtet und führen zusammen mit den organischen Bestandteilen zu dichtgelagerten Mudden. Sie sind vor allem für Flußseen charakteristisch.

Die Verlandungsvorgänge in den verschiedenen Gewässertypen sind recht unterschiedlich. Flache, stark mit Mineralstoffen belastete oder sehr nährstoffreiche Gewässer mit hoher Produktivität an Pflanzenmasse verlanden sehr viel schneller als nährstoffarme, tiefe und kaum Fremdmaterial erhaltende Gewässer.

In den meisten Gewässern kommt es nicht nur zu einer Ablagerung von Mudden, sondern auch zur Verlandung durch torfbildende Vegetation. Sie breitet sich im allgemeinen vom Ufer her ins Gewässer aus. Diese beiden Prozesse ergänzen sich und können zum Ausfüllen und damit Verschwinden des Wasserkörpers führen. Wenn sich über einem Gewässer eine geschlossene Torfdecke gebildet hat, die dem Muddekörper auflagert, so ist die Gewässerverlandung abgeschlossen.

Viele Torfverlandungen unserer Gewässer sind allerdings durch den Menschen bedingt. Denn wenn der Wasserspiegel sinkt, der

Wasserhaushalt eines Sees also angespannt ist, kann es zu verstärkter Torfbildung und damit zu rascher Verlandung kommen. Herrscht ein Wasserüberschuß, so steigt der Seewasserspiegel, die Verlandungsvorgänge sind reduziert.

Ein Großteil der Gewässer Mitteleuropas befindet sich gegenwärtig inmitten aktiver Verlandungsprozesse. Insbesondere die Westseiten vieler Seen zeigen in Stillwasserbuchten ausgeprägte Verlandungsvorgänge, während die stärker windexponierten und damit vom Wellenschlag erfaßten Ostufer größerer Seen kaum Verlandungen aufweisen. Hier werden die Sedimente im Winter oft zu Strandwällen aufgehäuft, so daß sich diese Seen in gewissem Sinne selbst reinigen. Auch in Waldseen mit starker Beschattung und geringer Produktivität an Pflanzenmasse sind Verlandungsvorgänge, vor allem Torfbildungen, kaum zu beobachten. Häufig wurden in historischer Zeit Seen zur Gewinnung von Wiesen künstlich abgelassen, so daß sich keine Torfdecken ausbildeten, sondern die Oberfläche derartiger in der Entwicklung unterbrochener ehemaliger Seen von Mudden, meist Kalkmudden, eingenommen wird. Wir sprechen dann von Mudde- oder Gyttjamooren.

Verlandungsmoore kommen in allen ökologischen Ausbildungsformen vor. Früher waren mesotroph-kalkreiche Verlandungsmoore dominierend, worauf das Auftreten von mächtigen Kalkmudden und Seekreiden bei den meisten der auf eine Gewässerverlandung zurückgehenden Moore hindeutet (s. Abb. S. 55). Wegen der rasanten Gewässereutrophierung, die wir gegenwärtig in ganz Mitteleuropa erleben, zeigt der weitaus größte Teil unserer Gewässer heute eine eutrophe Verlandungsvegetation. Mesotroph-subneutrale Verlandungsmoore, die an nährstoffarme, schwach saure Gewässer gebunden sind, waren schon immer recht selten. Sie fanden sich in der Geest und in jungeiszeitlichen Sanderlandschaften. Mit dem Aussterben derartiger Gewässer verschwindet auch dieser Moortyp.

Mesotroph-saure Verlandungsmoore treten in Urgesteinsgebieten der Hoch- und Mittelgebirge auf, sind aber auch in nährstoffarmen Sandlandschaften vorhanden. Die oligotroph-sauren Verlandungsmoore sind schließlich weitgehend an Gewässer in Regenmooren gebunden. Mit der totalen Entwässerung fast aller Regenmoore ist auch dieser Moortyp in unserer Landschaft verschwunden.

Beschäftigen wir uns nun noch mit den verschiedenen Torfbildungsprozessen bei der Gewässerverlandung. Klarwasserseen, wie sie bis vor 20 Jahren in der jungeiszeitlichen gewässerreichen Landschaft die Regel waren, bilden vornehmlich Unterwassertorfe (s. Abb. S. 44). Haupttorfbildner sind dabei

Profilschnitt durch ein mäßig nährstoffarm-kalkhaltiges Verlandungsmoor mit Restsee im jungpleistozänen Sander

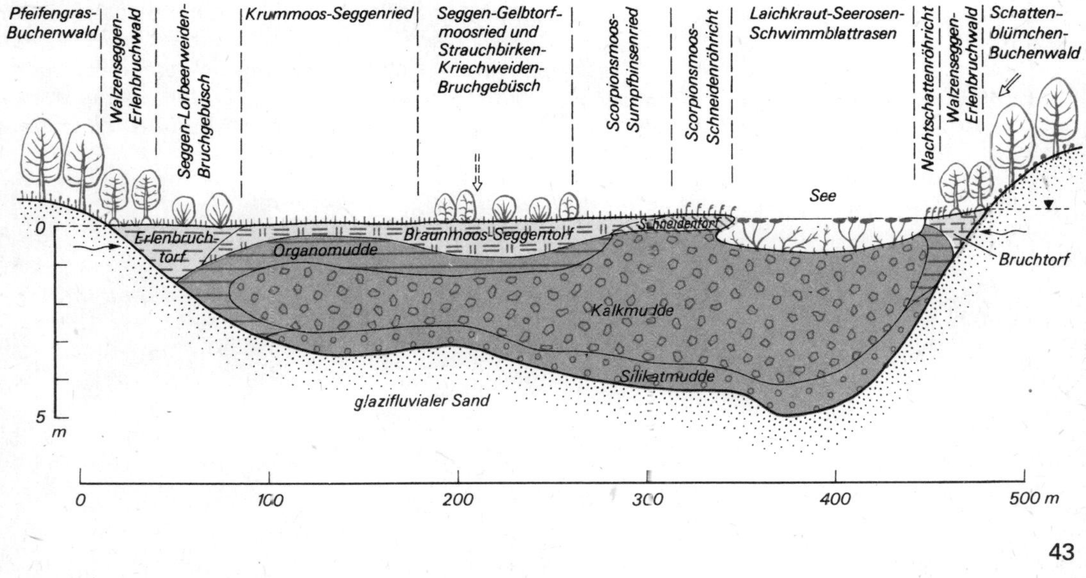

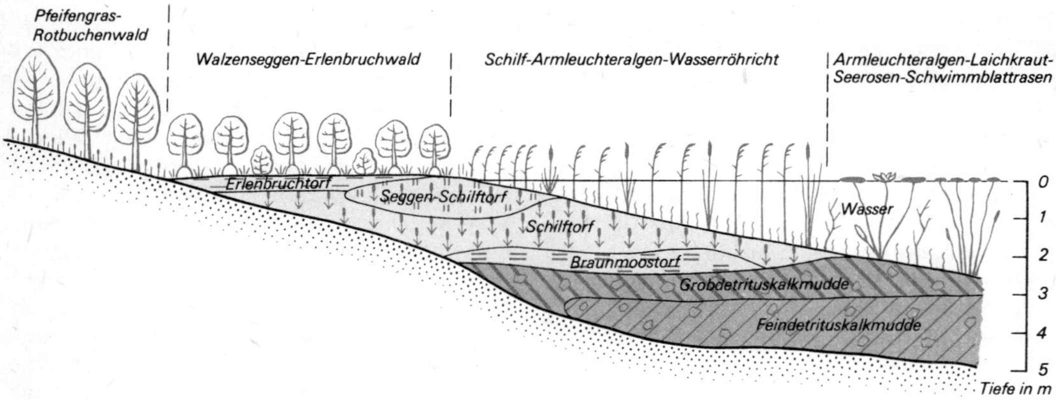

Profilschnitt mit Verlandungsvorgängen (Unterwassertorfbildung auf Kalkmudden) in einem mäßig nährstoffarm-alkalischen Klarwassersee

Schilf und teilweise auch Schneide. Die Schilftorfe entstehen bis in Wassertiefen von maximal 2,5 m, wobei allerdings die Torfbildung in mehr als 1,5 m Tiefe wegen der zunehmend lockeren Schilfbestände nur gering ist. Diese Torfe können Seesanden oder auch Mudden auflagern. Zum Ufer hin erreichen die Torfe meist die Wasseroberfläche. Hier wachsende Schilf-Landröhrichte bzw. Erlenbruchwälder tragen dann kaum noch zur Torfbildung bei. Wenn der Seespiegel steigt, können die Torfe dagegen ständig weiterwachsen.

Als Folge der heute überall anzutreffenden Gewässereutrophierung lösen sich die Unterwassertorfe oft vom Untergrund ab und schwimmen offenbar infolge Sumpfgasbildung inselhaft oder auch großflächig auf. Solche Decken sinken anfangs im Herbst wieder ab, um in der Regel im Juni des folgenden Jahres erneut aufzutauchen. Später bleiben sie dann aber ständig an der Oberfläche. So entstehen staudenreiche Wasserschierling-Schwingsümpfe, die mit ihrer hohen Produktivität rasch in den See hineinwachsen. Generell tritt in eutrophierten Verlandungsmooren eine starke Schwingmoorverlandung auf, die von den Uferkanten aus schnell auf die Seefläche vordringt (s. Abb. unten).

Für Verlandungsvorgänge an oligotroph- und mesotroph-sauren Gewässern sind ebenfalls Schwingmoorverlandungen die Regel (s. Abb. S. 46). Die anfangs nur wenige Dezimeter starken, vor allem aus Torfmoosen, Seggen, Blasenbinsen und Schnabelried gebildeten Schwingtorfdecken können sich weit ins offene Gewässer vorschieben; unter ihnen befindet sich ein oft mehrere Meter mächtiger Wasserkörper. Dieser Torfbildungsprozeß führt zu einem kontinuierlichen Absinken der

Profilschnitt durch eine Schwingmoorverlandung eines nährstoffüberlasteten Trübwassersees

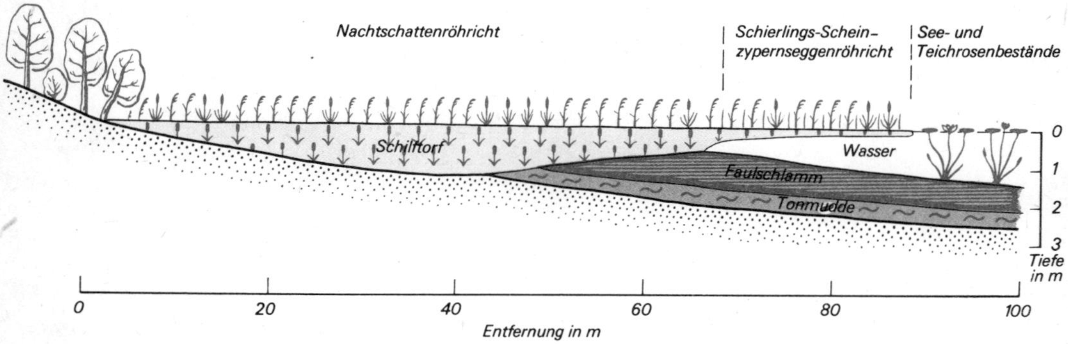

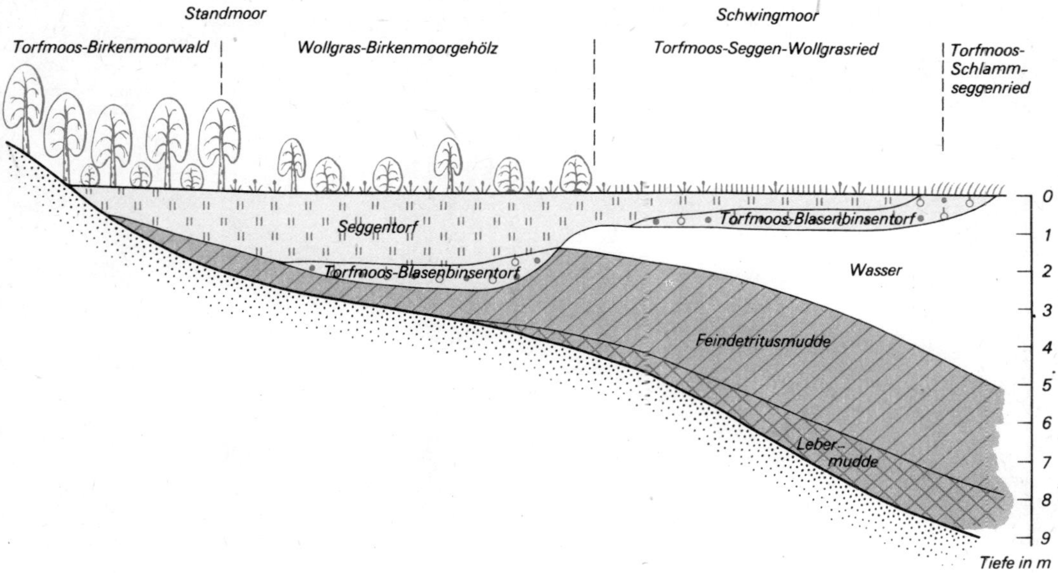

Profilschnitt durch die Schwingmoorverlandung eines nährstoffarm-sauren Kleinsees

im Schwingmoor gebildeten Torfe in den Wasserkörper. So wird dieser schließlich von den herabsinkenden Torfen aufgefüllt. Durch die Torflast kommt es auch zu einer Verdichtung der unterlagernden Mudden. Aus dem Schwingmoor entsteht dann ein Standmoor, und die Torfbildungsprozesse hören in der Regel auf, das Moor bewaldet sich mit Kiefern oder Birken.

Durchströmungsmoore. Wir wir anfangs schon feststellten, handelt es sich bei den Durchströmungsmooren um eine sekundäre Moorentwicklung, die auf Verlandungs-, Versumpfungs-, Hang- oder Quellmooren aufwächst. Voraussetzung für das Entstehen von Durchströmungsmooren ist daher in der Regel verstärkter Grundwasseranfall bzw. ein Grundwasseranstieg. Im südlichen Ostseeraum dürften sich die nacheiszeitliche Landsenkung und vor allem der Anstieg des Ostseespiegels fördernd auf das Entstehen derartiger Moore ausgewirkt haben. Auch ist das Einsetzen eines feuchteren Klimas seit etwa 7000 bis 8000 Jahren für die verstärkte Entwicklung von Durchströmungsmooren mit verantwortlich. Schließlich hat sich die weitgehende Entwaldung der Einzugsgebiete auf das Wachstum derartiger Moore positiv ausgewirkt.

Bei den Durchströmungsmooren basiert die Torfbildung auf einem sich durch den Torfkörper bewegenden Mineralbodenwasserstrom. Sie kommen auf geneigten Flächen, in Niederungen, Tälern und Talrandgebieten vor, in denen die Hauptgrundwasserleiter angeschnitten sind und austreten. Damit ist ein ständiger Grundwasserstrom vom Niederungsrand zu einem Vorfluter (meist einem Fluß) vorhanden, der das Torfmoor ernährt und bildet. Nach ersten hydrogeologischen Untersuchungen in Talmooren Mitteleuropas können 1 bis 3 m^3 Wasser pro Tag und Meter aus den mineralischen Flanken ins Moor strömen. Dieser anhaltende Durchfluß von Mineralbodenwasser, der oft auf austretende Schichtquellsysteme zurückgeht, führt zu ständig wachsenden, locker gelagerten Torfen geringer Zersetzung und hoher Ausdehnungsfähigkeit. Das ist wiederum die Voraussetzung für den Bodenwasserfluß, der vornehmlich im obersten Torfkörper erfolgt. Der Durchflußwiderstand bewirkt dabei einen Eigenstau. Das Niveau des Grundwasserstroms hebt sich mit dem aufwachsenden Torf. Die Mooroberfläche ist somit gleichzeitig Grundwasseroberfläche. Die Moorvegetation wächst am Talrand im Bereich des eintretenden Mineralbodenwassers am stärksten. Dadurch mitbedingt, erhält die Mooroberfläche

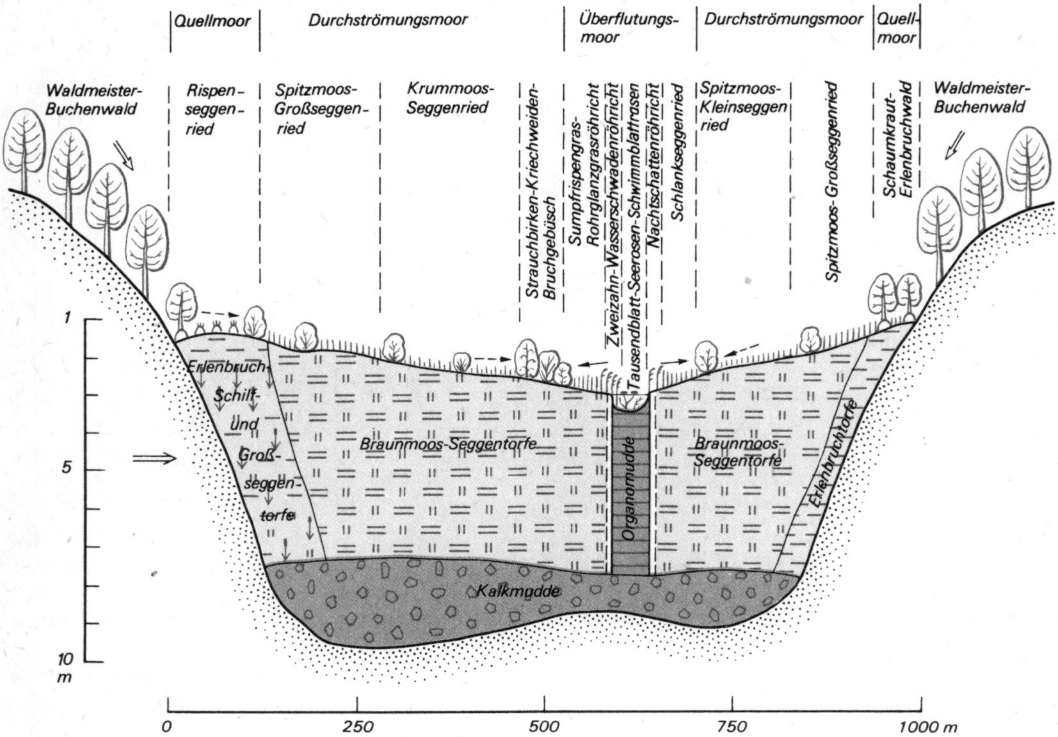

Profilschnitt durch ein mäßig nährstoffarm-basenreiches Durchströmungsmoor (Talmoor in jungpleistozäner Grundmoräne)

eine charakteristische Neigung vom Talrand zum Vorfluter. Wenn wir noch aktive Durchströmungsmoore überschreiten, glauben wir über ein Schwingmoor mit geringer Torfdecke zu laufen. In diesen schwammig-sumpfigen, bei starkem Anfall von Mineralbodenwasser sich ausdehnenden, bei geringerem Wasserdargebot etwas zusammensinkenden Torfmooren sind Überflutungen von selbst ausgeschlossen.

Mit zunehmender Entfernung vom Talrand kommt es zu fortschreitender Nährstoffverarmung, da die Nährstoffe des Mineralbodenwasserstroms aufgebraucht wurden. Durch die ständige Wassersättigung sind derartige Standorte in unbeeinflußtem Zustand waldfeindlich. Für den Profilaufbau dieser Moore sind durchschnittlich 4 bis 7 m mächtige, relativ homogen aufgebaute, nur mäßig zersetzte, aschearme und holzfreie Torfe kennzeichnend.

Durchströmungsmoore stellen den vorherrschenden Moortyp in den jungeiszeitlichen Moränenlandschaften des südlichen Ostseeraumes dar. Wir begegnen ihnen also vom östlichen Teil Schleswig-Holsteins über Mecklenburg und Brandenburg und die nördlichen Teile Polens bis weit in die Sowjetunion hinein. Hier füllen sie fast sämtliche Talniederungen aus, die wie ein Netz die Grundmoränenplatten durchziehen und als Hauptentwässerungsadern fungieren. Sie beherbergen damit die größten Torfvorräte in diesem Gebiet. Vereinzelt finden wir sie auch in von Sandern überschütteten Moränenflächen älterer Stadien der Eiszeit, wenn an Niederungsrändern Grundwasserleiter mit größeren Einzugsgebieten angeschnitten werden. Außerdem gibt es Durchströmungsmoore im Hügelland und vor allem im jungeiszeitlichen Alpenvorland und am Tatrarand, wo starke Schichtquellsysteme austreten. Hier können diese Moore auf Schotterterrassen oft eine große Ausdehnung erreichen. In Abhängigkeit vom Kalkreichtum des sie ernährenden Grundwassers treten sie als Kalkmoore, wie teilweise im jüngsten Jungpleistozän und im Mittelgebirgsraum mit

Kalkgestein, als Basenmoore, vor allem im Jungpleistozän, sowie als Sauermoore, z.B. im Altpleistozän, auf. Abgesehen von mineralrandnahen Bereichen, handelt es sich stets um mesotrophe Standorte, es entwickeln sich also Zwischenmoore. In niederschlagsreichen Klimagebieten, vor allem am Alpennordrand, wachsen in vom Talrand ferneren Moorteilen, wo die Ernährungsbedingungen ungünstiger werden, gewissermaßen als tertiärer Moorentwicklungstyp Regenmoore auf Durchströmungsmooren auf. Aber auch in großen küstennahen Talmooren können größere Regenmoorkomplexe aufgesetzt sein.

Durchströmungsmoore treten in 4 morphologischen Ausbildungsformen auf. Sie füllen als Beckenmoore flächenhaft große Niederungen oder als Talmoore Täler aus. Ferner können sie als Randmoore einseitig Niederungsrändern angelehnt sein und in Talnischen als Nischenmoore auftreten.

Häufig treffen wir Durchströmungsmoore mit anderen hydrologischen Moortypen zusammen an. So ist für jungpleistozäne Flußtalmoore die in Systembeziehung stehende Vergesellschaftung mit randlichen Quellmooren sowie schmalen Überflutungsmooren längs der Flüsse kennzeichnend. Sie können auch im Kontakt zu Seen auftreten, die bei besonders starkem Wasseranfall mit dem Aufwachsen des Durchströmungsmoores aufgestaut wurden, also, ohne zu verlanden, mit in die Höhe wuchsen. Die Vergesellschaftung mit Regenmooren wurde bereits genannt.

Die mesotroph-subneutralen Durchströmungsmoore sind als Talmoore in Flußtälern jungeiszeitlicher Grundmoränenplatten häufig auf Verlandungsmooren aufgewachsen (s.Abb. S.46). Diese Talmoore steigen nicht nur zum Talrand in der Regel 1,5 bis 3m an, es kommt auch in ihrer Längserstreckung zu einem erstaunlichen Aufsteigen. So erhebt sich z.B. das Oberflächenniveau des Talmoores der Recknitz von seiner Mündung in die Ostsee bis zu seinem Beginn am Rande einer Endmoräne auf 13,5m ü. NN. Die Tallänge und damit Moorlänge betragen dabei 55km, die Talbreite 1 bis 3km. Der stark mäandrierende Fluß hat in diesem Tal eine Länge von 113km und damit ein durchschnittliches Flußgefälle von 0,11%. Solche Talmoore besitzen fast alle in ihren höchstgelegenen Abschnitten Talwasserscheiden, entwässern also nach zwei Seiten. An derartigen Stellen waren natürlicherweise oft über viele Kilometer keine Vorfluter ausgebildet. Das wahrscheinlich gewaltigste Durchströmungsmoor ganz Europas ist die Biebrza-Niederung in Nordostpolen.

Kesselmoore. In der Regel sind die Kesselmoore Klein- und Kleinstmoore von oft weniger als einem Hektar Größe. Sie werden vor allem in der jungeiszeitlichen Landschaft in Endmoränen, kuppigen Grundmoränen sowie Sanderwurzeln bei überwiegend starker Reliefenergie beobachtet. Kesselmoore dürften meist auf das Ausschmelzen der während der letzten Eiszeit vergrabenen Toteisblöcke zurückgehen. Der stratigraphische Aufbau ist sehr einheitlich (s. Abb. S.48). Auf eine wenige Dezimeter mächtige basale Versumpfungstorfbildung mit Braunmoostorfen, z.T. auch Seggen- und Reisertorfen aus dem Spätglazial, folgt ein in seiner Mächtigkeit stark schwankender Muddekörper. Er weist auf eine Gewässerbildung durch tieftauendes Resteis nach schwacher Versumpfungsphase hin. Die Verlandung durch Muddebildung hat vor mehr als 11000 Jahren begonnen. Bei den Mudden handelt es sich zuunterst weitgehend um Lebermudden, denen Fein-, Mittel- und Grobdetritusmudden folgen können. Diese Gewässerphase unter meist mesotroph-subneutralen Bedingungen wird durch das vollständige Auffüllen des Kleingewässers mit Braunmoosen abgeschlossen, die fast unzersetzt sind, so daß man sehr gut die Artenzusammensetzung feststellen kann.

Als das Toteis vor etwa 9000 bis 10000 Jahren ausgeschmolzen war und ein relativ trockenwarmes Klima einsetzte, versiegten die Gewässer mehr oder weniger rasch, und die Verlandungsvorgänge wurden durch Schwingdeckenbildung abgeschlossen. Diese Schwingdecken zeichnen sich in der Regel durch Braunmoos-Seggentorf- oder Seggentorfablagerung aus. Damit trat meist ein Stillstand des Moorwachstums ein, das bei kleinen Kesseln vor etwa 6000 bis 8000 Jahren erfolgte, während sehr wasserreiche Kessel später verlandeten, oder es blieb inmitten der Moore bis heute ein zentrales Gewässer erhalten. Vor etwa 2000 bis 4000 Jahren begann dann Torf bis zu 8m aufzuwachsen. Dabei kann das nach dem Verlanden einsetzende Torfwachstum nur durch Niederschlag sowie aus den stark reliefierten kleinen Einzugsge-

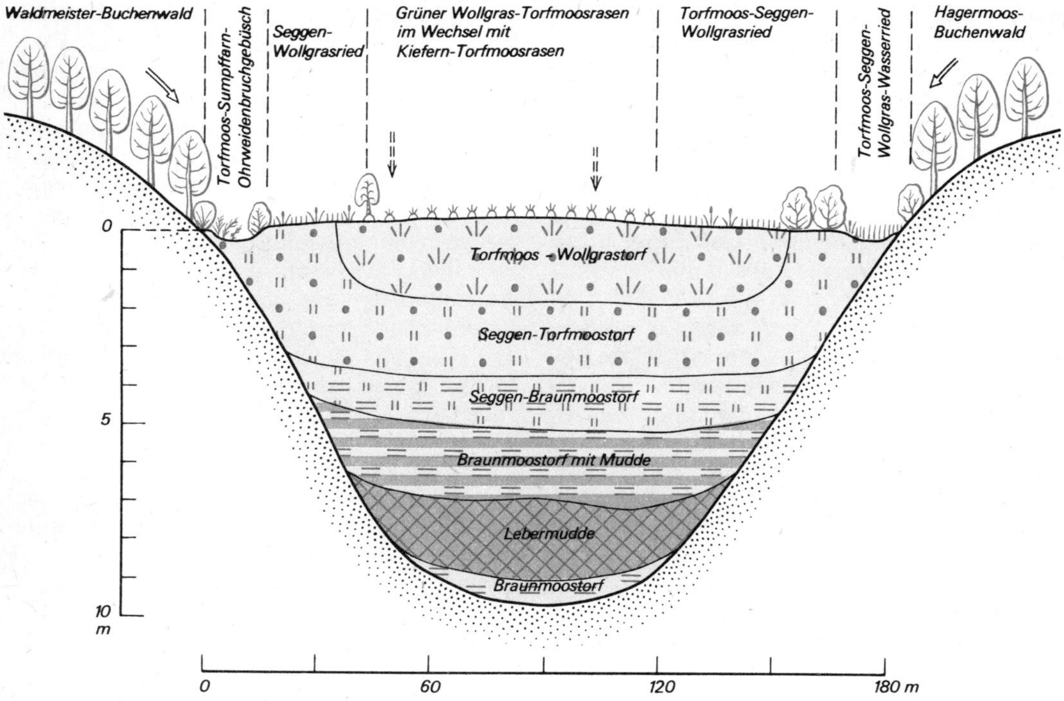

Profilschnitt durch ein nährstoffarm-saures Kesselmoor in jungpleistozäner Endmoräne

bieten oberflächig oder durch in den oberflächennahen Bodenschichten den Kesseln zufließendes Bodenwasser ermöglicht werden. So kommt es bei kleinen Mooren meist zu mesotroph-sauren, bei größeren Mooren im Zentrum großflächig zu oligotroph-sauren Standortbedingungen. Wenn hoher Kalkreichtum der mineralischen Umgebung vorhanden ist, können vereinzelt auch mesotroph-subneutrale Moore entstehen, für die dann weiterhin Braunmoose kennzeichnend sind. Eutrophe Kesselmoore treten unter natürlichen Bildungsbedingungen nicht auf.

Da Kesselmoore aus Kleinsteinzugsgebieten ernährt werden, sind sie stark vom Witterungsablauf abhängig. Perioden von mehreren feuchten Jahren führen zu einem raschen Torfmooswachstum, wobei aber auch das Mineralbodenwasser das ganze Moor erfaßt. In Trockenphasen sinken diese Moore etwas zusammen, sie werden dann in ihrem Zentrum weitgehend durch Regenwasser ernährt. Relative Trockenheit der obersten Torfschicht läßt Gehölzwuchs, vor allem von Kiefer und Birke, aufkommen. In feuchten Perioden stirbt dieser Gehölzbestand dann wieder ab.

Zur Entwicklung allein durch Regenwasser ernährter Moore kommt es wegen der geringen Größe nicht, im natürlichen Verbreitungsgebiet dieses Moortyps reichen die Niederschläge dazu nicht aus. Die weitgehend in tiefen Kessellagen inmitten von Hochwäldern gelegenen Kesselmoore haben ein eigenständiges kühlfeuchtes Lokalklima, das in der Regel für das rasche Torfwachstum mitverantwortlich ist.

Kesselmoore treten in mehreren morphologischen Ausbildungen auf. Die kleinen, relativ flachen Kesselmoore mit geringen Einzugsgebieten sind meist von einem nur schwachen Muddekörper unterlagert und von einer geschlossenen 4 bis 5 m mächtigen Torfdecke überzogen. Kesselmoore mit größeren Einzugsgebieten oder tiefe Kesselmoore mit Gesamtmächtigkeiten von 10 bis etwa 20 m haben dagegen oft einen zentralen Wasserkörper, der mit dem Torfwachstum in die Höhe »wächst«. Derartige Moorkolke stellen generell den nicht mehr verdunstbaren und tran-

Vorhergehende Seite: Küsten-Überflutungsmoor an der südlichen Ostseeküste (Barther Bodden) – aus dem Meer wachsendes Land

Nach Absenkung eines Sees entstandenes Verlandungsmoor

Slawischer Bohlenweg, im Moor konserviert. Ausgrabung bei Parchim/Mecklenburg

Exkursion in einem Moor

In den Weiten eines karelischen Regenmoores

Wachsendes Gebirgsregenmoor im Erzgebirge – Lebensraum mit Wasserüberschuß

Entwässerung eines Durchströmungsmoores (Recknitztalmoor bei Tessin im Jahre 1967)

Torfstichwand eines Armmoores in Westmecklenburg, an der Basis Schwarztorf, darüber Weißtorf

Torf aus Scheidigem Wollgras (Eriophorum vaginatum)

Zu stark entwässertes Versumpfungsmoor nach Graslandumbruch

Mischtorf eines Armmoores mit Resten von Torfmoosen, Blasenbinse und Sumpfporst

Kaum zersetzter Torf eines Braunmooses (Tomenthypnum nitens) eines Basen-Zwischenmoores

Gering zersetzter Torf eines Reichmoores mit Schilfrhizomen

An Pflanzenresten reiche Kalkmudde mit Süßwassermollusken

Kalkmudde mit vertorften Wurzelstöcken der Binsenschneide (Cladium mariscus)

Quellkalk mit Blattabdruck der Hasel

Torf in einem Erlenbruch

Ablagerungen eines Überflutungsmoores mit Bruchtorf und Schlickschichten auf Sand

Torfprofilwand eines Küsten-Überflutungsmoores, an der Basis Schilftorf, darüber Salzbinsentorf, zwischengelagert dunkle Organomudde

Nährstoffarm-saures Versumpfungsmoor (Heidemoor) in der Lausitz

Großseggen-Erlensumpf auf dem Darß

Nährstoffreiches Versumpfungsmoor mit Erlenbülten und Schlenken in der Choriner Endmoräne in Ostbrandenburg

Nährstoffreiches Hang-Quellmoor – Quellerlenbruchwald mit blühenden Sumpfdotterblumen

Bodenprofil eines Versumpfungsmoores, Bruchwaldtorf über Sand

Bodenprofil eines Versumpfungsmoores mit Frostbodenerscheinungen (spätglaziale Eiskeile mit Muddefüllung) im Rhinluch

Schwach entwässertes nährstoffarm-saures Hangmoor im Erzgebirge

Aktive Quellkuppe mit Eisenockerbildung im Frühling

Nackte Torfflächen am Rande eines Altwasserarmes in der Havelaue bei Gülpe

Prof. Dr. Jasnowski in einem Kalk-Quellmoor mit Riesenschachtelhalm (Equisetum telmateia) in Nordostpolen

Erlenbruchwald im Spreewald in der frühjährlichen Überflutungsphase

Naturnahes Auen-Überflutungsmoor der oberen Biebrza (Nordostpolen)

Im Mündungsgebiet der Biebrza in den Narew (Nordostpolen) bei Sommerhochwasser

Weidelandschaft an der unteren Havel – ein seit Jahrhunderten genutztes Auen-Überflutungsmoor

Moorlandschaft auf der Insel Kirr im Barther Bodden (Mecklenburg)

Röhrichte, Weidengebüsche und Bruchwälder – Verlandungszonen eines eutrophen Sees

Schwimmblatt-Verlandung eines eutrophen Sees

spirierbaren Feuchtigkeitsüberschuß eines Moores dar. Diese zentralen Gewässer von Kesselmooren zeigen kaum Verlandungsvorgänge. Die Gewässerränder werden von senkrechten, viele Meter mächtigen Torfkanten gebildet. Vor diesen Torfwänden entstehen wenige Meter breite Schwingsäume, die immer wieder abreißen und auf den Grund sinken, während das eigentliche Kesselmoor ein Standmoor darstellt.

Generell werden die Kesselmoore ringförmig von Randsümpfen umgeben, die das zufließende Mineralbodenwasser auffangen und eine nährstoffreichere Verhältnisse anzeigende Vegetation besitzen. Je nach dem Wasseranfall aus der mineralischen Umgebung sind sie im Jahreszyklus oder auch darüber hinaus unterschiedlich mit Wasser erfüllt. Vereinzelt kommen auch Kesselmoore vor, die ständig einen breiten und tiefen randlichen Wasserkörper aufweisen, an dem sich ringförmig der hochwachsende Torfkörper anschließt. Das Zentrum wird von einem gleichfalls mit hochwachsenden, nicht verlandenden Moorgewässer (Kolk) gebildet – Ausdruck eines besonders großen Wasserüberschusses (s. Abb. S. 100).

In Waldgebieten sind Kesselmoore wegen ihrer schweren Entwässerbarkeit heute noch weitgehend naturnahe, wachsende Moore. Nach Kahlschlägen bzw. Rodung der umgebenden Wälder können sie bei besonders starkem Wasseranfall »ertrinken«. Dann bildet sich auf dem Torfkörper ein Kleingewässer aus. Auch bei einer Entwässerung geht das natürlicherweise so charakteristische Aufschwimmen der Torfdecke verloren, es kommt zu einem Wasserüberstau. Ein solches Aufschwimmen wird vor allem durch Wasserkissen zwischen den Torfschichten ermöglicht, die sich bei starkem Wasseranfall auffüllen. Kesselmoore in der Ackerlandschaft sind häufig völlig von kolluvialen Bodendecken überlagert und, falls keine Entwässerung erfolgte, ebenfalls sekundär zu Kleingewässern geworden.

In den Endmoränen und kuppigen Grundmoränen treten die Kesselmoore in erstaunlicher Dichte auf. Wir finden sie in diesen kleinkuppigen Landschaften in fast sämtlichen Senken verschiedenster Höhenlagen. Auf einem Quadratkilometer werden nicht selten 4 bis 8 dieser Moore gezählt. Wie Moorerkundungen ergaben, können größere Kesselmoore auch durch das nachträgliche Zusammenwachsen von mehreren Einzelkesseln entstanden sein.

Regenmoore. Das in einem Torfkörper einsickernde oder ihn durchströmende Wasser wird auf seinem Weg durch das Moor gefiltert. Die torfbildenden lebenden Pflanzen müssen sich aus diesem Wasser mit den notwendigen Nährstoffen versorgen. Wenn die Reste dieser Pflanzen in den Torfbildungsprozeß einbezogen werden, scheidet ein Teil der Nährstoffe aus dem Stoffkreislauf aus, er wird im Torf festgelegt. So ist es nur zu verständlich, daß in den Verlandungsmooren, wenn der Nährstoffvorrat des Gewässers verbraucht ist, ziemlich nährstoffarme Verhältnisse herrschen müssen. Ganz ähnlich ist die Situation im Zentrum größerer Kesselmoore und in den randferneren Teilen der großen Durchströmungsmoore. Auch auf den unteren Partien von Hangmooren können sich häufig nur anspruchsloseste Gewächse behaupten. Wenn das Klima einen ausreichenden Feuchtigkeitsüberschuß aufweist, die Niederschläge also die Verdunstung erheblich übersteigen, setzen sich auf solchen Moorteilen Pflanzen durch, die mit den geringen Nährstoffmengen, die in den Niederschlägen enthalten sind, auskommen. Die Zahl dieser Pflanzenarten ist nicht sehr groß, es sind in erster Linie Torfmoose, wenige Riedgräser und vor allem Wollgräser und Zwergsträucher. Vorausgesetzt, die Vegetationsperiode ist lang genug, so können hier, unabhängig vom Grundwasser der Umgebung, mächtige Torfkörper aufwachsen, die geradezu von Regenwasser erfüllte Torfberge darstellen. Solche Moore wurden früher als »eigentliche« Hochmoore bezeichnet. Wir wollen sie, einem Vorschlag von Ludwig Aletsee folgend, als Regenmoore von allen anderen vorwiegend durch Mineralbodenwasser ernährten Mooren unterscheiden.

Mit dem aufwachsenden Regenmoor hebt sich der Moorwasserspiegel, der damit über dem Grundwasserspiegel der Umgebung liegt. So ist das Eindringen von Mineralbodenwasser in allseitig aufgewölbte Regenmoore unmöglich. Nicht so eindeutig sind die hydrologischen Verhältnisse in den Regenmooren, die auf Hangmooren aufwuchsen.

Regenmoore sind mehr als alle anderen Moore vom Klima abhängig. Über ihr Auftreten oder Fehlen entscheidet nicht nur die absolute Höhe der Niederschläge, sondern auch die Größe der Verdunstung, die wiederum in starkem Maße von der Temperatur abhängt. Regenmoore können nur wachsen, solange die im Verlauf eines Jahres auf das Moor fallenden Niederschläge größer sind als die Verdunstung und der Abfluß. Damit werden die Grenzen der Regenmoorverbreitung durch das Zusammenspiel von Niederschlägen, Temperatur und Relief bestimmt, wobei die Geländegestaltung verständlicherweise größten Einfluß auf das Abflußgeschehen hat. Diese Faktoren haben auch die Herausbildung unterschiedlicher Formen der Regenmoore bewirkt. Die wichtigsten wollen wir nachfolgend kurz vorstellen, wobei wir das ganze nördliche Europa und Westsibirien in die Betrachtung einbeziehen.

Im äußersten Nordwesten Europas, in den niederschlagreichsten Landschaften Irlands, Schottlands, Englands und Norwegens, mit ausgeglichener Verteilung der Niederschläge, milden, frostarmen Wintern und kühlen Sommern können Regenmoore als oft nur geringmächtige Torfdecken Hügel und Täler überziehen. Sie werden treffend als **Deckenmoore**, im Englischen »blanket bogs«, bezeichnet. Solche Moore leiden häufig bereits unter einem Übermaß an Feuchtigkeit; das gilt besonders für die Deckenmoore auf den Berghängen, deren Torfkörper oft von tiefen Erosionsrinnen zerschnitten sind. Diese Moore sind meist nur schwer von typischen Hangmooren oder Feuchtheiden abzugrenzen. Sie stehen in der Regel noch unter Mineralbodenwassereinfluß.

Mit den Deckenmooren vergleichbare Bildungen wurden auch aus den niederschlagreichen mitteleuropäischen Gebirgen, z.B. den Alpen, beschrieben. Die meisten Deckenmoore sind erst nach den jungsteinzeitlichen und bronzezeitlichen Waldzerstörungen in der Späten Wärmezeit entstanden.

Im Verbreitungsgebiet der Deckenmoore treten meist in ebener Lage Moore mit nur schwach aufgewölbtem Torfkörper auf. Sie unterscheiden sich durch ihre ausschließliche Regenwasserernährung von den Deckenmooren und gingen als Planhochmoore oder Flachhochmoore in die wissenschaftliche Moorliteratur ein. Wir wollen sie als **Planregenmoore** oder auch als **atlantische Regenmoore** bezeichnen.

In den weniger stark ozeanisch geprägten Klimagebieten des nördlichen Mitteleuropas nehmen die Regenmoore die bekannte uhrglasförmige Gestalt an. Es sind die **klassischen Hochmoore** mit deutlicher Aufwölbung, die mehrere Meter betragen kann. Die randlichen Partien dieser Moore sind demzufolge mehr oder weniger stark geneigt, sie werden als Randgehänge bezeichnet. Das Randgehänge größerer Moore durchziehen in unregelmäßigen Abständen sogenannte Rüllen. Darunter versteht man die Abflußbahnen, in denen bei voller Wassersättigung des Moores das überschüssige Wasser abgeleitet wird.

Zum Zentrum des Moores geht das Randgehänge in fast vollständig ebene Flächen über. Wegen dieses plateauartigen Moorkörpers ist

Profilschnitt durch ein »Plateauregenmoor« im nordwestlichen Mitteleuropa (nach Borngässer)

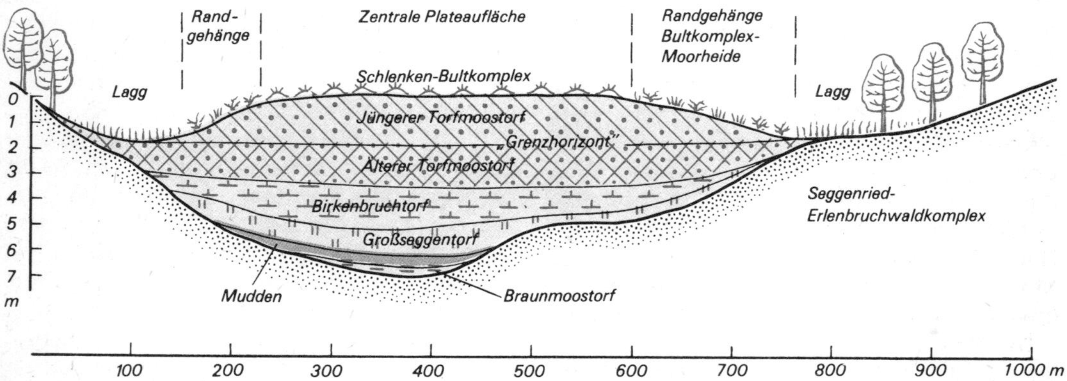

die Bezeichnung **Plateauregenmoor** sehr treffend. Alle gut entwickelten Plateauregenmoore besitzen einen stark vernäßten Grenzgürtel zwischen dem Randgehänge und dem Mineralboden. Dieser nasse Moorrand wird seit alters als Lagg bezeichnet. Bei ungestörten Mooren herrschen hier Sumpfwälder, Seggenriede oder Röhrichte vor. Nicht selten treten in den Laggzonen sogar Seen auf.

Im Gegensatz zum Lagg ist das Randgehänge meist ziemlich trocken und deshalb oft von Kiefern, Birken oder Bergkiefern bewachsen. In ungestörtem Zustand sind die zentralen Flächen der Plateauregenmoore nahezu ungegliedert. Nur schwach zeichnen sich flache Torfmoosbuckel von kaum wahrnehmbaren Vertiefungen, den Schlenken, ab. Im Zentrum der großen Plateauregenmoore herrscht in der Regel ein solcher Wasserüberschuß, daß sich Kolke gebildet haben. Daneben treten auch großflächigere Wasseransammlungen auf, die man als Blänken bezeichnet.

Zahlreiche große Regenmoore, besonders im nordwestlichen Mitteleuropa, sind aus Versumpfungsmooren hervorgegangen. Nur in solchen Fällen wird von wurzelechten Regenmooren gesprochen. Die meisten Regenmoore im nordöstlichen Mitteleuropa und im Voralpengebiet entwickelten sich aus Verlandungs-, Durchströmungs- und Hangmooren. Die im unteren Profilteil von Regenmooren auftretenden, meist hochzersetzten Torfe werden wegen ihrer dunklen Farbe als Schwarztorfe bezeichnet.

Stillstandsphasen des Moorwachstums heben sich durch besonders stark zersetzte Torflagen ab, die bereits von Carl Albert Weber als »Grenzhorizont« beschrieben wurden. Häufig sind die obersten Lagen der Torfe des Versumpfungsmoores als deutlicher Grenzhorizont ausgebildet. Grenzhorizonte treten aber auch in reinen Regenwassertorfen auf. Über den Schwarztorfen lagern hellere, schwächer zersetzte Torfschichten, die »Weißtorfe«. Der Übergang von der Mineralbodenwasserernährung zur Regenwasserernährung erfolgte bei den einzelnen Mooren zu unterschiedlichen Zeiten, doch dürfte die Hauptmasse des Weißtorfes in den meisten Mooren während der Nachwärmezeit, die vor etwa 2600 Jahren begann, entstanden sein.

Der Schichtenaufbau der Regenmoore, die sich über Verlandungs- und Durchströmungsmooren entwickelten, weicht in auffälliger Weise von dem der wurzelechten Regenmoore ab. Nachdem das Gewässer verlandet und oft schon von einem Bruchwald bedeckt war, erfolgte noch über längere Zeit ein Torfwachstum, das durch Zulaufwasser ermöglicht wurde, ehe das Moor zur reinen Regenwasserernährung überging. Diesen Mooren fehlen häufig gut ausgebildete Grenzhorizonte.

Im nördlichen Europa verändert sich die Gestalt der Regenmoore in auffälliger Weise. Das Randgehänge nimmt immer größere Flächen ein, und die zentralen Flächen schrumpfen entsprechend, so daß die Mooroberfläche von der meist breiten Laggzone bis zum Zentrum nahezu kontinuierlich ansteigt. Dadurch entsteht eine schildförmige oder schwach kuppelförmige Gestalt. Mit einem finnischen Wort werden diese »Schildhochmoore« auch als **Kermimoore** bezeichnet. Es handelt sich bei den Kermis um langgestreckte, strangförmige Torfmoosbülten, die auf diesen Mooren entsprechend den Höhenlinien angeordnet sind. Eng verknüpft mit den Kermis treten meist scharf begrenzte, wannenartige Schlenken auf, die man oft nicht von den Kolken trennen kann. Mit einem schwedischen Wort werden sie auch als Flarke bezeichnet. Im Zentrum der Kermimoore, gewissermaßen im Bereich der Gipfelflächen, sind regelmäßig größere Kolke entwickelt.

Im Norden des europäischen Teils der Sowjetunion und in Westsibirien treten die Kermimoore häufig in riesigen zusammengewachsenen Moorkomplexen auf. Die zentralen Teile dieser Moormassive werden von ausgedehnten Blänken beherrscht, die offensichtlich aus den Zentralkolken der Einzelmoore hervorgingen. Nur im Bereich der geneigten Flächen ist die streifenförmige, höhenparallele Anordnung der Kermis und der Flarke sichtbar. Von den sowjetischen Forschern werden diese Moore als **Strang- und Blänkenmoore** bezeichnet. Es dürfte sich dabei um die flächenmäßig bedeutendste Ausbildungsform der Regenmoore auf der Erde handeln.

In den niederschlagsreicheren europäischen Gebirgen gehören Regenmoore zum charakteristischen Gefüge der Landschaft. Sie treten erst oberhalb 600 bis 700 m auf, und ihre Höhengrenze liegt bei 1500 m. Während in den tieferen Lagen zu geringe Niederschläge fal-

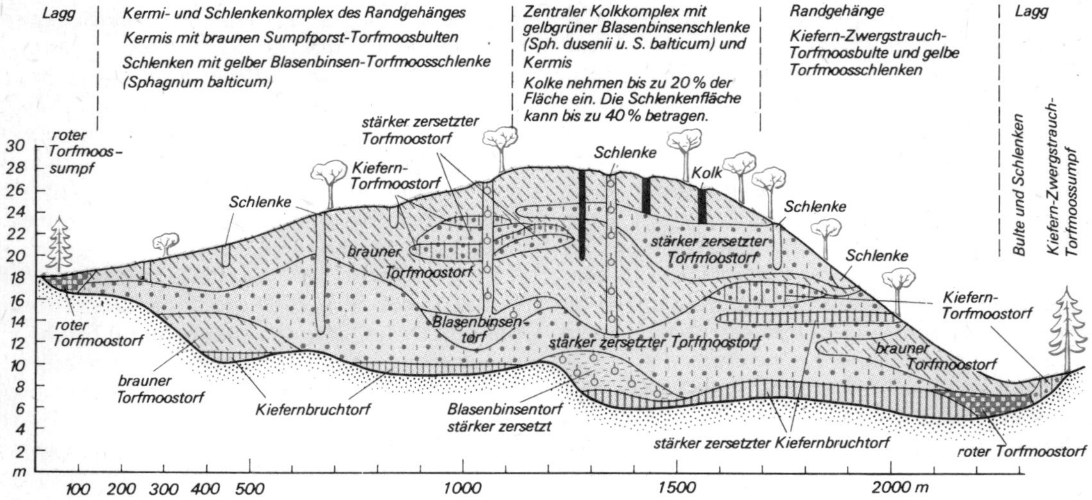

Profilschnitt durch ein Kermimoor vom südlichen Teil der Karelischen Landenge (nach Abramowa 1963)

len, werden in den Hochlagen die niedrigen Temperaturen zum begrenzenden Faktor. Für die verschiedenen Ausbildungsformen der Regenmoore der Gebirge ist neben dem Klima die Geländegestalt verantwortlich. Die großen Regenmoore an den Gebirgsrändern entwikkelten sich auf den Tonablagerungen in den Gletscherzungenbecken oder in den weiträumigen Bach- und Flußtälern. Kleine Moore wuchsen auch über verlandeten Seen auf. Bei all diesen Mooren handelt es sich um Plateauregenmoore. Kleine Plateauregenmoore findet man in höheren Lagen auf Verebnungsflächen und in Sattellagen. Sie sind meist allseitig aufgewölbt und weisen eine zentrifugale Entwässerung auf, liegen also auf Wasserscheiden.

Der weitaus größte Teil der Gebirgsregenmoore entwickelte sich über Hangmooren und besitzt deshalb eine charakteristische asymmetrische oder exzentrische Gestalt. Die stärker durch Zulaufwasser ernährten oberen Moorteile weisen meist geringere Moormächtigkeiten auf, während die ausschließlich durch Regenwasser gespeisten unteren Moorteile beachtliche Stärken erreichen können. Das untere Randgehänge ist auffällig steil, dafür fehlt hier meist eine typische Vernässungszone (Lagg). Am oberen Moorrand ist es umgekehrt. Bemerkenswert erscheint, daß in den europäischen Gebirgen mit kontinentaler getöntem Klima auf den Gehängemooren hangparallele Oberflächenstrukturen ausgebildet sind, wie wir sie für die Kermimoore geschildert haben. Kolke und flache Blänken gehören ebenso zum Bild dieser Moore wie als Rüllen ausgebildete Wasserabzugsbahnen. In niederschlagsreichen Lagen sind häufig Erosionserscheinungen zu beobachten. Gehängemoore können von Bächen zerschnitten sein. Auch am Grund der Torflager kann es zur Ausbildung von Wasserabzugsbahnen kommen, die eine innere Erosion der Torfkörper bewirken. Als Folge dieser inneren Erosion treten Einsturztrichter auf. Schließlich kann der Torfkörper Spannungsrisse aufweisen, die öfter mit Flarken der Kermimoore verwechselt werden.

An der südlichen Verbreitungsgrenze werden die Regenmoore durch völlig ebene »Waldhochmoore« abgelöst, die zeitweise jedoch bereits unter dem Einfluß von Mineralbodenwasser stehen und größtenteils als Versumpfungsmoore einzustufen sind. Sie wurden gelegentlich als Pseudohochmoore von den echten, aufgewölbten Hochmooren abgetrennt.

Aapamoore. An der nördlichen Verbreitungsgrenze der Regenmoore können sich ähnlich wie in den Höhenlagen der Gebirge wegen der weiter verkürzten Vegetationsperiode ausschließlich durch Regenwasser ernährte Torfkörper nur noch inselartig in vorwiegend durch Mineralwasser ernährten Mooren entwickeln. In ebener Lage sind diese Regenmoorinseln ziemlich regellos verteilt, man sprach von »Inselhochmooren«. In Abhängigkeit von der Größe der Regenmoorinseln zur Gesamtgröße des Moores ergeben sich verschiedenartige Oberflächenmuster. In Hanglagen ordnen sich diese Inseln zu hangparallelen, strangartigen Wällen an. Die Stränge schließen durch Mineralbodenwasser ernährte, stark vernäßte Moorstreifen ein. Man bezeichnet sie mit einem finnischen Wort als Rimpis. Moore mit diesem Oberflächenmuster sind als Strangmoore oder wiederum mit einem finnischen Wort als Aapamoore in die wissenschaftliche Moorliteratur eingeführt worden. Das Hauptverbreitungsgebiet der Aapamoore sind die skandinavischen Gebirge, Mittelfinnland und Karelien sowie die Halbinsel Kola. Schließlich treten Aapamoore auch in der äußersten Nordostecke Europas zwischen Petschora und Ural auf. Bei den südlichen Aapamooren überwiegen die Stränge, bei den nördlichen die Rimpis. Das ist auf das nach Norden zu größer werdende Niederschlagsnetto zurückzuführen. Auch wird das Relief der Stränge, je weiter man nach Norden kommt, steiler. Aus der Vogelperspektive erinnern die Aapamoore an Reisfeldterrassen.

Schon die Differenzierung der Oberflächenstrukturen der Kermimoore ist ohne Frosteinwirkung nur schwer vorstellbar. Bei den Aapamooren spielen Frostwirkungen eine noch bedeutendere Rolle. Das betrifft in erster Linie die Stränge, die durch Eisdruck aufgepreßt werden. Sie können 3 bis 4 m breit und bis zu einem Meter hoch sein. In den Strängen findet man bis in den Sommer hinein Bodeneis.

Palsamoore. Im Grenzbereich des arktischen Dauerfrostbodens, der in den kontinentalen Klimagebieten Sibiriens weit nach Süden reicht, können die Stränge der Aapamoore zu meterhohen Torfhügeln aufwachsen. Das Wachstum dieser Torfhügel, die man Palsen oder Palsas nennt, wird ebenfalls nicht durch das intensive Wachstum der Torfmoose, sondern durch das Bodeneis im Inneren der Hügel bewirkt. Sie enthalten einen ständigen Eiskern oder Permafrostkern. Für das Entstehen dieser Eiskerne wird eine unterschiedliche Schneebedeckung verantwortlich gemacht. Dort, wo sie dünner bleibt, kann der Frost tiefer eindringen, und es bilden sich Dauereiskerne. Wegen der hygroskopischen Wirkung des Gefriervorganges vergrößern sich diese Dauereiskerne von Jahr zu Jahr, indem sie aus ihrer Umgebung verfügbares Wasser an sich reißen. Voraussetzung für das Wachstum der Torfhügelmoore ist also be-

Profilschnitt durch ein Regenmoor im Erzgebirge (nach Schreiber 1921 und Rudolph und Firbas 1924)

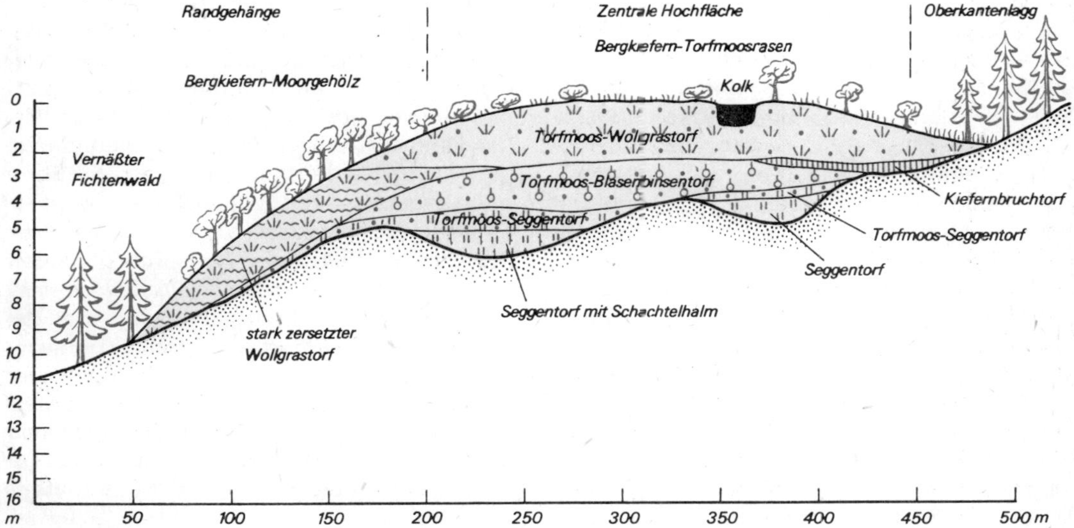

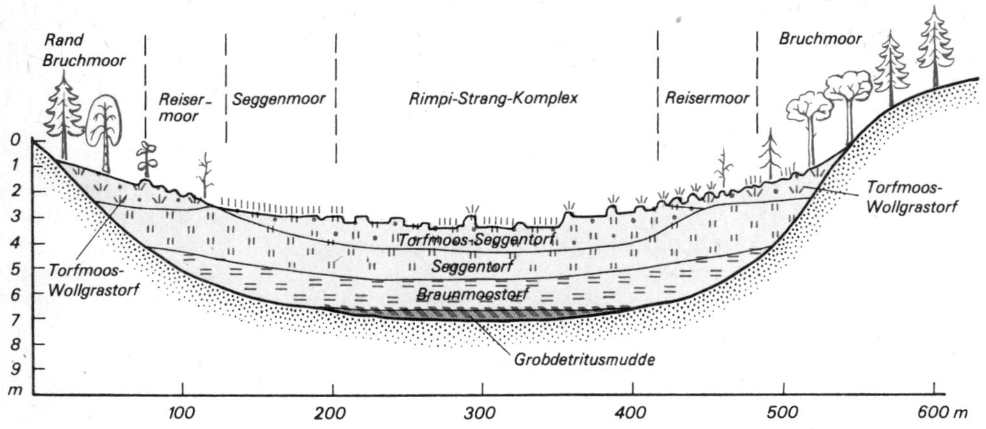

Profilschnitt durch ein Aapamoor in Nordkarelien (nach K. Tolonen 1967)

wegliches Wasser in der Umgebung der Dauereiskerne während der Auftau- und Gefriervorgänge.

Die Torfhügel Skandinaviens haben meist eine Höhe von 2 bis 4 m, sie können aber auch 7 m erreichen. Die höchsten Palsen werden mit 10 m angegeben. Ihr Durchmesser kann 10 bis 35 m betragen. Diese Torfhügel haben eine rissige Oberfläche, die im Sommer einige Dezimeter tief auftaut. Mit dem Herauswachsen aus der Umgebung werden diese Torfhügel immer ungünstigere Pflanzenstandorte. Der Scheitel der Torfhügel ist meist fast vegetationsfrei, nur einige Flechten vermögen noch zu existieren. Die weniger exponierten Flanken tragen eine dichtere Vegetation.

Die Palsen liegen häufig inmitten ausgedehnter, durch Mineralbodenwasser ernährter Moore, teilweise sind sie von wassererfüllten grabenförmigen Vertiefungen umgeben. Sie bestehen aus eiserfüllten Seggen- und Braunmoostorfen. Jüngere Palsen können auch Torfmoostorfe enthalten.

In der Übergangszone von den Aapamooren zu den Palsamooren treten häufig niedrige **Torfhügelmoore** auf, die in Finnland Pounikkos und in Island Thufas genannt werden. Für ihre Entstehung ist ebenfalls der Bodenfrost verantwortlich. Die kleinen 0,3 bis 1 m hohen Erdhügel überziehen in dichter Anordnung ausgedehnte Moorflächen, auf 100 m^2 kann man bis zu 50 Torfhügel finden. Für ihr Wachstum sind ebenfalls Frostkerne verantwortlich. Von den sowjetischen Forschern werden die Palsen und die kleinen Torfhügel zusammenfassend als Bugrimoore bezeichnet.

Polygonmoore. In den großen Ebenen der arktischen und subarktischen Regionen Sibiriens und Nordamerikas, gewissermaßen an den Grenzen des Pflanzenwachstums, werden riesige Flächen von Polygonmooren eingenommen. Wie schon aus dem Namen hervorgeht, sind Polygonmoore an die Frostnetz- und Eiskeilböden gebunden (Polygon = Vieleck). Frostnetze entstehen im Bereich des Dauerfrostbodens unter extrem kontinentalen Bedingungen. Bei starken Frösten reißt der gefrorene Boden, und in den Frostrissen sammelt sich in der folgenden Auftauperiode Wasser, das bald wieder gefriert. Dadurch werden die Spalten vergrößert, die Spaltenränder zusammengepreßt und wulstartig gehoben. Weil sich die Spalten zu einem Netz vieleckiger Figuren zusammenfügen, entstehen wabenartige Strukturmuster. In den Waben kann sich eine schüttere torfbildende Vegetation halten, die während der kurzen Sommer ausreichend mit Feuchtigkeit versorgt ist, da das Schmelzwasser durch die erhöhten Ränder der Waben am Abfließen gehindert wird. Die Waben besitzen Durchmesser von 10 bis 30 m. Trotz der in diesen unwirtlichen Regionen sehr niedrigen biologischen Produktivität wurden von den sowjetischen Forschern im Inneren der Polygone Torfdecken von 0,3 bis 1 m Stärke festgestellt. Da die Torfe sehr mineralreich sind, handelt es sich bei den Polygonmooren wenigstens teilweise bereits um Anmoore.

lebewelt

der mitteleuropäischen Moore

Aus der Fülle der Vegetationsbilder, die einst unsere vielgestaltigen Moorlandschaften prägten, lassen sich hier natürlich nur die wichtigsten, einst großflächig verbreiteten Vegetationsverhältnisse mit ihrer spezifischen Tierwelt herausgreifen. Ausgehend von den Darstellungen der ökologischen Moortypen im vorhergehenden Abschnitt, betrachten wir zunächst die Armmoore, anschließend werden die Sauer-Zwischenmoore behandelt, es folgt das Pflanzen- und Tierleben der Basen-Zwischenmoore; als vierten Komplex werden wir das Pflanzenkleid der Kalk-Zwischenmoore schildern, und den Schluß bildet die Darstellung der Reichmoore.

Wir müssen bei der Behandlung der Pflanzen- und Tierwelt der Moore aber auch die abgewandelten, gegenwärtig vorherrschenden Verhältnisse betrachten, begegnen wir ihnen doch heute überall. Zuerst gehen wir immer auf die eigentümliche Pflanzenwelt unter natürlichen, also unentwässerten Verhältnissen ein. Anschließend werden die Vegetationswandlungen im Laufe der sich ständig verstärkenden menschlichen Eingriffe in diese Ökosysteme behandelt. Den Schluß bildet die Behandlung der Tierwelt.

Armmoore

Die Vegetationsdecke wachsender Armmoore wird von Torfmoosen (*Sphagnum*-Arten) gebildet, denen sich wenige höhere Pflanzenarten beigesellen. Deshalb sind sie mit riesigen wassergesättigten Moospolstern zu vergleichen.

Die Blätter der Torfmoospflänzchen können in ihren großen sogenannten Hyalinzellen, zwischen denen kleine Chlorophyllzellen gelagert sind, mehr als das 30fache ihres Trockengewichtes an Wasser aufnehmen. Keine andere Pflanze vermag derartige Wassermengen zu speichern. Wenn Torfmoospolster austrocknen, nehmen sie durch Füllung der Hyalinzellen mit Luft eine weißliche Farbe an. Daher kommt auch der Name Bleichmoos.

Von den über 30 Torfmoosarten Mitteleuropas ist der größte Teil (etwa 20 Arten) an oligotrophe und saure Standorte gebunden. Dabei haben die einzelnen Torfmoosarten aber unterschiedliche Feuchteansprüche. So gibt es gelblichgrüne Arten, wie *Sphagnum cuspidatum, Sphagnum balticum* oder *Sphagnum dusenii*, die am Schlenkengrund leben, im Wasser schwimmen oder nur wenige Zentimeter aus dem Moorwasser herausragen. Andere Torfmoosarten, insbesondere *Sphagnum magellanicum* und *Sphagnum rubellum*, die meist intensiv rot sind, oder das braune *Sphagnum fuscum*, besiedeln dagegen die Bülten. Solche Moosbülten gehören zusammen mit den Schlenken zum charakteristischen Bild der Armmoore. Die Bülten erheben sich als kleine Hügel 20 bis 50 cm über das Schlenkenniveau. Wieder andere Torfmoosarten gedeihen vornehmlich unter einem lichten Gehölzbestand, z. B. *Sphagnum recurvum, Sphagnum palustre, Sphagnum fimbriatum* oder *Sphagnum squarrosum*. Schließlich gibt es Arten, die für stärker abtrocknende Standorte

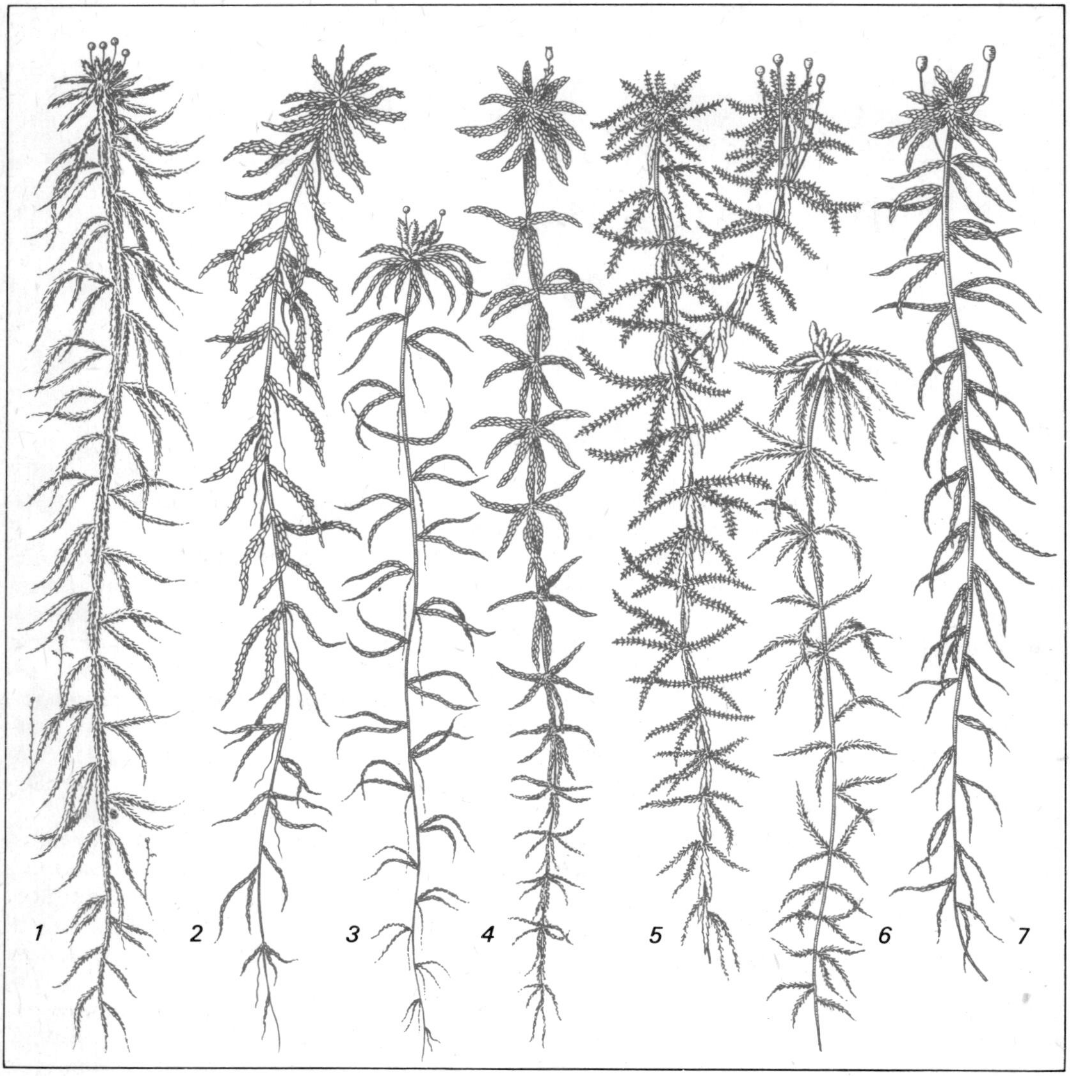

Torfmoose der Armmoore

1 *Sphagnum cuspidatum*
2 *Sphagnum magellanicum*
3 *Sphagnum rubellum*
4 *Sphagnum palustre*
5 *Sphagnum squarrosum*
6 *Sphagnum recurvum*
7 *Sphagnum nemoreum*

kennzeichnend sind, z.B. das oft rotscheckige *Sphagnum nemoreum*, aber auch *Sphagnum tenellum* oder *Sphagnum compactum*.

Die Torfmoospolster werden von der Moosbeere *(Oxycoccus palustris)* umsponnen. Dieser kleine, grazile, im Mai seine rosafarbenen Blüten entfaltende Zwergstrauch erfreut uns im Herbst mit großen roten Beeren. Charakteristische Zwergsträucher sind weiterhin die Rosmarinheide *(Andromeda polifolia)*, die Krähenbeere *(Empetrum nigrum)*, die Glokkenheide *(Erica tetralix)* und das Heidekraut *(Calluna vulgaris)*. Diese Arten der Heidekrautgewächse besiedeln hauptsächlich die relativ trockenen Spitzen der Bülten, wo die Torfmoose bereits geschwächt sind. Auf den Bülten können im Schatten der Zwergsträucher

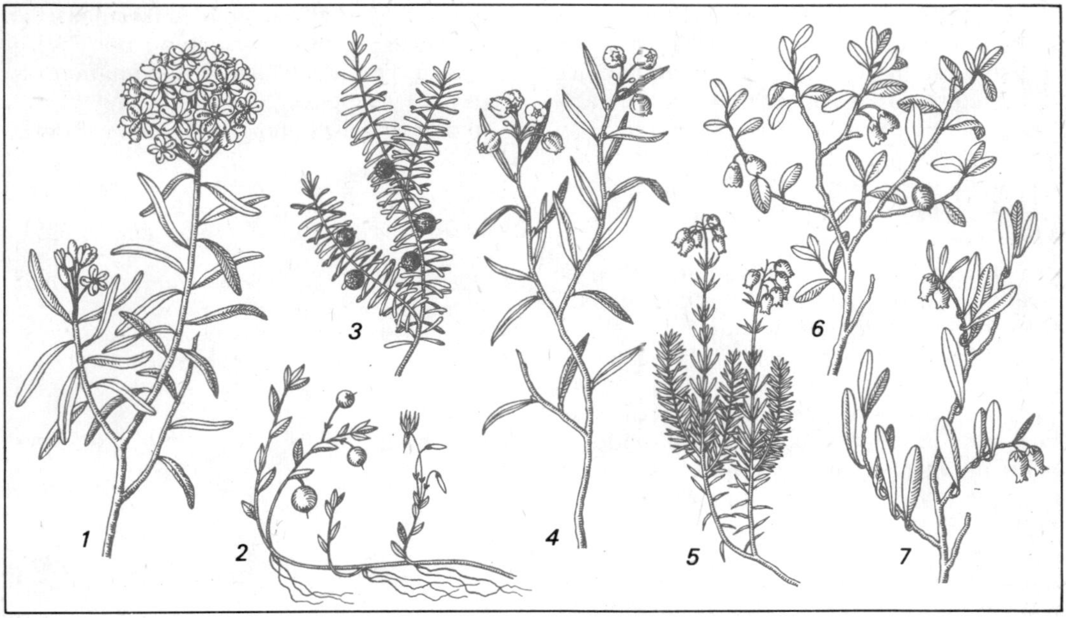

Zwergsträucher der Armmoore

1 *Sumpfporst (Ledum palustre)*
2 *Moosbeere (Oxycoccus palustris)*
3 *Krähenbeere (Empetrum nigrum)*
4 *Rosmarinheide (Andromeda polifolia)*
5 *Glockenheide (Erica tetralix)*
6 *Rauschbeere (Vaccinium uliginosum)*
7 *Torfgränke (Chamaedaphne calyculata)*

auch graugrüne Strauchflechten (*Cladonia*-Arten) gedeihen. Besonders charakteristisch sind aber Frauenhaarmoose *(Polytrichum strictum)*. Eine typische Pflanze der Torfmoospolster ist der »fleischfressende« Rundblättrige Sonnentau *(Drosera rotundifolia)*. Diese zierliche, kleine Rosettenpflanze deckt in dem nährstoffarmen Milieu ihren Energiebedarf durch den Fang von Insekten. Als Fangorgan dienen die einen klebrigen Saft abscheidenden Drüsenhaare der Blätter. Eine der charakteristischen torfbildenden Pflanzen, die in keinem nährstoffarm-sauren Moor fehlt, ist das Scheidige Wollgras *(Eriophorum vaginatum)* mit horstartigem Wuchs. Bei guter Wasserversorgung des Standortes wird es durch die Torfmoose überwachsen, wohingegen der Sonnentau seine Blattrosette immer wieder auf den Torfmoospolstern entfalten kann.

Auf den wasserübersättigten Standorten der Armmoore gedeiht die Grüne Torfmoosschlenke (Cuspidato-Scheuchzerietum palustris), die neben dem schon genannten *Sphagnum cuspidatum* durch einige Sumpfpflanzen, wie Schmalblättriges Wollgras *(Eriophorum angustifolium)*, Weißes Schnabelried *(Rhynchospora alba)*, die seltene Blasenbinse *(Scheuchzeria palustris)* und die Schlammsegge *(Carex limosa)*, gekennzeichnet ist. Eine typische Schlenkenart ist auch der Mittlere Sonnentau *(Drosera intermedia)*.

Wenn die Schlenke etwas aus dem Moorwasserspiegel herauswächst, so entfaltet sich der Bunte Torfmoosrasen (Sphagnetum magellanici). Er ist die wichtigste torfbildende Pflanzengesellschaft der wachsenden Regenmoore. Diese baumfreie, aus Torfmoosen, Wollgras und einigen Zwergsträuchern bestehende Vegetationsdecke war einst vor allem für die Regenmoore der Mittelgebirge, des Alpenvorlandes und des südlichen Ostseeküstenraumes bestimmend. Heute ist die vom Aussterben bedrohte Pflanzengemeinschaft fast nur noch in Kesselmooren dieser Gebiete zu finden.

Das atlantisch geprägte Tiefland des südlichen Nordseeküstenraumes besaß als dominierende torfbildende Pflanzengesellschaft den Glockenheide-Torfmoosrasen (Erico-

Sphagnetum magellanici). Charakteristische Arten dieser Gesellschaft sind die ozeanisch bis subozeanisch verbreitete Glockenheide *(Erica tetralix)* sowie der zu den Liliengewächsen zählende Beinbrech *(Narthecium ossifragum)*. Im ganzen östlichen Tiefland treten an die Stelle dieser Arten der Sumpfporst *(Ledum palustre)* und, über Mitteleuropa hinausgehend, die Moltebeere *(Rubus chamaemorus)* sowie die Torfgränke *(Chamaedaphne calyculata)*. Diese Pflanzengesellschaft, das Ledo-Sphagnetum magellanici, ist von einzelnen zwergwüchsig-krüppligen Waldkiefern *(Pinus sylvestris)* durchsetzt. In Osteuropa wird sie vom Ledo-Sphagnetum fusci abgelöst. In der montanen Stufe unserer Mittelgebirge findet sich im Verbreitungsgebiet der Bergkiefer *(Pinus mugo)* ein durch Zwergformen dieser Kiefernart geprägter Torfmoosrasen (Pino mugi-Sphagnetum magellanici).

In den wachsenden Regenmooren der subalpinen Nadelwaldstufe, wie im Schwarzwald, in den Alpen, dem Riesengebirge und der Hohen Tatra, tritt als entsprechende Gesellschaft der Rasenbinsen-Torfmoosrasen (Eriophoro-Trichophoretum cespitosi) auf. Hier sind die Rasige Haarsimse *(Trichophorum cespitosum)*, die Alpenhaarsimse *(Trichophorum alpinum)* sowie die Wenigblütige Segge *(Carex pauciflora)* die wichtigsten Bestandsbildner.

Eine weitere Gesellschaft der Armmoore ist der Grüne Wollgras-Torfmoosrasen (Eriophoro-Sphagnetum recurvi). Diese Pflanzengemeinschaft besiedelt bereits deutlich durch Mineralbodenwasser beeinflußte Standorte. Dominierend treten das Scheidige Wollgras *(Eriophorum vaginatum)* sowie das Torfmoos *Sphagnum recurvum* auf. Die Gesellschaft ist vor allem für die zentralen Bereiche nichtentwässerter kleiner Kesselmoore bezeichnend. Das Gemeine Frauenhaarmoos *(Polytrichum commune)* entwickelt in dieser Vegetationseinheit oft prächtige Bültenkomplexe.

Die vorgestellten Pflanzengesellschaften der Armmoore sind für die weitgehend gehölzfreien torfakkumulierenden sogenannten Moorwachstumskomplexe kennzeichnend. Durch natürliche Klimaänderungen oder schwache, vom Menschen verursachte Entwässerungen kann es zum Stillstand des Moorwachstums kommen. Dann bilden sich Gesellschaften des sogenannten Stillstandskomplexes aus. Die oberste Torfschicht ist in Trockenphasen nicht mehr wassergesättigt, was die verstärkte Ausbreitung der Zwergsträucher bzw. das stärkere Aufkommen von Gehölzen ermöglicht.

In den entwässerten großen Regenmooren

Riedgras- und Binsengewächse der Armmoore

1 Rasige Haarsimse (Trichophorum cespitosum)
2 Blasenbinse (Scheuchzeria palustris)
3 Scheidiges Wollgras (Eriophorum vaginatum)
4 Weißes Schnabelried (Rhynchospora alba)
5 Wenigblütige Segge (Carex pauciflora)

des nordwestlichen Tieflandes entwickelten sich so einst riesige Zwergstrauchheiden. Diese Moorheiden (Sphagno-Callunetum) sind heute weitgehend verschwunden.

In den Regenmooren der Mittelgebirge tritt in solchen Austrocknungsphasen der Flechten-Wollgras-Heidekrautrasen (*Cladina-Sphagnum-nemoreum*-Gesellschaft) auf. Zwergsträucher, wie Heidekraut *(Calluna vulgaris)* und Rauschbeere *(Vaccinium uliginosum)*, aber auch das Scheidige Wollgras *(Eriophorum vaginatum)* und Strauchflechten sowie das Torfmoos *Sphagnum nemoreum* sind kennzeichnende Arten. Verbreitet kommt es auf diesen zumindest im Sommer stärker abtrocknenden Mooren zur Ausbreitung von Gehölzen, wobei die auf den Moosbülten siedelnden und in ihrem Wuchs stark kümmernden Bäumchen oft viele Jahrhunderte alt sind, ohne dabei Manneshöhe erreichen zu können. Im östlichen Tiefland zählen zu solchen Pioniergehölzen vor allem die Waldkiefer *(Pinus sylvestris)*, seltener die Moorbirke *(Betula pubescens)*, in den Mittelgebirgen dagegen die Bergkiefer *(Pinus mugo)*, vereinzelt auch die Karpatenbirke *(Betula carpatica)* oder, besonders im Harz und Thüringer Wald, die Gemeine Fichte *(Picea abies)*. Charakteristische Pflanzenarten dieses Entwicklungsstadiums der Moore sind außerdem das Pfeifengras *(Molinia caerulea)*, der Moorwachtelweizen (*Melampyrum pratense* ssp. *paludosum*) oder die bekannten Beerensträucher Heidelbeere *(Vaccinium myrtillus)* und Preiselbeere *(Vaccinium vitis-idaea)*.

Wenn die Austrockung durch schwache Moorentwässerung, aber auch durch die zunehmende Transpiration der Gehölze voranschreitet, entwickeln sich lichte, maximal stubenhohe Moorgehölze. Im atlantischen Klimagebiet gewinnt dann die Moorbirke *(Betula pubescens)* die Vorherrschaft.

Die Armmoore des Tieflandes im Osten Mitteleuropas tragen das Sumpfporst-Kiefern-Moorgehölz (Ledo-Pinetum), das hier aber nicht nur austrocknende Moore kennzeichnet. Im Harz und Thüringer Wald, wo die Bergkiefer nicht vorkommt, siedelt sich auf diesen Standorten das Beerkraut-Fichten-Moorgehölz (Piceeto-Vaccinietum uliginosi hercynicum) an, und in den anderen Mittelgebirgen sowie den Hochgebirgen herrscht das Beerkraut-Bergkiefern-Moorgehölz (Vaccinio uliginosi-Pinetum mugi) vor. Nach der Wuchsform der Bergkiefer lassen sich Spirken- und Latschenmoore unterscheiden, die man im Süddeutschen mit dem passenden Namen »Filze« bezeichnet. Diese von der Latsche bestandenen Krummholzmoore entwickeln sich zu kaum passierbaren, dichtverwobenen Gehölzdickichten, da die Latsche hier nur selten über Manneshöhe hinauswächst, dagegen aber oft kniehohe tischförmige Bestände bildet. Man trifft sie in den Gebirgen bis in die subalpine Stufe an. 10 m hoch werdende, teilweise also baumförmige Spirken steigen in den Gebirgen dagegen nicht höher als 800 bis 1000 m über NN. Sie sind insgesamt mehr in dem westlichen Teil von Mitteleuropa vertreten.

Eine besondere Stellung nehmen die Spirkenwälder auf den Mooren des Třeboner (Wittingauer) Beckens (ČSSR) und auf einigen süddeutschen Armmoren ein. Hier bilden sie gradschaftige bis zu 10 m hohe Bäume, unter denen sich in der lichteren Altersphase eine reiche Zwergstrauchflora einfindet. Vor allem der Sumpfporst *(Ledum palustre)* kann hier sehr üppig gedeihen.

Von den Moorgehölzen werden mitteleuropäische Armmoore aber nicht erst nach Entwässerungen bzw. klimatisch bedingten Austrocknungserscheinungen besiedelt, sie gehörten auch schon zum charakteristischen Vegetationsinventar eines völlig intakten lebenden Regenmoores. Hier bildeten sie aber

Folgende Seite:
Vegetationsentwicklungsreihen auf nährstoffarmsauren Moorstandorten (Armmooren) im Laufe von Entwässerungen

1 Scheidiges Wollgras (Eriophorum vaginatum), 2 Glockenheide (Erica tetralix), 3 Beinbrech (Narthecium ossifragum), 4 Gemeine Moosbeere (Oxycoccus palustris), 5 Rasige Haarsimse (Trichophorum cespitosum),
6 Wenigblütige Segge (Carex pauciflora),
7 Torfmoospolster (Sphagnum-Polster), 8 Heidekraut (Calluna vulgaris), 9 Waldkiefer (Pinus sylvestris), 10 Rauschbeere (Vaccinium uliginosum), 11 Bergkiefer (Pinus mugo), 12 Birke (Betula spec.), 13 Sumpfporst (Ledum palustre), 14 Pfeifengras (Molinia caerulea),
15 Gemeine Fichte (Picea abies), 16 Heidelbeere (Vaccinium myrtillus)

Wasserverhältnisse	Prozesse des Torfsubstrates	
		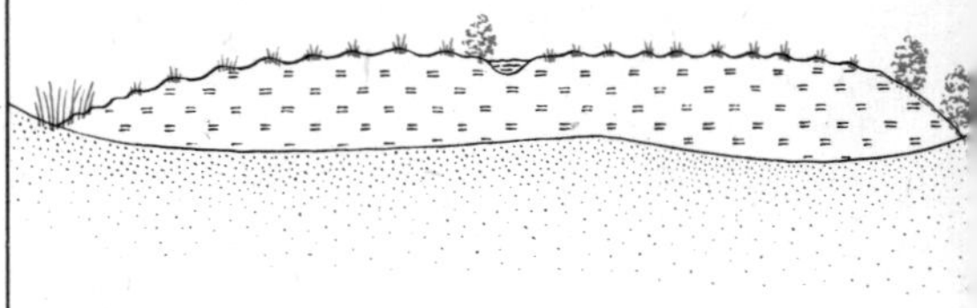 Regenmoore im südlichen Nordseeküstenraum
unentwässertes Regenwasserregime ↓	Moorwachstumskomplex (Haupttorfbildungsphase) ↓	 Glockenheide-Torfmoosrasen
Beginn negativer Wasserbilanz durch Klimaschwankungen oder Wasserregulierungen in der Moorumgebung ↓	Moorwachstums-Stillstandskomplex ↓	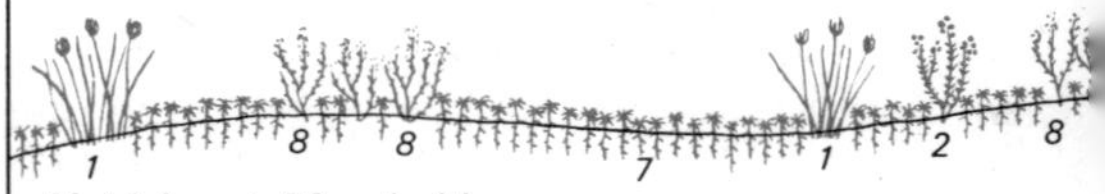 Heidekraut-Moorheide
schwach wirkende Vorentwässerung (Grundwasser im Sommer 2 dm unter Flur) ↓		
mäßige Entwässerung (Grundwasser im Sommer 3 bis 4 dm unter Flur) ↓	schwache Torfmineralisierung ↓	 Torfmoos-Birken-Moorwald
starke Entwässerung (Grundwasser im Sommer unterhalb 5 dm unter Flur)	starke Torfmineralisierung	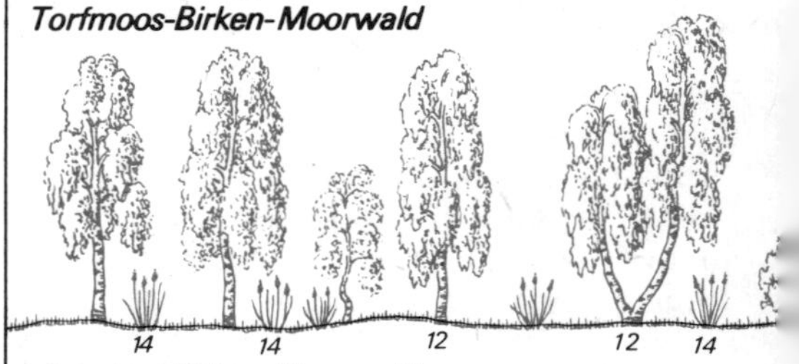 Astmoos-Birken-Moorwald
Grundwasser 3 bis 5 dm unter Flur, extensive Nutzung	schwache Torfmineralisierung ↓	bei landwirtschaftlicher Nutzu  Blumenreiche Pfeifengraswiese mit Pfeifeng
Grundwasser 6 bis 10 dm unter Flur, intensive Nutzung	starke Torfmineralisierung	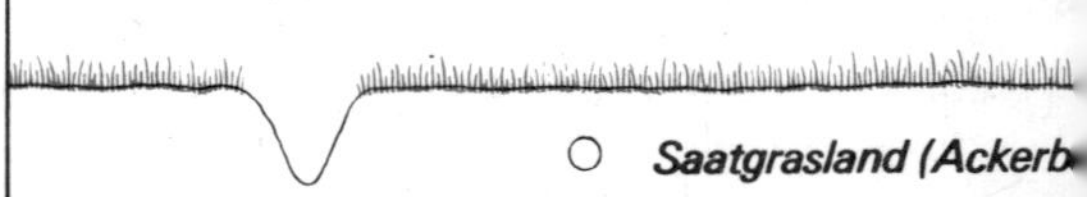 ○ Saatgrasland (Ackerb

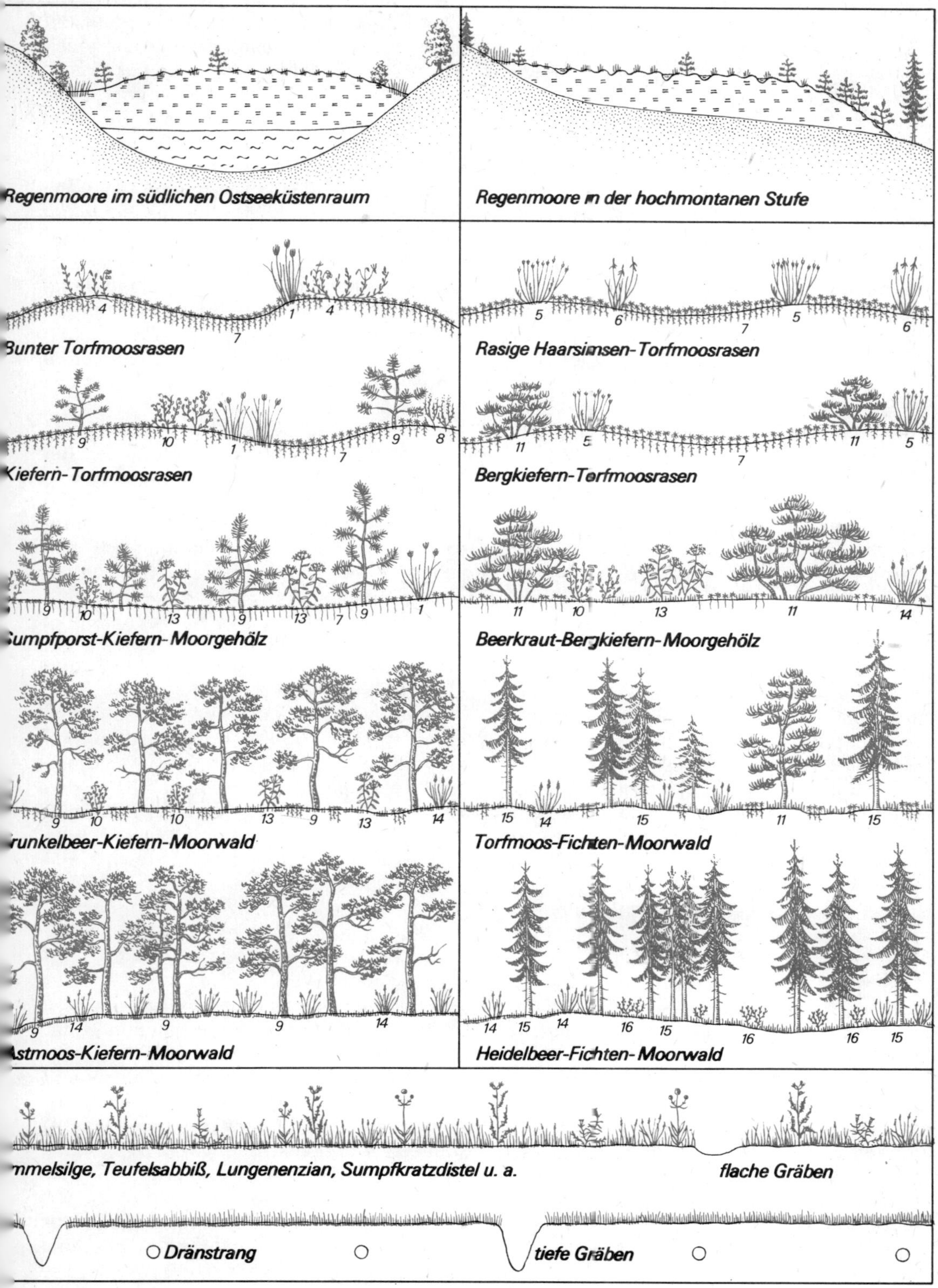
Regenmoore im südlichen Ostseeküstenraum
Regenmoore in der hochmontanen Stufe
Bunter Torfmoosrasen
Rasige Haarsimsen-Torfmoosrasen
Kiefern-Torfmoosrasen
Bergkiefern-Torfmoosrasen
Sumpfporst-Kiefern-Moorgehölz
Beerkraut-Bergkiefern-Moorgehölz
runkelbeer-Kiefern-Moorwald
Torfmoos-Fichten-Moorwald
stmoos-Kiefern-Moorwald
Heidelbeer-Fichten-Moorwald
mmelsilge, Teufelsabbiß, Lungenenzian, Sumpfkratzdistel u. a.
flache Gräben
Dränstrang
tiefe Gräben

meist nur eine ringförmige Zone im sogenannten Randgehänge, also in den stark geneigten und damit besser drainierten randlichen Teilen des Moores. Heute überziehen Moorgehölze dagegen alle noch nicht tiefgreifend entwässerten Regenmoore. Schuld daran war meist die Torfstecherei, die zur Ausbeutung des Torfes Moorentwässerungen notwendig machte. Für die kleinen nährstoffarmen Kesselmoore in der Jungmoränenlandschaft sind kiefern- oder birkenreiche Gehölzstadien geradezu kennzeichnend. Schon einige Trockenjahre können hier das Aufkommen von Gehölzen ermöglichen, die dann in Jahren mit hohem Niederschlagsüberschuß wieder absterben. In nährstoffarm-sauren Versumpfungsmooren außerhalb des Verbreitungsgebietes der Regenmoore sind Moorwälder dagegen verbreitete Vegetationsformen wachsender Moore.

Der weitaus größte Teil der Regenmoore in Mitteleuropa ist gegenwärtig jedoch durch sehr starke Grundwasserabsenkungen geschädigt. So wurden aus den Moorwachstumskomplexen schon seit langem torfzehrende Waldentwicklungsstadien. In den ausgedehnten, die Landschaft bestimmenden Regenmooren des südlichen Nordseeküstenraumes herrscht dagegen die landwirtschaftliche Nutzung vor. Diese Moore tragen ein stark gedüngtes, artenarmes Intensivgrasland, das in der Artenzusammensetzung kaum vom Mineralbodengrasland zu unterscheiden ist. Große Teile der ehemaligen Moore sind bis zum mineralischen Untergrund abgetorft, so daß auf ihnen sogar Ackerbau betrieben wird. Wenn man die landwirtschaftliche Nutzung wieder aufgibt, stellen sich auf diesen stark mit Nährstoffen angereicherten Böden Hochstaudenfluren und Erlengehölze ein.

Die kleineren Regenmoore des südlichen Ostseeküstenraumes sowie der Mittelgebirge sind nach einer meist intensiven Ausbeutung des Torfes heute weitgehend von Moorwäldern bedeckt. Eine früher noch gelegentlich betriebene Weide- und Wiesenwirtschaft, die auf stärker abgetorften Mooren der Mittelgebirgsregion zur Entwicklung von Borstgras-Scheidenwollgras-Torfwiesen oder im Tiefland zu azidophilen Pfeifengras-Feuchtwiesen (Junco-Molinietum) führte, ist überall aufgegeben worden, so daß sich auch hier inzwischen Wald ausbreitet.

Auf den nicht landwirtschaftlich genutzten Regenmooren des Tieflandes entwickelt sich bei mäßiger Entwässerung, also bei Grundwasserständen von 30 bis 50 cm unter Flur, der Trunkelbeer-Kiefern-Moorwald (Uliginosi-Pinetum) oder der Torfmoos-Birken-Moorwald (Sphagno-Betuletum pubescentis), während sich in Gebirgsregenmooren meist ein Torfmoos-Fichten-Moorwald (Sphagno-Piceetum eriophoretosum) ausbildet. In derartigen Wäldern deuten nur noch wenige im Wuchs kümmernde Arten die früheren Vegetationsverhältnisse an (Sumpfporst, Rauschbeere, Scheidiges Wollgras sowie Beschattung ertragende Torfmoose). Zur dominierenden Art in der Bodenvegetation wird oft das Pfeifengras *(Molinia caerulea)*.

Der größte Teil dieser Moorwälder besitzt aber auf Grund starker Entwässerungen mit sommerlichen Grundwasserständen von z. T. bis zu einem Meter unter Flur kaum noch moorspezifische Arten. Diese Wälder (Pleurozio-Pinetum, Pleurozio-Betuletum) sind meist nicht mehr von Kiefern-, Birken- oder Fichtenforsten auf nährstoffarmen, schwach durch Grundwasser beeinflußten Mineralböden zu unterscheiden. Schließlich können Eichen und Buchen einwandern, und am Ende der Vegetationsentwicklung auf entwässerten Armmooren steht im Jungmoränengebiet ein Buchenwald (Milio-Fagetum). Häufig sind auch auf den ausgetrockneten Mooren Kunstforsten angelegt worden. Lediglich in den kleinen Kesselmooren der Jungmoränenlandschaft konnte sich die natürliche Vegetation oligotroph-saurer Moorstandorte noch in vielen Fällen ungestört halten.

Wir haben in einem kurzen Überblick die natürliche Vegetation und den durch den Menschen bedingten Vegetationswandel der Armmoore kennengelernt.

Nun wollen wir uns noch die Tiere ansehen, die in diesen Mooren leben. Innerhalb der wachsenden Armmoore konnten sich verhältnismäßig wenige Organismengruppen voll entfalten. Nur Spezialisten ist es möglich, unter den extremen Standortbedingungen zu existieren und sich fortzupflanzen. Wegen der hohen Säurewerte des Wassers, der freien Huminsäuren, der Nährstoffarmut, der ständigen Wassersättigung des Standortes sowie der starken Temperaturschwankungen in dieser gehölzfreien offenen Landschaft wird der Lebensraum von den meisten höheren Tierarten gemieden. So gibt es z. B. in den Tümpeln und Schlenken natürlicher Regenmoore weder Fische noch Amphibien oder Wasservögel. Säugetiere sind ebenfalls nicht als ständige Bewohner anzutreffen. Auch die ein Kalkgehäuse produzierenden Schnecken, Muscheln und Kleinkrebse haben keine Lebensmöglichkeiten, da im Moorwasser die von ihnen benötigten Karbonationen fehlen. Ähnlich den Torfmoosen sind auch viele tierische Organismen rot oder dunkel gefärbt (Melanismus), wohl eine Anpassung an die Strahlungsintensität und die extremen Temperaturen. Eine andere hier häufig zu beobachtende Erscheinung ist der Zwergwuchs.

Eine charakteristische Tiergruppe der Torfmoosrasen sind die Wurzelfüßler (Rhizopoden)..Bei diesen beschalten Amöben (Testaceen) handelt es sich um Einzeller mit einer großen Artenfülle (60–70 Arten), die in hoher Individuendichte auftreten können. Entsprechend den unterschiedlichen Standortverhältnissen der Torfmoospolster lassen sich mehrere Lebensgemeinschaften unterscheiden. Dank der guten Erhaltungsfähigkeit der Schalen von Wurzelfüßlern ermöglicht uns die sogenannte Rhizopodenanalyse, die ökologischen Bedingungen eines Moores während seiner gesamten Entwicklungsgeschichte zu verfolgen.

Eine weitere charakteristische Tiergruppe sind Horn- oder Moosmilben (Oribatiden), von denen einzelne Arten in den Torfmoosschlenken, andere auf den Bülten leben. Die Moorschlenken und -kolke sind auch der Lebensraum der Larvenstadien einiger Köcherfliegen-, Zuckmücken- und Gnitzenarten (Dipteren). Selbst Wasserkäfer (Coleopteren) und Wasserwanzen (Gerriden) können wir hier beobachten. Schließlich gibt es noch einige Großlibellen (Odonaten), deren Larvenstadien sich fast ausschließlich in oligotroph-sauren Moorgewässern entwickeln.

Die Moorbülten, die schon relativ trockene Bodenverhältnisse aufweisen, werden von der schwarzen Moorameise *Formica (fusca) picea* bewohnt, die aus Torfmoosteilchen oberirdische Nester baut. Hier leben auch Schnakenlarven (Tipuliden) sowie der räuberische, 6,5 bis 8,5 mm lange Laufkäfer *Agonum ericeti*. Erstaunlich ist die recht große Artenfülle an Spinnentieren (Arachnida), insbesondere an Wolfs- und Jagdspinnen.

Wenn oligotroph-saure Moore entwässert sind, wie es ja heute in Mitteleuropa für fast alle diese Lebensräume zutrifft, so vergrößert sich die Artenvielfalt ganz wesentlich. Insbesondere in den schon recht trockenen Heidestadien der großen Regenmoore mit ersten Gehölzen stellt sich eine mannigfaltige Moorfauna ein. Solche Moore beherbergen als echte Rückzugsgebiete eine größere Anzahl von selten gewordenen Tierarten, die für extensiv genutzte Kulturlandschaften typisch und heute meist vom Aussterben bedroht sind (Kulturflüchter)

Wir wollen uns hier nur die Lebensgemeinschaften der Wirbeltiere ansehen. Deren Lebensgrundlage sind die reich fruchtenden Beerensträucher, zahlreiche an ihnen lebende Insektenarten, z. B. Blattwespen, Schmetterlinge, Laufkäfer, Blattkäfer und Heuschrecken, aber auch die nur im Boden lebende Kleintierfauna. Durch die Torfnutzung entstanden mit den wassergefüllten Torfstichen und Gräben und ihren Verlandungsgesellschaften sehr mannigfaltige Lebensräume.

Im Wasser der Torfstiche, das im Gegensatz zu den natürlichen Moorkolken nicht so extreme Säurewerte aufweist und deshalb weniger lebensfeindlich ist, vermögen schon einige Fische fortzukommen. So ertragen Plötze *(Rutilus rutilus)*, Barsch *(Perca fluviatilis)*, Hecht *(Esox lucius)* und Neunstachliger Stichling *(Pungitius pungitius)* am ehesten dieses Milieu. Ernährungsgrundlage für eine solche Besiedlung ist das oft zahlreiche Auftreten von Wasserflöhen (*Daphnia*-Arten).

Die Reptilienfauna der Heidemoore ist durch die Moor- oder Waldeidechse *(Lacerta vivipera)* und die Kreuzotter *(Vipera berus)* vertreten. Sie gehören zu den wenigen lebendgebärenden Kriechtierarten unserer Heimat und sind deshalb besonders gut an die extremen Klimabedingungen der Moore angepaßt. Amphibien fehlen den oligotroph-sauren Moorstandorten noch weitgehend. Vogelarten, wie Birkhuhn *(Lyrurus tetrix)*, Goldregenpfeifer *(Pluvialis apricaria)*, Großer Brachvogel *(Numenius arquata)*, Sumpfohreule *(Asio flammeus)* sowie Korn- und Wiesenweihe *(Circus cyaneus* und *C. pygargus)*, waren regelrechte Charakterarten der schwach entwässerten atlantischen Moorheiden. Alle diese Arten besiedelten neben den Moorflächen auch extensiv genutzte Feuchtwiesengebiete und teilweise auch Sandheiden. Durch den Schwund dieser Lebensräume sind sie in Mitteleuropa heute ausgesprochen selten geworden und vom Aussterben bedroht.

In mit Torfstichen und Gehölzen durchsetzten Mooren, insbesondere in den zahlreichen Kessel- und Versumpfungsmooren im südlichen Ostseeküstenraum, ist der Kranich *(Grus grus)* dagegen noch regelmäßig anzutreffen. In wassergefüllten Torfstichen sind außer der Stockente *(Anas platyrhynchos)* insbesondere die Krickente *(Anas crecca)* und vereinzelt auch der Zwergtaucher *(Podiceps ruficollis)* recht typische Bewohner.

Entwässerte, mit lichten Gehölzen bestandene sowie auch stellenweise landwirtschaftlich oder durch Torfstecherei genutzte Tieflandregenmoore bilden den Lebensraum von Raubwürger *(Lanius excubitor)*, Neuntöter *(Lanius collurio)*, Braunkehlchen *(Saxicola rubetra)*, Feldschwirl *(Locustella naevia)*, Rohrammer *(Emberiza schoeniclus)*, Goldammer *(Emberiza citrinella)*, Bluthänfling *(Carduelis cannabina)*, Dorngrasmücke *(Sylvia communis)*, Baumpieper *(Anthus trivialis)* und Heidelerche *(Lullula arborea)*. Vereinzelt können hier auch die Nachtschwalbe *(Caprimulgus europaeus)*, das Schwarzkehlchen *(Saxicola torquata)* sowie die Sperbergrasmücke *(Sylvia nisoria)* angetroffen werden. In Mooren mit Torfabbau und Trockentorfstapeln ist der Steinschmätzer *(Oenanthe oenanthe)* eine charakteristische Erscheinung, und natürlich fehlt in einer an Kleinvögeln reichen Landschaft niemals der Kuckuck *(Cuculus canorus)*. Die Greifvögel vertritt vor allem der Turmfalke *(Falco tinunculus)*. Dies ist eine Lebensgemeinschaft, wie wir sie in unserer intensiv genutzten Kulturlandschaft immer seltener finden.

Wenn sich die Offenlandschaft zu einem Nadelwald entwickelt, treffen wir auf typische Waldvögel, wie Fitislaubsänger *(Phylloscopus trochilus)*, Haubenmeise *(Parus cristatus)*, Amsel *(Turdus merula)*, Misteldrossel *(Turdus vesicivorus)*, Gimpel *(Pyrrhula pyrrhula)*, Eichelhäher *(Garrulus glandarius)*, Ringeltaube *(Columba palumbus)* und vereinzelt auch Habicht und Sperber *(Accipiter gentilis* und *A. nisus)*. Wenn das Moor zu einem intensiv genutzten Grünland wird, kommt eigentlich regelmäßig nur noch die Feldlerche *(Alauda arvensis)* vor.

Die Vogelwelt der Gebirgsregenmoore weicht von der geschilderten deutlich ab und ist wesentlich artenärmer. In den Krummholzmooren der Mittelgebirge breitet sich im letzten Jahrzehnt zunehmend der Birkenzeisig *(Carduelis flammea)* aus. Offene Hochgebirgsmoore werden vom Wasserpieper *(Anthus spinoletta spinoletta)*, Krummholzmoore dieser Region zuweilen auch von der Ringdrossel *(Turdus torquatus)* besiedelt.

Im Gegensatz zu der doch recht reichen Entfaltung der Vogelwelt ist die Säugetierfauna in mäßig entwässerten, extensiv genutzten Armmooren kaum nennenswert. Da der feuchte Boden Erdnagern wenig Lebensmöglichkeiten gibt, fehlen auch weitgehend die von ihnen lebenden Raubsäuger. Rot-, Reh- und vor allem Schwarzwild dagegen wählen ruhige gehölzbestandene Moore oft als Einstandsgebiet, und gelegentlich kann auch hier der Rotfuchs beobachtet werden.

Sauer-Zwischenmoore

Die natürliche Vegetation der Armmoore (oligotroph-sauren Moore) bestand weitgehend aus Torfmoosarten, dem Scheidigen Wollgras *(Eriophorum vaginatum)* und einigen Zwergsträuchern. In den Sauer-Zwischenmooren (mesotroph-sauren Mooren) kommen wegen des höheren Elektrolytgehaltes des Bodenwassers (Mineralbodenwassermoore) vor allem zahlreiche Seggenarten hinzu. Wir sprechen deshalb von Torfmoos-Seggenmooren. Regelmäßig anzutreffende »Mineralbodenwasserzeiger« sind neben den Seggen- und einigen Binsenarten der Fieberklee *(Menyanthes trifoliata)*, das Blutauge *(Potentilla palustris)*, das Schweinsohr *(Calla palustris)*, das Schmalblättrige Wollgras *(Eriophorum angustifolium)*, das Hundsstraußgras *(Agrostis canina)*, das Sumpfveilchen *(Viola palustris)* und der Gemeine Wassernabel *(Hydrocotyle vulgaris)*.

Entsprechend den unterschiedlichen Standortbedingungen, insbesondere dem wechselnden Wasserregime, läßt sich innerhalb der Sauer-Zwischenmoore in Mitteleuropa mehr als ein Dutzend von Vegetationsformen unterscheiden. Pionierstandorte, wie nackter

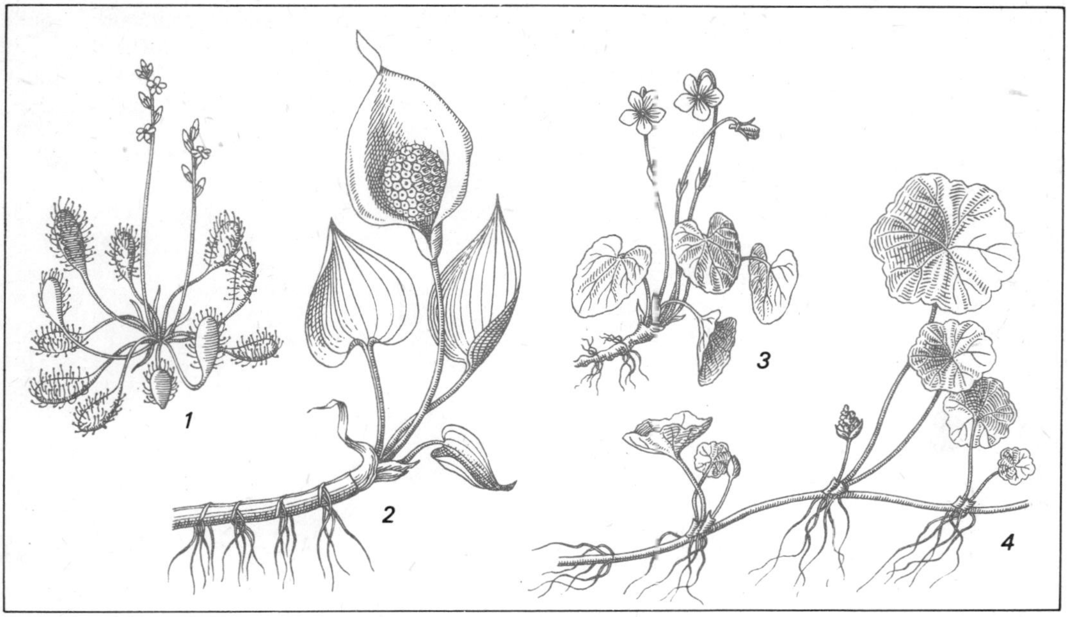

Blütenpflanzen der Sauer-Zwischenmoore

1 *Mittlerer Sonnentau (Drosera intermedia)*
2 *Schweinsohr (Calla palustris)*
3 *Sumpfveilchen (Viola palustris)*
4 *Gemeiner Wassernabel (Hydrocotyle vulgaris)*

Torfschlamm der Schlenken, ferner aber auch Sandböden in feuchten Dünensenken oder die kahlen, periodisch trockenfallenden Sand- und Torfschlammuferzonen nährstoffarm-saurer Gewässer, werden vom Torfmoos-Knollenbinsenrasen (Sphagno obesi-Juncetum bulbosi) besiedelt. Dies ist eine sehr artenarme Pflanzengesellschaft, die neben den namengebenden Gewächsen oft nur noch vom Mittleren Sonnentau *(Drosera intermedia)* und vereinzelt vom Moorbärlapp *(Lycopodiella innundata)* bestanden wird.

Im stärker atlantisch geprägten Klimagebiet, das bis in die Lausitz und den polnischen Ostseeküstenraum ausstrahlt, können derartige Lebensräume vom Braunen Schnabelriedrasen (Rhynchosporetum fuscae) bestanden sein. Es handelt sich bei beiden meist um relativ kurzlebige instabile Pflanzengesellschaften, die zum Wasser hin oft zu flutenden Moosrasen (Drepanocladus fluitans), Torfmoos-Wasserschlauch-Gesellschaften (Sphagno-Utricularietum) oder Strandlings- (Litorella-)Tauchfluren Kontakt haben. Auf etwas trockneren Standorten schließen sich häufig Feuchtheiden (Ericetum tetralicis) an. Diese werden bei besserer Nährstoffversorgung des Standortes (z.B. Eutrophierung des Gewässers oder Moores) rasch von konkurrenzstärkeren Pflanzengemeinschaften (Röhrichten oder Bruchwäldern) abgelöst.

Die typische Verlandungsgesellschaft nährstoffarm-saurer Moorseen sowie auch sekundär in frühen Phasen der Torfstichverlandung ist das Torfmoos-Schlammseggenried (Scheuchzerio-Rhynchosporetum albae). Sie bildet unbetretbare Schwingrasen, die zunächst als Säume ins offene Wasser wachsen und schließlich die gesamte Wasserfläche überspannen. Die gebildeten Torfe sinken ins Wasser und leiten so allmählich aus dem Schwingmoor zu einem Standmoor über. Neben verschiedenen Schlenken-Torfmoosarten sind in dieser Pflanzengemeinschaft vor allem die Blasenbinse *(Scheuchzeria palustris)*, das Weiße Schnabelried *(Rhynchospora alba)*, die Schlammsegge *(Carex limosa)* und seltener auch die Fadenwurzlige Segge *(Carex chodorrhiza)* anzutreffen. Diese Arten können gemeinsam auftreten, meist bilden sie aber nur Dominanzbestände mit jeweils einer der genannten Arten aus. Die Gesellschaft ist mit der

Grünen Torfmoosschlenke der oligotroph-sauren Moorstandorte nahe verwandt, allerdings fehlen letzterer die einführend genannten Mineralbodenwasser anzeigenden Arten.

Eine sehr verbreitete Vegetationseinheit torfbildender Sauer-Zwischenmoore ist das Torfmoos-Seggen-Wollgrasried (Eriophoro angustifolii-Sphagnetum recurvi). Es kennzeichnet insbesondere späte Schwingmoorphasen verlandender Moorseen, ist aber auch für Kesselmoore, Durchströmungsmoore, Hangmoore und Versumpfungsmoore dieses ökologischen Moortyps charakteristisch. In trockenen Phasen bzw. auf Bülten dringen schlechtwüchsige Kiefern und Birken in die Gesellschaft ein, damit oft eine Bewaldung einleitend. In Landschaften mit einem hohen Niederschlagsüberschuß kann mit dem Herauswachsen aus dem Grundwasserniveau oft auch eine Entwicklung zum Armmoor einsetzen. Das Torfmoos-Seggen-Wollgrasried baut sich aus einer geschlossenen Torfmoosdecke, einer Krautschicht mit Fieberklee, Blutauge, Sumpfveilchen und Wassernabel und aus einer lichten Schicht mittelgroßer Seggen – insbesondere Schnabelsegge *(Carex rostrata)* und Fadensegge *(Carex lasiocarpa)* – sowie dem Schmalblättrigen Wollgras *(Eriophorum angustifolium)* oder dem Moorreitgras *(Calamagrostis stricta)* auf. Die genannten Arten können zusammen auftreten, meist herrschen aber nur eine oder wenige Arten vor und ergeben so eine größere Zahl spezifischer Dominanzfazies.

Bei etwas besserer Nährstoffversorgung, wie sie insbesondere in randlichen Arealen entsprechender Moore, aber auch bei Einflußnahme des Menschen zu beobachten ist, bilden sich oft als »Randsumpf« gekennzeichnete Pflanzengesellschaften aus, denen wir heute vielerorts begegnen. Es handelt sich dabei einmal um einförmige Torfmoos-Schilfröhrichte (Sphagno-Phragmitetum) und zum anderen um niedrigwüchsigere Torfmoos-Flatterbinsenriede (Junco effusi-Sphagnetum recurvi). Kräuter, wie Sumpffarn *(Thelypteris palustris)* und Schweinsohr *(Calla palustris)*, Binsen, insbesondere Flatterbinse *(Juncus effusus)*, Seggen, vor allem Steifsegge *(Carex elata)* oder Schnabelsegge *(Carex rostrata)* und Gräser, z. B. Sumpfreitgras *(Calamagrostis canescens)* oder auch Pfeifengras *(Molinia caerulea)*, können hier zu Dominanzarten werden, wodurch diese Gesellschaft einen recht vielgestaltigen Eindruck hinterläßt.

Auf nassen, sauren Torfböden, die gelegentlich noch als Grünland genutzt werden,

Binsen- und Riedgrasgewächse der Sauer-Zwischenmoore

1 Fadenbinse (Juncus filiformis)
2 Spitzblütige Binse (Juncus acutiflorus)
3 Grausegge (Carex canescens)
4 Fadenwurzlige Segge (Carex chordorrhiza)
5 Igelsegge (Carex echinata)

begegnet man dem Torfmoos-Binsen-Braunseggenried (Carici nigrae – Sphagnetum recurvi). Diese Vegetationseinheit ist infolge extensiver Nutzung aus den genannten Gesellschaften hervorgegangen, ohne Nutzung bewalden sich die Standorte. Die wiesenartigen Bestände besitzen eine geschlossene Bodenschicht von *Sphagnum recurvum;* dominierende Pflanzen der Oberschicht sind die Wiesensegge *(Carex nigra),* seltener auch die Igelsegge *(Carex echinata)* und die Grausegge *(Carex canescens)* oder auch die Fadenbinse *(Juncus filiformis).* Für diese Gesellschaft charakteristisch ist der Bestand einer größeren Anzahl von Moorwiesenpflanzen, wie z. B. des Lungenenzians *(Gentiana pneumonanthe).* Als letzte Pflanzengesellschaft offener, noch mehr oder weniger torfbildender Sauer-Zwischenmoore sei das Torfmoos-Spitzbinsenried (Sphagno-Juncetum acutiflorae) genannt, das vor allem saure Quellmoorstandorte besiedelt und durch die Dominanz der Spitzblütigen Binse *(Juncus acutiflorus)* charakterisiert ist.

Abschließend sollen noch 4 von Gehölzen beherrschte Vegetationsformen vorgestellt werden, denen man auf naturnahen Sauer-Zwischenmooren heute vielerorts begegnet. Die Gebüschgesellschaft des nährstoffarmen Flügels innerhalb der mesotroph-sauren Moore stellt das Torfmoos-Wollgras-Ohrweidengebüsch (Eriophoro-Salicetum auritae) dar. Aus ihm entwickelt sich meist der Schnabelseggen-Kiefern-Birken-Bruchwald (Carici-Betuletum pubescentis), eine Moorgesellschaft, in der die Torfbildung bereits weitgehend aufhört. Etwas nährstoffreichere Standorte, insbesondere Randsümpfe mit ihren oft phasenhaften Überstauungen, werden dagegen vom Torfmoos-Sumpffarn-Ohrweiden-Bruchgebüsch (Sphagno-Comaro-Salicetum auritae) besiedelt. Es entsteht schließlich der Torfmoos-Birken-Erlen-Bruchwald (Sphagno-Alnetum glutinosae), der vor allem für noch nicht entwässerte Versumpfungsmoore in Sandlandschaften des Tieflandes charakteristisch ist.

Die bisher besprochenen Pflanzengesellschaften kennzeichnen die natürliche Vegetation primär saurer Zwischenmoore. Zu den Sauer-Zwischenmooren rechnet man aber auch Vegetationstypen, die die oberflächig versauernden, primär basenreichen Zwischenmoore besiedeln. Diese Pflanzengesellschaften wollen wir bei der Darstellung der Basen- bzw. Kalk-Zwischenmoore betrachten, weil sie nur in jenen Mooren auftreten. Ebenso soll hier von der Behandlung der Vegetationsentwicklungsreihen entwässerter Sauer-Zwischenmoore abgesehen werden, denn sie ähneln weitgehend den Armmooren. Auch brauchen wir die Tierwelt dieses ökologischen Moortyps nicht zu besprechen, weist sie doch wenigstens in den trockneren Ausbildungen große Übereinstimmung mit der der Armmoore auf.

Basen-Zwischenmoore

Nährstoffärmere basenreiche, aber noch nicht kalkhaltige Moore, auch als mesotroph-subneutrale Moorstandorte bezeichnet, können in Mitteleuropa in Verlandungsmooren, Hangmooren, Quellmooren und Kesselmooren auftreten. Ihr Hauptvorkommen hatten sie aber in den Durchströmungsmooren der großen Talniederungen. Wachsende Basen-Zwischenmoore finden wir in den Talmooren des nördlichen mitteleuropäischen Tieflands heute allerdings nur noch in wenigen Torfstichkomplexen. Die größten noch intakten Durchströmungsmoore sind das Murnauer Moor am bayerischen Alpenrand und die Biebrza-Moore in Nordostpolen. Kleinflächigen Basen-Zwischenmooren begegnet man dagegen noch des öfteren in Kessel- oder Verlandungsmooren oder auch Hangmooren.

In Abhängigkeit von der unterschiedlichen Wasserversorgung und damit auch Nährstoffversorgung zeichnen sich die naturnahen basenreichen Zwischenmoore durch ein vielfältiges Vegetationsmosaik aus. Eine große floristische Mannigfaltigkeit, insbesondere an Laubmoosen und Seggen, aber auch an auffälligen Blütenpflanzen, läßt diese Moore für den Geobotaniker anziehend werden und verleiht ihnen eine eigenwillige Schönheit. Natürlicherweise sind Basen-Zwischenmoore waldfrei. In Talmooren treten Wälder nur an den Talrändern oder, wenn das Moor von einem Fluß durchflossen wird, teilweise auch als Uferwälder auf. Beide Standortkomplexe sind aber nährstoffreich, ihre Vegetation soll deshalb erst bei der Besprechung der Reichmoore dargestellt werden.

Das Vegetationsbild der Talmoorweiten, also der eigentlichen mesotroph-subneutralen Durchströmungsmoore, auf die wir uns in den nachfolgenden Ausführungen weitgehend beschränken wollen, ist im ursprünglichen Zustand durch laubmoosreiche Seggenriede geprägt. Die relativ kurzhalmigen Riedflächen werden nur von einzelnen Schlenkenzügen unterbrochen. Außerdem sind immer wieder bültige Flächen mit einzelnen Birken-, Weiden- und Kiefernbüschen eingestreut. In Talrandnähe bei noch relativ guter Nährstoffversorgung wachsen oft ausgedehnte Spitzmoos-Großseggenriede (Acrocladio-Caricetum elatae), in denen vor allem die Steifsegge *(Carex elata)*, die Schwarzschopfsegge *(Carex appropinquata)*, die Rasensegge *(Carex cespitosa)* sowie die Sumpfsegge *(Carex acutiformis)* gedeihen. Deutlich geschwächt, als schüttere Oberschicht, ist oft auch noch das Gemeine Schilf *(Phragmites australis)* anzutreffen. In der Bodenschicht treten stark dekkend Laubmoose, vor allem *Acrocladium cuspidatum* und *Mnium selegeri*, sowie Blütenpflanzen, beispielsweise Fieberklee *(Menyanthes trifoliata)*, Blutauge *(Potentilla palustris)*, Schmalblättriges Wollgras *(Eriophorum angustifolium)* und Moorreitgras *(Calamagrostis stricta)*, auf. Sie zeigen die nahe Verwandtschaft dieser Bestände zu den Kleinseggenrieden an. In schmalen Durchströmungsmooren kann dieser Vegetationstyp manchmal auch die gesamte Talniederung ausfüllen.

In den talrandfernen Bereichen der großen breiten Talmoore wachsen ausgedehnte Braunmoos-Seggenriede, in denen Mittel- und Kleinseggen dominieren. Diese Pflanzengesellschaft, das Krummoos-Seggenried (Drepanocladо-Caricetum diandro-lasiocarpae), dürfte der Haupttorfbildner gewesen sein, denn für die Talmoorweiten sind viele Meter mächtige Feinseggentorfe in Form von Basentorfen geradezu typisch. Im Krummoos-Seggenried treten Fadensegge *(Carex lasiocarpa)*, Drahtsegge *(Carex diandra)* und Schnabelsegge *(Carex rostrata)* bestandsbildend auf. Regelmäßig sind aber auch Kleinseggen, wie Zweihäusige Segge *(Carex dioica)*, Flohsegge *(Carex pulicaris)*, Saumsegge *(Carex hostiana)*, Schuppenfrüchtige Gelbsegge *(Carex lepidocarpa)*, Blaugrüne Segge *(Carex flacca)*, Hirsesegge *(Carex panicea)* sowie Wiesensegge *(Carex nigra)*, zu finden.

Die Vegetationsentwicklung der Seggenriede setzt erst sehr spät, kaum vor Mitte Mai, ein.

Binsen- und Riedgrasgewächse der Basen-Zwischenmoore

1 *Zweihäusige Segge (Carex dioica)*
2 *Drahtsegge (Carex diandra)*
3 *Schwarzschopfsegge (Carex appropinquata)*
4 *Flohsegge (Carex pulicaris)*
5 *Saumsegge (Carex hostiana)*

Allerdings schwellen im Frühjahr und Herbst dichte, grüne Moospolster am Boden. Diese Moosschicht wird vor allem durch die Laubmoose *Drepanocladus intermedius, Campylium stellatum, Fissidens adiantoides* und *Bryum ventricosum* gebildet. Charakteristische Blütenpflanzen basenreicher mesotropher Seggenriede sind auch einige Orchideenarten. So entfalten Anfang Juni das Steifblättrige Knabenkraut *(Dactylorhiza incarnata)* und eine zierliche Form des Breitblättrigen Knabenkrautes *(Dactylorhiza majalis brevifolia)* ihre rötlichen Blütenstände, während die Sumpfwurz *(Epipactis palustris)* uns mit ihren weißlichen Blüten erst ab Ende Juni erfreut. Das leicht zu übersehende gelbgrünlich blühende Sumpfglanzkraut *(Liparis loeselii)* sowie die duftende Unterart der Großen Händelwurz *(Gymnadenia conopsea densiflora)* geben den Seggenrieden erst im Juli ihr Gepräge. Eine weitere Pflanzengesellschaft der Moorweiten ist das heute meist vorherrschende, schon nährstoffangereicherte Standorte kennzeichnende Spitzmoos-Kleinseggenried (Acrocladio-Caricetum diandrolasiocarpae).

In den die schwach geneigte Mooroberfläche häufig durchziehenden Schlenkenzügen begegnet man der Scorpionsmoos-Wasserschlauch-Moorschlenkengesellschaft (Scorpidio-Utricularietum). Sie ist außer durch das kräftige Scorpionsmoos *(Scorpidium scorpidioides)* vor allem durch die »fleischfressenden« Wasserschlaucharten Mittlerer Wasserschlauch *(Utricularia intermedia)*, Kleiner Wasserschlauch *(U. minor)* und Gemeiner Wasserschlauch *(U. vulgaris)* sowie den Langblättrigen Sonnentau *(Drosera anglica)* und die Armleuchteralgenart *Chara vulgaris* gekennzeichnet.

Als letzte naturnahe Gesellschaft basenreich-mesotropher Moorstandorte ist das Strauchbirken-Kriechweidengebüsch (Betulo-Salicetum repentis) zu nennen. Diese Vegetationseinheit auf meist etwas bültigen Standorten charakterisiert eine zeitweise oberflächige Austrocknung. Sie ist durch die beginnenden Entwässerungen in den vergangenen Jahrhunderten sicher gefördert worden. Es dürfte eine der artenreichsten Vegetationseinheiten unserer Moore überhaupt sein. Vegetationsaufnahmen von etwa 20 m² Größe enthalten nicht selten 40 bis 50 Blütenpflanzenarten und dazu noch 10 bis 20 Moosarten! Diese Pflanzenvielfalt ergibt sich aus einem Vegetationsmosaik von Birken- (Niedrige Birke, *Betu-*

Orchideen der Basen-Zwischenmoore

1 Steifblättriges Knabenkraut (Dactylorhiza incarnata)
2 Breitblättriges Knabenkraut (D. majalis)
3 Sumpfwurz (Epipactis palustris)
4 Sumpfglanzkraut (Liparis loeselii)
5 Große Händelwurz (Gymnadenia conopsea densiflora)

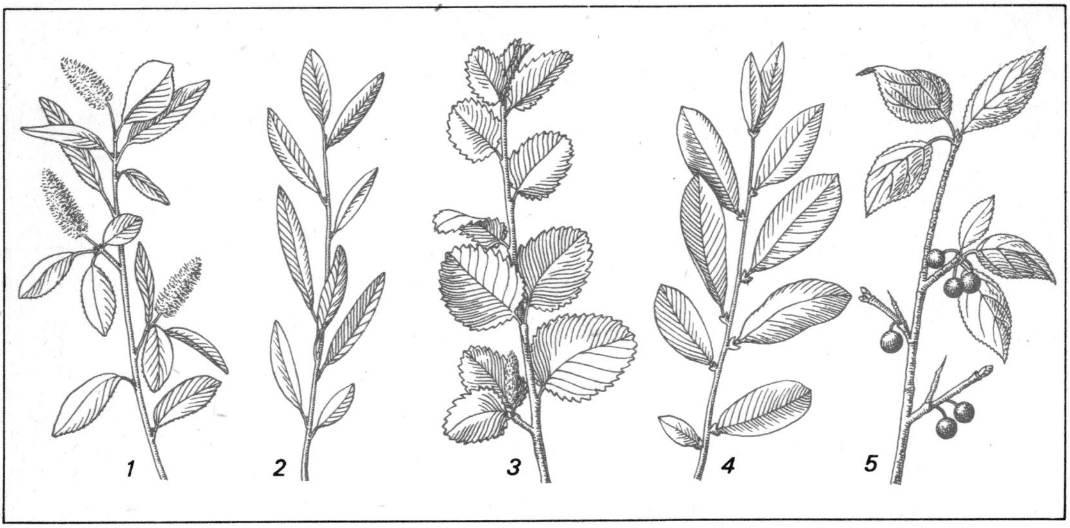

Gehölze der Basen-Zwischenmoore

1 *Lorbeerweide (Salix pentandra)*
2 *Kriechweide (Salix repens)*
3 *Niedrige Birke (Betula humilis)*
4 *Grauweide (Salix cinerea)*
5 *Purgierkreuzdorn (Rhamnus cathartica)*

la humilis, Moorbirke, *B. pubescens*) und Weidenbüschen (Kriechweide, *Salix repens*, Lorbeerweide, *S. pentandra*, Grauweide, *S. cinerea*) mit Arten basiphiler Kleinseggenriede, nährstoffarmer Feuchtwiesen sowie auf den Moosbülten ersten Versauerungszeigern. Solche Standorte wurden auch von den in der Mitte des vorigen Jahrhunderts noch verbreitet vorkommenden, heute in Mitteleuropa fast oder gänzlich ausgestorbenen Pflanzenarten Moorkönig *(Pedicularis sceptrum-carolinum)*, Moorsteinbrech *(Saxifraga hirculus)*, Dickblättrige Sternmiere *(Stellaria crassifolia)*, Blauer Tarant *(Swertia perennis)* und Torfveilchen *(Viola epipsila)* besiedelt.

Abschließend sei noch darauf hingewiesen, daß es im östlichen Europa mit seinem kontinentaleren Klima ähnlich wie bei den sauren Mooren auch im Bereich der Basen-Zwischenmoore natürliche Waldgesellschaften als Dauergesellschaften gibt, die keine vom Menschen bedingten Ersatzgesellschaften einstiger Seggenmoore sein müssen.

Wie schon einleitend festgestellt, begegnet man den geschilderten Vegetationsverhältnissen heute in Mitteleuropa nur noch ausnahmsweise. Vor etwa 250 Jahren setzte in den großen Durchströmungsmooren, meist ausgelöst durch die beginnende Torfgewinnung, ein Vegetationswandel ein. Es kam durch ständig voranschreitende Grundwasserabsenkung im Torfkörper und in der Vegetationsdecke zu totalen Veränderungen. Sie sind im Gegensatz zu nährstoffarm-sauren Moorstandorten irreversibel; denn auf basenreichen Mooren setzt bei stärkerer Entwässerung eine Mobilisierung des Stickstoffs ein, der diese ursprünglich mesotrophen Standorte zu hocheutrophen werden läßt.

Betrachten wir zunächst die Vegetationsverhältnisse am Anfang der Nutzung. Erste Flußregulierungen und vor allem die Torfstecherei führten zu einer schwachen Entwässerung. Es bildeten sich nasse Pfeifengraswiesen (Eu-Molinietum caeruleae) sowie auf den nährstoffmäßig begünstigten Standorten Baldrian-Wiesenknöterich-Riedwiesen (Valeriano-Polygonetum bistortae) aus. Dies waren sehr artenreiche Pflanzengesellschaften, die neben ersten Feuchtwiesenarten noch fast vollständig die Artengarnitur der Mittel- und Kleinseggenriede aufwiesen. Die nassen Wiesen wurden einmal jährlich mit der Sense gemäht und bis in den Herbst von Rindern beweidet.

Blieb die Mahd aus, so konnte sich das schon vorhandene Strauchbirken-Kriechweidengebüsch (Betulo-Salicetum repentis) stark entfalten. Diese Vegetationsformation wurde also durch die extensive Weidenutzung, die in den Talmooren des südlichen Ostseeraumes noch Mitte des vorigen Jahrhunderts vorherrschte, stark gefördert. Im östlichen Mitteleuropa begegnet man dieser Nutzungsweise und damit diesem Vegetationstyp auch noch heute. In den Talmooren zwischen Donau und Alpenrand ist er dagegen verschwunden.

Unterblieb auch die Weidenutzung, so konnten sich kiefernreiche Seggen-Lorbeerweidengebüsche (Carici-Salicetum pentandrae) entfalten, die allmählich zu Vorwäldern überleiteten.

Die höhere Transpirationsleistung der Gehölze im Vergleich zu der von Seggenrieden oder Riedwiesen ließ die Standorte weiter austrocknen, wobei der Vorgang meist parallel mit einem Ausbau der Entwässerung verlief. Bei Sommergrundwasserständen von 30 bis 40 cm unter Flur entwickeln sich aus den Gebüschen Kreuzdorn-Kiefern-Moorbirkenwälder (Rhamno-Betuletum pubescentis), die 15 bis maximal 20 m Höhe erreichen und sich in der Baumschicht aus Kiefern und Birken zusammensetzen. Als hohe Sträucher wachsen in diesen Wäldern Lorbeerweiden *(Salix pentandra)* und vor allem der Purgierkreuzdorn *(Rhamnus cathartica)*. In der Krautvegetation finden sich noch Arten der Seggenriede, aber auch der Feuchtwiesen und bereits erste Vertreter mesophiler Laubwälder. In solchen Wäldern ist dann eine Verjüngung der Kiefer und meist auch der Birke nicht mehr möglich; dagegen kommen Stieleichen *(Quercus robur)* auf, wodurch in der weiteren Entwicklung Kreuzdorn-Stieleichen-Moorwälder (Rhamno-Quercetum) entstehen. Mit der zunehmenden Austrocknung bilden sich schließlich, wenn weiterhin keine forstwirtschaftlichen Eingriffe erfolgen, geschlossene Rotbuchen-Moorwälder (Circaeo alpinae-Fagetum sylvaticae) als Schlußwaldgesellschaften. Außerhalb des Verbreitungsgebietes der Rotbuche *(Fagus sylvatica)* bestimmen Winterlinden *(Tilia cordata)* und Hainbuchen *(Carpinus betulus)* die Baumschicht.

Solche Moorwälder haben einen enormen Wasserverbrauch. So kann das Grundwasser in der Vegetationsperiode weit unter ein Meter absinken. Eine hohe Torfmineralisierungsrate, aber auch tiefe Schwundrisse im Torfkör-

Folgende Seite:
Vegetationsentwicklungsreihen auf Basen-Zwischenmooren im Laufe von Entwässerungen (am Beispiel von Durchströmungsmooren im südbaltischen Raum)

1 Braunmoosteppich, 2 Saumsegge (Carex hostiana), 3 Steifblättriges Knabenkraut (Dactylorhiza incarnata), 4 Fadensegge (Carex lasiocarpa), 5 Sumpfsitter (Epipactis palustris), 6 Schnabelsegge (Carex rostrata), 7 Schuppenfrüchtige Gelbsegge (Carex lepidocarpa), 8 Sumpfdreizack (Triglochin palustre), 9 Fieberklee (Menyanthes trifoliata), 10 Niedrige Birke (Betula humilis), 11 Karlszepter (Pedicularis sceptrum-carolinum), 12 Kriechweide (Salix repens), 13 Pfeifengras (Molinia caerulea), 14 Lorbeerweide (Salix pentandra), 15 Waldkiefer (Pinus sylvestris), 16 Moorbirke (Betula pubescens), 17 Purgierkreuzdorn (Rhamnus cathartica), 18 Rasenschmiele (Deschampsia cespitosa), 19 Stieleiche (Quercus robur), 20 Haselnuß (Corylus avellana), 21 Fiederzwenke (Brachypodium pinnatum), 22 Rotbuche (Fagus sylvatica), 23 Alpenhexenkraut (Circaea alpina), 24 Wiesenknöterich (Polygonum bistorta), 25 Kleiner Baldrian (Valeriana dioica), 26 Stumpfblütige Binse (Juncus subnodulosus), 27 Schwarzschopfsegge (Carex appropinquata), 28 Nordisches Labkraut (Galium boreale), 29 Kümmelsilge (Selinum carvifolia), 30 Purgierlein (Linum catharticum), 31 Teufelsabbiß (Succisa pratensis), 32 Große Händelwurz (Gymnadenia conopsea), 33 Wiesenrispengras (Poa pratensis), 34 Kohldistel (Cirsium oleraceum), 35 Weißes Straußgras (Agrostis stolonifera), 36 Waldengelwurz (Angelica sylvestris), 37 Sumpfsegge (Carex acutiformis), 38 Wiesenbärenklau (Heracleum sphondylium), 39 Wiesenlieschgras (Phleum pratense), 40 Gemeines Knäuelgras (Dactylis glomerata), 41 Vogelmiere (Stellaria media), 42 Gemeiner Löwenzahn (Taraxacum officinale), 43 Wiesenschwingel (Festuca pratensis), 44 Gemeine Quecke (Agropyron repens), 45 Gundermann (Glechoma hederacea), 46 Flohknöterich (Polygonum persicaria), 47 Krauser Ampfer (Rumex crispus), 48 Weißer Gänsefuß (Chenopodium album), 49 Bachnelkenwurz (Geum rivale), 50 Echtes Mädesüß (Filipendula ulmaria), 51 Gemeiner Gilbweiderich (Lysimachia vulgaris), 52 Gemeiner Blutweiderich (Lythrum salicaria), 53 Gemeines Schilf (Phragmites australis), 54 Große Brennessel (Urtica dioica), 55 Wasserdost (Eupatorium cannabinum), 56 Ackerkratzdistel (Cirsium arvense), 57 Bunter Hohlzahn (Galeopsis speciosa)

Wasserverhältnisse		
unentwässert (schwammsumpfig) Grundwasser in Flur	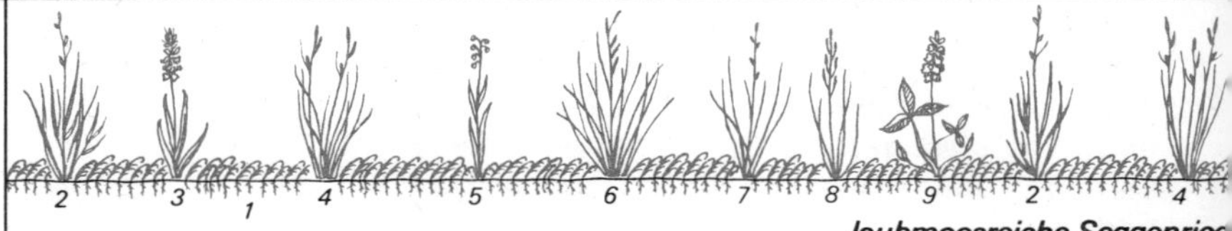 *laubmoosreiche Seggenrie*	
schwache Vorentwässerung Grundwasser im Sommer um 2 dm unter Flur	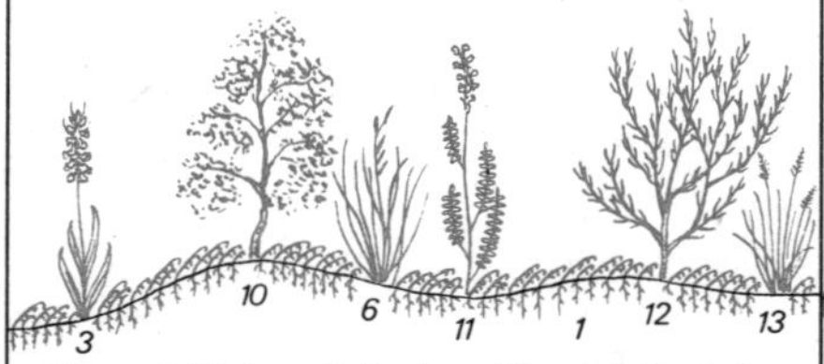 *Strauchbirken-Kriechweidengebüsch*	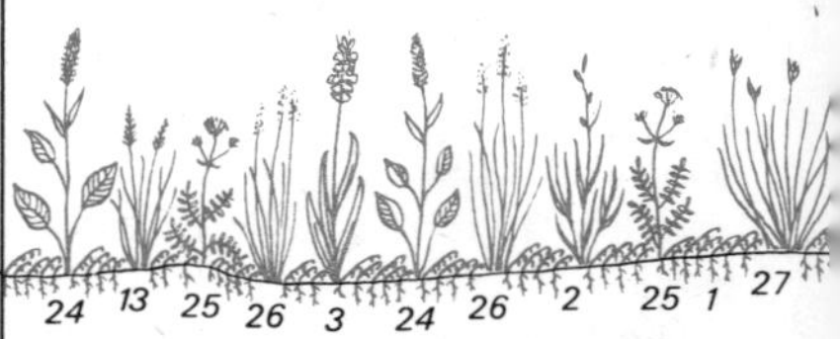 *Baldrian-Wiesenknöterich-Riedwiese*
mäßige Entwässerung Grundwasser im Sommer 3 bis 4 dm unter Flur	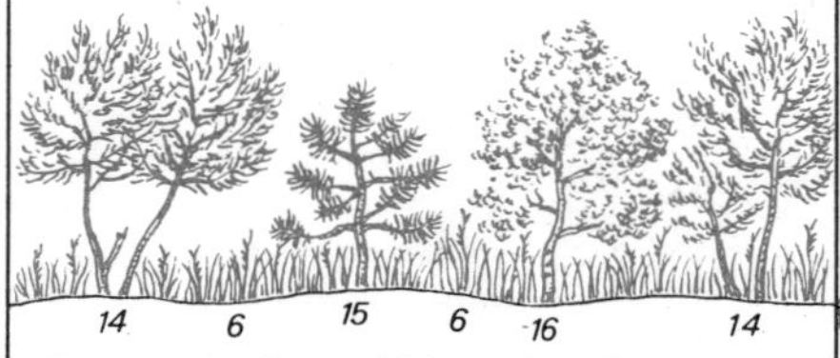 *Seggen-Lorbeerweidengebüsch*	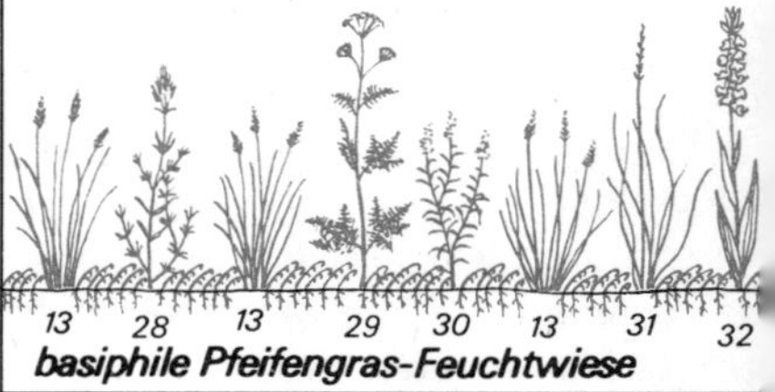 *basiphile Pfeifengras-Feuchtwiese*
starke Entwässerung Grundwasser im Sommer 5 bis 6 dm unter Flur	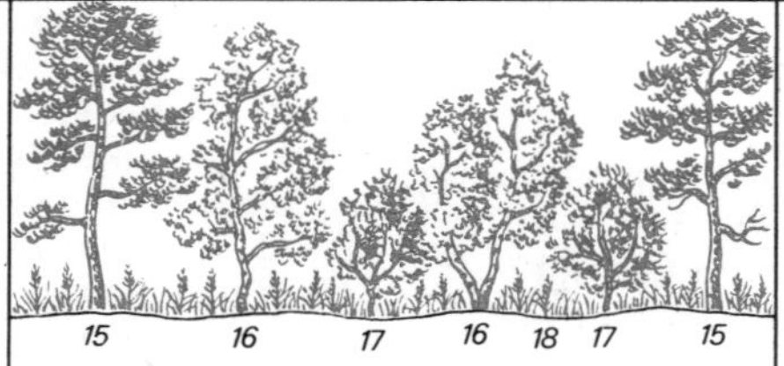 *Kreuzdorn-Kiefern-Moorbirkenwald*	
sehr tiefe Entwässerung Grundwasser im Sommer 6 bis 8 dm unter Flur	 *Kreuzdorn-Stieleichen-Moorwald*	
Grundwassersenkung > 8 dm unter Flur, Ausbildung von Wechselfeuchte	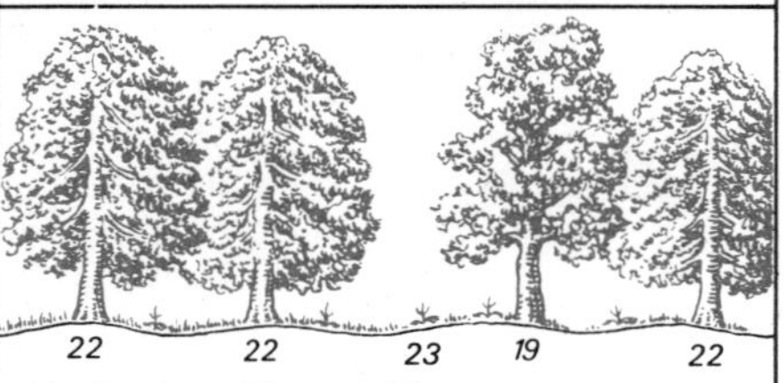 *Rotbuchen-Moorwald*	
	bei Bewaldung	*bei Gründlandnutzu* *ohne mineralische Düngung*

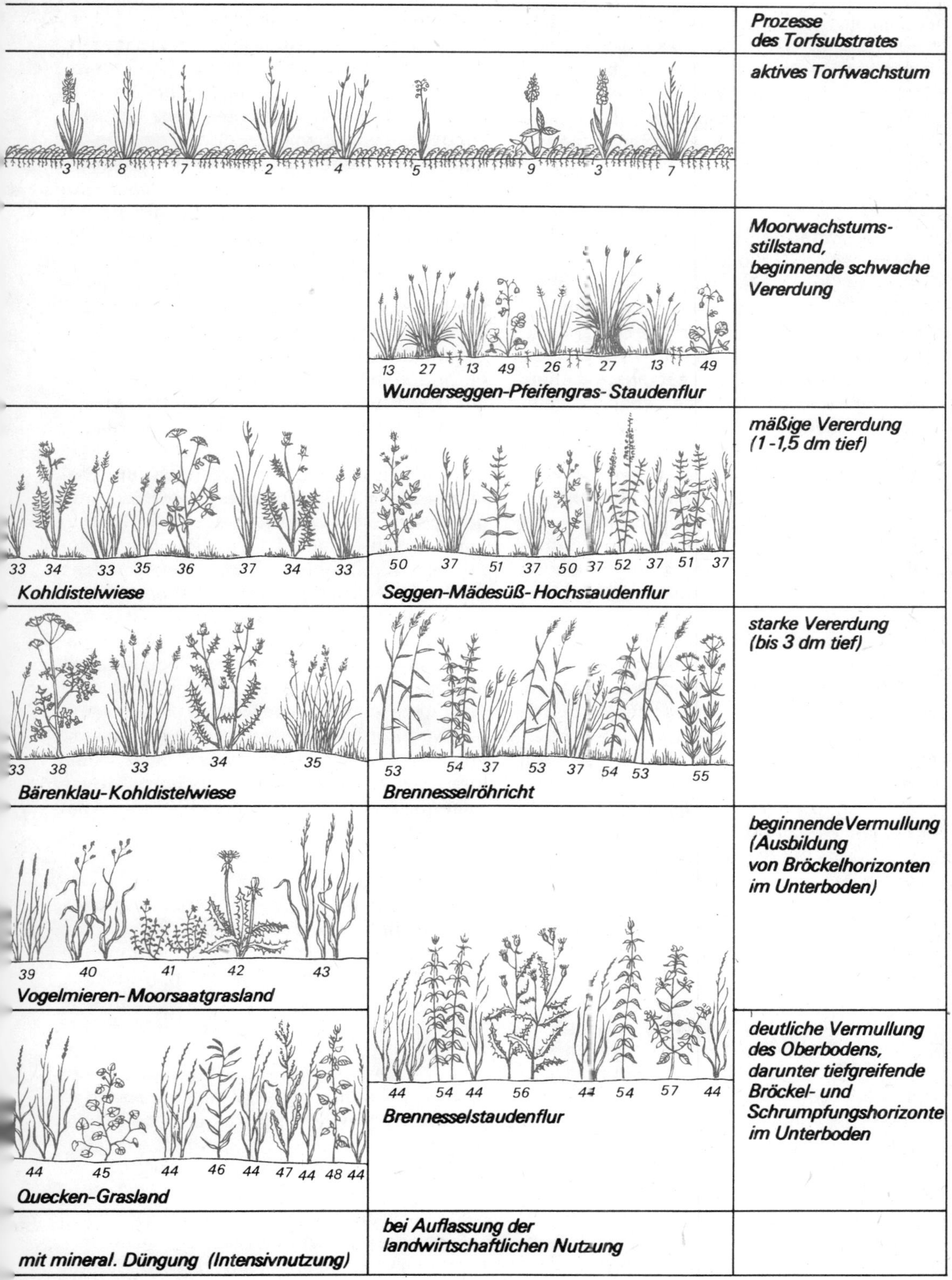
Prozesse des Torfsubstrates
aktives Torfwachstum
3 8 7 2 4 5 9 3 7
Moorwachstumsstillstand, beginnende schwache Vererdung
13 27 13 49 26 27 13 49
Wunderseggen-Pfeifengras-Staudenflur
mäßige Vererdung (1-1,5 dm tief)
33 34 33 35 36 37 34 33
Kohldistelwiese
50 37 51 37 50 37 52 37 51 37
Seggen-Mädesüß-Hochstaudenflur
starke Vererdung (bis 3 dm tief)
33 38 33 34 35
Bärenklau-Kohldistelwiese
53 54 37 53 37 54 53 55
Brennesselröhricht
beginnende Vermullung (Ausbildung von Bröckelhorizonten im Unterboden)
39 40 41 42 43
Vogelmieren-Moorsaatgrasland
deutliche Vermullung des Oberbodens, darunter tiefgreifende Bröckel- und Schrumpfungshorizonte im Unterboden
44 45 44 46 44 47 44 48 44
Quecken-Grasland
44 54 44 56 44 54 57 44
Brennesselstaudenflur
mit mineral. Düngung (Intensivnutzung)
bei Auflassung der landwirtschaftlichen Nutzung

per sind die Folge. Waldgesellschaften, die ihre Entstehung der Entwässerung und dem Ausbleiben der landwirtschaftlichen Nutzung verdanken, sind in den Talmooren meist nur in ortsfernen Lagen aufgewachsen; denn diese Moore werden heute überwiegend intensiv landwirtschaftlich genutzt.

Ab Mitte des vorigen Jahrhunderts dürfte über einen Zeitraum von mehr als 100 Jahren die nährstoffarme basiphile Pfeifengras-Feuchtwiese (Galio-Molinietum) vorgeherrscht haben. Der jährliche Entzug der oberirdischen Pflanzenmasse durch die Mahd und das Fehlen jeglicher Düngung ließen produktionsschwache Moorstandorte entstehen. So entwickelten sich relativ spät austreibende, sehr arten- und blütenreiche Lebensgemeinschaften mit vielen konkurrenzschwachen Arten, die durch einmalige, recht späte Mahd und gelegentliche Nachweide genutzt wurden. Kennarten der basiphilen Pfeifengras-Feuchtwiesen sind neben dem Pfeifengras *(Molinia caerulea)* mit einem geringen Futterwert und einigen noch immer vorhandenen Kleinseggenriedarten vor allem der Teufelsabbiß *(Succisa pratensis)* mit seinen blauen Blütenköpfen, die sich erst im August und September entfalten, die Kümmelsilge *(Selinum carvifolium)* mit weißen Doldenblüten, das ebenfalls weißlich blühende Nordische Labkraut *(Galium boreale)*, die lila Färberscharte *(Serratula tinctoria)*, die zierliche, gelb blühende Blutwurz *(Potentilla erecta)*, die Prachtnelke *(Dianthus superbus)*, eine der schönsten Wiesenpflanzen mit stark duftenden rosafarbenen Blüten, der Weidenblättrige Alant *(Inula salicina)* und der Rauhe Herbstlöwenzahn *(Leontodon hispidus)*, beides spät blühende Arten mit gelben Blütenköpfen. In diesen Wiesen treffen wir auch das Preußische Laserkraut *(Laserpitium prutenicum)* an, einen stattlichen Doldenblütler, den grazilen Purgierlein *(Linum catharticum)*, das Sumpfherzblatt *(Parnassia palustris)*, das mit seinen großen, leuchtendweißen Blüten bis in den September eine auffällige Erscheinung ist, und das bekannte hübsche Gemeine Zittergras *(Briza media)*. Zusammen mit weiteren allgemein verbreiteten Feuchtwiesenarten sowie zahlreichen Moosen wachsen in dieser Pflanzengesellschaft auf Probeflächen von 10 bis 20 m^2 oft mehr als 50 Pflanzenarten, darunter auch prächtige Wiesenorchideen.

Heute werden fast alle diese Pflanzenarten in der Liste der vom Aussterben bedrohten Arten geführt, denn die basiphilen Pfeifengraswiesen sind mit Ausnahme weniger Reste in einigen Naturschutzgebieten aus unserer Landschaft verschwunden. Schon geringe mineralische Düngergaben bewirken ihre Umwandlung in Honiggraswiesen (Holcetum lanati), aus denen dann schließlich die gut mit Nährstoffen versorgten Kohldistelwiesen (Polygono-Cirsietum oleracei) hervorgehen. Die Artenmannigfaltigkeit der produktiven zweischürigen Wiesen sinkt auf mehr als die Hälfte, aber noch immer handelt es sich um Feuchtwiesen mit einer dauerhaften Grasnarbe und standortangepaßten Wildpflanzenarten. Die Produktivität der Pfeifengraswiesen beträgt 20 bis maximal 30 dt Heu pro Hektar, die der Kohldistelwiesen 35 bis 50 dt.

Diese Wiesen, die um 1960 noch zum charakteristischen Bild unserer Moorniederungen gehörten, sind heute ebenfalls weitgehend verschwunden. Durch komplexe Meliorationsmaßnahmen, die inzwischen sämtliche größeren Moorgebiete erfaßt haben, wurden ausgedehnte gehölzfreie Graslandschläge von häufig mehr als 20 oder 30 ha Größe geschaffen. Aus den einstigen Seggenrieden und den aus ihnen entstandenen Ried- und Feuchtwiesen schuf der Mensch ein aus wenigen Kulturgrasarten zusammengesetztes und von einigen Ackerwildkräutern besiedeltes, intensiv nutzbares, zunächst hochproduktives Saatgrasland, das jährlich drei- bis viermal geschnitten werden konnte und Erträge bis zu 100 dt Heu pro Hektar brachte.

Doch dieses stark mit Mineraldünger versorgte sogenannte Vogelmieren-Moorsaatgrasland hat – wie man heute weiß – nur eine relativ kurze Lebensdauer. Nach mehrmaligen Umbrüchen bei einer jeweiligen Nutzungsdauer von oft nur wenigen Jahren kommt es bei tiefen Grundwasserständen zu stärkeren Standortdegradierungen, die eine Neuansaat von Gras immer schwieriger machen. So sind weite Graslandflächen zu Problemstandorten geworden, und die vormals gute Absicht hat sich leider häufig in das Gegenteil verkehrt. Zunehmend breitet sich Quecken-Grasland aus, dessen Produktivität auf weniger als 60 dt Heu pro Hektar sinkt.

Durch die nunmehr verringerte Nutzungsintensität kommt es auf diesen mit Nährstoffen überversorgten, inzwischen vermullten und kaum noch in ihrem Wasserhaushalt regulierbaren Moorstandorten in starkem Maße zur Vermehrung der Großen Brennessel *(Urtica dioica)*. Wenn die Nutzung dieser Flächen aufgegeben wird, entwickeln sich innerhalb weniger Jahre konkurrenzstarke Hochstaudengesellschaften, es entfalten sich Brennessel-Staudenfluren (Cirsio-Urticetum dioicae) oder Brennesselröhrichte (Urtico-Phragmitetum). Bei erneuter Vernässung der Standorte nach dem Verfall der Meliorationsanlagen breiten sich eintönige, aber blütenreiche Seggen-Mädesüß-Hochstaudenfluren (Filipendulетum ulmariae) aus. Durch das Vorherrschen konkurrenzstarker Pflanzenarten sind diese Vegetationstypen gegenüber den Wiesengesellschaften floristisch deutlich verarmt. Dabei handelt es sich meist um langlebige Gesellschaften, die auf diesen potentiellen Waldstandorten wegen ihrer dichten Vegetationsentfaltung und der ungestörten Ablagerung ihrer jährlich produzierten oberirdischen Pflanzenmasse nur schwer von Gehölzwuchs erobert werden. Dies gelingt meist nur Erlen durch Wurzelbrut vom Rande her. So kann es Jahrzehnte dauern, bis aus diesen üppigen Staudenfluren Schwarzerlengehölze geworden sind.

Wir wollen uns nun noch der Tierwelt zuwenden, die in den Basen-Zwischenmooren im Vergleich zu den oligo- und mesotrophsauren Mooren wesentlich reichhaltiger ist. Wahrscheinlich gibt es in den durch Mineralbodenwasser ernährten basenreichen Mooren vielfältige Spezialisten der Kleintierwelt, doch sind unsere Kenntnisse darüber noch sehr gering. Deshalb wollen wir uns weitgehend auf die besser bekannte Wirbeltierfauna beschränken. Sie ist jedoch kaum an enge Trophie- oder Säure-Basenstufen gebunden. Entscheidend ist aber, ob es sich um gewässerreiche Moore, zeitweilig überflutete Moore, offene Seggenriedmoore oder gehölzbestandene Moore handelt. Für die Wirbeltierfauna sind damit die hydrologischen Moortypen und die nutzungsbedingten Vegetationsstrukturen bedeutsamer als ihre jeweiligen ökologischen Ausbildungen. Deshalb gilt das Gesagte weitgehend für alle vom Mineralbodenwasser ernährten Moore.

Die im wesentlichen von Seggenrieden geprägten unentwässerten Talmoore sind als Lebensraum für Säugetiere sowie Fische und Reptilien weitgehend ungeeignet. Lediglich unter den Vögeln gibt es eine Reihe von Arten, die hier ihre Nistplätze und auch Nahrungsräume finden. Dazu zählen vor allem die Bekassine *(Capella gallinago)*, die Doppelschnepfe *(Capella media)*, der Große Brachvogel *(Numenius arquata)* und der Bruchwasserläufer *(Tringa glareola)*. Ein charakteristischer Kleinvogel derartiger Sümpfe ist der Wiesenpieper *(Anthus pratensis)*, aber auch der Seggenrohrsänger *(Acrocephalus paludicola)*. Die Greifvögel werden durch die Wiesenweihe *(Circus pygargus)* vertreten, und sicher hat auch die Sumpfohreule *(Asio flammeus)* hier ihre Nistplätze.

In den Biebrza-Mooren im Osten Polens können wir heute noch die Vogelwelt naturnaher Durchströmungsmoore studieren. Der Ornithologe ist immer wieder über die hohe Siedlungsdichte der genannten Arten in den ausgedehnten Seggenrieden erstaunt. Eine weitere Charakterart dieser einsamen Moore – vor allem, wenn sie Birken- und Weidengebüsche aufweisen – ist auch der urtümliche Elch *(Alces alces)*.

Mit der Entwässerung der Moore verschwanden die meisten der genannten Arten. Sie sind heute in Mitteleuropa vom Aussterben bedroht. Nur den Wiesenpieper und z.T. auch den Großen Brachvogel treffen wir durch Erweiterung ihres Lebensraumspektrums noch etwas regelmäßiger an.

Durch die Entwässerung, die Anlage von großflächigen Torfstichen und die Wiesennutzung erhöhte sich die Artenvielfalt der Moore ganz wesentlich. Es entstanden neue Lebensräume: Kleingewässer, Feuchtwiesen, Hochstaudenfluren, Gebüschkomplexe und Moorwälder. Die Torfstichgewässer boten gute Bedingungen für eine reichhaltige Fischfauna. Hier pflanzte sich in großen Populationen der Moorfrosch *(Rana arvalis)* fort; Wasserfrosch *(Rana esculenta)* und Seefrosch *(Rana ridibunda)* hatten ihren ständigen Wohnsitz. Diese Kleingewässer sind auch der bevorzugte Lebensraum der Ringelnatter *(Natrix natrix)*. Charakteristische Kleinsäuger waren die große, dunkle Ostschermaus *(Arvicola terrestris)*, auch Große Wühlmaus genannt, die ebenfalls recht große und langschwänzige Sumpfmaus oder Nordische Wühlmaus *(Microtus oeconomus)* und die an Halmen ihre Grasnester aufhängende Zwergmaus *(Micromys minutus)*. Im Fluß, aber auch in größeren tiefen Torfstichen traf man regelmäßig den inzwischen fast ausgestorbenen Fischotter *(Lutra lutra)* sowie an Ufern den Iltis *(Putorius putorius)* an. In den nicht zu nassen Wiesen lebte in starken Populationen der Maulwurf *(Talpa europaea)*.

Als charakteristische Arten aus der Vogelwelt seien im Lebensraum Feuchtwiese Großer Brachvogel *(Numenius arquata)*, Wachtelkönig *(Crex crex)*, Kiebitz *(Vanellus vanellus)*, Schafstelze *(Motacilla flava)*, Wiesenpieper *(Anthus pratensis)*, Feldschwirl *(Locustella naevia)* und Braunkehlchen *(Saxicola rubetra)* genannt. Die Gehölzsäume der Torfstiche waren der bevorzugte Aufenthaltsraum des Weißsternigen Blaukehlchens *(Luscinia svecica cyanecula)* und des Sprossers *(Luscinia luscinia)*. In mit Gebüschkomplexen durchsetzter offener Moorlandschaft konnten Sperbergrasmücke *(Sylvia nisoria)* und Raubwürger *(Lanius excubitor)* beobachtet werden. Die Weiden-Birkenwälder besiedelten als charakteristische Arten die Weidenmeise *(Parus atricapillus)*, die Schwanzmeise *(Aegithalos caudatus)* und der Kleinspecht *(Dendrocopus minor)*. An Greifvögeln kamen neben den regelmäßig vorhandenen Mäusebussarden *(Buteo buteo)*, Rohrweihen *(Circus aeruginosus)* und Turmfalken *(Falco tinunculus)* noch die Wiesenweihen *(Circus pygargus)* und der Schreiadler *(Aquila pomarina)* vor. Letzterer hatte in den Talmooren seinen bevorzugten Nahrungsraum, während die Horste meist auf alten Rotbuchen an den Talrändern errichtet wurden. Er war geradezu eine Charakterart der Talmoore in der vorindustriellen Kulturlandschaft. Schließlich hatte im östlichen mitteleuropäischen Tiefland das Birkwild in diesen Niedermooren seine letzten Rückzugsgebiete.

Von dem reichen Tierleben ist inzwischen kaum noch etwas verblieben, lediglich in den Moorwäldern sind die Bestandsveränderungen gering. Von den Wiesenvögeln haben sich an das Intensivgrasland lediglich der Kiebitz *(Vanellus vanellus)* und die Schafstelze *(Motacilla flava)* »angepaßt«. Die hier neuerdings nach Niederschlägen verbreitet auftretenden Wasserlachen geben ihnen einen zusagenden Lebensraum. Neu hinzugekommen ist die Feldlerche *(Alauda arvensis)*. Für den typischen Feldvogel sind offenbar auch die stark entwässerten Niedermoore geeignet. In den verbliebenen Weidenbüschen, den Brennesselröhrichten und Hochstaudenfluren breitete sich der Sumpfrohrsänger *(Acrocephalus palustris)* stark aus, und neuerdings ist hier auch regelmäßig der Schlagschwirl *(Locustella fluviatilis)* anzutreffen.

Kalk-Zwischenmoore

Kalkmoore entstanden in Muschelkalkgebieten des Hügellandes und in verschiedenen Mittel- und Hochgebirgen mit Kalkgestein. Wir begegnen ihnen auch in den kalkreichen jungeiszeitlichen Moränenlandschaften des Alpen- und Tatravorlandes sowie des nordöstlichen mitteleuropäischen Tieflandes. Meist handelt es sich um Quellmoore, Verlandungsmoore oder Durchströmungsmoore. Je nach den Entstehungsbedingungen lagern sich mehr oder weniger kalkreiche Torfe oder fast reine Kalke ab, die bei Nährstoffarmut des Bodenwassers eine eigentümliche und reichhaltige Kalk-Zwischenmoorvegetation tragen. Sie fand schon frühzeitig großes Interesse bei den Botanikern.

Das natürliche Pflanzenkleid der nährstoffarmen Kalkmoore wird von gehölzfreien bzw. gehölzarmen Seggen-, Kopfbinsen- und Schneidenrieden mit einem dichten Braunmoosteppich gebildet. Für viele der auf diese Standorte spezialisierten Arten spielt der Boden eine untergeordnete Rolle, denn sie siedeln auf Torfen, kalkreichen Sanden und Schottern sowie auf humusarmen Quellkalken und Kalkmudden. Entscheidend ist, daß es sich um konkurrenzschwache, also stickstoffarme und von kalkreichem Bodenwasser gesättigte Standorte handelt.

Einige Pflanzenarten der Kalkmoore kennen wir aber auch von sehr trockenen Magerrasen der sonnenexponierten Hänge mit Kalkgesteinböden im Gebirgsvorland. Für diese Arten ist offenbar das Wasserregime des Standortes weniger bedeutungsvoll. Hierzu zählen insbesondere die früher auf kalkreichen Torfwiesen des nordöstlichen Mitteleuropas aufgetretenen Orchideenarten Fliegenragwurz *(Ophrys insectifera)*, benannt nach den einer Fliege ähnlichen Einzelblüten, Honigorchis

Binsen- und Riedgrasgewächse der Kalk-Zwischenmoore

1 Binsenschneide (Cladium mariscus)
2 Wenigblütige Sumpfsimse (Eleocharis quinqueflora)
3 Schwarzes Kopfried (Schoenus nigricans)
4 Rostrotes Kopfried (Schoenus ferrugineus)
5 Breitblättriges Wollgras (Eriophorum latifolium)
6 Torfsegge (Carex davalliana)
7 Alpenbinse (Juncus alpino-articulatus)

(Herminium monorchis) mit kleinen, honiggelben Blütenständen, Große Händelwurz *(Gymnadenia conopsea)* und Helmknabenkraut *(Orchis militaris)*, zwei stattliche weitgehend rosafarbene Blütenstände tragende Arten und die Pyramidenspitzorchis *(Anacamptis pyramidalis)* mit ihren leuchtendroten Blütenpyramiden. Auch Gemeines Zittergras *(Briza media)*, Blaugrüne Segge *(Carex flacca)* und Purgierlein *(Linum catharticum)* wachsen sowohl in nassen Moorwiesen als auch auf Kalktrockenhängen. In nährstoffarm-kalkreichen Mooren trifft man ebenfalls auf Pflanzenarten, die das ungenügende Stickstoffdarge-

bot durch den Fang von Insekten verbessern. Zu diesen »fleischfressenden Arten« gehören das Echte Fettkraut *(Pinguicula vulgaris)* und das Alpenfettkraut *(Pinguicula alpina)*, der Langblättrige Sonnentau *(Drosera anglica)*, aber auch die Wasserschlaucharten der Moorschlenken Kleiner Wasserschlauch *(Utricularia minor)* und Mittlerer Wasserschlauch *(U. intermedia)*.

Sehen wir uns nun die Pflanzengesellschaften von Kalk-Zwischenmooren im einzelnen an, und beginnen wir mit den Kalk-Verlandungsmooren. Für die meisten Seen in der jungeiszeitlichen Landschaft waren einst unterseeische Rasen von Armleuchteralgen (Characeen) charakteristisch. Mit dem jährlichen Vegetationszyklus lagern diese Pflanzen große Mengen Kalkmudde (Kalkgyttja) ab, was zum Auffüllen des Seebeckens führt. Nach Seespiegelabsenkungen, wie sie im vorigen Jahrhundert zur Gewinnung von Wiesen und zur Anlage von Kanalbauten für den Schiffsverkehr verbreitet vorgenommen wurden, siedelte sich auf diesen nun mehr oder weniger trockenfallenden Seegründen eine typische Kalkmoorvegetation an.

Auf zeitweise vom Flachwasser bedeckten Standorten entfalten sich großflächig Braunmoos-Schneidenriede (Scorpidio-Cladietum marisci), so daß es auf den Kalkmuddesedimenten zur Torfablagerung kam. Bei diesen Schneidenröhrichten handelt es sich noch um mäßig nährstoffreiche Standorte, die ganz von der dominierenden hochwüchsigen Binsenschneide *(Cladium mariscus)* geprägt sind. Dagegen werden ausgesprochen nährstoffarme Kalkschlammböden vom Skorpionsmoos-Sumpfsimsenried (Scorpidio-Eleocharidetum quinqueflorae) besiedelt. Dies ist eine heute seltene Pioniergesellschaft auf trockenfallenden Uferböden kalkoligotropher Seen und kaum betretbarer Schwingmoorkanten. Oft handelt es sich aber auch um die am tiefsten gelegenen Restschlenken inmitten von braunmoosreichen Seggenrieden. In dieser interessanten Pflanzengesellschaft mit einer großen Anzahl in Mitteleuropa stark gefährdeter Pflanzen wachsen Wasserschlaucharten (*Utricularia* spec.), *Chara-vulgaris*-Rasen sowie in einem dichten Teppich Skorpionsmoos *(Scorpidium scorpidioides)*, also Arten der Wasserschlauch-Moorschlenken. Andererseits gedeihen durch zeitweiliges Trockenfallen schon viele Kleinseggenriedarten. Besonders charakteristisch sind Wenigblütige Sumpfsimse *(Eleocharis quinqueflora)*, Langblättriger Sonnentau *(Drosera anglica)*, Echtes Fettkraut *(Pinguicula vulgaris)*, Sumpfdreizack *(Triglochin palustre)*, Schuppenfrüchtige Gelbsegge *(Carex lepidocarpa)*, Schlammsegge *(Carex limosa)* sowie die Orchideen Sumpfglanzkraut *(Liparis loeselii)* und Sumpfsitter *(Epipactis palustris)*.

Bei starker Torfakkumulation, vor allem durch die zahlreichen Laubmoose, wachsen diese Standorte recht schnell aus dem Grundwasserniveau heraus. Zunächst nur auf Bülten vorkommend, aber schließlich die gesamte Fläche überziehend, wird das Braunmoos-Kleinseggenried meist vom Gelbtorfmoos-Kleinseggenried (Sphagno teretis-Caricetum) abgelöst. Es ist ebenfalls eine kurzlebige, floristisch artenreiche Pflanzengesellschaft, in der auf den Bülten bereits die ersten Gehölze aufkeimen. Sie leiten in kontinentaleren Gebieten die weitere Entwicklung zum basiphilen Strauchbirken-Kriechweidengebüsch ein. In niederschlagsreichen Landschaften wie dem Alpenvorland kann das Gelbtorfmoos-Kleinseggenried Initialgesellschaft für die Weiterentwicklung zum Regenmoor sein. Im leicht bültigen, von Moosen geprägtem Seggenried liegen die *p*H-Werte in den noch voll von kalkreichem Grundwasser beeinflußten Schlenken bei 6 bis 7, während sie in den Torfmoosbülten auf 4 bis 5 absinken. Aus den kleinflächigen, innerhalb eines Quadratmeters oft mehrfach wechselnden Standortunterschieden erklärt sich der große floristische Reichtum dieser Pflanzengesellschaft.

Ähnlich der torfbildenden Vegetation nährstoffärmerer Kalk-Verlandungsmoore sind die natürlichen Pflanzengesellschaften oligo- bis mesotroph-kalkreicher Durchströmungsmoore in Mitteleuropa heute fast gänzlich verschwunden. Neben Schlenkengesellschaften, wie der Skorpionsmoos-Wasserschlauchschlenke und dem sich daraus oft entwickelnden Skorpionsmoos-Sumpfsimsenried, kam als dominierender Vegetationstyp dieser Moorstandorte das Mehlprimel-Kopfbinsenried (Primulo-Schoenetum ferruginei) vor. Im nordöstlichen mitteleuropäischen Tiefland sowie in der ungarischen Tiefebene dürfte diese Gesellschaft, die hier im vorigen Jahrhundert noch große Flächen einnahm, heute

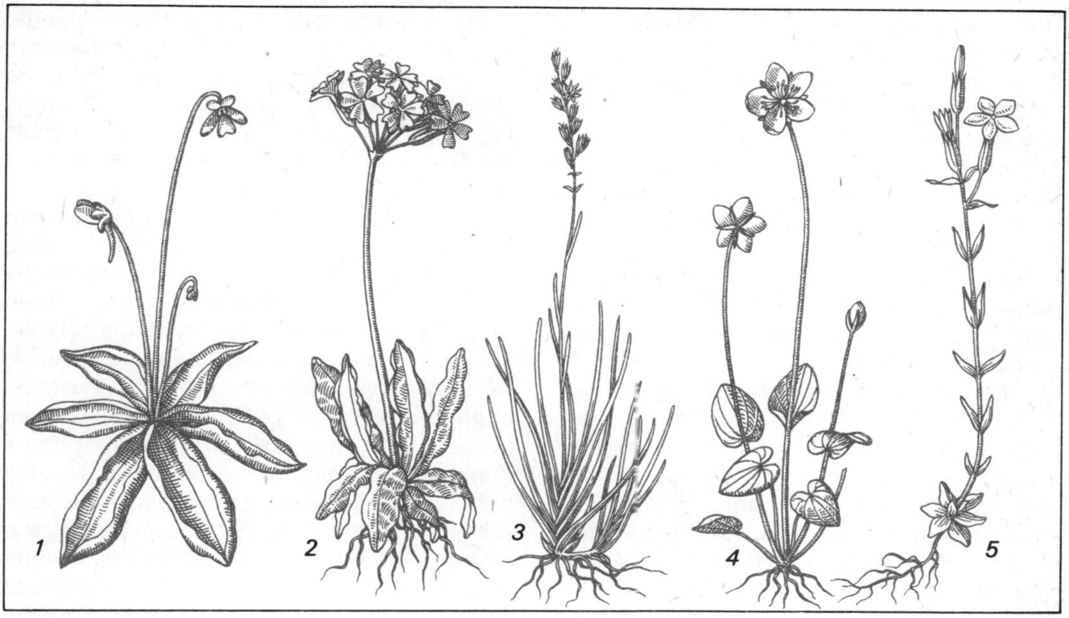

Blütenpflanzen der Kalk-Zwischenmoore

1 *Echtes Fettkraut (Pinguicula vulgaris)*
2 *Mehlprimel (Primula farinosa)*
3 *Kelchsimsenlilie (Tofieldia calyculata)*
4 *Sumpfherzblatt (Parnassia palustris)*
5 *Schlauchenzian (Gentiana utriculosa)*

wahrscheinlich ausgestorben sein. Es gibt zwar noch einige letzte Vorkommen der genannten Arten in den sich aus dieser Gesellschaft durch Entwässerungen entwickelnden Pfeifengraswiesen, doch ist die Ersatzgesellschaft auch nur in letzten Resten vorhanden. In der submontanen und montanen Stufe des Alpen- und Karpatenvorlandes hat sich das Mehlprimel-Kopfbinsenried dagegen vereinzelt erhalten können. Meist handelt es sich allerdings um Quell- oder auch Hangmoore, z. T. im Kontakt zu Verlandungsbereichen kalkoligotropher Seen. Die Vegetation bildet in der Regel keine Torfe mehr; für diese Standorte sind als Ausdruck stärker wechselnder Durchnässung geringmächtige, hochzersetzte Torfe typisch. Kennzeichnend ist ein hoher Anteil von Arten nährstoffarmer basiphiler Feuchtwiesen. Vereinzelt tritt das Mehlprimel-Kopfbinsenried auch in den subalpinen Lagen der Kalkalpen auf. Wegen ihres Vorkommens in den verschiedenen Höhenstufen und Moortypen ist diese Pflanzengesellschaft sehr vielgestaltig.

Charakteristische Arten der Gesellschaft sind neben der namengebenden Mehlprimel *(Primula farinosa)* und dem Rostroten Kopfried *(Schoenus ferrugineus)* Schlauchenzian *(Gentiana utriculosa)*, Kelchsimsenlilie *(Tofieldia calyculata)*, Breitblättriges Wollgras *(Eriophorum latifolium)*, Sumpfherzblatt *(Parnassia palustris)*, Echtes Fettkraut *(Pinguicula vulgaris)*, Sumpfkreuzblümchen *(Polygala amarella)*, Sumpfsitter *(Epipactis palustris)*, Gelbsegge (*Carex flava* coll.), Saumsegge *(Carex hostiana)*, Alpenbinse *(Juncus alpino-articulatus)* und zahlreiche Braunmoosarten, insbesondere Krummoos *(Drepanocladus intermedius* et *revolvens)* und Sternmoos *(Campylium stellatum)*.

Das Mehlprimel-Kopfbinsenried ist eine blumenreiche Pflanzengesellschaft mit mehreren Blühaspekten, die Ende Mai mit dem rosafarbenen Blütenflor der Mehlprimel beginnen und Anfang September mit den weißen Blütenköpfen des Sumpfherzblattes ihren Ausklang finden. Früher wurde diese Pflanzengesellschaft zur Streugewinnung genutzt, oft aber auch durch mäßige Entwässerung in die blumenreiche Enzian-Pfeifengraswiese (Gentiano-Molinietum) mit dem im Sommer blühenden Schlauchenzian *(Gentiana utriculosa)* überführt.

Heute sind diese Moorwiesen weitgehend zu gedüngtem, intensiv genutztem Grasland geworden, oder die Nutzung wurde aufgegeben. Es entstanden Hochstaudenfluren oder Moorwälder, also Vegetationsverhältnisse, wie wir sie bei den Basen-Zwischenmooren schon eingehend beschrieben haben.

Eine Gesellschaft nährstoffarm-kalkreicher Moorstandorte ist das Orchideen-Kopfbinsenried (Orchio-Schoenetum nigricantis), eine Vegetationseinheit, die ihren Verbreitungsschwerpunkt im südöstlichen Europa besitzt und in Mitteleuropa heute ebenfalls fast ausgestorben ist. Sie kommt hier nur in den sommerwarmen Landschaften, wie dem Oberrheingebiet, in warmen Alpentälern und im Alpen- und Karpatenvorland, vor. Im nordöstlichen mitteleuropäischen Tiefland, wo nur wenige stark verarmte Bestände bekannt wurden, ist diese Pflanzengemeinschaft heute nicht mehr anzutreffen. Es treten verstärkt südliche Arten auf, so das namengebende Schwarze Kopfried *(Schoenus nigricans)* und an Orchideen das Sumpfknabenkraut *(Orchis palustris)* sowie die Sommerwendelorchis *(Spiranthes aestivalis)*. Durch größere Sommertrockenheit ist in dieser Gesellschaft der Anteil von Arten der Pfeifengraswiese noch größer, und es ist fraglich, ob diese Assoziation ohne extensive Nutzung überhaupt existieren kann.

Zuletzt sollen die kalkhaltigen nährstoffärmeren Quellmoore behandelt werden. Sie weisen in Mitteleuropa 3 charakteristische Pflanzengemeinschaften auf. Im jungpleistozänen Tiefland ist es vor allem das Braunmoos-Kalkbinsenried (Campylio-Juncetum subnodulosi), in den Mittel- und Hochgebirgen sowie ihren Vorländern das Davallseggenried (Caricetum davallianae) und bei beginnender Versauerung das Bültenbraunmoos-Seggenried (Paludello-Caricetum). Alle 3 Gesellschaften sind heute in Mitteleuropa durch Entwässerungen und Eutrophierungen selten geworden. Sie beherbergen eine große Anzahl gefährdeter Pflanzenarten, besonders wiederum einige Orchideen.

Das Braunmoos-Kalkbinsenried war einst vor allem für die von kalkreichem Druckwasser stark geprägten Ränder der Talmoore typisch. Hier bildeten sich Quellkuppen, die mehrere Meter mächtige, kalkreiche, dabei meist nur geringzersetzte Torfe ablagerten. Neben der Stumpfblütigen Binse *(Juncus subnodulosus)* sind für diese Standorte der Blaue Tarant *(Swertia perennis)* sowie eine stark duftende Unterart der Großen Händelwurz *(Gymnadenia conopsea densiflora)* kennzeichnend.

Das Davallseggenried entstand dagegen meist erst nach Rodung der Wälder. Auf Wiesen mit ihrer im Vergleich zum Wald geringeren Transpiration entwickelten sich in historischer Zeit zahlreiche Quellmoore, die bei kalkreichem Bodenwasser eine Braunmoos-Kleinseggenried-Vegetation tragen. Oft bilden sich in diesen Quellmooren Kalktuffe (Dauche). So scheidet sich um die Moospflänzchen aus dem kalziumbikarbonatreichen Wasser der Kalk ab, und es werden allmählich mächtige poröse Kalklager aufgebaut. Natürliche Standorte hat diese lichtliebende Pflanzengesellschaft wahrscheinlich erst in der subalpinen Stufe der Hochgebirge gehabt. Hier begegnet man ihr auch heute noch in ungestörter Ausbildung, während die Vorkommen in den tieferen Lagen weitgehend der Intensivierung der landwirtschaftlichen Nutzung zum Opfer gefallen sind. Neben der namengebenden und meist stark deckenden horstigen Davall- oder Torfsegge *(Carex davalliana)* weist die Assoziation eine ähnliche Artenzusammensetzung wie das Mehlprimel-Kopfbinsenried auf. Je nach Höhenlage und Klimagebiet wird das Davallseggenried in eine größere Anzahl von Subassoziationen und geographische Rassen untergliedert. So gibt es z. B. eine Ausbildung mit dem zierlichen Bunten Schachtelhalm *(Equisetum variegatum)*, der aus einem dichten Teppich des Kalktuff ablagernden Starknervmooses *(Cratoneurum commutatum)* sprießt. Solche Bestände sind besonders für die subalpine und alpine Stufe der Alpen, aber auch für den Tatrarand charakteristisch.

An Standorten mit starken Travertinquellen können sich dagegen auf den vom Quellwasser an der Oberfläche chemisch ausgefällten Kalken nur relativ wenige Pflanzen entwickeln. Hier kommt es nur zu einer lückigen Besiedlung mit Horstpflanzen, z. B. der Binsenschneide *(Cladium mariscus)* oder auch den Kopfriedarten (*Schoenus* spec.). Es beeindruckt, wie die Vegetation auf diesen Extremstandorten Fuß fassen kann.

Verlandung eines meso-troph-basischen Sees in der Niederlausitz durch Unterwassertorfbildung der Binsenschneide (Cladium mariscus)

Ein verlandeter Kalksee mit Bültenseggenried der Schwarzschopfsegge (Carex appropinquata) in Ostbrandenburg

Torfmoos-Wollgras-Schwingdecken im Moorkolk des Mümmelkensees (Usedom) – Verlandungsvegetation eines nährstoffarm-sauren Sees

Das Bagno Ławki in der Biebrza-Niederung in Nordostpolen – größtes wachsendes Durchströmungsmoor Mitteleuropas

Naturnahes mesotroph-kalkreiches Durchströmungsmoor im Tatravorland

Kleines naturnahes mesotroph-basenreiches Durchströmungsmoor im nördlichen Polen

Mesotroph-saures Kesselmoor mit breitem Wasserring und zentralem Kolk in der Schorfheide

Zentrale waldfreie Hochfläche eines Regenmoores am Finnischen Meerbusen nördlich von Leningrad

Ertrinkendes Kesselmoor mit abgestorbenem Moorwald

Kleines Kesselmoor mit charakteristischer Zonierung: nasser Randsumpf, Torfmoos-Schnabelseggenried, grüner Torfmoos-Wollgrasrasen, durchsetzt von Moorbirken

Frauenhaar-Moosbülten – typische Vegetationsform beschatteter mesotropher Randbereiche kleiner Kesselmoore

Das Gemeine Frauenhaarmoos (Polytrichum commune), kennzeichnend für die Bültenzone der Kesselmoore

Aapamoor in Härjädalen (Mittelschweden) zur Zeit voller Wasserfüllung im Frühjahr

Moltebeere (Rubus chamaemorus) in einem Aapamoor der Kolahalbinsel

Rülle auf dem Randgehänge des Rasliv-Moores bei Leningrad

Deckenmoor am Triangelsee in der Hohen Tatra

Kleiner Palsa in der Strauchtundra westlich Murmansk (Kolahalbinsel)

Zwergbirke (Betula nana) in der Strauchtundra der Kolahalbinsel

Baumförmige Bergkiefern (Spirken) (Pinus montana) in einem Regenmoor im Erzgebirge

Fruchtende Alpenhaarsimse (Trichophorum alpinum), eine in Mitteleuropa vom Aussterben bedrohte Moorpflanze an einem ihrer letzten Standorte in Mecklenburg

Torfmoos und Moosbeere – charakteristisch für alle sauer-nährstoffarmen Moore

Sumpfporst (Ledum palustre) im vollen Blütenschmuck – typisch für die nährstoffärmeren Kesselmoore des östlichen mitteleuropäischen Tieflandes

Torfmoose im Wasser – die Grüne Torfmoosschlenke

Glockenheide-Torfmoosrasen

Moorheide mit Rauschbeere auf entwässertem Mittelgebirgsregenmoor im Böhmerwald

Moorheide auf entwässertem Regenmoor im Łebatal (Nordpolen)

Blühende Rosmarinheide (Andromeda polifolia) – eine Charakterart der Regenmoore

Schwingdecken mit Fieberklee (Menyanthes trifoliata) – beginnende Verlandung eines mäßig nährstoffarmen Sees auf der Halbinsel Kola

Torfmoosschlenke mit der Orchidee Sumpfweichwurz (Hammarbya paludosa) und dem Mittleren Sonnentau (Drosera intermedia) in einem Sauer-Zwischenmoor am Serrahn-See (Mecklenburg)

Lungenenzian (Gentiana pneumonanthe) – eine typische Pflanze von Moorwiesen

Torfmoos-Seggenried mit Fieberklee eines Sauer-Zwischenmoors am Rasliv-See nördlich von Leningrad

Bültige Austrocknungsphase eines Sauer-Zwischenmoores in der südlichen Litauischen SSR

Bewaldungsphase mit Moorbirke (Betula pubescens) eines sauer-mesotrophen Verlandungsmoores

Pfeifengraswiese im Hochsommer mit Preußischem Laserkraut (Laserpitium prutenicum) im Peenetal (Mecklenburg)

Braunmoosschlenke mit Skorpionsmoos (Scorpidium scorpidioides) und dem Langblättrigen Sonnentau (Drosera anglica)

Braunmoose mit Seggen – wichtigste Torfbildner der Basen-Zwischenmoore. Schwellende Polster des in Mitteleuropa seltenen Laubmooses Mnium rugicum und der Weißen Seerose (Nymphaea alba) als Relikt einstiger Wasserpflanzengesellschaften

Herbstliche Pfeifengraswiese im Finowtalmoor bei Eberswalde

Der Kreuzdorn-Birkenmoorwald, ein häufiges Sukzessionsstadium auf nicht mehr gemähten Basen-Zwischenmooren

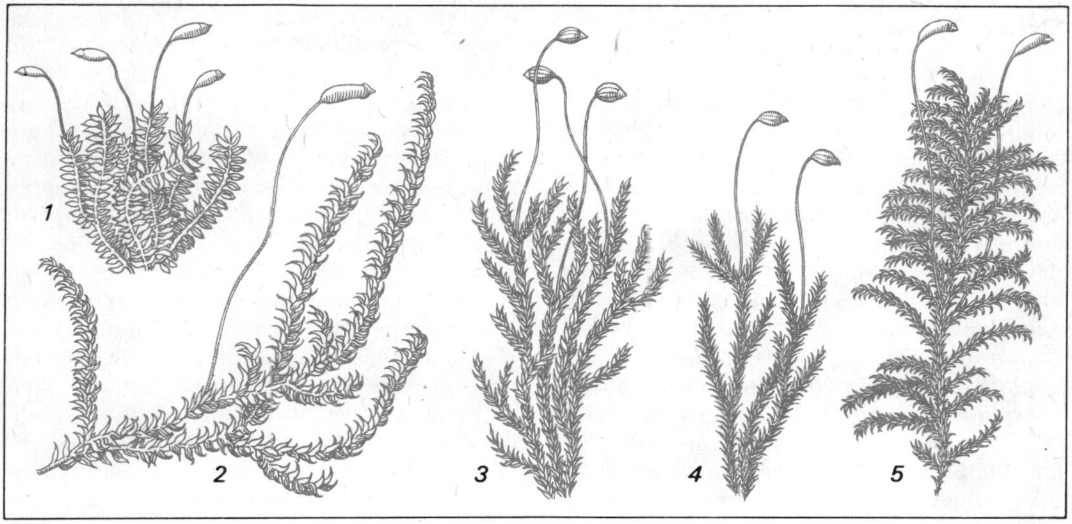

Laubmoose der Kalk-Zwischenmoore

1 *Spaltzahn (Fissidens adiantoides)*
2 *Sichelmoos (Drepanocladus intermedius)*
3 *Quellmoos (Philonotis calcarea)*
4 *Quellmoos (Philonotis fontana)*
5 *Starknervmoos (Cratoneurum commutatum)*

Abschließend sei noch kurz das Bültenbraunmoos-Seggenried (Paludello-Caricetum) besprochen, eine sehr artenreiche Pflanzengesellschaft, die auf Flächen von oft nur 10 bis 20 m^2 bis zu 50 Blütenpflanzenarten und 25 Moosarten aufweisen kann. Ähnlich wie im Gelbtorfmoos-Seggenried finden wir in dieser stark durch Moosbülten geprägten, insgesamt nordisch verbreiteten Pflanzengesellschaft ein starkes Gefälle der *p*H-Werte von den Quellschlenken bis zu den Spitzen der Moosbülten. Sind es in den Schlenken Braunmoose, wie verschiedene Quellmoos-*(Philonotis-)* Arten, Sichelmoos *(Drepanocladus intermedius)*, Spaltzahn *(Fissidens adiantoides)* und Sternmoos *(Campylium stellatum)*, so besiedeln die in Mitteleuropa seltenen Braunmoose *Paludella squarrosa, Helodium lanatum* und *Dicranum palustre* sowie die weiter verbreiteten Arten *Tomenthypnum nitens* und *Aulacomnium palustre* vor allem die Bülten. Sie werden schließlich auf den Bültenköpfen von rotbunten oder gelben Torfmoosarten, insbesondere *Sphagnum warnstorfianum, Sphagnum subsecundum, Sphagnum contortum* oder *Sphagnum subicolor*, abgelöst.

Auf großen Bülten kann die Versauerung schließlich so weit gehen, daß Torfmoosarten oligotroph-saurer Moorstandorte gedeihen, z.B. *Sphagnum nemoreum, Sphagnum magellanicum* oder *Sphagnum fuscum;* oft siedeln sich dann auch Heidekraut *(Calluna vulgaris)*, Moosbeere *(Oxycoccus palustris)* und Rundblättriger Sonnentau *(Drosera rotundifolia)* an, also Arten, saurer Moore. Diese Standorte werden meist von Gehölzen bedrängt, so daß schließlich die lichtliebenden Moosteppiche absterben, sich also mit nachlassender Quelltätigkeit eine Umwandlung zu einem Waldstandort vollzieht.

Innerhalb der Wirbeltierfauna gibt es keine für diese Standorte spezifischen Arten. Auf größeren unentwässerten oder mäßig entwässerten Kalkmooren können wir die bereits bei der Darstellung mesotroph-basenreicher Moorstandorte behandelten Arten antreffen. Lediglich die Schneckenfauna weist in den kalkreichen Moorstandorten verständlicherweise eine große Artenmannigfaltigkeit mit einer erstaunlichen ökologischen Differenziertheit auf. Da die Schneckengehäuse und Molluskenschalen in den Kalkmoorablagerungen gut konserviert werden, kann der Kenner die einstmals vorkommenden Arten bestimmen und aus ihren ökologischen Ansprüchen Hinweise zur Entwicklungsgeschichte des Lebensraumes Moor erhalten.

Reichmoore

Der weitaus größte Teil noch wachsender torfbildender Moore in Mitteleuropa gehört zu den nährstoffreichen (eutrophen) Ausbildungen – ein Ergebnis der hohen, durch den Menschen verursachten Nährstoffbelastung, die heute alle Landschaftsräume erfaßt. So sind die Verlandungsmoore unserer meisten Seen, aber auch zahlreiche Waldsümpfe oder unentwässerte Kleinstmoore in der Ackerlandschaft zu eutrophen Standorten geworden. Diese Lebensräume werden von Erlen- oder Grauweidengebüschen sowie dichten Schilfröhrichten, seltener auch von Großseggenrieden besiedelt. Sie sind durchweg hochproduktive Pflanzengesellschaften mit wesentlich weniger Arten als in den mesotrophen Mooren, auch fehlen Moose fast gänzlich. Das Vegetationsbild wird meist von nur einer Art oder wenigen dominierenden Arten bestimmt.

Bis zum Ende des vorigen Jahrhunderts, als der vom Menschen ausgelöste Nährstoffeinfluß auf die Landschaft noch gering blieb, war eine Nährstoffreichtum anzeigende Moorvegetation in Mitteleuropa weitgehend auf Quellmoore in der Moränenlandschaft und vor allem auf Überflutungsstandorte, wie Flußauen und Küstenniederungen, mit ihrer reichlichen Nährstoffzuführung beschränkt. Wir wollen uns bei der Schilderung der Vegetationsverhältnisse vor allem auf diese primär nährstoffreichen Moorstandortkomplexe konzentrieren, da sie eine große vegetationskundliche Vielfalt aufweisen. Allerdings sind naturnahe Quellmoore und Überflutungsmoore heute in Mitteleuropa schon sehr selten geworden und nur noch kleinflächig in einigen Naturschutzgebieten vorhanden.

Eutrophe Quellmoore tragen natürlicherweise überwiegend einen Sumpfwald, den Schaumkraut-Erlenbruchwald (Cardamino-Alnetum glutinosae). Hier wechseln nicht betretbare »grundlose« Schlammflächen mit relativ trockenen Erlenbülten, auf denen häufig die Schwarze Johannisbeere *(Ribes nigrum)* siedelt. Charakteristische Arten der Bodenschicht sind das Bittere Schaumkraut *(Cardamine amara)*, das diese Moore im Mai mit einem weißen Blütenschleier überzieht. Etwas später erscheint der Blütenflor des Echten Baldrians *(Valeriana officinalis sambucifolia)*, während uns das leuchtende Gelb der Sumpfdotterblume *(Caltha palustris)* oft schon Ende April erfreut. Der Schmalblättrige Merk *(Berula erecta)* und der Bachehrenpreis *(Veronica beccabunga)* wachsen in den Wasserbahnen, deren Ränder von Großseggen, wie Rispensegge *(Carex paniculata)*, Ufersegge *(Carex riparia)* und Sumpfsegge *(Carex acutiformis)*, gesäumt werden.

Quellkuppen mit besonders starkem Quellwasseraustritt nehmen dagegen gehölzfreie Rispenseggen-Bültenriede (Valeriano-Caricetum paniculatae) ein. Die Rispenseggen bilden oft über ein Meter hohe, dicke Wurzelstämme aus, die einen üppigen grünen Seggenschopf tragen. In diesen Beständen wachsen die gleichen Arten wie im Schaumkraut-Erlenbruch; hinzu treten einige die Seggenschöpfe besiedelnde Pflanzen, die von hier aus in die Feuchtwiesen einwanderten, z. B. Bachnelkenwurz *(Geum rivale)*, Prachtnelke *(Dianthus superbus)* und Kuckuckslichtnelke *(Lychnis flos-cuculi)*. Zwischen den Seggen gedeihen die hohen Stauden des Rauhhaarigen Weidenröschens *(Epilobium hirsutum)* und Flügelbraunwurz *(Scrophularia umbrosa)*.

Überflutungsmoore begleiteten einstmals als mehr oder weniger breite Säume fast sämtliche Niederungsflüsse und waren auch an den gefällearmen Unterläufen großer Ströme, z. B. von Wisła, Oder, Elbe, Rhein, Donau, verbreitet. Ihre weitere Entwicklung wurde durch Flußbegradigungen beendet. Die regelmäßige Nutzung führte nun zu starken Vegetationsveränderungen. Ausgedehnten naturnahen Flußauen-Überflutungsmooren begegnet man heute nur noch im östlichen Polen, wie in der Biebrza-Niederung. Wohl das beeindruckendste Überflutungsmoor im zentralen Mitteleuropa war der noch vor zwei Jahrzehnten großflächig von Überschwemmungen geprägte Spreewald.

Auen-Überflutungsmoore sind durch ein sehr fein abgestuftes Standorts- und Vegetationsmosaik gekennzeichnet – ein Ergebnis der differenzierten Überflutungsdynamik und der damit verbundenen Sedimentationsverhältnisse. So können wir ein System weitverzweigter Fließgewässer unterschiedlicher Breiten und Strömungsintensität unterscheiden: abgeschnittene Altwasserarme, die als Stillgewässer einer starken Gewässerverlandung unterliegen; Grobsedimentationsbereiche mit Sand- und Kiesablagerungen längs der Fließgewässer, die sich am stärksten aus dem Niederungsniveau erheben, und schließlich die sich an diese Uferwälle anschließenden tiefen Niederungen mit einem bunten Mosaik von Moorbildungen und Feinsedimentationen (Auentonen, Auenlehmen).

Seggen- und Röhrichtarten der Reichmoore

1 Wasserschwaden (Glyceria maxima)
2 Rispensegge (Carex paniculata)
3 Schlanksegge (Carex gracilis)
4 Sumpfsegge (Carex acutiformis)
5 Ufersegge (Carex riparia)

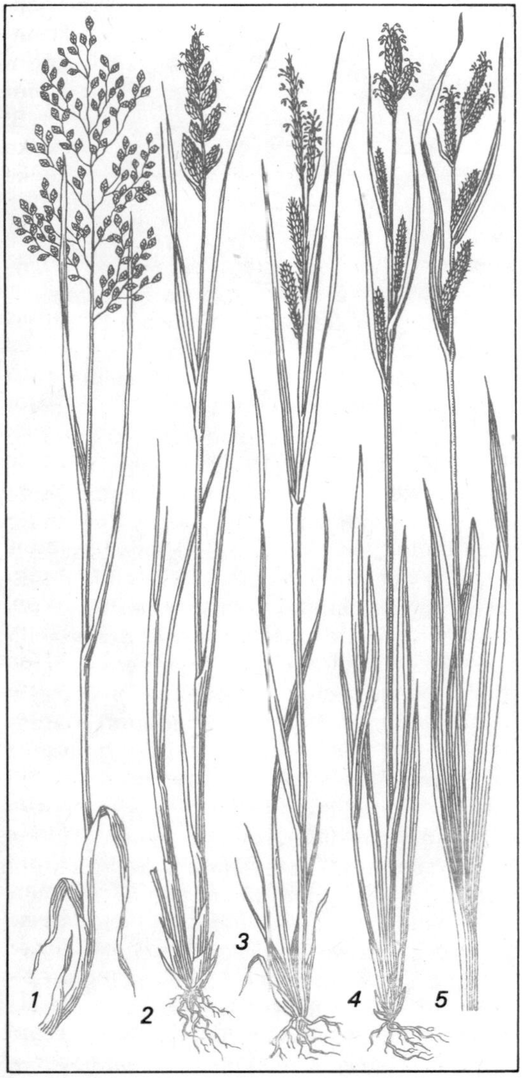

In den Flußarmen gedeihen, abhängig von der Beschattung und der Fließgeschwindigkeit, Tauchfluren- und Schwimmblattgesellschaften. Sonnige, relativ schwach von der Strömung erfaßte Teile tragen den Tausendblatt-Teichrosen-Schwimmblattrasen (Myriophyllo-Nupharetum), eine Pflanzengesellschaft, die von den prächtigen Weißen Seerosen *(Nymphaea alba)* und Großen Teichrosen *(Nuphar lutea)* beherrscht wird. Im Wasser fluten hingegen Quirltausendblatt *(Myriophyllum verticellatum)* und Ährentausendblatt *(M. spicatum)*, die nur ihre kleinen Blütenstände über die Wasseroberfläche erheben, sowie das gänzlich untergetaucht lebende Gemeine Hornblatt *(Ceratophyllum demersum)*.

Während sich diese Gesellschaft in eutrophen Seen noch vielerorts erhalten hat, sind die Seekannen-Schwimmblattrasen (Nymphoidetum peltatae) heute in Mitteleuropa fast ausgestorben. Noch vor einigen Jahrzehnten in den Gewässern der Stromtäler verbreitet, hat die zunehmende Verschmutzung zum Absterben auch der letzten Bestände geführt. Die dieser Gesellschaft ihren Namen gebende Seekanne *(Nymphoides peltata)* ist ein Enziangewächs mit gelben, gefransten, aus der Wasseroberfläche herausragenden Blütenständen. Die Schwimmblätter der Pflanzen ähneln sehr denen der Teichrosen.

Für eutrophe Fließgewässer der Moorniederungen sind die etwas Beschattung und stärkere Strömung ertragenden Tauchfluren typisch. Während die Fluthahnenfuß-Tauchflur (Ranunculetum fluitantis) ausschließlich in unverschmutzten Wasserläufen gedeiht, treffen wir die Durchwachsenlaichkraut-Tauchflur (Potametum perfoliati), die vor allem vom Durchwachsenen Laichkraut *(Potamogeton perfoliatus)* geprägt wird, sowie die Igelkolben-Kammlaichkraut-Tauchflur (Spargano-Potametum pectinati) noch in schwach verschmutzten Wasserläufen. Insbesondere die letztere Gesellschaft mit ihren an der Wasseroberfläche flutenden linealischen Blättern des Einfachen Igelkolbens *(Sparganium emersum)* und der Schwanenblume *(Butomus umbellatus)* ist noch des öfteren in Fließgewässern unserer Auen zu beobachten.

Unterwasser-Torfschlammbänke werden bei geringen Wassertiefen vom Pfeilkraut-

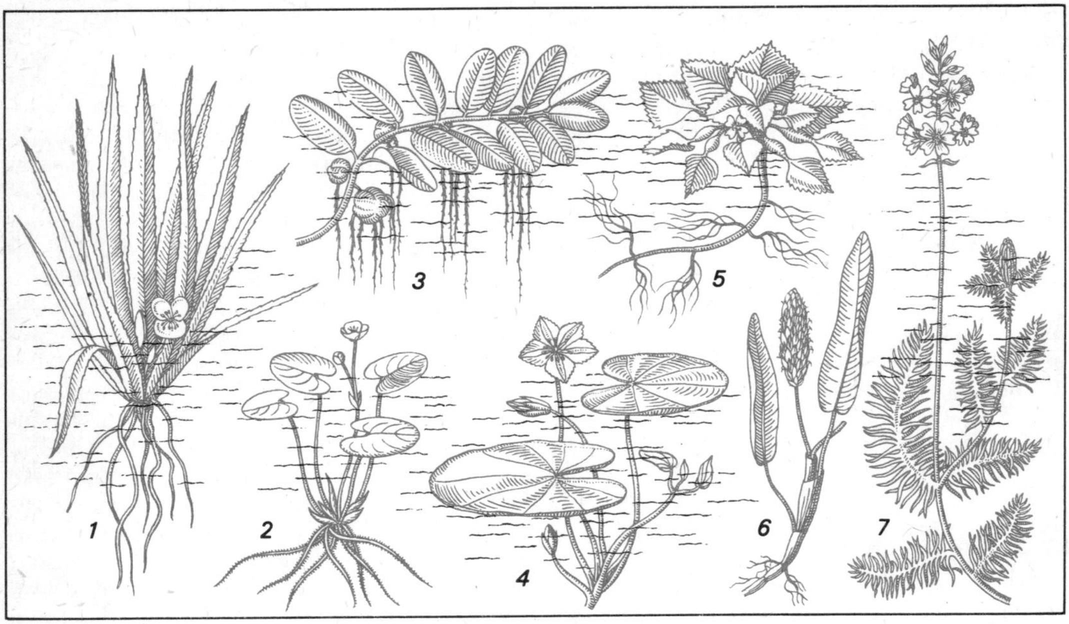

Wasserpflanzen der Reichmoore

1 Krebsschere (Stratiotes aloides)
2 Froschbiß (Hydrocharis morsus-ranae)
3 Gemeiner Schwimmfarn (Salvinia natans)
4 Seekanne (Nymphoides peltata)
5 Wassernuß (Trapa natans)
6 Wasserknöterich (Polygonum amphibium), Landform
7 Wasserfeder (Hottonia palustris)

Kleinröhricht (Sagittario-Sparganietum emersi) bestanden, während an den unbeschatteten schlammigen Ufern das Zweizahn-Wasserschwaden-Großröhricht (Bidentio-Glycerietum maximae) gedeiht.

Auf zeitweise trockenfallenden Torfschlammbänken begegnet uns die kurzlebige, sich erst im Sommer entfaltende Gifthahnenfuß-Schlammflur (Ranunculetum scelerati), und auf den erhöhten, meist sandig-kiesigen Uferwällen treffen wir auf Uferweidengebüsche (Salicetum triandrae-viminalis). Sie sind vor allem von der Mandelweide *(Salix triandra)*, der Bruchweide *(Salix fragilis)* und der Korbweide *(Salix viminalis)* bestanden. Teilweise gehen diese Ufergehölze in die Pappel-Silberweiden-Weichholzaue (Populo-Salicetum albae) über, einen heute auch schon sehr selten gewordenen Auenwaldtyp, der langzeitige Überflutungen erträgt. Zumindest in Einzelexemplaren findet man diese Gehölze auch heute noch auf landwirtschaftlich intensivierten einstigen Überflutungsmoorstandorten.

Abgeschnittene sonnenbeschienene Altwasserarme werden von einer völlig andersartigen, zur raschen Verlandung beitragenden Vegetation besiedelt. In den einst vom Menschen unbelasteten Gewässern war der Großnixkraut-Grundrasen (Najadetum marinae) vorzufinden, der sich, wie der Name zum Ausdruck bringt, ähnlich dem Armleuchteralgenrasen der nährstoffarm-kalkreichen Seen am Gewässergrunde in Tiefen bis zu 2,5 m entwikkelte. Die Wasseroberfläche der sommerwarmen Flachgewässer besiedelte die Wassernuß-Schwimmblattdecke (Trapetum natantis), die vor Jahren in vielen Stillgewässern trockenwarmer Niederungslandschaften vorkam. In den Sedimenten dieser Gewässer findet man noch häufig die stachligen Früchte der Wassernuß *(Trapa natans)*, die früher ein Nahrungsmittel des Menschen darstellten und noch in den zwanziger Jahren auf Märkten gehandelt wurden. Der Froschbiß-Krebsscheren-Schwimmdecke (Hydrocharitetum morsus-ranae) mit dem für sie charakteristischen Froschbiß *(Hydrocharis morsus-ranae)* und der bizarren Krebsschere *(Stratiotes alo-*

ides) kann man dagegen auch heute noch öfter begegnen. Eine dritte Gesellschaft mit einer auf der Wasseroberfläche schwimmenden, nicht im Bodensubstrat verankerten Vegetation ist die ebenfalls in Mitteleuropa fast gänzlich verschwundene Teichlinsen-Schwimmfarn-Schwimmdecke (Spirodelo-Salvinietum), sich vor allem durch den zierlichen Gemeinen Schwimmfarn *(Salvinia natans)* auszeichnend.

Von der einstigen Fülle ökologisch sehr interessanter und spezialisierter Pflanzenarten der Fließgewässer und Altwasser der Überflutungsmoore ist heute durch die in den letzten Jahrzehnten rasant vollzogene Überlastung der Gewässer mit Nähr- und Faulstoffen nur noch wenig zu finden. In erster Linie sind die eigentlichen Wasserpflanzen betroffen; die nährstoffliebende Ufervegetation dieser Stillgewässer blieb zunächst noch davon unberührt. Schwingdecken bildend, überzieht sie diese Restgewässer und schließt damit den Verlandungsvorgang ab. Ufergesellschaften sind heute meist gut entwickelt und werden sogar durch den Nährstoffreichtum gefördert. Sehr verbreitet ist hier das Wasserschierlings-Scheinzypernseggenröhricht (Cicuto-Caricetum pseudocyperi), eine Schwingmoorgesellschaft, durch die kleine, hocheutrophe Flachgewässer innerhalb eines Jahrzehnts zuwachsen können. Sie ist eine relativ artenreiche Lebensgemeinschaft mit Ried- und Röhrichtpflanzen, wobei wir in Schlenken häufig noch Arten der Wasserpflanzengesellschaften finden.

Wenn die Verlandung abgeschlossen ist und sich mit der Torfbildung das Bodenniveau etwas erhöht hat, tritt an die Stelle der genannten Gesellschaft das Nachtschatten-Landröhricht (Solano-Phragmitetum), eine meist vom Gemeinen Schilf *(Phragmites australis)* beherrschte, sehr konkurrenzstarke Pflanzengemeinschaft, die nur zeitweise vom Wasser überflutet wird, wobei keine Torfbildung mehr stattfindet.

Das Landschaftsbild vieler mitteleuropäischer Auen-Überflutungsmoore wurde jedoch einst von erlenreichen Waldgesellschaften geprägt. Man rodete sie aber meist schon vor einigen Jahrhunderten zur Gewinnung von Grünland. Unter natürlichen Bedingungen, vor den Regulierungen des Wasserhaushaltes, war der Beinwell-Schwertlilien-Erlenbruchwald (Symphyto-Irido-Alnetum) die herrschende Waldgesellschaft. Seine Standorte wurden über Winter bis weit ins Frühjahr und z.T. auch im Sommer von Wasser überstaut. Das Fremdwasser mit seiner natürlichen Düngungswirkung ließ üppige, staudenreiche Sumpfwälder entstehen, die schlickreiche Torfe ablagerten. Die Baumschicht dieser Wälder wurde von gutwüchsigen Schwarzerlen *(Alnus glutinosa)* gebildet, die mitunter dicht von auf den Erlensockeln wurzelnden Schlinggewächsen, wie Gemeinem Hopfen *(Humulus lupulus)* und Zaunwinde *(Calystegia sepium)*, umrankt wurden. Die Bodenvegetation bildete vor allem Gemeiner Beinwell *(Symphytum officinalis)*, Gemeiner Wasserdost *(Eupatorium cannabinum)*, Wasserschwertlilie *(Iris pseudacorus)*, Ufersegge *(Carex riparia)* und Rohrglanzgras *(Phalaris arundinacea)*. Wenn diese Wälder entwässert oder zumindest die Überflutungen unterbunden wurden, breitete sich die Große Brennnessel *(Urtica dioica)* stark aus.

Etwas höher gelegene Standorte mit mineralischen Naßböden, also Lebensräume, die zwar regelmäßig überflutet werden, in denen im Sommer aber das Grundwasser bis zu einem Meter unter Flur absinken kann, tragen den Traubenkirschen-Erlen-Eschenwald (Pado-Fraxinetum), der streifenförmig die Fließgewässer begleitet. Hier treten in der Baumschicht neben der Schwarzerle *(Alnus glutinosa)* die Esche *(Fraxinus excelsior)* und vereinzelt auch die Flatterulme *(Ulmus laevis)* auf. In der Strauchschicht dominiert die Gewöhnliche Traubenkirsche *(Padus avium)*. Die Bodenflora kommt durch die Überstauungen im Frühjahr erst spät zur Entfaltung und entwickelt sich im Sommer zu einer dichten, mehr als einen Meter hohen Krautschicht. In ihr gedeihen neben Arten des Erlenbruchs vor allem das Echte Springkraut *(Impatiens noli-tangere)*, das Klebkraut *(Galium aparine)*, der Wasserdarm *(Myosoton aquaticum)*, der Waldziest *(Stachys sylvatica)*, der Hainampfer *(Rumex sanguineus)*, der Riesenschwingel *(Festuca gigantea)* und die Rasenschmiele *(Deschampsia cespitosa)*.

In Schlenken und Kolken entwickeln sich inmitten der schattenreichen Wälder Wasserfeder-Tauchfluren (Hottonietum palustris), die im Frühsommer ihre aus dem Wasser aufsteigenden Blütenkerzen der Wasserfeder *(Hottonia palustris)* entfalten.

Heute tragen die Standorte der Auen-Überflutungsmoore in Mitteleuropa weitgehend Grünlandpflanzengesellschaften, die in Abhängigkeit vom Entwässerungsgrad und von der damit in engem Zusammenhang stehenden Nutzungsintensität verschiedene Vegetationsformen aufweisen. Auf uneingedeichten und somit periodisch längere Zeit überstauten Standorten sowie Flutungspoldern, die im Herbst mit Flußwasser bespannt werden, das bis zum Frühjahr in den Poldern verbleibt, entwickeln sich Rohrglanzgrasröhrichte (Phalaridetum arundinaceae) und Schlankseggenriede (Caricetum gracilis). Die sich mit den Überflutungen absetzenden Schwebstoffe bringen jährlich eine natürliche Düngung. So können sich hochproduktive konkurrenzstarke Pflanzengesellschaften entfalten.

Vom Rohrglanzgrasröhricht werden die tiefsten und damit am längsten überstauten Flächen eingenommen. Dominierende Arten sind das Rohrglanzgras *(Phalaris arundinacea)* und der Wasserschwaden *(Glyceria maxima)*, die Reinbestände bilden, aber auch gemischt auftreten. Regelmäßige Untergräser in diesen bis zu 2 m hohen Röhrichten stellen das Sumpfrispengras *(Poa palustris)* und das Gemeine Rispengras *(Poa trivialis)* dar. Weitere charakteristische Pflanzenarten sind die Wasserkresse *(Rorippa amphibia)*, die Wasserschwertlilie *(Iris pseudacorus)*, der Wasserknöterich *(Polygonum amphibium)* und der Sumpfziest *(Stachys palustris)*. Diese Röhrichte können wie Wiesen im Sommer ein- bis zweimal gemäht werden und liefern ein hochwertiges, eiweißreiches Futter.

Die Schlankseggenriede mit der Vorherrschaft der dieser Gesellschaft den Namen gebenden Schlanksegge *(Carex gracilis)* besiedeln die etwas höher gelegenen und kurzzeitig überfluteten Partien. Diese artenarmen Großseggenriede liefern nur ein minderwertiges Futter, das früher meist als Streu verwendet wurde. Heute entwickeln sich hier, da die Standorte nicht mehr gemäht werden, Blauweiderich-Hochstaudenfluren (Pseudolysimachietum longifoliae), die einen großen Blütenreichtum aufweisen. Erst mit dem Fortfall der Mahd können sich die vielen blütenreichen Hochstauden voll entfalten: der blau blühende Langblättrige Blauweiderich *(Pseudolysimachium longifolium)*, nach dem die Pflanzengesellschaft benannt wurde, der rot blühende Gemeine Blutweiderich *(Lythrum salicaria)*, der gelb blühende Gemeine Gilbweiderich *(Lysimachia vulgaris)* sowie das ebenso blühende Sumpfkreuzkraut *(Senecio paludosus)*, der große, weiße Doldenblüten bildende Sumpfhaarstrang *(Peucedanum palustre)*, die stattliche Gelbe Wiesenraute *(Thalictrum flavum)* sowie die rötlich blühenden Arten Sumpfplatterbse *(Lathyrus palustris)* und Lauchgamander *(Teucrium scordium)*. Bei länger ausbleibender Nutzung kommt es über Erlen-Grauweiden-Gebüschstadien (Alno-Salicetum cinereae) oft wieder zur Entwicklung von Erlenbruchwäldern.

Durch Wasserhaushaltsregulierungen ist der größte Teil der ehemaligen Rohrglanzgrasröhrichte und Schlankseggenriede in Feuchtwiesen überführt worden, bei mäßiger Nutzungsintensität stellt sich die Rasenschmielen-Auenfeuchtwiese (Ranunculo-Deschampsietum cespitosae) ein, eine zweischürige, recht artenreiche Wiesengesellschaft mit mehreren Blühaspekten, die im Frühjahr und Frühsommer vor allem durch das Weiß des Wiesenschaumkrautes *(Cardamine pratensis)*, das Rot der Kuckuckslichtnelke *(Lychnis flos-cuculi)* oder das Gelb des Kriechenden Hahnenfußes *(Ranunculus repens)*, des Goldschopfhahnenfußes *(R. auricomus)* und des Brennenden Hahnenfußes *(R. flammula)* belebt werden. Aber auch Arten der Rohrglanzgrasröhrichte finden sich in diesen Wiesenbeständen.

Während die Rasenschmielen-Auenfeuchtwiese vornehmlich die schlickig-mineralischen Böden besiedelt, ist die uns schon von den Durchströmungsmooren her bekannte Kohldistelwiese (Cirsietum oleracei) mehr auf den torfigen Auenstandorten zu beobachten. Verbreitet bietet heute das Grünland der Auen-Überflutungsmoore aber den Anblick eines artenarmen Intensivgraslandes. Umbrüche und Kulturgrasansaaten lassen die einstige floristische Reichhaltigkeit dieser Lebensräume nicht einmal mehr ahnen.

Auch in der Tierwelt haben sich große Veränderungen vollzogen. Mit der Kultivierung der Standorte sind die einstmals vorkommenden Arten gänzlich verschwunden. In den fischreichen Wasserläufen lebten einst Fischotter *(Lutra lutra)* und Nerz *(Lutreola lutreola)*. Hier jagte der fliegende Edelstein, Eisvogel *(Alcedo atthis)*, auch Königsfischer ge-

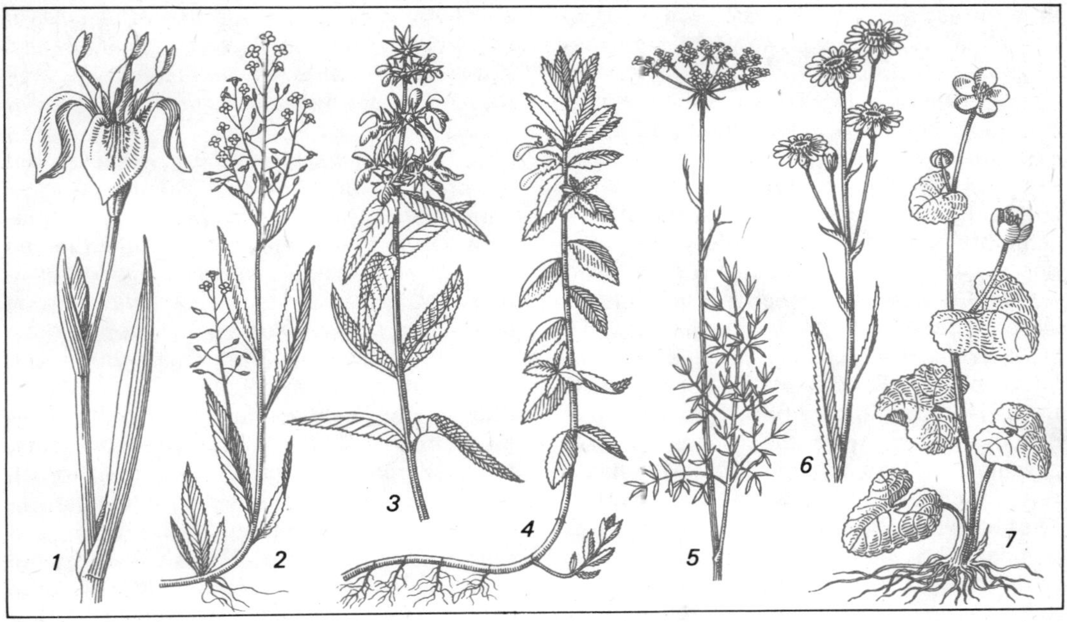

Sumpfpflanzen der Reichmoore

1 *Wasserschwertlilie (Iris pseudacorus)*
2 *Wasserkresse (Rorippa amphibia)*
3 *Sumpfziest (Stachys palustris)*
4 *Lauchgamander (Teucrium scordium)*
5 *Sumpfhaarstrang (Peucedanum palustre)*
6 *Sumpfkreuzkraut (Senecio paludosus)*
7 *Sumpfdotterblume (Caltha palustris)*

nannt. In den durch Erlen- und Weidenwurzeln verwobenen Uferbereichen war der Lebensraum des Europäischen Flußkrebses *(Astacus fluviatilis)*. Als besonders charakteristische Fischarten seien der Hecht *(Esox lucius)* und die Quappe *(Lota lota)* genannt. Für die Vermehrung des Hechtes sind im Frühjahr überflutete Wiesen wichtig. Seine Bestandserhaltung wird heute oft nur durch das Aussetzen künstlich erbrüteter Jungfische erreicht. Die einstmals überaus zahlreiche Quappe führt man dagegen bereits in der Liste der gefährdeten Fischarten.

Die vegetationsreichen Altwasserarme stellen einen idealen Lebensraum für eine mannigfaltige Vogelwelt dar. Außer für mehrere heute in Mitteleuropa seltene Entenarten, wie Spießente *(Anas acuta)*, Löffelente *(Spatula clypeata)*, Krickente *(Anas crecca)* und Knäkente *(Anas querquedula)*, sind sie auch ein Brutbiotop für Rothalstaucher *(Podiceps griseigena)* und Schwarzhalstaucher *(Podiceps nigricollis)*. Die Krebsscherenbestände dienen den Trauerseeschwalben *(Chlidonias niger)* als beliebte Nistorte, und in den Uferröhrichten nisten die Große Rohrdommel *(Botaurus stellaris)* sowie die Rohrweihe *(Circus aeruginosus)*. Charakteristische Kleinvögel dieses Lebensraumes sind Drossel- und Teichrohrsänger *(Acrocephalus arundinaceus* und *A. scirpaceus)*, Rohrschwirl *(Locustella luscinioides)* und Rohrammer *(Emberiza schoeniclus)*.

Uferweiden mit ihren weit über das Wasser herabhängenden Zweigen werden von der Beutelmeise *(Remiz pendulinus)* gern als Nistplatz gewählt. In den Gebüschgruppen inmitten der Seggenriede und Süßgrasröhrichte leben Blaukehlchen *(Luscinia svecica)*, Sprosser *(Luscinia luscinia)*, Schlagschwirl *(Locustella fluviatilis)* und Sumpfrohrsänger *(Acrocephalus palustris)*. Die weiten Seggenriede und Röhrichte beherbergen an typischen Kleinvögeln den in seinem gesamten Verbreitungsgebiet heute seltenen, vom Aussterben bedrohten Seggenrohrsänger *(Acrocephalus paludicola)* sowie den Schilfrohrsänger *(Acrocephalus schoenobaenus)* und die Bartmeise *(Panurus biarmicus)*. Diese dichten, sumpfigen Lebensräume sind wiederum auch Bruthabitate von Bekassine *(Capella gallinago)*, Sumpfohreule *(Asio flammeus)* sowie Wiesenweihe *(Circus pygargus)*.

In den mehr kurzgrasigen Wiesen siedeln dagegen zahlreiche Schnepfenarten, die im mitteleuropäischen Binnenland zu sehr seltenen Brutvögeln geworden sind. Dazu zählen Großer Brachvogel *(Numenius arquata)*, Uferschnepfe *(Limosa limosa)*, Rotschenkel *(Tringa totanus)* und Kampfläufer *(Philomachus pugnax)*, aber auch der noch regelmäßiger anzutreffende Kiebitz *(Vanellus vanellus)*. Die Rallenarten Wachtelkönig *(Crex crex)*, Tüpfelsumpfhuhn *(Porzana porzana)* und Wasserralle *(Rallus aquaticus)* haben in dieser offenen Sumpflandschaft ebenfalls einen ihnen zusagenden Lebensraum. Charakteristische Wiesenvögel unter den Kleinvögeln sind der Wiesenpieper *(Anthus pratensis)* und die Schafstelze *(Motacilla flava)* sowie der Feldschwirl *(Locustella naevia)*, wenn einzelne Büsche vorhanden sind. Typische Greifvögel dieser gewässerreichen Niederungslandschaften stellen außer der schon genannten Rohr- und Wiesenweihe der Schwarze Milan *(Milvus migrans)* und der Seeadler *(Haliaeëtus albicilla)* dar.

In den Bruchwäldern hat der Schwarz- oder Waldstorch *(Ciconia nigra)* seinen einsamen Lebensraum, hier kann man auch dem Kranich *(Grus grus)* begegnen. Natürlich fehlen die vielen Waldvogelarten nicht, aber unter ihnen gibt es kaum Spezialisten, die auf den sumpfigen Lebensraum angewiesen sind, so daß wir sie nicht im einzelnen aufführen wollen. Ähnlich ist es bei unseren Wildarten. Kleinsäuger, insbesondere Erdnager und Insektenfresser, finden in regelmäßig überfluteten Niederungen natürlich keine beständigen Siedlungsplätze. Lediglich der Biber *(Castor fiber)* war früher eine Charakterart der gehölzreichen Überflutungsmoore mit ihren zahlreichen Gewässern. Heute ist hier überall die Bisamratte *(Ondatra zibethica)* eingewandert.

auswahl

mitteleuropäischer Moorlandschaften

Kaum ein Bereich der Erdoberfläche weist auf einem so kleinen Raum eine solche Fülle unterschiedlicher Moorformen auf wie gerade Mitteleuropa. Einerseits ist das starke klimatische Gefälle von den Küsten ins Landesinnere für die unterschiedliche Ausprägung der Moore verantwortlich, auf der anderen Seite bringen die Mittelgebirge, die Alpen und die Hohe Tatra einschneidende Abwandlungen in das Grundmuster mitteleuropäischer Moorlandschaften. Nicht übersehen kann man auch die Bindung bestimmter Moorformen an das eiszeitlich geformte Tiefland im Norden und im Alpenvorland. So ergibt sich aus dem Zusammenspiel von Klima, Relief und Bodensubstrat ein gut überschaubares Mosaik mitteleuropäischer Moorlandschaften.

Eine Grenzlinie erster Ordnung ist die Verbreitungsgrenze der Regenmoore. Das Regenmoorgebiet des nordwestlichen Mitteleuropas schließt im wesentlichen Niedersachsen und Schleswig-Holstein ein und reicht östlich bis ins mittlere Mecklenburg. Im Bereich der Odermündung beginnt das südbaltische Regenmoorgebiet, das im Osten nahtlos in den Regenmoorgürtel der Kermimoore übergeht. Außerdem sind inselförmige Regenmoorgebiete an bestimmte Höhenstufen der mitteleuropäischen Waldgebirge gebunden, sie spielen schließlich auch im Alpenvorland und im Vorland der Tatra eine Rolle.

Von den Moorlandschaften außerhalb der Regenmoorgebiete können wir hier im wesentlichen nur die Moore des baltischen Vereisungsgebietes und die Moore des Alpenraumes behandeln.

Somit ergeben sich die Grenzen der Moorprovinzen Mitteleuropas aus den klimatischen Gegebenheiten und den erdgeschichtlich bedingten Landschaftsräumen.

Regenmoorgebiet des nordwestlichen Mitteleuropas

Die größte mitteleuropäische Regenmoorprovinz ist der südliche Nordseeküstenraum. Regenmoore konnten sich hier nahezu auf jedweder Unterlage und bis zu einem gewissen Grade unabhängig von der Geländeform entwickeln. In den östlicheren Bereichen werden sie deutlich seltener, und ihre Bindung an bestimmte Landschaftsformen ist offensichtlich enger.

Hohe Niederschläge, relativ niedrige Temperaturen und ein nährstoffarmer Untergrund der schwach reliefierten Altmoränen und Talsande begünstigten das Aufwachsen der größten mitteleuropäischen Regenmoore. Hinzu kommt, daß in keiner anderen Landschaft Mitteleuropas der unmittelbare Einfluß des Meeres so groß ist wie gerade hier an den Küsten der südlichen Nordsee. Landschaftsentwicklung und Moorentwicklung waren in weiten Gebieten direkt vom Ansteigen (der Transgression) oder Absinken (der Regression) des Meeresspiegels abhängig. Außerdem dürfte seit vorgeschichtlichen Zeiten der Mensch einen wachsenden Einfluß genom-

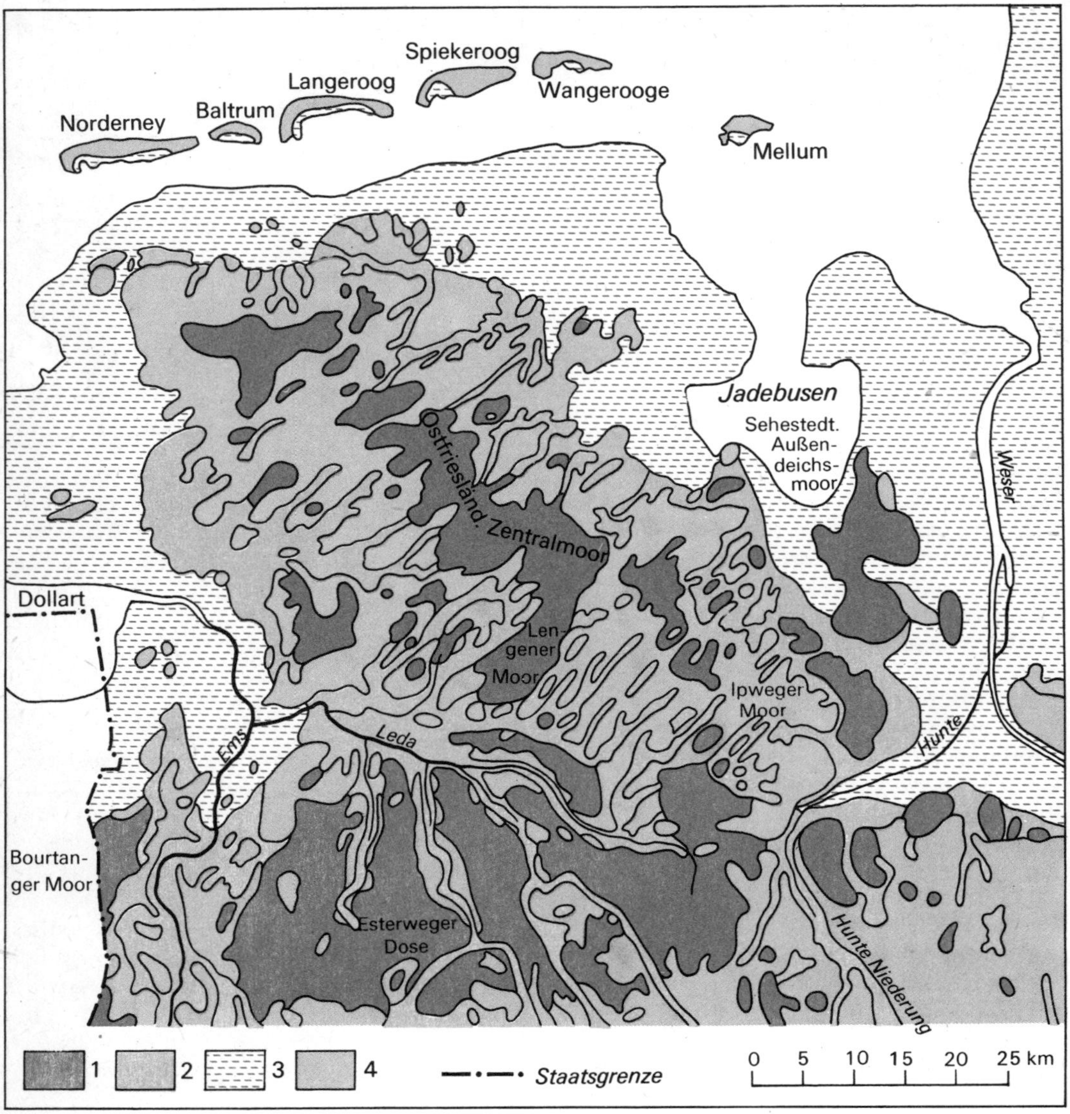

Karte der Moore zwischen Ems und Weser (nach E. Preising 1978)

1 Regenmoore, 2 Überflutungsmoore der Flußtäler, 3 Marschen, 4 Mineralböden

men haben. Die Geschichte der Marschen und ihrer Moore gehört zu den spannendsten Kapiteln der Moorkunde. Beginnen wir unseren Überblick mit den Mooren in den Nordseemarschen.

Bevor das Meer im Laufe der Mittleren Wärmezeit, also vor etwa 8000 bis 5100 Jahren, weite Flächen im Vorfeld der gegenwärtigen Nordseeküsten überflutete, befanden sich dort die ausgedehntesten Versumpfungsmoore, die wir uns nur vorstellen können. Sie reichten landwärts weit in die Täler der großen Ströme hinein und meerwärts bis zur Doggerbank inmitten der Nordsee. Es waren vorwiegend Erlenbruchwaldmoore, die mit dem steigenden Meeresspiegel in die Höhe wuchsen und schließlich in Schilfsümpfen ertranken.

Das Wachstum der Schilftorfe wurde am Ende der Mittleren Wärmezeit und zu Beginn der Späten Wärmezeit, also vor etwa 5000 Jahren, durch die Ablagerung der älteren Marschkleidecke unterbrochen. Die Versumpfungsmoore waren zum Meeresboden geworden. Schließlich konnten sich bei nachlassenden Überflutungen wieder Röhrichte ansiedeln. Stellenweise wurden sie sogar von armen Riedmooren und schließlich auch von Regenmooren abgelöst. Diese Entwicklung fand besonders im Bereich von Flußmündungen statt, weil an den dem Fluß zugekehrten Rändern der Marsch der Boden stärker aufgehöht worden war als auf den landnahen Marschen. Es entstand eine höher gelegene Marsch, das »Hochland«, und eine tiefer gelegene Marsch, das »Sietland«.

Die Vermoorung im »Sietland« der Marschen setzte am Ende der Späten Wärmezeit, also vor etwa 3000 Jahren, ein. Gleichzeitig konnten die Hochlandmarschen besiedelt werden. Mit einem erneuten Meeresspiegelanstieg vor Beginn unserer Zeitrechnung und dann verstärkt um die Mitte des ersten Jahrtausends u. Z. geriet der größte Teil der Regenmoore in den Angriffsbereich des Meeres, wurde aufgearbeitet und überschlickt. Die überschlickten und mit Meerwasser getränkten Regenmoortorfe baute man schon in vorgeschichtlicher Zeit zur Salzgewinnung ab, z. B. im Rungholter Watt. Nur in den geestnahen Bereichen der Marsch entgingen die Regenmoore der Zerstörung und Überschlikkung.

Von diesen Geestrandmooren bzw. Marschmooren im Mündungsgebiet der Weser, die sich als ein fast geschlossener Regenmoorkomplex mit 50 km Länge am Westrand der Marschen erstrecken, verdient das Ipweger Moor, das wegen seiner vorgeschichtlichen Moorwege Aufsehen erregt hat, genannt zu werden. Das ursprünglich etwa 1000 ha große Regenmoor lehnt sich an den Rand der Geest an und ruht auf Schilftorfen, in die randlich Marschklei eingelagert ist. Es mußte von den Bewohnern der hohen Marsch, die hier seit der Eiszeit siedelten, überwunden werden, wenn sie ins Küstenhinterland oder von dort zum Fluß gelangen wollten. So waren sie gezwungen, Wege anzulegen. Heute ist das Moor bis auf kleine Restflächen kultiviert oder abgebaut.

Die Moore im Land Hadeln, einer ehemaligen Meeresbucht zwischen Weser- und Elbemündung, gehören zu den botanisch und geologisch interessantesten Mooren im Norden der BRD. Sie bilden einen ausgedehnten Komplex aus Regen-, Versumpfungs- und Überflutungsmooren. Das Ahlenmoor ist mit einer Fläche von 6000 ha das bedeutendste Moor dieser Landschaft und war mehrfach Gegenstand wissenschaftlicher Untersuchungen. Dabei wurden Moormächtigkeiten bis zu 14 m

Folgende Seite:
Karte der Moorlandschaften Mitteleuropas

1 Ipweger Moor, 2 Ahlenmoor, 3 Sehestedter Außendeichsmoor, 4 Bremer Teufelsmoor, 5 Bourtanger Moor, 6 Esterweger Dose, 7 Ostfriesländisches Zentralmoor, 8 Wiesmoor, 9 Diepholzer Moorniederung, 10 Lichte Moorkomplex, 11 Steinhuder Meer, 12 Gildehauser Venn, 13 Königsmoor in der Eider-Treene-Niederung, 14 Großes Moor bei Dätgen, 15 Dosenmoor, 16 Schönberger Strandmoore, 17 Schönwolder Moor, 18 Grambower Moor, 19 Dänschenburger Moor, 20 Müritzer Moor, 21 Dierhäger Moor, 22 Anklamer Stadtbruch (Peene- und Haffmoor), 23 Czarne bagno, 24 Zelaumoor, 25 Friedländer Große Wiese, 26 Luchsee, 27 Mümmelkensee, 28 Insel Kirr, 29 Tchořzyno-See, 30 Zadlitzbruch, 31 Dubringer Moor, 32 Maujahn, 33 Fenn bei Wittenmoor, 34 Drömling, 35 Oberspreewald, 36 Biebrza, 37 Tysmenica, 38 Wallonisches Venn, 39 Großes Moor (Hohes Venn), 40 Sonnenberger Moor, 41 Brockenfeldmoor, 42 Schwarzes Moor in der Rhön, 43 Strohner Maarchen, 44 Dürres Maar, 45 Koppenplanmoor, 46 Große und Kleine Iserwiese, 47 Kleiner Kranichsee, 48 Großer Kranichsee, 49 Mothäuser Heide, 50 Moore bei Boži Dar, 51 Mrtvý rybnik, 52 Sooser Moor, 53 Taiga (Pramený), 54 Myrtvý luh, 55 Borova lada, 56 Jezerni slát, 57 Rokytská slát, 58 Trijezerni slát, 59 Borovická blata, 60 Dářko, 61 Torfowisko pod Zielencem, 62 Rejviz, 63 Wildsee bei Kaltenbronn, 64 Hornisgrinde, 65 schwäbisches Donau-Moos, 66 bayrisches Donau-Moos, 67 Dachauer Moor, 68 Wollmatinger Ried, 69 Federsee, 70 Wurzacher Ried, 71 Murnauer Moor, 72 Ibmer Moos, 73 Pürgschacher Moos, 74 Reither Moos, 75 Rotmoos bei Weichselboden, 76 Röthelmoos, 77 Rotmoos bei Ober-Gurgl

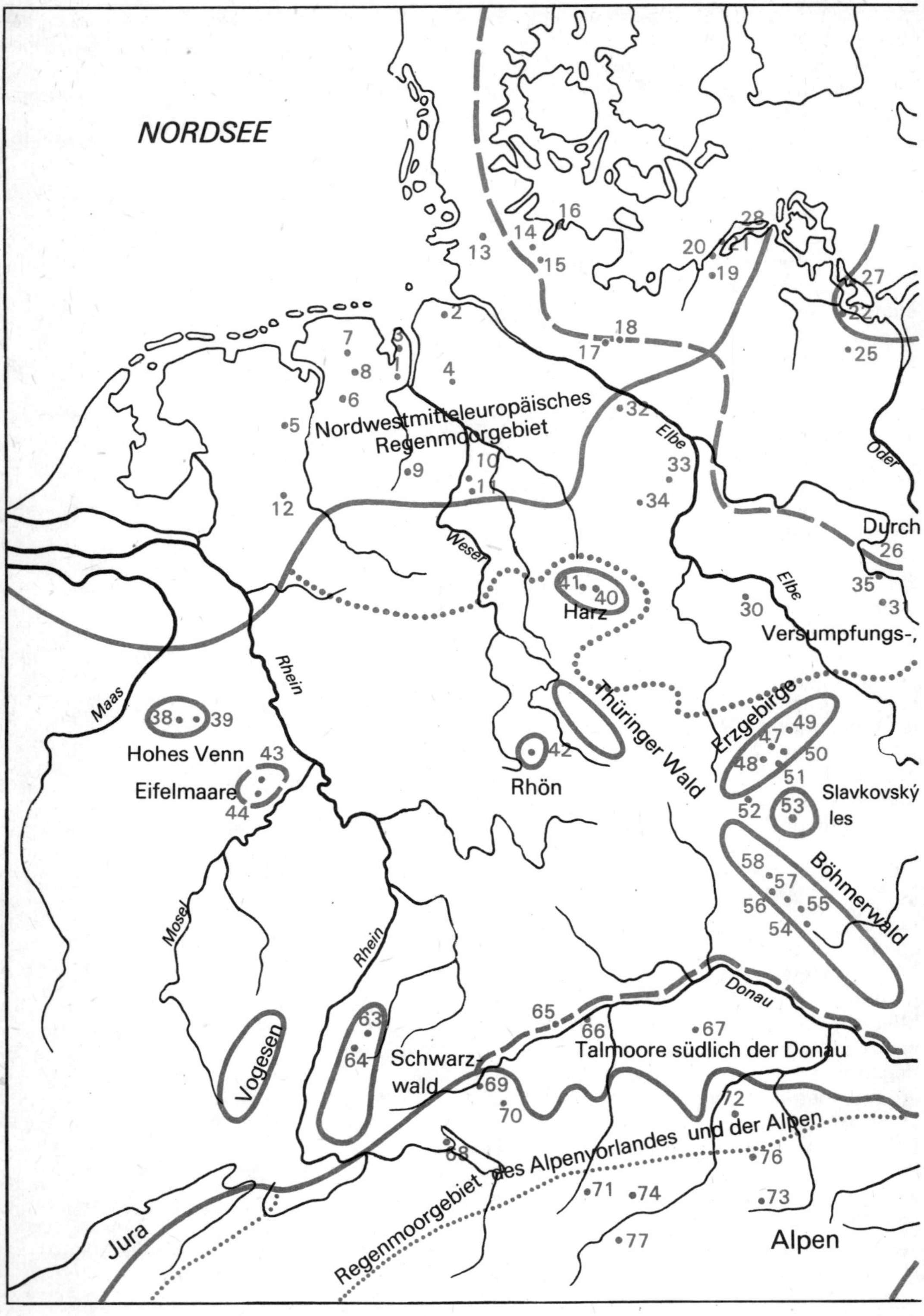

NORDSEE
Nordwestmitteleuropäisches Regenmoorgebiet
Elbe
Weser
Oder
Durch
Versumpfungs-,
Harz
Rhein
Maas
Hohes Venn
Eifelmaare
Rhön
Thüringer Wald
Erzgebirge
Slavkovský les
Böhmerwald
Mosel
Vogesen
Schwarzwald
Donau
Talmoore südlich der Donau
Regenmoorgebiet des Alpenvorlandes und der Alpen
Jura
Alpen

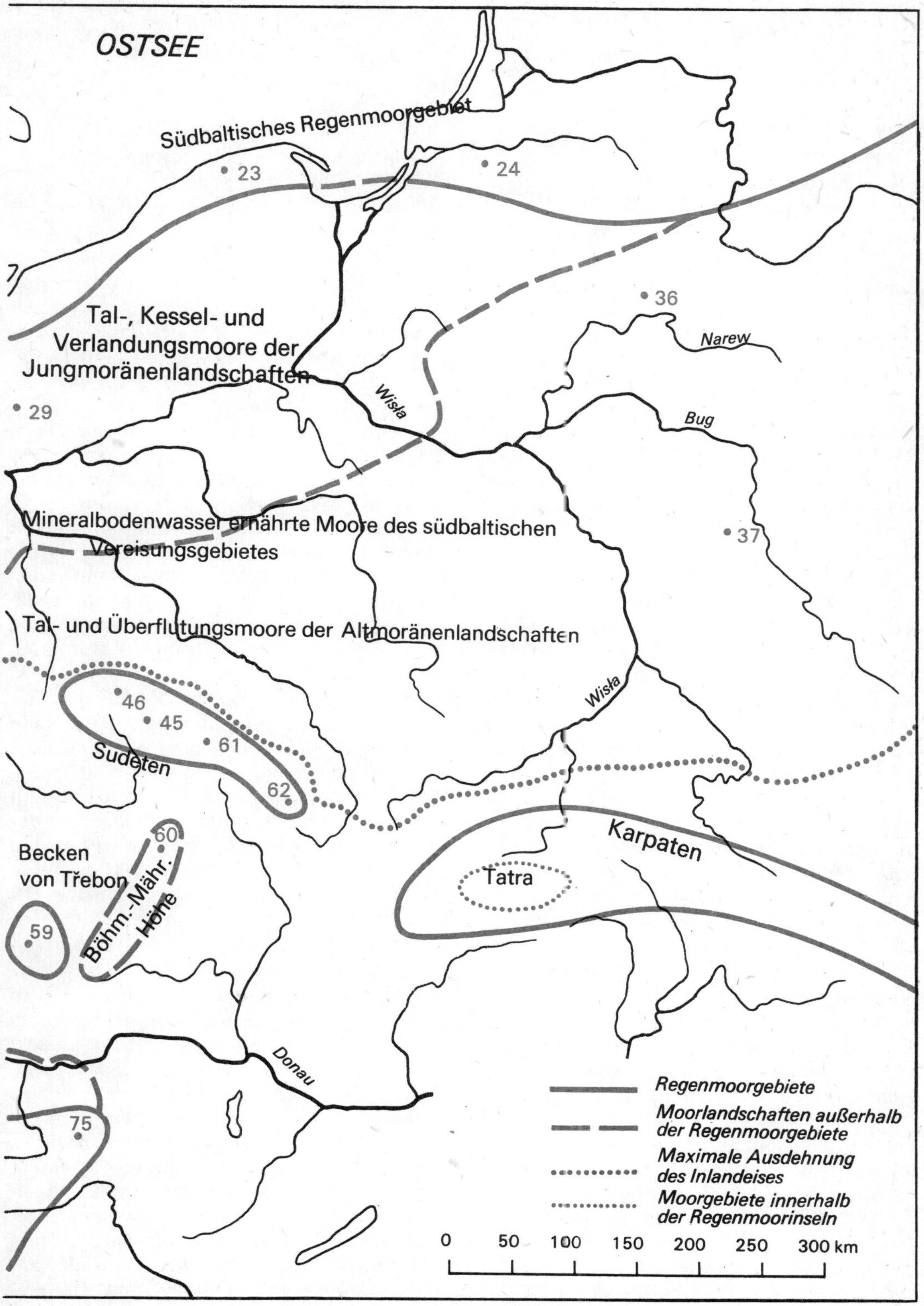
OSTSEE
Südbaltisches Regenmoorgebiet
23
24
Tal-, Kessel- und Verlandungsmoore der Jungmoränenlandschaften
36
Narew
Wisła
29
Bug
Mineralbodenwasser ernährte Moore des südbaltischen Vereisungsgebietes
37
Tal- und Überflutungsmoore der Altmoränenlandschaften
Wisła
46
45
61
Sudeten
62
60
Becken von Třebon
Karpaten
Tatra
59
Böhm.-Mähr. Höhe
Donau
75
Regenmoorgebiete
Moorlandschaften außerhalb der Regenmoorgebiete
Maximale Ausdehnung des Inlandeises
Moorgebiete innerhalb der Regenmoorinseln
0 50 100 150 200 250 300 km

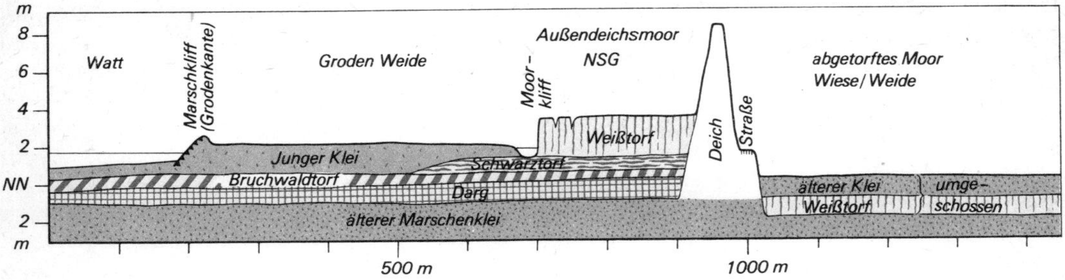

Querprofil durch das Sehestedter Außendeichsmoor (Ostseite des Jadebusens) (aus G. Richter u. M. J. Müller 1981, verändert nach F. Overbeck 1975)

angetroffen, wobei die Torflager unter dem Regenmoor ebenfalls mehrfach durch Marschkleilagen unterbrochen werden. Im Süden des Ahlenmoores sind mehrere typische Moorrandstauseen entstanden, wie der Dalemer, Halemer und Flögelner See. Bis zum Ende der 60er Jahre blieb das Zentrum des Ahlenmoores nahezu unberührt. Klaus Müller war es damals noch vergönnt, die Vegetation des Moores zu studieren, bevor es größtenteils der Torfindustrie geopfert wurde. Das Moor besaß das letzte natürliche oberflächliche Entwässerungssystem eines Regenmoores dieses Raumes, die sogenannte Ahlenrülle, mehrere Kolke und eine große Blänke.

Das letzte Regenmoor in einer nicht eingedeichten Marsch befindet sich auf der Ostseite des Jadebusens. Unter der Bezeichnung »Sehestedter Außendeichsmoor« hat es eine ungewöhnliche Berühmtheit erlangt, obwohl es nur ein winziger Rest eines einstmals großen Moores in der Wesermarsch ist. Man nimmt an, daß es die »Julianenflut« des Jahres 1164 war, die den schützenden Gürtel der hohen Marsch durchbrach, so daß die Sietlandmoore im Bereich des heutigen Jadebusens in den nachfolgenden Jahrhunderten vom Meer aufgearbeitet werden konnten.

1721 baute man einen Deich durch das Moor und kultivierte das binnendeichs gelegene Moorland. Während das außendeichs gelegene Moor um 1800 noch 100 ha groß war, umfaßt es gegenwärtig nur noch kaum 17 ha. Dieses Restmoor liegt lediglich 3,5 m über dem Meeresspiegel und wird bei jeder Sturmflut angegriffen. Seit 1938 steht das Moor unter Naturschutz, d.h., man läßt es durch die Natur selbst zerstören. So wird uns anschaulich demonstriert, wie das Meer Regenmoore in der Marsch einebnet und die Reste unter einer Kleidecke begräbt. Besonders eindrucksvoll ist das Aufschwimmen des jüngeren Moostorfes bei Überflutungen. Diese Torfdecken werden dann oft zerbrochen und vom ablaufenden Wasser fortgeschleppt. Das Beispiel des Sehestedter Außendeichsmoores zeigt uns auch, warum Regenmoore in der Marsch häufig letzte Zufluchtsstätten für die Bewohner der Marsch darstellen, denn in den auf den Regenmooren errichteten Hütten, die mit dem aufschwimmenden Moor gehoben wurden, war man bei Sturmfluten einigermaßen sicher.

Nördlich von Bremen münden Hamme und Wümme als Lesum in die Weser. Die breiten Täler dieser Flüsse sind von großen Niedermooren erfüllt, auf denen ausgedehnte Regenmoorkalotten aufwuchsen. Es handelt sich um typische Talmoore, deren Oberfläche in der Talmitte nur 5 m über NN liegt und die an den Rändern auf mehr als 12 m über NN ansteigt. Die Talränder werden von bis zu 50 m über NN aufragenden Moränenplatten begleitet.

Auf einer Geestinsel im Tal, von Mooren umgeben, liegt das bereits erwähnte Malerdorf Worpswede, das durch Rainer Maria Rilke besonders bekannt wurde. Der Dichter fragte sich, wie diese Moore wohl entstanden sein könnten: »Es ist ein seltsames Land ... Einst, als das Meer zurücktrat, da begann es sich zu formen. Pflanzen, die wir nicht kennen, erhoben sich, und es war ein rasches und hastiges Wachsen in dem fetten faltigen Schlamm. Aber das Meer, als ob es sich nicht trennen könnte, kam immer wieder mit seinen äußersten Wassern in die verlassenen Gebiete, und endlich blieben schwarze, schwankende Sümpfe zurück, voll von feuchtem Getier und langsam vermodernder Fruchtbarkeit. So lagen die Flächen allein, ganz mit sich beschäftigt, jahrhundertelang. Das Moor bildete sich und endlich begann es sich an einzelnen Stellen zu schließen, leise wie eine Wunde sich schließt ...«

Aber Rilke hat wohl nicht ganz recht. Das Meer hat die Moore in den Tälern von Hamme, Wümme und Wörpe kaum direkt beeinflußt, sondern nur indirekt durch den allgemeinen Rückstau. Das erklärt aber nicht das Hinaufwachsen der Moore auf die Geest. Fritz Overbeck und Heinz Schmitz haben 1931 Schichtenaufbau und Alter dieses Talmoorkomplexes, der als Ganzes auch mit dem Namen Teufelsmoor bezeichnet wird und eine Fläche von mehr als 40000 ha einnimmt, untersucht. Sie stellten fest, daß die großflächige Moorbildung durch einen Grundwasserspiegelanstieg in der Frühen und Mittleren Wärmezeit ausgelöst wurde. Über den Versumpfungsmooren entwickelten sich ausgedehnte Torfkörper, durch Zulaufwasser von den Talrändern ernährt.

Bei diesen Talrandmooren handelt es sich um typische Durchströmungsmoore. Sie hatten auf Grund des nährstoffarmen Wassers, das aus den Geestplatten austrat, den Charakter von sauren Zwischenmooren. Erst im jüngeren Abschnitt der Nachwärmezeit dürfte es in den talrandfernen Bereichen zur Ausbildung größerer, rein vom Regenwasser ernährter Torfkörper gekommen sein. Nur in der Talmitte, in Flußnähe, wurde das Geschehen durch die Überflutungen beherrscht. Es konnten die für Überflutungsmoore charakteristischen Erlenwald-, Schilf- und Seggentorfe aufwachsen. Während die Pflanzendecke der Regenmoorkalotten wenigstens noch bis ins 18. Jahrhundert erhalten war (um die Mitte des 18. Jahrhunderts wurde das Bremer Teufelsmoor kultiviert), sind die Überflutungsmoore viel früher in Nutzung genommen worden.

Wenden wir uns nun den Mooren zwischen Weser und Ems zu (s. Abb. S. 122). Ganz im Westen, auf der Grenze zwischen den Niederlanden und der BRD, liegt das Bourtanger Moor im Talsandgebiet der Ems. Von den 300000 ha Moorland waren 230000 ha Regenmoor. Wahrscheinlich stellte das Bourtanger Moor damit das größte Regenmoor Europas dar. Wir verdanken August Heinrich Grisebach, einem bedeutenden Botaniker des vergangenen Jahrhunderts, der das auf deutscher Seite noch vollständig unberührte Moor erlebt hatte, eine treffliche Schilderung dieser Moorlandschaft. Grisebach fand an der holländisch-hannoverschen Grenze zwischen Hesepertwist und Ruytenbrock einen Punkt, »... wo wie auf dem hohen Meere der ebene Boden von einer reinen Kreislinie umschlossen ward, und kein Baum, kein Strauch, keine Hütte, kein Gegenstand von eines Kindes Höhe auf der scheinbar unendlichen Fläche sich abgrenzte«. Das Moor wurde in Holland bereits im 17. Jahrhundert kultiviert, die Entwässerung und Kultivierung wurden auf deutscher Seite aber erst nach dem zweiten Weltkrieg abgeschlossen.

Hier konnte man in den 60er Jahren noch Restflächen mit einer annähernd natürlichen Struktur studieren. Das wassergesättigte Moor war nur andeutungsweise in Bülten und Schlenken gegliedert. Es herrschten teppichartige Flächen mit mehr oder weniger hygrophilen Torfmoosen vor, wie *Sphagnum pulchrum, Sph. tenellum* und *Sph. papillosum.* Wichtigste Blütenpflanze war das Weiße Schnabelried *(Rhynchospora alba).* Nur die nassesten Stellen wurden von der Grünen Torfmoosschlenke mit *Sphagnum cuspidatum* und dem Schmalblättrigen Wollgras *(Eriophorum angustifolium)* besiedelt. Die schwach ausgeprägten Bülten wurden im wesentlichen von roten Torfmoosen aufgebaut. Seltener waren das gelbliche *Sphagnum balticum* und das braune *Sphagnum fuscum* anzutreffen. In den Bülten und selbst in den trockeneren Schlenken wuchs die Glockenheide *(Erica tetralix).* Sie kennzeichnet diese westeuropäische Ausbildung der bunten Torfmoosbülten treffender als jede andere Pflanzenart.

Vom Bourtanger Moor durch einen schmalen Geeststreifen getrennt, erstreckt sich südlich der Leda zwischen Ems und Hunte ein gewaltiger Moorkomplex mit mindestens 5 getrennten Regenmooren. Im Zentrum dieses Moorgebietes nimmt die Esterweger Dose allein 8000 ha ein. 1937 wurde in zentralen Teilen des Moores eine Fläche von 140 ha mit schönen Kolken und Blänken unter Naturschutz gestellt. 1959 gab man aber auf Drängen der Torfindustrie den Schutzstatus auf. Noch 1975 erlebte Fritz Overbeck hier ein Stück unversehrten Regenmoores: »Sammetgrüne, olivfarbene, rostbraune und blutrote Moospolster bildeten das farbenreiche Muster des weichen, schwellenden Teppichs, über den der Fuß auf Dauer nur mühsam zu schreiten vermochte und mit jedem Schritt Wasser aus dem saugenden Riesenschwamm herauspreßte. Es war eine Landschaft, in der Erhabenheit und Schönheit mit dem Grauen einer trostlosen Öde dicht nebeneinander wohnten.«

Auf dem flachen Geestrücken zwischen Ems und Jadebusen liegt nördlich der Ledaniederung der als Ostfriesländisches Zentralmoor bezeichnete Moorkomplex. Es handelt sich überwiegend um wurzelechte Regenmoore mit Torfmächtigkeiten von 3m und mehr. Sie entwässerten als Wasserscheidenmoore sowohl zur Ems als auch zur Jade. Zur Ausbeutung der Torfvorräte wurde bereits 1908 im Wiesmoor ein Kraftwerk auf Torfbasis errichtet (inzwischen hat man es auf Erdgas umgestellt). Heute ist Wiesmoor ein »Garten im Moor«.

Die niedersächsische Geest geht im Süden in ein ausgedehntes Talsandgebiet über, das auch als südlicher Talsandgürtel bezeichnet wird. Zusammen mit dem Dümmer See bildet die Diepholzer Moorniederung den größten zusammenhängenden Moorkomplex dieses Talsandgürtels. Östlich der Weser schließt sich das Moorgebiet des Steinhuder Meeres mit dem Lichte-Moorkomplex an. Die großen Niedermoore im Aller-Urstromtal, die weiter östlich in den Drömling übergehen, gehören ebenfalls zu dieser Landschaft. Dümmer See und Steinhuder Meer sind extrem flache, von breiten Verlandungsmooren umgebene Seen.

Am Steinhuder Meer hat G. Grosse-Brauckmann 1976 die Geschichte eines Verlandungsmoores untersucht und seine Entstehung rekonstruieren können. Die Verlandung verlief keineswegs kontinuierlich; über einen sehr langen Zeitraum, praktisch während der gesamten Mittleren Wärmezeit, stagnierte sie. Es existierte nur ein Randmoor, das aus der Moräne mit Wasser versorgt wurde. Erst in der Nachwärmezeit, im ersten Jahrhundert unserer Zeit, setzte eine sprunghafte Verlandung ein, die durch tiefere Wasserstände ausgelöst wurde. Über der trockengefallenen Mudde des Sees bildeten sich großflächig torfmoosreiche Torfe. Mit dem weiteren Torfwachstum sank das Zwischenmoor in die Mudde ein. Es kam jedoch nicht zur Ausbildung einer Regenmoorkalotte; wahrscheinlich war hier der Einfluß des Zulaufwassers vom Rande des Moores her zu stark. Nur auf der Nordostseite des Steinhuder Meeres konnte ein 2000ha großes Regenmoor aufwachsen, dessen Rand heute im Wellenschlag des Sees liegt.

Nicht nur die Talsandgürtel und Täler, sondern auch die hohe Geest im niedersächsischen Raum ist in beträchtlichem Maße vermoort. Diese Moore sind in der Regel kleiner, liegen in Becken oder Mulden und stellen zu einem großen Teil auch wurzelechte Regenmoore dar. Sie waren waldlos, vielfach von Kolken durchsetzt und bis ins 17. und 18. Jahrhundert weitgehend unberührt. Dann zwang die Waldarmut der Geest auch zur Nutzung der Torfvorräte dieser Moore.

Schließlich verdienen die Heidemoore erwähnt zu werden, junge Versumpfungsmoore, die sich nach der Rodung der Wälder in Ausblasungsmulden entwickelt haben. Sie werden vielfach Schlatts genannt und beherbergen eine artenreiche Pflanzenwelt. Eines der größten Heidemoore ist das Gildehauser Venn im westlichen Münsterland.

Nun wollen wir uns den Mooren der schleswig-holsteinischen Geest zuwenden. Hier konzentrieren sich die Regenmoore im Einzugsgebiet der Niederelbe südlich der Stör und im Einzugsgebiet der Eider und Treene. Dabei sind die Regenmoorkalotten häufig Versumpfungs- oder Verlandungsmooren aufgesetzt. Es handelt sich meist um Geestrandmoore, die im Bereich der Flußmarschen aufwachsen konnten. Sie lehnen sich wenigstens mit einer Seite an die Geest an und liegen etwa 3 bis 5m über den Marschen. Das bedeutendste Regenmoor der Eider-Treene-Niederung ist mit 1500ha das Königsmoor. Es wurde bis auf geringe Reste in Grünland oder Acker umgewandelt.

Nicht anders erging es auch den meisten Mooren der schleswig-holsteinischen Jungmoränenlandschaft. Hier sind die Regenmoore, oft bedingt durch die Geländeform, nur selten größer als 500ha. Die bedeutendsten Regenmoore liegen zwischen Rendsburg und Schleswig sowie zwischen Kiel und Neumünster und um Bad Oldesloe. Eine weitere Gruppe von Regenmooren hat sich in flachen Moränendepressionen nordwestlich von Kiel entwickeln können. Die meisten Regenmoore wurden, lange bevor Botaniker ihre Pflanzendecke erforschen konnten, entwässert, abgetorft oder kultiviert.

Ludwig Aletsee hat 1959 die Entwicklungsgeschichte des Großen Moores bei Dätgen (etwa 450 ha) und des Dosenmoores (550 ha) aufgeklärt. Er stellte fest, daß aus einem späteiszeitlichen Flachsee ein von den Rändern durch Zulaufwasser ernährtes Beckenmoor entstand, das erst zum Ende der Mittleren Wärmezeit allein durch Regenwasser ernährt wurde. Der nachwärmezeitliche Weißtorf besteht auch hier zu einem hohen Prozentsatz aus dem Kammtorfmoos *(Sphagnum imbricatum)*. Weiterhin waren die Glockenheide *(Erica tetralix)* und die Rasige Haarsimse *(Trichophorum cespitosum)* auffällige Komponenten der Regenmoorvegetation. Kolke und Blänken fehlten diesen Mooren wohl vollständig. Trotz ihrer relativ geringen Größe besaßen sie eine beachtliche Aufwölbung. Christian Dau schildert 1823 den Eindruck, den ein Besucher des Dosenmoores damals hatte: »Wenn man an dem einen Rande des Moores steht, man von den gegenüber liegenden Häusern und Bäumen nichts erblicket; welche, so, wie man einige hundert Schritte in das Moor gegen die Mitte vorwärts gegangen ist, erst mit ihren Gipfeln und allmählich, so man weitergeht, immer mehr sichtbar werden ...«

Viel weniger wissen wir über die Talmoore der schleswig-holsteinischen Jungmoränenlandschaften, die nicht das Regenmoorstadium erreichten. Sie wurden als »Wiesenmoore« meist schon in frühgeschichtlichen Zeiten in Nutzung genommen.

Im Überflutungsbereich der Ostsee an der schleswig-holsteinischen Küste konnten sich typische Salzmoore entwickeln. Sie wurden hier auch als »Strandmoore« bezeichnet und schon in den 30er Jahren eingehend erforscht. Da es sich um die am gründlichsten untersuchten Küstenüberflutungsmoore überhaupt handelt, soll ihre Entwicklung hier kurz skizziert werden.

Man stellte fest, daß die Schönberger Strandmoore ihre Entwicklung in einer Bucht der Kieler Außenförde als Versumpfungsmoor begannen, das in der Späten Wärmezeit überflutet und zu einem Flachwasserbecken wurde. Erst als der Meeresspiegel in der Älteren Nachwärmezeit stagnierte oder sogar rückläufig war und eine Nehrung die Bucht von der Ostsee abschloß, begann ein Schilfsumpf aufzuwachsen, der schließlich in ein Seggenmoor überging. Im Verlauf des 6. bis 13. Jahrhunderts wurde das Schönberger Strandmoor zu einem Küstenüberflutungsmoor. Ernst Tapfer, der sich intensiv mit der Entwicklungsgeschichte von Küstenüberflutungsmooren Schleswig-Holsteins beschäftigte, unterschied Nehrungsmoore als reine Verlandungsmoore von Strandseen und außerdem Strandfeldmoore. Es sind meist geringmächtige, an der Flensburger Außenförde, im Mündungsgebiet der Schlei, im Fehmarnsund und an der Nordküste von Fehmarn großflächiger ausgebildete Torflager.

Die Regenmoore zwischen Schaalsee und Schweriner See sowie zwischen Warnow und Recknitz sind in der moorkundlichen Literatur ausgesprochen stiefmütterlich behandelt worden. Dennoch handelt es sich um beachtenswerte Moore mit z. T. großen Moormächtigkeiten und erheblichen Flächengrößen. Auch hier sind alle Moore durch Entwässerungsmaßnahmen geschädigt, so daß die meisten, soweit sie nicht abgebaut werden, sekundäre Moorwälder tragen. Das letzte nicht gänzlich bewaldete und auch sonst gut erhaltene Regenmoor Mecklenburgs ist das Schönwolder Moor östlich des Schaalsees. Die nichtbewaldete originale Mooroberfläche wird nur andeutungweise in Bülten und Schlenken gegliedert. Glockenheide-Torfmoosbülten sind auch hier die wichtigste torfbildende Vegetationsform, der allerdings das westliche *Sphagnum papillosum* bereits fehlt. Dafür ist das östlich verbreitete *Sphagnum balticum* regelmäßig vorhanden. In ganz seichten Vertiefungen, die man als »Miniaturschlenken« bezeichnen könnte, wächst *Sphagnum cuspidatum.* Die waldfreie Moorfläche ist von Torfmoos-Birkengehölzen mit der Rauschbeere *(Vaccinium uliginosum)* und dem Torfmoos *Sphagnum recurvum* umgeben. Auf dem gut ausgebildeten Randgehänge des Moores stocken trockene Astmoos-Birkenwälder, und in der Laggzone auf der Ostseite des Moores sind sehr eindrucksvolle nasse Erlenwälder erhalten geblieben. Das Schönwolder Moor wurde 1972 mit einer Fläche von 138 ha zum Naturschutzgebiet erklärt, etwa 100 ha davon sind Regenmoorstandorte.

Mit einer Fläche von 600 ha ist das Grambower Moor das größte Regenmoor zwischen Schaalsee und Schweriner See. Es zeichnet sich durch zwei Moorseen aus. Wenigstens beim Großen Grambower See handelt es sich nicht um eine typische Regenmoorschlenke, sondern einen Moorrandsee, entstanden durch einen Wasserstau in der Laggzone des Regenmoores. Der Kleine Moorsee ist aus einem inneren Lagg im Bereich einer Mineralbodendurchragung hervorgegangen und damit ein einzigartiges Naturdenkmal. Die ursprüngliche Oberflächengestalt des Moores ist heute kaum noch zu rekonstruieren, jedoch dürfte die Aufwölbung nicht wesentlich höher als 3m gewesen sein. Die Torfmächtigkeit erreicht im Grambower Moor mehr als 5m.

Alle Regenmoore zwischen Schaalsee und Schweriner See sind nach der 1952 von Otto Gehl publizierten Übersicht der mecklenburgischen Hochmoore aus spätglazialen Seebekken hervorgegangen. Nach den Pollenanalysen Gehls scheint der Regenmoortorf erst in der Jüngeren Nachwärmezeit aufgewachsen zu sein.

Auch vom Dänschenburger Moor, zwischen Warnow und Recknitz gelegen, blieben nur Reste der originalen Regenmooroberfläche erhalten. Dennoch sind diese Reste heute sehr wertvoll, vermitteln sie uns doch eine Vorstellung von der ursprünglichen Pflanzendecke dieser Regenmoore. Zu ihrer natürlichen Vegetation gehörte hier wahrscheinlich ein sehr lockerer Bestand von Kusselformen der Waldkiefer *(Pinus sylvestris)*, und in den Torfmoos-Bültengesellschaften spielte die Glockenheide *(Erica tetralix)* keine große Rolle mehr. Sie wird durch die Besenheide *(Calluna vulgaris)* ersetzt. Sehr interessant sind im Dänschenburger Moor die Regenerationsstadien auf ehemaligen Torfabbauflächen.

Eigene Züge tragen auch das Müritzer Moor und das Dierhäger Moor, zwei im Talsandgebiet der Rostocker Heide gelegene Regenmoore. Der Gagelstrauch *(Myrica gale)* bildet nicht nur im Randlagg dichte Bestände, sondern er scheint sich auch ursprünglich auf den deutlich aufgewölbten Regenmoorkalotten behauptet zu haben. Daneben fehlt die Waldkiefer *(Pinus sylvestris)* ebensowenig wie Sumpfporst *(Ledum palustre)* und Glockenheide *(Erica tetralix)*. Schließlich kommt hier sogar das ausgesprochen ozeanisch verbreitete Torfmoos *Sphagnum pulchrum* vor.

Südbaltisches Regenmoorgebiet

Zwischen Oder und Wisła ist das Auftreten von Regenmooren an das unmittelbare Küstenhinterland gebunden. Erst östlich der Weichsel, offenbar unter dem Einfluß längerer Winter mit deutlich herabgesetzter Evapotranspiration, erreicht der Niederschlagsüberschuß im Binnenland ausreichend hohe Werte und ermöglicht hier die Entwicklung von Regenmooren. Das südbaltische Regenmoorgebiet zeichnet sich durch das verstärkte Auftreten borealer Geoelemente aus, aber auch hinsichtlich der Oberflächenformen nehmen diese Moore eine Sonderstellung ein.

Die Regenmoore am Oderhaff liegen alle an der Grenze von Überflutungsmooren zu den sich landwärts anschließenden Durchströmungsmooren. Auf deutscher Seite besaß das Anklamer Stadtbruch, auch Peene- und Haffmoor genannt, mit etwa 600ha die bedeutendste Regenmoorkalotte, die sich bis zu 1,5m über dem Grundwasserspiegel der Umgebung aufwölbte. Nur ein Komplex von etwa 200ha wurde nicht ausgetorft, jedoch bereits im vergangenen Jahrhundert entwässert und teilweise aufgeforstet, so daß auf dem einst baumarmen Regenmoor heute Birkenbruchwaldstadien vorherrschen. Im Bereich des Überflutungsmoores existiert heute ein großer zusammenhängender Erlenwald. In die ausgetorften Flächen ist der Gagelstrauch *(Myrica gale)* eingewandert und bildet hier Massenbestände.

An der polnischen Ostseeküste zeichnen sich das Łebatal und die Umgebung des Łebskosees durch einen bemerkenswerten Reichtum an Regenmooren aus. Auch diese Moore sind auf großen Durchströmungsmooren aufgewachsen, das bedeutendste ist das Czarne bagno (Schwarzes Moor) im Łebatalmoor. Es besitzt eine geradezu klassische kuppelförmige Aufwölbung und war ursprünglich mit Sicherheit gänzlich waldfrei. Zu seinen Besonderheiten zählt der Reichtum an ozeanisch verbreiteten Moorpflanzen. So ist neben der Glockenheide *(Erica tetralix)* eine ganze Reihe von seltenen Torfmoosen *(Sphagnum papillosum, Sph. tenellum, Sph. compactum, Sph. molle)* auf dem Moor nachgewiesen worden.

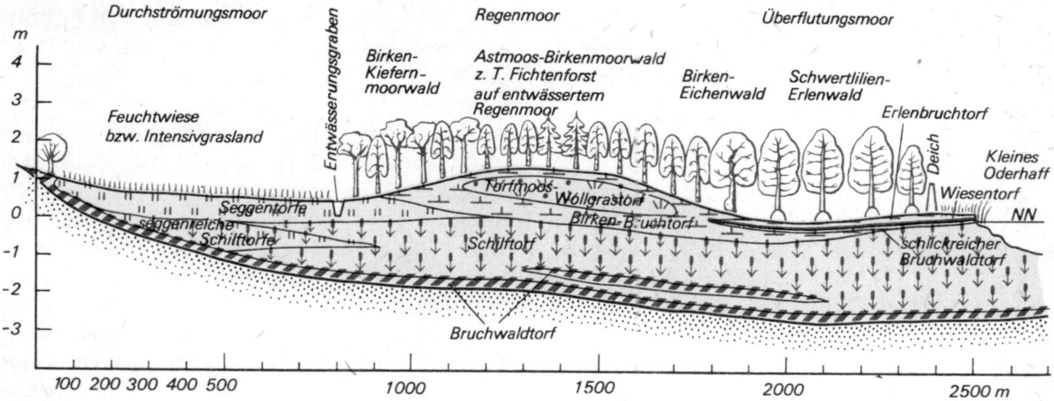

Querprofil durch das Peene- und Haffmoor (Anklamer Stadtbruch)

Außerdem beherbergt das Moor die nordisch-kontinental verbreitete Moltebeere *(Rubus chamaemorus)* und dürfte somit zu den pflanzengeographisch interessantesten Regenmooren im mitteleuropäischen Tiefland zählen.

Östlich der Wisła verläuft die Südgrenze der Regenmoore quer durch die polnischen Wojewodschaften Olsztyn und Suwałki. Während die Randgehänge, also die deutlich geneigten Moorflächen, bei den im westlichen Mitteleuropa auftretenden Plateauregenmooren nur einen schmalen Randsaum einnehmen, zeichnen sich die Moore dieses Raumes durch sehr ausgedehnte zum Moorrand geneigte Flächen aus.

Eines der am besten untersuchten, noch vollwüchsigen Moore ist das Zelau im sowjetischen Rayon Kaliningrad. Es nimmt eine Fläche von 2500 ha ein und erhebt sich mehr als 6 m über seine Umgebung. Das ebene Zentrum des Moores ist noch ziemlich groß und von zahlreichen Kolken und Blänken durchsetzt. Auf den geneigten Flächen treten die Kermis als strangförmige Bülten deutlich hervor. Sie sind ebenso wie die Schlenken höhenparallel angeordnet. Die Vegetation der ebenen Flächen wird von einer Haarsimsenausbildung der bunten Torfmoosbülten beherrscht.

In gleicher Zusammensetzung finden wir diese Gesellschaft in den Kolken und Schlenken aller mitteleuropäischen Regenmoore. Besonders bemerkenswert ist, daß das Zelau-Moor aus der Versumpfung von Wäldern hervorging. Auch heute noch kann man das Vordringen des Moores in die umgebenden Wälder studieren.

Durch Mineralbodenwasser ernährte Moore des südbaltischen Vereisungsgebietes

Diese Moorprovinz umfaßt das ganze nordöstliche Tiefland außerhalb der Regenmoorgebiete, wobei die Moorentwicklung weniger durch das Klima, sondern stärker durch die Landschaftsformen bestimmt wird. Aus der verwirrenden Fülle unterschiedlichster, nicht ausschließlich durch Regenwasser ernährter Moore des südbaltischen Vereisungsgebietes wollen wir einige typische Beispiele vorstellen. Beginnen wir mit den Mooren der Jungmoränengebiete, denen später die Altmoränengebiete folgen werden. Im mecklenburgisch-brandenburgischen Jungmoränengebiet handelt es sich um klassisch eiszeitlich geformte Landschaften, deren Bausteine Grundmoränenplatten, Endmoränengürtel, Sander und Urstromtäler sind. Die Voraussetzungen für die Entstehung von großflächigen Mooren waren besonders in dem die Grundmoränenplatten durchziehenden Talnetz günstig. So sind das Landgrabental und die Täler der Peene, Recknitz, Trebel, Ücker und Randow von mächtigen als Durchströmungsmoore aufgewachsenen Torfkörpern erfüllt. Im Unterlauf der Peene und Recknitz gehen diese Durchströmungsmoore in großflächige Überflutungsmoore über. Hier ist der Anstieg des Meeresspiegels im Verlauf der Nacheiszeit der wichtigste, die Moorentwicklung steuernde Faktor gewesen.

Von der ursprünglichen Vegetation der mecklenburgisch-brandenburgischen Durchströmungsmoore ist nichts übriggeblieben. Nur in einigen alten Komplexen von Handtorfstichen im Peene- und Landgrabental finden wir heute noch Reste von Braunmoos-Seggen- und Kopfried-Gesellschaften. Moorpflanzen, die an originale, nicht entwässerte Durchströmungsmoore gebunden sind, z.B. das Karlszepter *(Pedicularis sceptrum-carolinum)* oder der Moorsteinbrech *(Saxifraga hirculus)*, sind seit den ersten großen Moormeliorationen in den 20er Jahren verschollen. Heute bestimmen aufgelassene Feuchtwiesen, Weidengebüschstadien, Kreuzdorn-Birkenwälder oder Intensivgrasland das Vegetationsbild der Durchströmungsmoore. Nur auf kleinen Flächen werden kleinseggenreiche Kopfriedbestände und Feuchtwiesen in einigen Naturschutzgebieten im Peene-, Tollense- und Landgrabental erhalten.

Durch die Anlage von Entwässerungsgrä-

Karte der Moore Nordostmecklenburgs (nach O. Gehl u. W. Schariot 1962)

1 Durchströmungsmoore, 2 vorwiegend Verlandungs- und Versumpfungsmoore, 3 Küstenüberflutungsmoore, 4 Regenmoore, 5 Seen, 6 Hauptendmoräne des Pommerschen Stadiums der Weichselvereisung, 7 Talwasserscheide

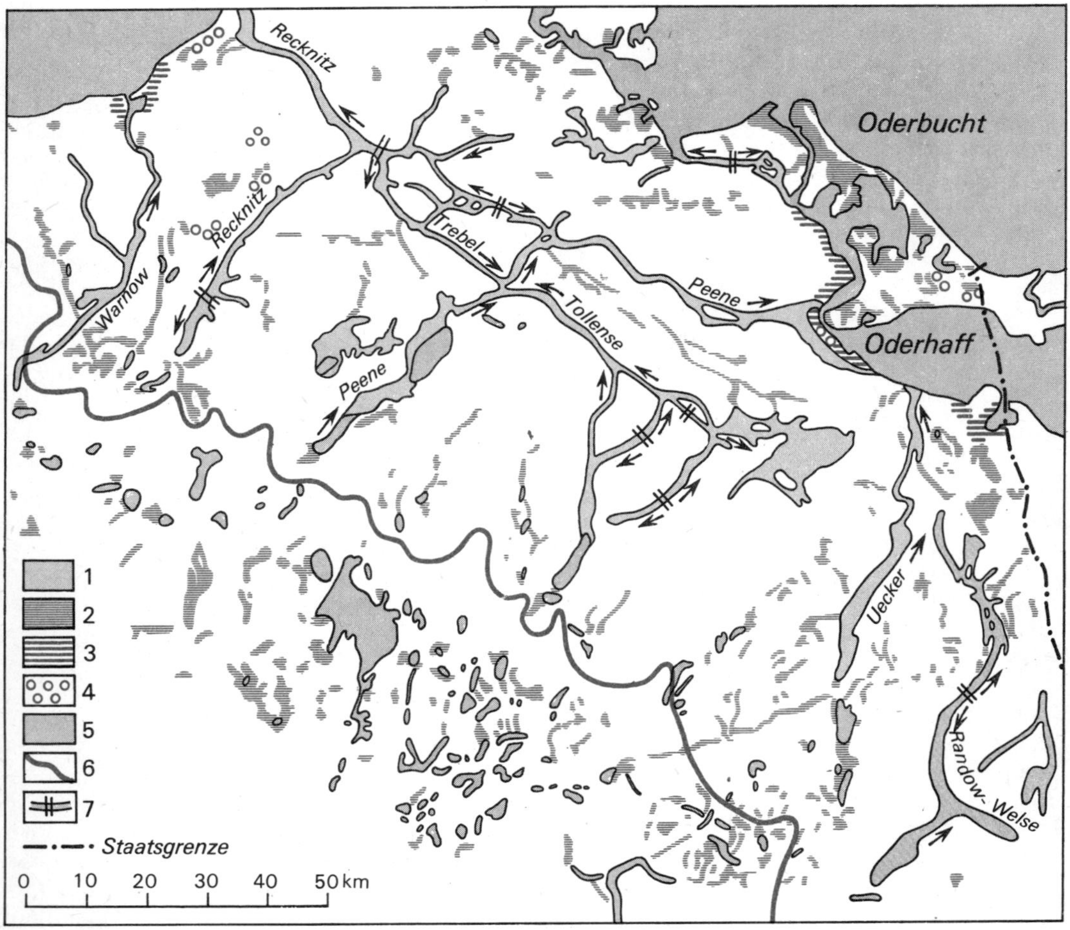

ben traten Moorsackungen ein, und damit gerieten großflächige Durchströmungsmoore in den Überflutungsbereich. Hier haben sich schlankseggenreiche Feuchtwiesen herausgebildet, die nach Einstellung der Mahd zunehmend verbuschen und schließlich in Erlenwald übergehen werden.

Die Friedländer Große Wiese mit dem Galenbecker See ist der größte geschlossene Durchströmungsmoorkomplex nördlich der Pommerschen Hauptendmoräne. Das etwa 6000 ha große Moor entwickelte sich in einem breiten Gletscherzungenbecken nördlich der hoch aufragenden Endmoränen der Rosenthaler Staffel. In den Endmoränen entspringende Bäche und Quellaustritte ernährten das Moor, in dessen Muldentiefstem seit der Frühen Wärmezeit ein See bestand, gewissermaßen als Sammelbecken des vom Moor nicht verbrauchten Wassers. Mit dem aufwachsenden Moor erhöhte sich auch der Seespiegel, ohne daß sich die Uferlinie des Sees in den vergangenen 2000 Jahren wesentlich veränderte. In trockneren Klimaperioden der Nacheiszeit muß seine Wasserfläche jedoch kleiner gewesen sein, worauf Torfbänke an seinem Grunde hindeuten. Diese wahrscheinlich spätwärmezeitlichen Torfe wurden hauptsächlich von der Binsenschneide *(Cladium mariscus)* gebildet.

Es ist höchst bemerkenswert, daß der Galenbecker See wahrscheinlich keinen natürlichen oberirdischen Abfluß besaß. Das Wasser durchströmte das Moor entsprechend dem Gefälle der Mooroberfläche in nördlicher Richtung, sammelte sich am Moorrand, um als Zarow ins Oderhaff zu fließen. Als im 18. Jahrhundert Gräben durch das Moor gezogen wurden, begann dessen Umwandlung, und am See bildeten sich Verlandungsgürtel aus. Neben den einschürigen Feuchtwiesen entwickelten sich auf nicht gemähten Flächen Gebüsche und Kiefern-Birken-Bruchwälder. Ein kleiner Teil der Randmoorflächen des Sees befindet sich heute noch in einem naturnahen Zustand. Besonders wertvoll ist eine Pfeifengraswiese mit einem schönen Bestand der Mehlprimel *(Primula farinosa)*. Trotz mancher Veränderungen, die sich durch die Intensivierung der Nutzung der Friedländer Großen Wiese ergaben, ist der Galenbecker See mit einer Fläche von 440 ha immer noch die großartigste Talmoorblänke, die wir kennen.

Wenn die Talmoore die größten Moore in den Jungmoränenlandschaften sind, so stehen die Kesselmoore zahlenmäßig an der Spitze. Es mögen mehrere tausend, meist allerdings nur sehr kleine Kessel sein, die – Miniaturkratern nicht unähnlich – als Toteishohlformen die Endmoränengürtel durchsetzen. Seit den 20er Jahren wurden zahlreiche brandenburgische Kesselmoore von Kurt Hueck, der sie meist als Verlandungshochmoore bezeichnete, erforscht. Viele stellte man unter Naturschutz.

Eines der schönsten Kesselmoore ist der Luchsee, eingebettet in die Endmoräne des Brandenburger Stadiums bei Krausnick. Der Luchsee stellt ein recht großes Kesselmoor dar, dessen Einzugsgebiet etwa 70 ha umfaßt. Diesem großen Einzugsgebiet verdankt das Moor nicht nur einen zentralen Kolk, der bereits wie eine Moorblänke wirkt, sondern auch sein kontinuierliches Aufwachsen seit der Mittleren Wärmezeit. In der Frühen Wärmezeit existierte hier ein Flachsee, der dann von Schilf- und Seggentorfen überwachsen wurde. Erst in den letzten Jahrhunderten breiteten sich auf dem Moor Torfmoos-Wollgras-Gesellschaften aus, so daß die Pflanzendecke heute ein buntes Mosaik aus Torfmoos-Seggenrieden und dem Torfmoos-Wollgrasmoor darstellt.

Die meisten Kesselmoore mit kleinerem Einzugsgebiet beendeten während der Mittleren und Späten Wärmezeit ihr Wachstum und begannen erst wieder in der feuchteren Nachwärmezeit Torf zu bilden, als ein deutlicher Wasserüberschuß in der Landschaft vorhanden war.

Der Luchsee ist zwar das größte, aber nicht das tiefste Kesselmoor des mecklenburgisch-brandenburgischen Jungmoränengebietes. Mit 14 m dürfte der Mümmelkensee auf der Insel Usedom die größte Moortiefe aufweisen.

Schließlich verdienen die Überflutungsmoore an der mecklenburgischen Boddenküste erwähnt zu werden. Sie gleichen in vielerlei Hinsicht den bereits geschilderten schleswig-holsteinischen Strandmooren. Obwohl sie bei uns wesentlich großflächiger auftreten, wurde ihr Moorcharakter lange verkannt. Es mögen ursprünglich mehr als 10000 ha gewesen sein. Etwa 1000 ha sind heute noch nicht eingedeicht. Das bedeutendste Küstenüberflutungsmoor ist die Insel Kirr im Barther Bod-

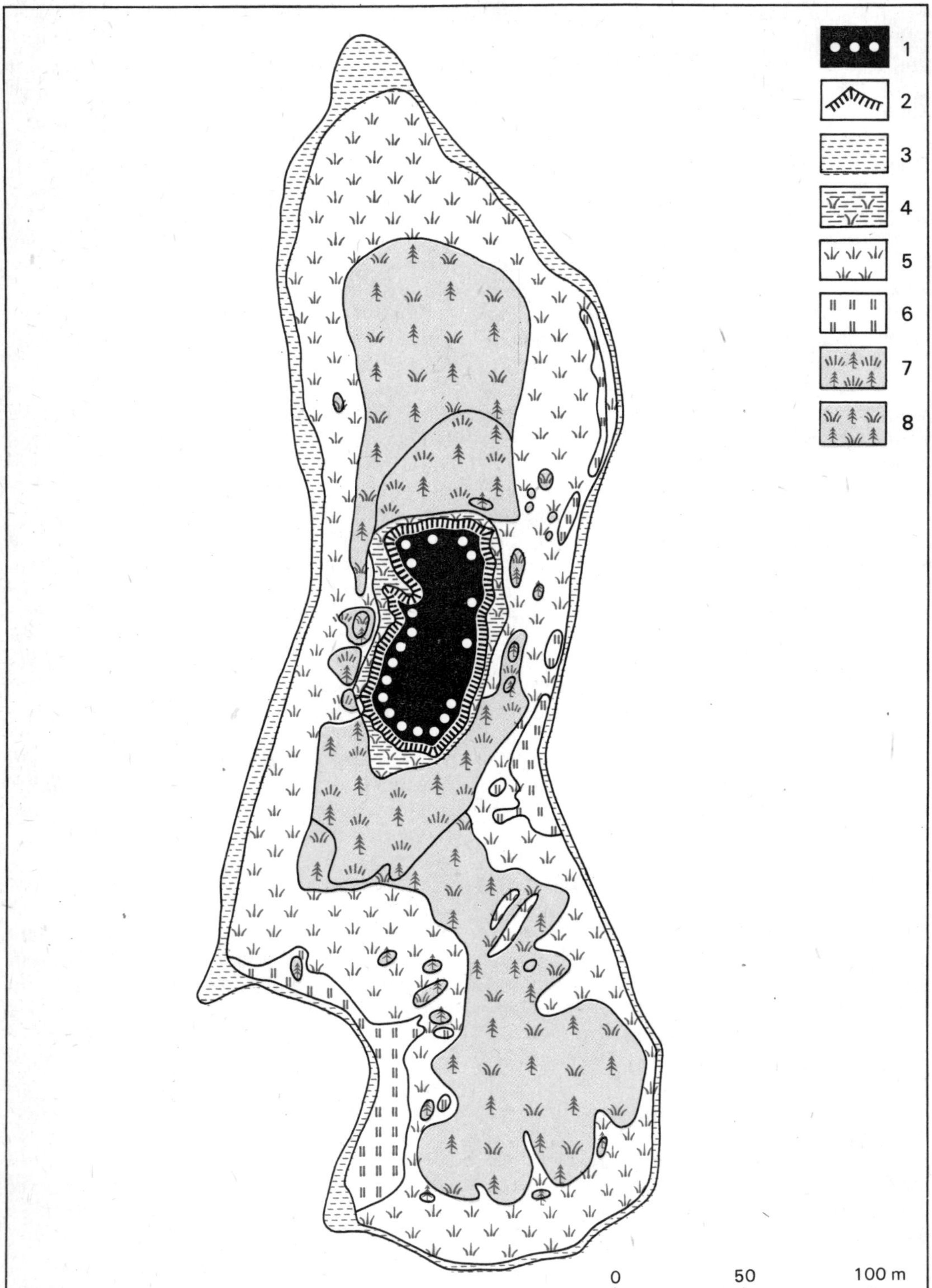
1
2
3
4
5
6
7
8
0
50
100 m

den (380 ha). Die Salzwiesentorflager wurden hier jahrhundertelang als Weideland genutzt und gingen aus Schilfröhrichten hervor. Wichtigste torfbildende Vegetation stellt der Salzbinsenrasen dar. Ein engmaschiges Netz aus Prielen und Kolken ist für diese Salztorflager charakteristisch, deren Mächtigkeit selten ein Meter übersteigt.

Von den Mooren des polnischen Jungmoränengebietes sei nur erwähnt, daß die Anzahl der Kesselmoore dort sicher noch größer ist. Bisher wurden mehr als 9000 Moore erfaßt. Talmoore sind jedoch außerhalb des Notec-Tales kaum vorhanden. Dafür sind aus dem polnischen Jungmoränengebiet interessante Kalkmoore beschrieben worden. Alle entstanden nach der Spiegelabsenkung kalkoligotropher Seen, z. B. auch das Kalkmoor am Tchórzyno-See. Erst als die Seekreidelager der Seespiegelabsenkung vor 100 Jahren trockenfielen, konnte sich die Kalkmoorflora mit einem großen Reichtum an seltenen, heute vom Aussterben bedrohten Pflanzenarten ansiedeln. Es handelt sich auf solchen Standorten um ausgesprochen kurzlebige Vegetationsformen. Nur durch eine Beweidung oder Mahd kann die Sukzession zum Wald aufgehalten werden.

Altmark, Fläming und Lausitzer Grenzwall gehören zu einer Moorprovinz, in der auf dem »Höhendiluvium«, d. h. auf den End- und Grundmoränen der Saalevereisung (Altmoränen), Quellmulden- und Hangmoore ursprünglich nicht selten waren. Wegen der Nährstoffarmut dieser Altmoränen waren es durchweg saure Zwischenmoore. Dort, wo die Niederschläge 600 mm im Jahresdurchschnitt deutlich überstiegen, mag es auf den sauren nährstoffarmen Torfen der Durchströmungsmoore auch zur Ausbildung von kleinen Regenmoorkalotten gekommen sein, wie im Zadlitzbruch und im Dubringer Moor. Alle diese Moore sind durch früheren Torfabbau und Entwässerung so geschädigt, daß von der ursprünglichen torfbildenden Pflanzendecke nichts mehr vorhanden ist; dafür haben sich in diesen Mooren Vegetationsformen der Heidemoore mit einem erstaunlichen Reichtum an atlantischen Moorpflanzen entfalten können. Im Dubringer Moor, dem mit 500 ha bedeutendsten Torflager, bilden Glockenheide *(Erica tetralix)*, Vielstengelige Sumpfsimse *(Eleocharis multicaulis)* und Braunes Schnabelried *(Rhynchospora fusca)* zusammen mit dem Torfmoos *Sphagnum papillosum* Massenbestände. In einigen anderen Hangmooren der Lausitz bestimmt auch der Gagelstrauch *(Myrica gale)* den Vegetationscharakter.

Auch Kesselmoore sind in den Altmoränenlandschaften vertreten, sie haben sich jedoch nicht in Toteishohlformen entwickelt; es handelt sich um salztektonische Einsturzbecken oder Karsthohlformen. Klassische Beispiele für solche Kesselmoore sind der Maujahn im hannoverschen Wendland und das Fenn bei dem Dorf Wittenmoor in der Altmark. Die Moormächtigkeit des Fenns beträgt 16 m, von denen der Torfkörper etwa 9 m einnimmt. Sehr lange muß ein Verlandungsmoor existiert haben, ehe das durch Zulaufwasser gesteuerte Torfwachstum einsetzen konnte. Die weitere Entwicklung des Fenns ist heute durch einen oberirdischen Abfluß begrenzt. Das Moor wird sich nicht über das Abflußniveau erheben und sich am Ende bewalden, wenn der Torfkörper nicht tiefer in die Mudde einsinken kann.

Schließlich findet man in der Lausitz langgestreckte, bogenförmige, von Mooren erfüllte Hohlformen, die durch oxidative Schrumpfung gestauchter Braunkohlenflöze im Untergrund entstanden sind. Es handelt sich ebenfalls um saure Zwischenmoore, die meist als Gieser oder Jesor bezeichnet werden. Man erkennt unschwer, daß sich hinter letzterer Bezeichnung das slawische Wort für See verbirgt.

In den Urstromtälern der Altmoränengebiete erreichten Versumpfungsmoore, oft kombiniert mit Überflutungsmooren, eine große Ausdehnung. Ein solches Moor, das zudem in der Geschichte der Moorkultur eine Rolle gespielt hat, ist der Drömling, im Elbe-Weser-Urstromtal an der Grenze der Altmark zum Nordharzvorland gelegen. Den Zustand des Dröm-

Vegetationskarte des Mümmelkensees

1 Kolk mit Teichrosen, 2 Schwingkantenriede, 3 Randsumpf, 4 Schwingmoor mit Torfmoos-Wollgras-Seggenried, 5 Wollgras-Torfmoosbülten, 6 Grüne Torfmoosschlenke, 7 Braune Torfmoosbülten mit Kiefern, 8 Rote Sumpfporst-Torfmoosbülten mit Kiefern

lings vor seiner ersten Kultivierung, die 1770 von Friedrich II. angeordnet worden war, schilderte 1772 Samuel Walter sehr anschaulich: »Wenn nun die Ohra in den Drömling hineingefallen, so verbreitet sie sich zwischen die Büsche und Bäume, so daß es scheint, als ob sie sich gar verkröche, daher viele Leute, die das Aufhören ihres Laufs nicht recht einsehen, oder wissen, davor halten, als ginge sie unter die Erde und käme hernach wieder hervor. Aber dem ist nicht also, denn das Wasser teilet sich in unzählige morastige Gänge, die durch den ganzen Drömling aneinander hängen.«

Ganz ähnliche Verhältnisse haben im Oberspreewald, dem größten mitteleuropäischen Erlen-Überflutungsmoor, beinahe noch bis in unsere Tage geherrscht. Hier »fiel« von Süden die Spree »ein« und verteilte sich über ein vermoortes Gebiet von annährend 20000 ha. Nur 15% der Fläche werden heute noch von Erlenwäldern eingenommen. Die Rohrglanzgraswiesen, die sich nach der Rodung der Schwertlilien-Erlenwälder ausbreiteten, mußten später Schlankseggenrieden weichen, und diese wurden in den 60er Jahren durch komplexe Meliorationsmaßnahmen zum großen Teil in Intensivgrasland verwandelt. Voraussetzung dafür war die Polderung großer Flächen. Die nicht eingepolderten Seggenwiesen sind inzwischen vielfach gänzlich aus der Nutzung herausgefallen und werden allmählich wieder von Erlen erobert. Da jedoch die Überflutungen durch den Bau eines großen Rückhaltebeckens weitgehend ausgeschaltet wurden, verwandelt sich das Überflutungsmoor mehr und mehr in ein Versumpfungsmoor, vorausgesetzt, der Grundwasserspiegel wird nicht weiter abgesenkt.

Auch in den Altmoränenlandschaften jenseits der Oder finden wir die größten Moore in den weitläufigen Urstromtälern. Der erste Platz gebührt den Mooren im Tal der Biebrza, einem Nebenfluß des Narew. Der Fluß entspringt wenige Kilometer westlich der belorussischen Stadt Grodno in einem vielfach verzweigten Talmoorsystem, das sich in südwestlicher Richtung bis Goniądz erstreckt. Oberhalb von Goniądz treten die Talränder weit auseinander. Dadurch entsteht eine bekkenartige Bildung, in die sich aus dem großen Sander im Norden eine Reihe wasserreicher Nebenflüsse ergießt, so die Netta, Jegrzina und Dubla. Dieses Moorgebiet zwischen Goniądz und Lipsk umfaßt etwa 60000 ha. Westlich von Goniądz verengt sich das Tal, so daß hier Straße und Eisenbahn durch das Moor gebaut werden konnten. In südlicher Richtung schließt sich ein weiterer Moorkomplex von 25000 ha an, der über 26 km bis zur Einmündung in den Narew reicht.

Die Moore im Tal der Biebrza sind nur geringfügig durch Flußkanalisierungen und Moormeliorationen gestört und deshalb die einzigen noch wachsenden großen Durchströmungsmoore Mitteleuropas. Mit Recht werden sie zu den wertvollsten Mooren dieses Raumes gezählt.

Die Torflager im Tal der Biebrza können im wesentlichen 3 hydrologischen Moortypen zugeordnet werden. Die größten Flächen nehmen, besonders im Nordteil, die Durchströmungsmoore ein. Im Becken von Goniądz sind dagegen zur Zeit der Schneeschmelze größere Flächen überflutet, und es entstanden Überflutungsmoore. Die Moore im mittleren und südlichen Abschnitt werden streckenweise von größeren Talsandflächen eingefaßt. Vielerorts wurde der Talsand zu Dünen aufgeweht, und in den Ausblasungsmulden kam es zur Bildung von sauren Versumpfungsmooren. Ein besonders schönes Versumpfungsmoor ist das Czerwone bagno mit einem prächtigen Sumpfporst-Kiefern-Moorwald.

Die Durchströmungsmoore beherrschen artenreiche Seggenriede. Im Nordteil, im Gebiet von Lipsk, sind Kleinseggen-Braunmoosmoore mit Schlammsegge *(Carex limosa)*, Drahtsegge *(Carex diandra)* und Fadenwurzliger Segge *(Carex chordorrhiza)* verbreitet. Hier ist auch die ganze Fülle der schwach azidophilen bis basophilen Schlafmoose (Hypnaceen) mit *Drepanocladus vernicosus, Meesea triquetra* und *Camptothecium nitens* zu Hause. Die größeren Seggen, wie Fadensegge *(Carex lasiocarpa)* und Schwarzschopfsegge *(Carex ap-*

Vegetationskarte des Südbassins der Biebrza-Moore (nach A. Pałczýnski 1980)

1 Röhrichte des Überflutungsmoors, 2 vorwiegend Spitzmoos-Großseggenried des Durchströmungsmoors, 3 quellige Moorrandstandorte mit Krummoos-Seggenrieden, 4 Schwertlilien-Erlenwald, 5 Birkenmoorwald, 6 Wirtschaftsgrünland

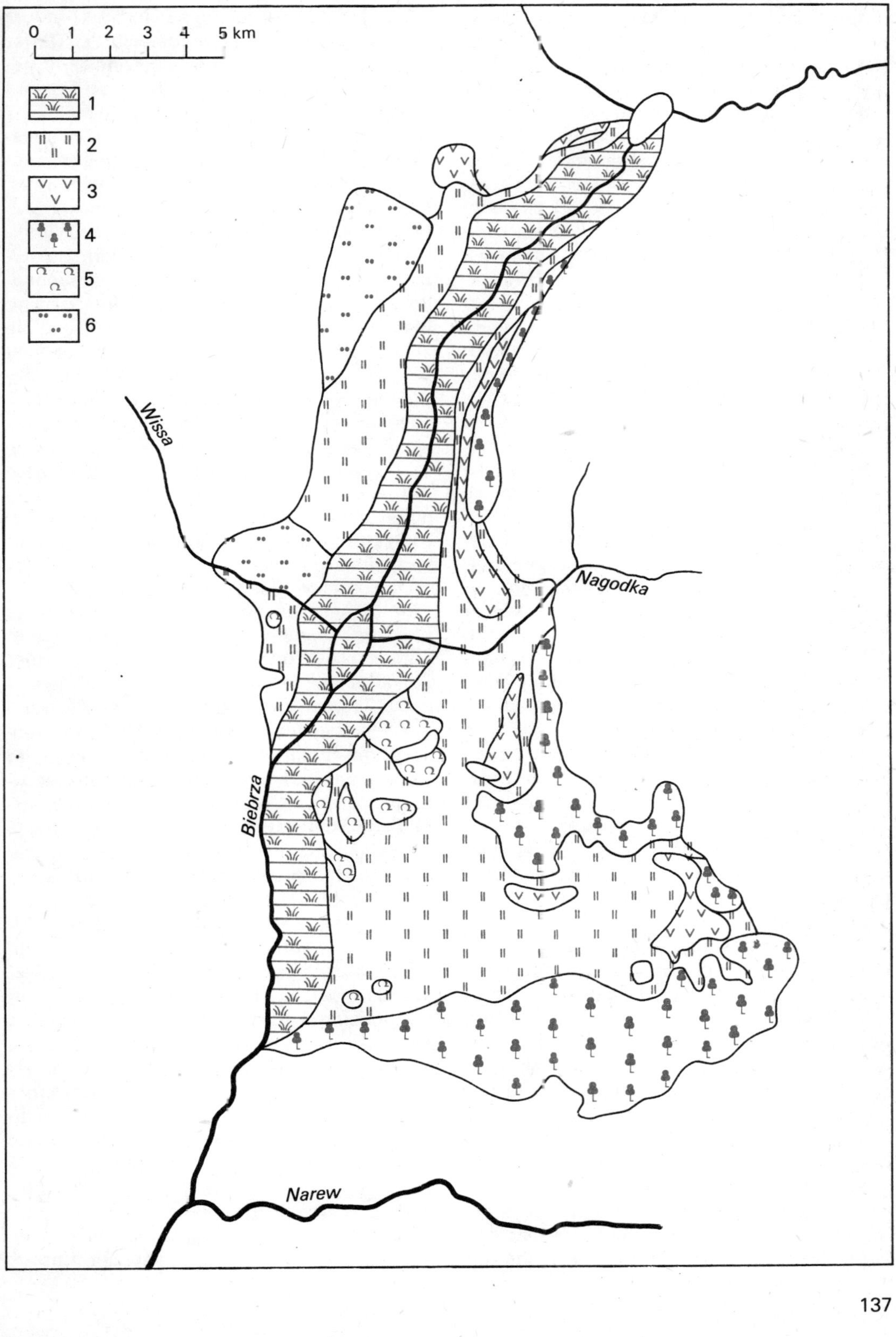
0 1 2 3 4 5 km
1
2
3
4
5
6
Wissa
Nagodka
Biebrza
Narew

propinquata), sind weniger verbreitet, dafür nehmen sie im Süden, im Bagno Ławki, zusammen mit der Steifsegge *(Carex elata)* größere Flächen ein. Die Mooroberfläche ist hier nur sehr schwach geneigt, auf 7 km beträgt der Abfall lediglich 4 m. Ähnliche Verhältnisse lernten wir bereits bei der Friedländer Großen Wiese kennen. Das ganze Jahr steht das Wasser hier an der Oberfläche, so daß nässeliebende Braunmoose, wie *Scorpidium scorpidioides* und *Calliergon giganteum*, zusammen mit dem Mittleren Wasserschlauch *(Utricularia intermedia)* in den flachen Schlenken zwischen den Seggenhorsten wachsen können. Unter dem Einfluß von nährstoffreicherem Zulaufwasser erscheinen hier auch Gemeines Schilf *(Phragmites australis)* und Sumpfsegge *(Carex acutiformis)*. An den Talrändern sind Erlenwälder verbreitet. Sie gehen unvermittelt in die geschilderten Seggenriede über, die bis vor Jahrzehnten wenigstens sporadisch zur Heugewinnung gemäht wurden.

In den nördlichen Biebrza-Mooren, im Gebiet um Lipsk, erscheinen an trockneren Stellen bald Torfmoose, z. T. durch Ziehen von Gräben bei der Anlage von Wegen oder zur Markierung von Parzellengrenzen verursacht, und die Strauchbirke wird zur Charakterpflanze dieser Talmoore. Meist ist noch die Vielfalt der Krummoos-Seggenriede vorhanden, jedoch bestimmen die Torfmoose *Sphagnum subsecundum* und *Sphagnum squarrosum* neben den Laubmoosen *Aulacomnium palustre* und *Helodium lanatum* das Bild des Strauchbirkenmoores. Bei weiterer Austrocknung können sich Moor- und Hängebirken durchsetzen und die Entwicklung zu Moorwäldern einleiten.

Die Ausdehnung der den Vorfluter des Talmoores begleitenden Überflutungsmoore hängt entscheidend vom Einzugsgebiet des Flusses ab. Im Nordteil der Biebrza-Moore ist der Überflutungssaum am Flußufer wegen des kleineren Einzugsgebietes nur schmal. Er wird hier im wesentlichen durch Röhrichte charakterisiert. Mit zunehmendem Einzugsgebiet gewinnt dieser Bereich in den südlichen Biebrza-Mooren erheblich an Fläche. Dort wachsen dann meist schon seit Jahrhunderten regelmäßig gemähte Rohrglanzgras- und Wasserschwadenröhrichte sowie Schlankseggenriede. Dabei entstehen schlickreiche Torfe, die schließlich in rein mineralische Auensedimente übergehen. Es sind die produktivsten Standorte; im Nahbereich der Dörfer werden sie recht intensiv als Weideland genutzt, während man die dorfferneren Flächen meist zur Heugewinnung für Pferde mäht.

Zu den seltensten Pflanzen der Biebrza-Moore zählt das Karlszepter *(Pedicularis sceptrum-carolinum)*, das vornehmlich im Bereich der Strauchbirkenmoore auftritt. Spektakulärer ist noch der Reichtum an seltenen Wirbeltieren. In den Bruchwäldern brüten Schrei- und Schelladler sowie See- und Schlangenadler. Auch Uhu und Schwarzstorch fehlen nicht. In den Seggenmooren balzen Kranich und die seltene Doppelschnepfe, so daß es uns nicht wundert, wenn Ornithologen aus vielen Ländern immer wieder diese Moorlandschaft aufsuchen. Im Verein mit namhaften Moorforschern aus aller Welt schlugen sie vor, die Biebrza-Moore in ihrer Gesamtheit zu einem Nationalpark zu erklären. Möge es gelingen, alle Nutzungsansprüche, die zu einer Zerstörung der Moore führen könnten, auch in Zukunft abzuwehren.

Den dritten Rang unter den polnischen Mooren nehmen die Talmoore im Einzugsgebiet der Tyśmenica in der Wojewodschaft Lublin ein. Trotz ihrer Ausdehnung über 35000 ha wollen wir sie nur kurz erwähnen.

Die Tyśmenica-Moore liegen am Westrand der Poleßje, jener Moorlandschaft, die jenseits der polnisch-sowjetischen Grenze im Norden der Ukraine einige tausend Quadratkilometer bedeckt. Die Poleßje war das Arbeitsfeld von Stanisław Kułczyński, der hier in den 30er Jahren seine fundamentalen Moorstudien durchführte. Während die Mehrheit der eigentlichen Poleßje-Moore Versumpfungsmoore sind, gehören die Moore im Einzugsgebiet der Tyśmenica überwiegend zu den Durchströmungsmooren. Mieczysław Jasnowski verdanken wir eine Erfassung der Strauchbirkenmoore dieses Gebietes. Sie sind Becken- und Talmoore, z. T. auch an Seerändern gelegen, die von randlichen Quellen ernährt werden. Die Größe einzelner Moore überschreitet kaum 1000 ha. Zu den floristischen Besonderheiten gehört eine Reihe nordischer Weiden- und Seggenarten, wie *Salix lapponum, S. livida, Carex chordorrhiza* und *C. heleonastes.*

Im Komplex der Talmoore treten auch saure Zwischenmoore auf, die entweder Kesselmoore oder in der eigentlichen Poleßje die schon erwähnten Versumpfungsmoore sind, von Kułczyński als »kontinentale Hochmoore« bezeichnet, obwohl sie keine Aufwölbung aufweisen und dementsprechend hauptsächlich durch Mineralbodenwasser ernährt werden. Ihr Höhenwachstum hängt unmittelbar von einem Ansteigen des Grundwasserspiegels in der Umgebung der Moore ab. Die Grundwasserspiegelerhöhung wurde in der Regel durch Flußverlandungen ausgelöst.

Nach diesem Überblick über die Moorlandschaften des Tieflandes wollen wir uns nun den Mooren der mitteleuropäischen Waldgebirge zuwenden.

Regenmoorinseln der mitteleuropäischen Waldgebirge

Diese Gebirge reichen vom Hohen Venn im Westen bis zu den Sudeten im Osten. Der Raum ist so groß, und die klimatischen Bedingungen sind so unterschiedlich, daß hier beinahe alle nur möglichen Formen der Regenmoore – und diese wollen wir vorrangig in unsere Betrachtung einbeziehen – anzutreffen sind. Zusätzlich wird dieses Muster durch die Arealgrenzen von Fichte und Bergkiefer mit ihren verschiedenen Formen variiert.

Beginnen wir mit unserer Betrachtung wieder im äußersten Westen. Hier ist das Hohe Venn, der höchste Teil des linksrheinischen Schiefergebirges mit Höhen von 500 bis 700 m über NN, im Verhältnis zu seiner geringen Gesamtfläche das moorreichste Mittelgebirge. Das Wort Venn geht auf das lateinische fania zurück, die Bezeichnung für sumpfige und vermoorte Gegenden. Aus diesem Wort wurden das althochdeutsche fenna, das niederländische veen, das französische fagne und das italienische fango. Im deutschen Sprachgebiet sind die Schreibweisen Fenn und Venn gebräuchlich.

Das Hohe Venn ist also ein Moorgebirge, das größtenteils auf belgischem Territorium liegt. Nördlich Malmedy treten die ersten Moore von 100 bis 200 ha Größe auf. Es folgt in nördlicher Richtung das Fagne Wallone (Wallonische Venn), das in das Grand Fagne (Große Moor) übergeht. Dies ist der größte zusammenhängende Moorkomplex des Hohen Venns mit einer Fläche von etwa 3000 ha.

Da das Hohe Venn das am weitesten nach Westen vorgeschobene Mittelgebirge ist, treffen die mit Wasserdampf beladenen, vom Atlantik her über das belgische Tiefland streichenden Luftmassen hier auf das erste Hindernis und geben ihre Feuchtigkeit als Steigungsregen ab. So werden alle großen Vennmoore vorwiegend durch Niederschläge ernährt – es sind im Jahresdurchschnitt mehr als 1300 mm. Die hohen Niederschläge ermöglichten sogar eine deckenmoorartige Ausbreitung der Torflager, die selbst flache Hänge und Kuppen überziehen.

Zu den eigenartigsten Bildungen der Vennmoore gehören Frostbodenerscheinungen, die nach einem Wort aus der Eskimosprache als Pingos bezeichnet werden. Man versteht darunter ringförmige, flache Wälle mit einer muldenförmigen Vertiefung in der Mitte. Sie gehen auf Eislinsen im Dauerfrostboden über wasserundurchlässigen Schichten zurück. Die Mulden haben Durchmesser von 15 bis 150 m. Auf den ersten Blick könnte man sie für Torfstiche halten, doch mit Hilfe der Pollenanalyse konnte ihr glaziales Alter zweifelsfrei nachgewiesen werden.

Die heutige Vegetation der Vennmoore ist viel stärker durch den Menschen beeinflußt, als man gemeinhin annimmt. Obwohl der engere Bezirk des Hohen Venns kaum besiedelt war, wurden die Moorflächen seit alters zur Heugewinnung gemäht und teilweise wohl auch beweidet. Dadurch vergrasten viele Moore, Pfeifengras *(Molinia caerulea)* und Drahtschmiele *(Deschampsia flexuosa)* breiteten sich aus, und an den Moorrändern entstanden anmoorige Heiden. Diese Entwicklung setzte besonders nach der letzten Rodungsphase im 13. Jahrhundert ein.

Die wichtigste torfbildende Vegetationsform der Vennmoore sind Glockenheide-Torfmoosbülten mit *Sphagnum imbricatum* und *Sph. papillosum*. Auch der Beinbrech *(Narthecium ossifragum)* fehlt nicht.

Die Ränder der Vennmoore trugen ursprünglich mit Sicherheit durchweg Birkenbrüche mit reichen Beständen der Rausch- oder Moorbeere *(Vaccinium uliginosum)*, die sich von dort auf die Moorheiden ausbreitete.

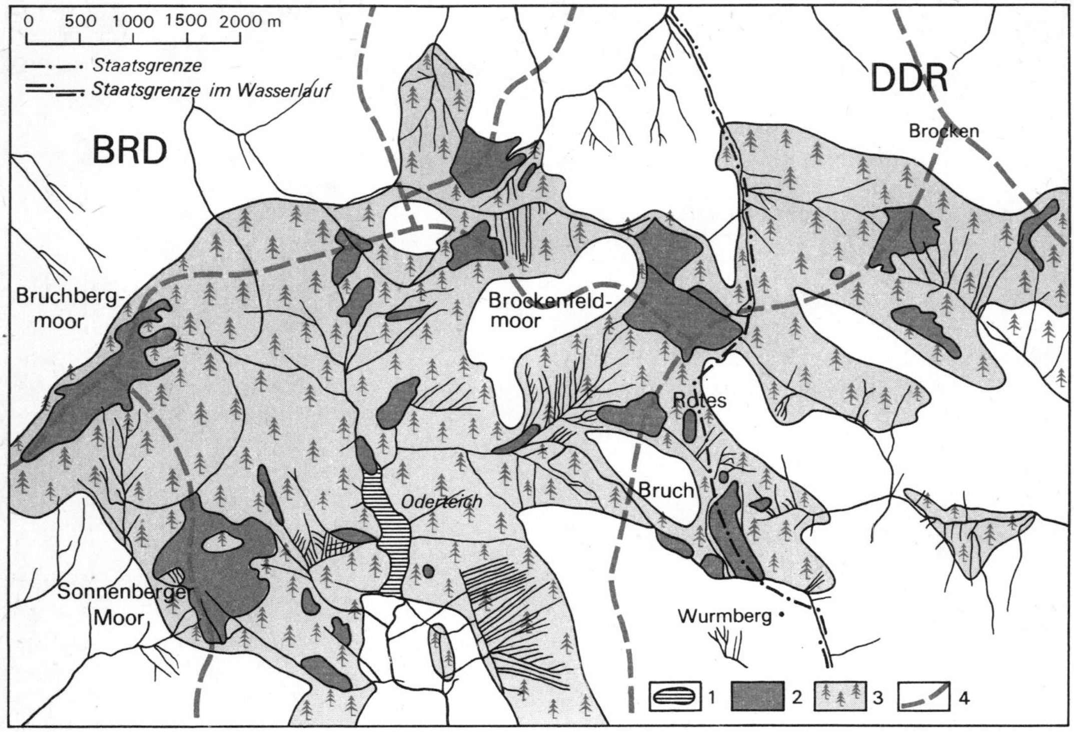

Karte der Moorverbreitung im Oberharz (nach K. Hueck 1928)

1 Gewässer, 2 waldfreie Regenmoore, 3 Fichten-Moorwälder, 4 Wasserscheiden

Die Verheidung der Vennmoore wurde durch die Anlage eines engen Entwässerungsnetzes stark gefördert; dennoch sind diese Moore nicht tot, wofür der beinahe täglich fallende Regen sorgt.

Der nördlichste Eckpfeiler der mitteleuropäischen Waldgebirge ist der Harz. Er liegt bereits im natürlichen Verbreitungsgebiet der Gemeinen Fichte *(Picea abies)*, die im Oberharz seit der Nachwärmezeit eine eigene Waldstufe bildete. In der Späten Wärmezeit setzte hier, begünstigt durch das saure Gestein (Schiefer, Grauwacken, Quarzite) und die hohen Niederschläge (1300 bis 1600 mm jährlich), die Vermoorung verstärkt ein. Zwischen Brocken und Bruchberg bestehen heute etwa 400 ha Moorfläche. Ähnlich wie im Hohen Venn treten hier auch deckenmoorartige Bildungen auf, die selbst Bergrücken überziehen, wie das Moor »Auf dem Acker«. Häufiger treten jedoch Sattel- und Hangmoore auf. Kurt Hueck, der sich in den 20er Jahren mit den Harzmooren beschäftigte, zählte nicht weniger als 32 Moore. Von ihnen ist das Sonneberger Moor (105 ha) das bedeutendste, ihm folgt das Brockenfeldmoor (64 ha). Außerdem rechnete Hueck noch mit 1200 ha versumpfter Fichtenwälder.

Am Beispiel des Sonneberger Moores sollen hier einige Besonderheiten der Harzmoore geschildert werden. Es ist ein Hangmoor, das in ein Sattelmoor übergeht. Am Unterhang beträgt seine Moormächtigkeit mehr als 5 m. Das Moor zeichnet sich durch eine Reihe von Trichtern aus, die auf die innere Erosion des das Moor durchströmenden Wassers zurückgeführt werden. Typische Moorkolke und höhenparallele Schlenken fehlen.

Der größte Teil des Moores ist baumfrei, etwa ein Drittel verheidet und von Fichten-Moorheiden sowie Fichten-Moorwaldinseln bedeckt. Die Grünen Torfmoosschlenken treten nur auf den vollwüchsigen, nicht verheideten Flächen auf. Es sind nur sehr flache, unregelmäßig und unscharf begrenzte Einsenkungen mit den Torfmoosen *Sphagnum cuspidatum* und *Sphagnum tenellum*. An der Grenze zu den nur wenige Zentimeter höher liegenden, deckenartigen Torfmoosbülten ist das Torfmoos *Sphagnum papillosum* weit verbreitet. Hauptbestandsbildner der Torfmoosbülten stellen freilich die roten Torfmoose *Sphagnum rubellum* und *Sph. magellanicum* dar. Auch *Sphagnum balticum* wurde regelmäßig festgestellt. Steter Begleiter aller Torfmoos-Bültenstadien ist das Heidekraut *(Calluna vulgaris)*. Es könnte geradezu als Charakterpflanze der Torfmoosbülten außerhalb der Verbreitungsgebiete von Glockenheide, Sumpfporst und Bergkiefer angesehen werden. Ähnlich wie im Hohen Venn ist auch die Rasige Haarsimse *(Trichophorum cespitosum)* in den Harzmooren verbreitet. Wir werden sie ebenso wie die Wenigblütige Segge *(Carex pauciflora)* in den meisten Hochlagenmooren der mitteleuropäischen Waldgebirge wiedertreffen.

Jene Flächen, auf denen das Moorwachstum zum Stillstand gekommen ist, werden hauptsächlich von Flechten-Torfmoosbülten besiedelt und, wenn die Austrocknung andauert, von Fichten-Moorheiden erobert. Bei anhaltend guter Dränage stellt sich ein Fichten-Moorwald ein. Solche Fichten-Moorwaldinseln kennzeichnen auf dem Sonneberger Moor die durch die inneren Abflußsysteme stärker entwässerten Moorstandorte. Sie entsprechen den Spirkenwäldern der südlicheren Gebirgsmoore. Die Fichte vertritt im Harz offensichtlich auch die im Hohen Venn und in der Rhön in den Randzonen der Regenmoore wachsende Moorbirke.

Eine kurze Betrachtung verdienen noch die Fichten-Moorheiden, in denen mit Teppichen des Heidekrautes *(Calluna vulgaris)*, der Blaubeere *(Vaccinium myrtillus)*, der Preiselbeere *(Vaccinium vitis-idaea)* und der Gemeinen Krähenbeere *(Empetrum nigrum)* sowie der Rauschbeere *(Vaccinium uliginosum)* als wichtigstem Zwergstrauch immer wieder auch die Fichte als niedriger Einzelbaum vorkommt. Diese Fichten-Moorheiden vertreten in den Mooren des Harzes und des Thüringer Waldes die Latschendickichte.

Neben den deutlich aufgewölbten Regenmooren sind im Oberharz auch junge Hangvermoorungen keine Seltenheit, die ganz unter dem Einfluß von Mineralbodenwasser stehen. Sie weisen beträchtliche Hangneigungen und geringe Torfmächtigkeiten auf. Solche Hangmoore dürften auch im Harz durch die großen Rodungen bei der Ausweitung des Bergbaus im 12. bis 14. und im 18. Jahrhundert gefördert worden sein.

Geringmächtige Moore wurden, besonders nach 1817, entwässert und mit Fichten aufgeforstet, so daß ein erheblicher Teil der eingangs erwähnten versumpften Fichtenwälder in Wirklichkeit auf älteren entwässerten Mooren stockt.

Jenseits des Thüringer Waldes erhebt sich die Hohe Rhön mit dem Basaltkegel der Wasserkuppe (950 m über NN) als höchstem Berg. In flachen, von tertiären Sanden und Tonen ausgekleideten Mulden der Hohen Rhön konnten sich unter dem Einfluß eines feuchtkühlen Klimas mehrere größere Regenmoore entwickeln. Besonderes Aufsehen hat das Schwarze Moor (60 ha) in der bayerischen Rhön erregt. Man zählt es heute zu den wenigen wirklich international bedeutsamen Mooren der BRD.

Das Schwarze Moor ist ein exzentrisches, kuppelförmig aufgewölbtes Regenmoor, das in seiner Oberflächengestaltung in vollkommener Weise den nordischen Kermimooren entspricht, wie wir sie bereits aus dem kurisch-litauischen Regenmoorgebiet kennengelernt haben. Von einer relativ kleinen, zum oberen Rande des Moores hin verschobenen »zentralen« Hochfläche fällt die Oberfläche nach allen Seiten ab. Hauptsächlich auf den am stärksten geneigten Flächen treten höhenlinienparallel angeordnete, scharf begrenzte, langgestreckte Schlenken auf, die auch als Flarke bezeichnet werden. Ein solcher Flark kann bis zu 50 m lang sein und eine Tiefe von 1 bis 3 m aufweisen.

Die wichtigste torfbildende Vegetationsform des vollwüchsigen Regenmoores sind die Braunen Torfmoosbülten mit *Sphagnum fuscum*. Sie bestimmen das Bild im Bereich der Flarke und auch auf der Hochfläche des Moores, die von Kolken durchlöchert ist. In der Umrahmung der Kolke und Flarke werden die Braunen Torfmoosbülten von den roten Torfmoosen *Sphagnum magellanicum* und *Sph. rubellum* verdrängt. Zwischen der Hochfläche und den stärker geneigten, von den Flarken durchzogenen Flächen ist eine Schlenkenzone entwickelt, in der das gelbgrüne

Vegetationskarte des Schwarzen Moores in der Rhön (nach Th. Gies 1972)

1 Hochfläche mit Kolken und Braunen Torfmoosbülten, locker mit Waldkiefern bewachsen, 2 Rote Torfmoosbülten, 3 Randgehänge mit roten Torfmoosbülten und Sphagnum tenellum, 4 flechtenreiche Austrocknungsstadien des Randgehänges, 5 Randzone mit Steifem Widertonmoos, 6 Birkenmoorwald, 7 nasse Randzone mit Torfmoos-Seggenrieden, 8 Fichten, 9 Entwässerungsgräben

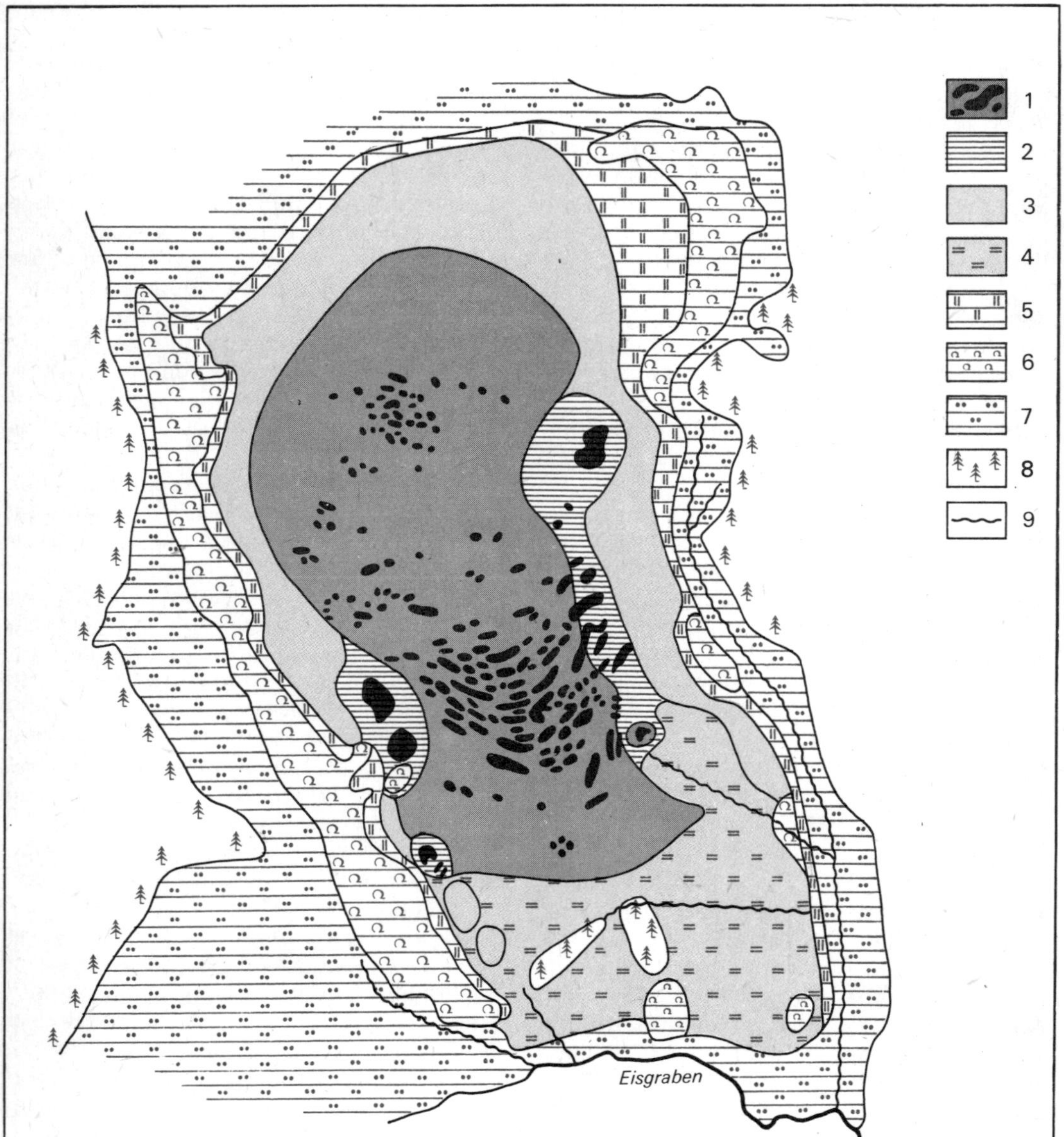

Sphagnum tenellum vorherrscht. Die grüne *Sphagnum cuspidatum*-Schlenkengesellschaft tritt vornehmlich an den Rändern der Kolke und Flarke auf.

Das ganze Moor wird schließlich von einem sehr lockeren Bestand krüppelwüchsiger Waldkiefern *(Pinus sylvestris)* überzogen. Kein anderes Moor der mitteleuropäischen Waldgebirge zeigt eine so klare, geradezu modellhafte Gliederung der Vegetation in Abhängigkeit von der Oberflächengestalt. Ähnliche Strukturen können wir zwar auch bei anderen Mooren finden, dort jedoch meist viel kleinflächiger und auch durch frühere Moornutzungen gestört. Um so höher muß der wissenschaftliche Wert des Schwarzen Moores in der Rhön eingeschätzt werden.

Bevor wir uns mit den Bergkiefernmooren befassen, wollen wir wenigstens kurz auf ein Moorgebiet eingehen, das in der Moorkunde viel von sich reden gemacht hat – auf die Moore der Eifelmaare. Zwischen Hohem Venn und Mosel liegt die Eifel, deren vulkanische Explosionskrater als Maare bezeichnet werden. Einige Maare sind trocken, andere mit Wasser gefüllt, und in einigen kleineren haben sich Moore gebildet. Die vulkanischen Explosionen und Lavaeruptionen, die diese Krater hinterließen, ereigneten sich größtenteils am Ende der letzten Eiszeit. Vor 11500 Jahren schleuderte eine Gasexplosion aus dem Krater des Laacher Sees, dem größten aller Eifelkrater, u.a. viele tausend Tonnen Asche, auch als Tuff bezeichnet, in die Atmosphäre. Am Grunde vieler Moore kann der Laacher Tuff heute als helles Band gefunden werden und erlaubt eine sichere Datierung der Mudden und Torfe, die den Tuff einschließen. Die moorkundlich interessantesten Maare sind das Strohner Maarchen und das Dürre Maar. Sie gleichen den Kesselmooren der jungeiszeitlichen Endmoränengebiete. Wie vollwüchsige Kesselmoore sind sie von einem mehr oder weniger breiten Wasserring umgeben. Wegen ihrer geringen Größe ist der Einfluß des aus der Umgebung dem Moor zufließenden Wassers so groß, daß sich trotz der relativ hohen Niederschläge (700 bis 800 mm jährlich) keine Regenmoorkalotte ausbilden kann.

Wie schon angedeutet, wollen wir nun einige Moorlandschaften aus dem Verbreitungsgebiet der Bergkiefer *(Pinus mugo)* vorstellen. Zuvor müssen wir uns aber die verwandtschaftlichen Verhältnisse der moorbewohnenden Bergkiefer etwas näher ansehen. Als Latsche ist die Bergkiefer Hauptbestandsbildner der Krummholzregion der mitteleuropäischen Gebirge. Sie geht hier jedoch auch auf nährstoffarme, saure Moore über. Von dieser »reinen Bergkiefer« sind mehrere Unterarten beschrieben worden. Für unser Gebiet kommt hauptsächlich die Unterart *pumilio* (oder *mugo*) in Frage. Im Verlauf der Nacheiszeit ist offensichtlich aus den Pyrenäen die Hakenkiefer *(Pinus uncinata)* nach Mitteleuropa gelangt und hat sich hier mit der Bergkiefer gekreuzt. Ihre Nachkommen fanden ebenfalls auf den nährstoffarmen, sauren Mooren eine ökologische Nische. Diese Moorkiefern sind also Abkömmlinge der echten Hakenkiefer und weisen eine sehr variable Wuchsform auf. Botanisch werden sie als Unterart *rotundata* zur Bergkiefer *(Pinus mugo)*, gelegentlich jedoch auch zur Hakenkiefer *(Pinus uncinata)* gestellt. Auf trockneren Mooren wachsen diese Kiefern zu stattlichen Bäumen heran; man bezeichnet sie dann als Spirken (Varietät *arborea*), während die kleinen Kusselformen der nassen, wüchsigen Moore wegen ihres latschenförmigen Aussehens als Varietät *pseudopumilio* beschrieben wurden.

Noch scheint aber das letzte Wort über die verwandtschaftlichen Verhältnisse der Moorformen der Bergkiefer nicht gesprochen zu sein. Es dürften sich jedoch diese Formen außerhalb des Verbreitungsgebietes der typischen Bergkiefer oder Latsche zu einer eigenständigen Sippe entwickelt haben, die den Mooren der südlicheren mitteleuropäischen Waldgebirge ein unverwechselbares Gepräge verleihen. Betrachten wir nun zuerst die Bergkiefernmoore des Riesengebirges.

Dieses Gebirge ist das höchste Mittelgebirge nördlich der jungen Faltengebirge (Alpen, Tatra). Der breite Gebirgskamm mit seinen Hochflächen im Bereich der Elbequelle und den Verebnungsflächen zwischen Sněžka (Schneekoppe) und Stříbrný hřbet (Silberkamm) besitzt eine markant hervortretende Krummholzstufe. Sie wird wie in den Alpen und der Hohen Tatra von der reinen Bergkiefer *(Pinus mugo)* gebildet. In diese Latschenzone ist eine Reihe sehr schöner Moore eingebettet. Paul Rüster, der 1922 die Moore des Riesengebirgskammes erstmals botanisch erforschte, zählte nicht weniger als 22 Torflager. Davon

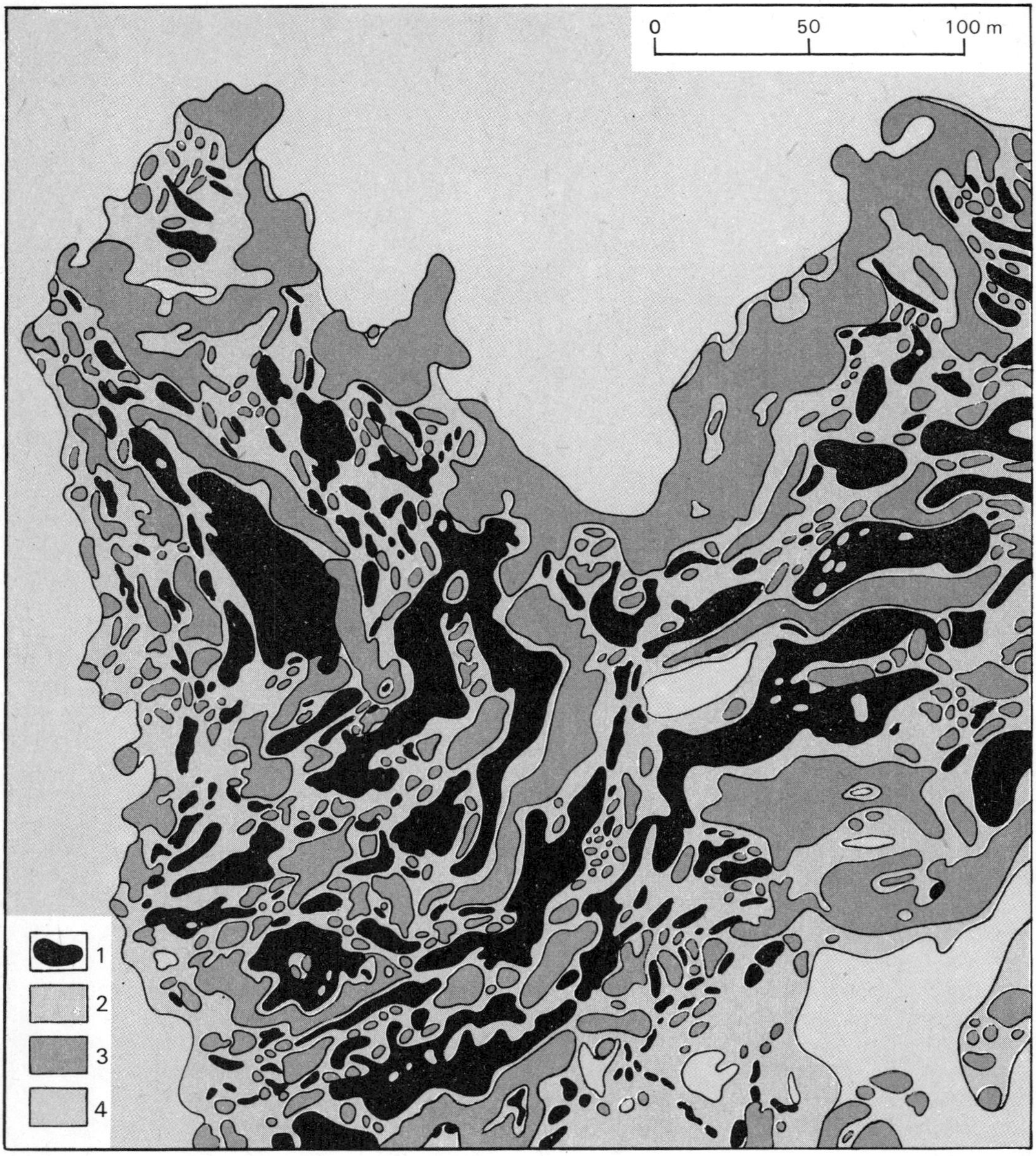

Vegetationskarte der nordwestlichen Hangpartie des Koppenplanmoores (nach K. Rudolph, F. Firbas u. H. Sigmond 1928)

1 Kolke, 2 Rasenbinsenmoor, 3 Bergkiefern-Moorgebüsch, 4 Borstgrasrasen auf Mineralboden

Die höhenparallele Anordnung der Moorstrukturen ist unverkennbar. Die Oberfläche des Moores neigt sich nach Süden (unterer Kartenrand)

sind zwar einige abgestorben und von Borstgrasrasen bewachsen. Der größte Teil jedoch ist keineswegs tot, besitzt also noch eine torfbildende Vegetation, wenn auch die Torfbildung wegen der kurzen Vegetationsperiode sehr gering ist. Bereits Rüster erkannte, daß sich die Kammoore des Riesengebirges wegen ihrer eigenartigen Oberflächenstrukturen grundlegend von allen anderen Mooren unterscheiden.

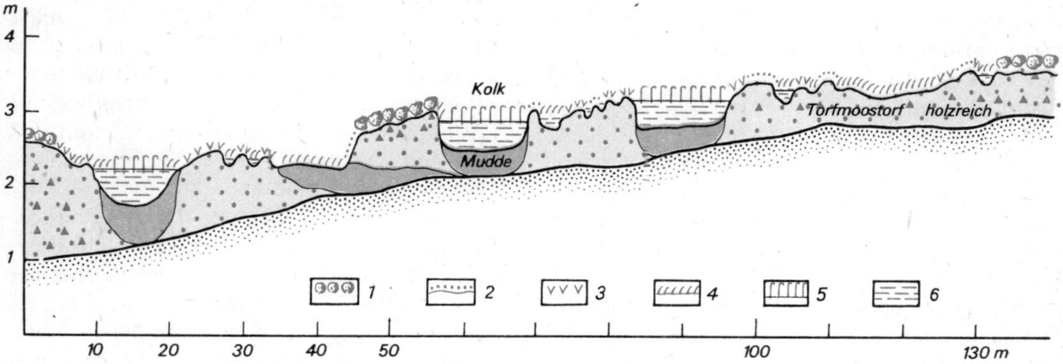

Vegetationsprofil durch das Koppenplanmoor (nach K. Rudolph, F. Firbas u. H. Sigmond 1928)

1 Bergkiefern-Moorgebüsche, 2 Sphagnum-russowii-Polytrichum-Bülten, 3 Rasenbinsenmoor, 4 Schlammseggenschlenke, 5 Schnabelseggenschlenke, 6 Kolk mit Drepanocladus und Sphagnum

Das schönste Moor ist zweifellos das Sattelmoor zwischen Sněžka (Schneekoppe) und der Bílá louka (Weißen Wiese). Da man die Bergkiefern im süddeutschen Raum als Koppen bezeichnet, ist es als Koppenplanmoor in die botanische Moorliteratur eingegangen. Die Bergkiefern bilden im Koppenplanmoor sehr auffällige, tischförmige Bestände. Das Höhennivellement und die sehr detaillierte Vegetationskarte von Franz Firbas und Hans Sigmond lassen die besonderen Züge dieses Moores klar hervortreten. Zuallererst fallen die treppenförmig angeordneten kolkartigen Flarke (Schlenken) und die mit der typischen Bergkiefer (*Pinus mugo* subsp. *pumilio*) bewachsenen, langgestreckten Bülten auf. Dazwischen schieben sich teppichartige Rasenbinsenmoorflächen mit eingesenkten Schlammseggenschlenken. Die trockensten Kuppen der Stränge besiedelt eine Flechten-Torfmoosgesellschaft.

Auf den Bergkiefern-Torfmoosbülten wächst die nordisch verbreitete Moltebeere *(Rubus chamaemorus)*. Im Rasenbinsenmoor sind neben dem häufigen *Sphagnum compactum* das hochnordische *Sphagnum lindbergii* und die ebenfalls nordisch-alpisch verbreitete Rieselsegge *(Carex paupercula)* anzutreffen. In den Schlammseggenschlenken stellt das nordisch-kontinental verbreitete Torfmoos *Sphagnum dusenii* einen wichtigen Torfbildner dar. Hier wurde auch die Kleinfrüchtige Moosbeere *(Oxycoccus microcarpus)* nachgewiesen, die sich ebenso in den hochnordisch-kontinentalen Charakter der Moore einfügt wie die Zwittrige Krähenbeere *(Empetrum hermaphroditum)*.

Im Nordwesten geht das Riesengebirge unmerklich in das niedrigere Isergebirge über, das hinsichtlich der Zahl seiner Moore zu den moorreichsten Mittelgebirgen gehört. So wurden allein oberhalb 750 m über NN 69 Torflager gezählt. Nach älteren Erkundungen soll die Moorfläche 565 ha betragen haben. Davon sind heute mindestens 350 ha von Fichtenwäldern bestanden, wie überhaupt alle Moore in der Fichtenwaldstufe liegen.

Die Moore des Isergebirges heißen seit alters »Knieholzwiesen« oder einfach nur »Wiesen«, wie die Velká Jizerská louka und Malá Jizerská louka (Große und Kleine Iserwiese). Alle Isergebirgsmoore sind Latschenmoore. Die Bergkiefern entsprechen den typischen Latschenformen des Riesengebirges (*Pinus mugo* subsp. *pumilio*); die Hakenkiefer hat diese beiden Gebirge offensichtlich nicht erreicht. Auf den nichtentwässerten Mooren wird das stark vernäßte Moorzentrum von der Bergkiefer ringförmig umgeben. Damit erinnern diese Moore an die sogenannten Kraterhochmoore der Alpen. Vom Mineralboden her dringen Fichten in die Randzonen der Moore vor, die für die Laggzonen und die rüllenartigen Entwässerungsbahnen charakteristisch sind.

An das Isergebirge schließt sich im Westen das Lausitzer Gebirge an, in dem es keine nennenswerten Moore gibt. Erst das Erzgebirge bietet mit seinen breiten Verebnungsflächen günstige Voraussetzungen für die Entwicklung vorwiegend durch Regenwasser ernährter Moore. Auf tschechischer Seite werden nicht weniger als 280 Torflager angegeben, auf DDR-Seite mögen es mindestens 50 Moore gewesen sein. Das Erzgebirge wurde früher und viel dichter besiedelt als z. B. der Böhmerwald, und es ist nur zu verständlich, daß man hier mehr Moore kultivierte als in anderen Gebirgen.

1897 gründete der in Wallern im Moldautal als Sohn eines Bauern geborene Hans Schreiber in Sebastiansberg eine Moorversuchsstation und hielt Kurse für »Moorbesitzer« ab. Es ging ihm um die Nutzbarmachung der Torfvorräte und die Kultivierung der abgetorften Moore; bereits 1892 war in Sebastiansberg die erste österreichische »Torfstreugenossenschaft« gegründet worden. 1913 verblieben von den 100 ha Moorland der Gemeinde Sebastiansberg nur noch 34 ha als »unberührtes Streutorfmoor«.

Die meisten Erzgebirgsmoore liegen zwischen 900 und 500 m über NN. Bei den Kammmooren handelt es sich z. T. um Sattelmoore, in tieferen Lagen überwiegen Hangmuldenmoore. Von den früher sehr viel häufigeren Talsohlenmooren sind nur ganz wenige erhalten geblieben. Die Physiognomie der Erzgebirgsmoore wird von den Moorformen der Bergkiefer *(Pinus mugo)* beherrscht. Doch nur die Kammoore besitzen in ihren zentralen Teilen nennenswerte locker von Kiefernkusseln bestandene Flächen. Es handelt sich vielfach um strangförmige Bültenflächen, die von Schlenkenzügen begrenzt sind. Die tiefer gelegenen Moore tragen ausnahmslos geschlossene Moorkieferndickichte.

Die bedeutendsten Kammoore sind der Kleine und der Große Kranichsee sowie einige Moore bei Boži Dar und Abertamy einschließlich des Moores Mrtvý rybnik (Bährischteichmoor). Die Kriegswiese bei Satzung (950 m über NN) liegt im Übergangsbereich zwischen Kammooren und den reinen Bergkiefernmooren.

Typische Spirkenmoore treffen wir nur in tieferen Lagen an, meist handelt es sich um Moore, die durch Entwässerung oder Torfgewinnung gestört wurden.

Der Große Kranichsee (37 ha), ein Sattelmoor auf der Wasserscheide zwischen Wilzsch und Rotava, liegt größtenteils auf tschechischem Territorium. Das Moor zeichnet sich durch mehr als 10 Kolke aus, die gruppenweise auf den höchsten Plateauflächen verteilt sind. Im Südteil des Moores schließt sich auf den stärker geneigten Flächen eine Zone mit gut entwickelten höhenparallelen Schlenkenzügen (Flarken) an. Entsprechend sind auch die Bergkiefern-Torfmoosbülten höhenparallel angeordnet. Max Kästner und Willy Flößner bezeichnen in ihrer grundlegenden Monographie der Erzgebirgsmoore diese Bildungen als von Kusselstreifen bewachsene Bruchstufen. Es dürfte jedoch kaum ein Zweifel darüber bestehen, daß wir es hier mit Oberflächenstrukturen zu tun haben, die den nordischen Kermimooren entsprechen.

In den Bergkiefern-Torfmoosbülten des Großen Kranichsees ist das braune *Sphagnum fuscum* die wichtigste torfbildende Art, aber auch die roten Torfmoose fehlen nicht vollständig. Außerdem sind Gemeine Krähenbeere *(Empetrum nigrum)*, Rauschbeere oder Trunkelbeere *(Vaccinium uliginosum)* und Heidekraut *(Calluna vulgaris)* neben Kusselformen der Bergkiefern wichtige Komponenten der Strauchschicht. In der Umrahmung der Schlenken bilden die Wenigblütige Segge *(Carex pauciflora)* und *Sphagnum tenellum* eine »Bültenfuß«-Gesellschaft, während in den Schlenken *Drepanocladus fluitans* und *Sphagnum cuspidatum* im Wasser schwebende Polster bilden, die von den Rhizomen der Schlammsegge *(Carex limosa)* durchsponnen sind.

Alle stärker entwässerten Moorflächen, z. B. der ganze Südteil des Moores, der von zwei tiefen Rüllen durchschnitten wird, sind von dichten »latschenförmigen« Bergkieferngebüschen bedeckt, in denen Blaubeere *(Vaccinium myrtillus)* und Preiselbeere *(Vaccinium vitis-idaea)* regelmäßige Begleiter darstellen. Dennoch können Torfmoose mehr als 50% des Bodens bedecken, wobei *Sphagnum recurvum* eine große Rolle spielt. Die Torfbildung ist also noch nicht ganz zum Stillstand gekommen. Im Gegensatz zum Isergebirge und Riesengebirge sind die Bergkiefern des Erzgebirges Nachkommen der Kreuzungsprodukte von Hakenkiefer und typischer Bergkiefer. Wir finden sie auf den Mooren des Böhmerwaldes, des Bayerischen Waldes, des Schwarzwaldes bis zum Schweizer Jura und im westlichen Voralpengebiet.

Das besterhaltene Kammoor des Erzgebirges ist der Kleine Kranichsee (30 ha). Die Oberfläche des Moores gliedert sich ebenfalls in höhenparallele Schlenkenzüge und strangförmige Bülten, ebenso entspricht das Mosaik der Vegetationsformen vollkommen dem des Großen Kranichsees.

Das schönste Spirkenmoor des Erzgebirges stellt die Mothäuser Heide (143 ha) dar. Die Spirken konnten hier erst aufwachsen, nachdem das Moor auf Betreiben der sächsischen Forstverwaltung zwischen 1818 und 1858 entwässert worden war.

Eines der bemerkenswertesten Moore Europas ist das Sooser Moor, im Becken von Cheb zwischen Erzgebirge und Slavkovský Les (Kaiserwald) gelegen. Es füllt eine flache, mit tertiären Sanden und Tonen ausgekleidete Mulde und wurde wegen seiner Kieselgur und seines Restvulkanismus weltberühmt. Am Ende der letzten Kaltzeit sammelten sich in der Mulde Niederschlags- und Quellwasser, so daß sich ganz gewöhnliche Röhricht- und Riedtorfe bilden konnten. Die Seggentorfschicht erreichte eine Stärke von einem Meter; dann muß eine starke Quelle die Torfschicht durchbrochen haben, denn es entstand ein Teich. In dem mineralreichen Quellwasser des Teiches kam es zur Massenentfaltung von Kieselalgen (Diatomeen), deren unverweste Schalenreste als Kieselgur abgelagert wurden. Das Moor war inzwischen als Durchströmungsmoor weiter gewachsen, ebenso hatte der Teich seine Ufer erhöht. Die Ablagerung der Kieselgur ging jedoch wesentlich schneller vonstatten, so daß der Teich schließlich vollständig gefüllt war.

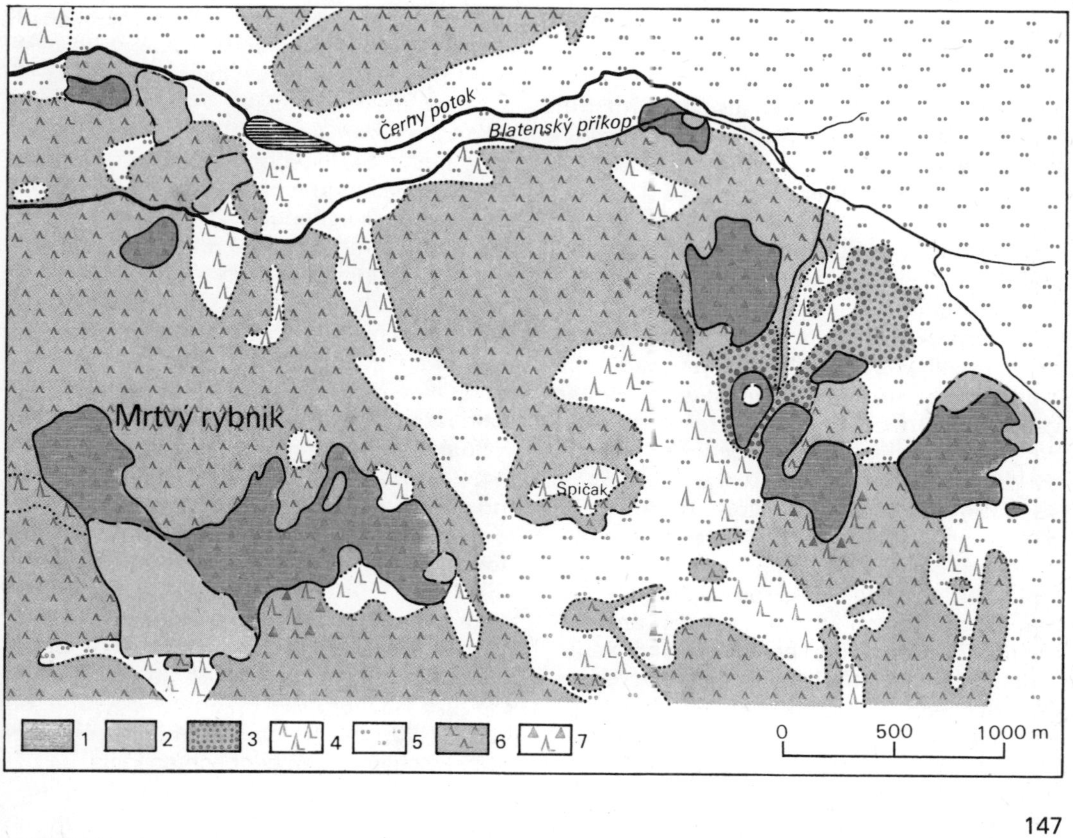

Die Moore von Boži Dar (Erzgebirge) (nach Z. Smolová und Mitarbeiter 1978)

1 Bergkiefern-Regenmoore, 2 abgetorfte Moorflächen, 3 Bergkiefern auf ehemaligen Moorflächen, 4 Fichten (meist auf früheren Moorflächen), 5 Wiesen, z. T. auf ehemaligen Moorstandorten, 6 Fichtenwald, 7 Fichtenwald mit Bergkiefern

Aus dem mäßig nährstoffreichen Seggenmoor entstand ein saures Zwischenmoor, auf dem ein Bergkiefern-Moorwald stockte. Das fortwährend in der Mitte des ehemaligen Quelltümpels austretende Mineralwasser ermöglichte die weitere Vermehrung der Kieselalgen, deren Schalen sich, eine schildförmige Quellkuppe bildend, ablagerten. Auf der Kuppe des Kieselgurschildes tritt noch heute eine Quelle aus, deren Wasser eine Temperatur von 18,4°C aufweist und die damit zu den Thermalquellen gehört.

Das Wachstum des Bergkiefernmoores hat im wesentlichen mit der Ablagerung von Kieselgur Schritt gehalten. Es wurde zweifellos auch durch die Mineralquelle gefördert. Im Moor stach man bereits im vergangenen Jahrhundert Torf, so daß sich die ursprüngliche Oberfläche vollständig veränderte. Heute besteht die Pflanzendecke im wesentlichen aus Torfmoos-Wollgras-Gesellschaften und Moorwaldstadien. Auf dem Kieselgurschild hat sich eine interessante Halophytenvegetation eingefunden, die teilweise sogar auf ehemals bewaldeten Flächen wächst. In Trockenperioden kommt es auf dem nackten Kieselgurschild zur Auskristallisierung verschiedener Salze, und es entstehen interessante Farbmuster. Das Wasser der Mineralquelle ist stark kohlensäurehaltig, so daß es zum Austritt freier Kohlensäure kommt. Diese Austrittsstellen (Mofetten) sind über den ganzen Kieselgurschild verteilt. Das Sooser Moor ist als Kombination eines »Mineralmoores« mit einem Kieselgurschild und einem sauren, nährstoffarmen Durchströmungsmoor ein Naturdenkmal von internationalem Rang.

Im Dreieck der Bäder Karlovy Vary (Karlsbad), Františkovy Lázně (Franzensbad) und Mariánské Lázně (Marienbad) liegen in Höhen von über 600 m über NN mehrere interessante Bergkiefernmoore. Auf dem Moor Krásno bildet die Bergkiefer nur sehr lockere Gebüsche, so daß Torfmoosbülten vorherrschen. Die Moore um Prameny sind dagegen weitgehend von Spirken bewachsen, die hier einen typischen Bergkiefern-Moorwald bilden. Eines der schönsten Moore trägt den bezeichnenden Namen Taiga, es gehört zum Naturschutzgebiet Kladské rašeliny. Alle diese Moore haben sich in Quellmulden entwickelt und sind heute vorwiegend Durchströmungsmoore. Eigenständige Regenmoorkalotten konnten sich, wenn überhaupt, nur kleinflächig ausbilden. Das Moor Taiga darf mithin als Prototyp der vorwiegend durch Mineralbodenwasser ernährten böhmischen Waldhochmoore gelten. Zu seinen floristischen Besonderheiten zählt auch der Sumpfporst *(Ledum palustre)*, die Charakterpflanze dieser Waldhochmoore.

Im angrenzenden Böhmerwald (Šumava) zählte Hans Schreiber 1923 351 Torflager mit einer Fläche von mehr als 5000 ha. Das größte und am besten erhaltene Moor des ganzen Böhmerwaldes ist die Mrtvý luh (Tote Au) im Tal der Vltava (Moldau), nur wenige Kilometer oberhalb des Stausees von Lipno gelegen.

Die Mrtvý luh ist mit 320 ha das zweitgrößte geschützte Moor in der ČSSR. Nur wenige Kilometer nordwestlich der Mrtvý luh befindet sich das Moor Borová lada, das sich durch eine zentrale Blänke auszeichnet, die an der höchsten Stelle des kuppelförmig aufgewölbten Moores liegt. Die Blänke ist von einem Schwingmoorsaum umgeben, der auf einen gestörten Wasserhaushalt hinweist. Teile des Moores wurden abgebaut, die damit verbundenen Entwässerungsmaßnahmen wirkten sich bis in das Moorzentrum aus. Die noch intakten Moorflächen sind von einem Bergkiefern-Moorgebüsch bewachsen.

Zum Einzugsgebiet der Vltava gehört teilweise auch das Jezerni slát (120 ha), das bedeutendste Sattelmoor des Böhmerwaldes. Es ist vollständig von dichten Bergkiefern-Moorgebüschen bedeckt. Die nassen Randzonen sind z.T. noch gut erhalten. Am Südrand des Moores befinden sich größere Bestände der Zwergbirke *(Betula nana)*. Etwa ein Drittel des Moores ist durch frühere Kultivierungsversuche und Torfabbau gestört.

Nur in den Hochlagenmooren des Böhmerwaldes, umgeben von den dichten Fichtenwäldern an den Hängen des Großen Rachel (1452 m über NN), finden wir typische Regenmoorkolke und gut entwickelte höhenparallele Schlenkenzüge. Das Rokytecká slát ist das höchstgelegene Moor des Böhmerwaldes (1073 bis 1110 m über NN). Auf den ebeneren Plateauflächen sind mehr als 60 Kolke gezählt worden. Das Rasenbinsen-Torfmoosmoor besiedelt im Gebiet der Kolke und Schlenken größere Flächen. Die Niederschläge sind so hoch (1400 mm jährlich), daß man bereits Erosionserscheinungen beobachten kann.

Bei den Hochlagenmooren handelt es sich in der Regel um Hangmuldenmoore; eine Ausnahme macht das Moor Třijezerni slát, das sich aus einem Hangmuldenmoor zu einem Sattelmoor entwickelt hat. Es besitzt eine Reihe schöner Kolke und flarkartiger Schlenken. Bergkiefern-Torfmoosbülten und Bergkiefern-Moorgebüsche nehmen die trockneren Moorflächen ein.

Der Böhmerwald und die Böhmisch-Mährische Höhe schließen das Becken von Třeboň (Wittingau) ein, das die ausgedehntesten Torfmoosmoore der ČSSR beherbergt. Schon Anton Kerner erwähnte 1863 diese Moore in seinem berühmten Werk »Das Pflanzenleben der Donauländer«. Er schreibt: »Es greift dort ein kleines Stück des böhmischen Wittingauer Tertiärbeckens auf österreichischen Boden herüber, und gerade an der östlichen Seite dieses Beckens ziehen sich in einer Länge von 4 Meilen von Gmünd in Österreich bis Platz in Böhmen ausgedehnte sumpfige Wälder und Hochmoore hin, welche man dort mit dem Namen »Moose« bezeichnet. Ein für das Wasser undurchdringlicher Tonboden, auf welchem hie und da auch grober Quarzsand lagert, bildet das geognostische Substrat dieser »Moose« und über ihm folgt eine von wenigen Zollen bis zu zwei Fuß Mächtigkeit schwankende Schicht von Torf, in welcher sonderbarerweise ganz kräftiges hochstämmiges Nadelholz gedeiht.« Und der Autor führt weiter aus: »Es ist nicht unwahrscheinlich, daß diese Wälder mit torfigem Untergrund als erste Anfänge von Hochmooren anzusehen sind.« Die Regenmoore haben hier tatsächlich die Grenze ihrer Verbreitung erreicht. Diese Moore sind größtenteils als Versumpfungs- und Durchströmungsmoore gewachsen; es handelt sich um typische, von Sumpfporst-Bergkiefern-Moorwäldern bedeckte »Waldhochmoore«, wobei die Bergkiefern als Spirken beachtliche Höhen erreichen können.

Das größte Moor des Třeboňer Beckens, das Borovická blata, nimmt 800 ha ein; es wird von der Torfindustrie und der Landwirtschaft genutzt. Der größte geschützte Moorkomplex der Tschechoslowakei ist das Červené blato (331 ha). Kürzlich wurde hier das erste Biosphärenreservat der ČSSR eingerichtet.

Eine waldreiche Granitplatte mit Niederschlägen von 600 bis 800 mm jährlich ist die Böhmisch-Mährische Höhe. Die Feuchtigkeit reicht hier gerade für die Entwicklung schwach aufgewölbter Regenmoore aus. Das größte Torflager (145 ha) ist das Moor Padrtiny im Naturschutzgebiet Dářko. Das Zentrum des Moores wird jedoch bereits vollständig von einem Bergkiefern-Moorwald eingenommen, der weitgehend unter dem Einfluß von Mineralbodenwasser stehen dürfte. Bergkiefern-Torfmoosbülten sind nur in der vernäßten Randzone beobachtet worden. Bei den Bergkiefern handelt es sich um Spirken, deren Bestand relativ locker und niedrig ist. Von hier gelangte die Spirke wahrscheinlich auf Moore im polnischen Bergland von Kłodzko und im Hrubý Jesenik (Hohes Gesenke).

Aus diesem Gebiet ist das Moor Torfowisko pod Zielencem südlich Kłodzko zu erwähnen, ein deutlich aufgewölbtes, vollwüchsiges Regenmoor mit 5 sehr schönen Kolken, von denen der tiefste 10 m erreichen soll. Die zentrale Moorfläche wird noch vollständig von den Bergkiefern-Torfmoosbülten beherrscht, die Bergkiefer bleibt meist kusselförmig. Die Torfmoose *Sphagnum papillosum* und *Sphagnum tenellum* weisen auf beste Wuchsbedingungen hin. Auf den stärker geneigten Flächen ist sogar eine höhenparallele Orientierung von Schlenken und Bülten zu erkennen.

Das Moor Rejviz im Hrubý Jesenik wurde vor allem durch die Studie von Fritz Geßner über die beiden Moorblänken als »Moosebruch« bekannt. Bis auf die Blänken ist das Moor (226 ha) weitgehend mit Spirken bewachsen, die stellenweise noch sehr locker stehen und kaum höher als 3 m sind. Es ist das östlichste Spirkenmoor überhaupt und deshalb ein wertvolles Naturdenkmal.

Nachdem wir eine Reihe bedeutender Moore in der Umrahmung des Böhmischen Bekkens kennengelernt haben, wollen wir einige charakteristische Moorlandschaften des Schwarzwaldes etwas näher betrachten.

Als zweithöchstes Mittelgebirge im Herzen Europas besitzt der Schwarzwald keine subalpine Krummholzstufe und deshalb auch keine Moorbildungen, die den subalpinen Mooren des Riesengebirges entsprechen. Alle Schwarzwaldmoore liegen in der montanen Waldstufe. Im südlichen Schwarzwald treten sie gehäuft in den Karmulden des Feldberggebietes auf; es sind vor allem Verlandungsmoore an den Ufern der Karseen, wie die Moore am Titisee, das Moor am Ursee bei Lenz-

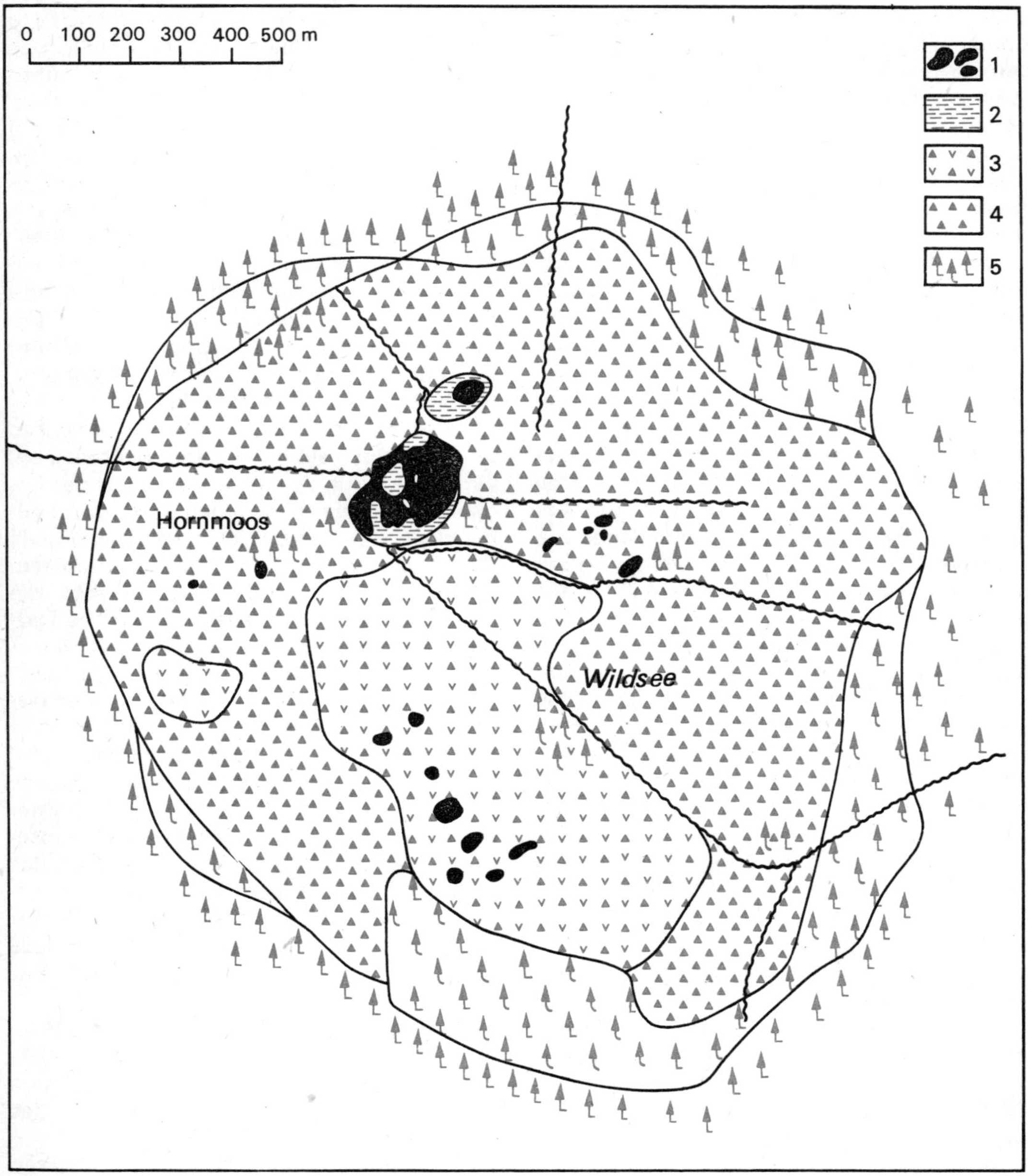

Vegetationskarte des Wildsees bei Kaltenbronn im Schwarzwald (nach K. Müller 1941)

1 Kolke, 2 Torfmoosschlenken und Schwingmoor, 3 Bergkiefern-Torfmoosbülten, 4 Bergkiefern-Moorgebüsche, 5 Spirkenmoorwald, teilweise mit Fichten durchsetzt, die in die Randbereiche des allseitig aufgewölbten Moores eingewandert sind.

kirch oder das Moor unterhalb des Feldsees. Das größte Verlandungsmoor des Schwarzwaldes, das Schwingmoor am Hutzenbacher See, befindet sich jedoch im nördlichen Schwarzwald. Diese Moore werden im wesentlichen aus Torfmoos-Seggenrieden aufgebaut.

Der nördliche Schwarzwald beherbergt nicht nur das größte Verlandungsmoor, sondern auch die größten Regenmoore dieses Gebirges, den Wildsee bei Kaltenbronn und den Hohlohsee mit Breitlohmisse. Beide Moore liegen in flachen Buntsandsteinmulden in Höhen von 900 m über NN. Es sind aufgewölbte Bergkiefernmoore mit zahlreichen Kolken und schönen Blänken. Das größte Moor, der Wildsee bei Kaltenbronn (200 ha), soll hier etwas ausführlicher vorgestellt werden.

Nach alten Berichten war das Moor noch vor 250 Jahren waldfrei, man konnte »nur hier und da, gleichsam einen Gipfel von einem Tannenbaum« sehen. Das Moor muß ursprünglich gänzlich von den Bergkiefern-Torfmoosbülten gebildet worden sein, wobei die Bergkiefernkusseln sehr niedrig blieben. Jedoch schon 1837 wuchs ein uralter Legföhrenbestand auf dem Moor. Nach 100 Jahren waren, verursacht durch Wasserableitungen, die Bergkiefern-Torfmoosbülten großflächig von Bergkiefern-Moorgebüschen und Moorwäldern abgelöst. Heute bestimmen »Latschendickichte« den Charakter des Moores.

Landschaftliche Höhepunkte sind zwei Moorblänken, der Wildsee (2,3 ha) und der etwas kleinere Hornsee. Um 1780 wurden sie erstmals angezapft, um Wasser zum Holzflößen zu gewinnen. Nach jedem Flößen soll das Wasser um mehr als ein Meter gefallen sein. 1831 waren die Abzugsgräben schon ziemlich verwachsen, es gab kein Holz mehr zum Flößen. Die eindrucksvollen Schwingmoorbildungen am Wildsee und Hornsee sind erst nach den Wasserableitungen im 18. Jahrhundert entstanden. Im Bereich der zentralen Regenmoorkalotte mit dem geringsten Wasserentzug durch die alten Entwässerungsgräben haben sich noch Bergkiefern-Torfmoosbülten mit *Sphagnum magellanicum, Sphagnum rubellum, Sphagnum fuscum, Sphagnum tenellum* und *Sphagnum recurvum* halten können. Die Bergkiefernkusseln sind teilweise sehr alt. Karl Müller, der sich um die Rettung des Moores sehr verdient gemacht hat, zählte an einem 20 cm hohen Stämmchen nicht weniger als 90 Jahresringe. Zum Rande des Moores gehen die Bergkiefern-Moorgebüsche in einen hochwüchsigen Spirkenwald mit bis zu 350 Jahre alten Bäumen über.

Neben diesen alten, oft Missen genannten Mooren gibt es im Nordschwarzwald die als Grinden bezeichneten Moorbildungen – Borstgrasheiden und Hangvermoorungen, die sich erst nach den mittelalterlichen Rodungen entwickelt haben. Sie stellen gewissermaßen eine Parallelerscheinung zu den jungen Heidemooren des mitteleuropäischen Tieflandes dar. Das bekannteste Grindenmoor ist die Hornisgrinde (30 ha), deren wichtigste Vegetationsform die Rasenbinsen-Feuchtheide mit dem Torfmoos *Sphagnum compactum* darstellt. Auch Bergkiefernkusseln und Rauschbeeren *(Vaccinium uliginosum)* fehlen nicht. Die Torfmächtigkeit ist bei diesen Grinden oft so gering, daß man von Anmooren sprechen muß.

Moore des Alpenvorlandes

Außerhalb der Regenmoorinseln der mitteleuropäischen Mittelgebirge finden wir in der Regel nur kleinflächige Torflager. Es handelt sich meist um Bruchwälder oder seltener waldfreie Quellmoore oder ganz junge Versumpfungsmoore. Erst in der Oberrheinischen Tiefebene und im Alpenvorland ändern sich die Verhältnisse grundlegend. Aus dem Raum des Alpenvorlandes wollen wir uns zunächst mit dem Schicksal der großen Talmoore zwischen Donau und Isar beschäftigen, ehe wir uns anschließend den Mooren des eiszeitlich geformten Alpenvorlandes zuwenden.

Im Tal der Donau und in den Tälern und Bekken des tertiären Hügellandes südlich der Donau waren Moore einst ein landschaftsbestimmendes Element. Das westlichste größere Moor im Donautal ist das schwäbische Donau-Moos, öfter auch als Donau-Ried bezeichnet. Das 24 000 ha große Moor beginnt dort, wo die Donau östlich von Ulm an die Schwäbische Alb herantritt. Sein Torfkörper liegt auf den Schottern der Niederterrasse. Nachdem die Donau in der Nacheiszeit ihr Bett vertiefte und die Niederterrasse nicht mehr überflutet wurde, konnte hier ein großes Durchströmungsmoor entstehen, das hauptsächlich durch Karstquellen am Rande der Schwäbischen Alb ernährt wird. Seit der Mittleren Wärmezeit wuchsen Schilf- und Seggentorfe, die im Zentrum bis zu 5 m mächtig sind, und am nördlichen Moorrand kam es zur Ablagerung von Quellkalken.

Die ursprüngliche Vegetation des Moores setzte sich demnach aus Braunmoos-Seggenrieden und Kalkquellmoor-Gesellschaften zusammen. Zur Donau hin geht das Moor in Erlen-Eschenwälder der Aue über. Bereits 1802 war die Kultivierung dieses gewaltigen Durchströmungsmoores weitgehend abgeschlossen. Nur im zentralen Teil, der übrigens seit alters als Moos bezeichnet wurde, existieren in ehemaligen Torfstichen noch Reste einer naturnahen Vegetation.

Folgen wir dem Lauf der Donau flußabwärts, so gelangen wir südlich Neuburg in das bayerische Donau-Moos, einst mit 25000 ha das größte Moor an der Donau. Es liegt in einem jungpleistozänen Senkungsgebiet am Südrand des Donautales. Am Ende der letzten Eiszeit wurde die Senke mit den Schottern der Niederterrasse der Donau aufgefüllt und vermoorte anschließend. Von Süden und Westen versorgten kalkreiche Bäche und Quellen die Braunmoos-Seggenriede und Kalkquellmoor-Gesellschaften des wachsenden Durchströmungsmoores mit Wasser. Nach 1871 wurde das Moor entwässert und besiedelt. Heute hat es seinen Moorcharakter vollständig eingebüßt.

Zwischen Amper und Semt erstreckt sich zu beiden Seiten der Isar die sogenannte Münchener Schiefe Ebene, ein riesiges Schotterfeld, dem Moränengürtel der Alpengletscher vorgelagert. Diese Ebene ist in Mulden gegliedert und wird von ergiebigen Grundwasserströmen durchflossen. Hier konnten sich auf größeren Flächen in der Nacheiszeit Durchströmungsmoore ausbreiten, die an Größe den Donaumooren nur wenig nachstehen; so bedecken das Dachauer Moor und das Erdinger Moor Flächen von etwa 20000 ha.

Das Dachauer Moor ist in den 20er Jahren von der Botanikerin Selma Ruoff vor seiner totalen Melioration erforscht worden. Eingriffe in den Wasserhaushalt waren auch hier schon sehr früh erfolgt. Bereits 1625 wurde der erste Graben gezogen, der Wasser aus dem Moor ableitete. Damit begann die Umwandlung der Braunmoos-Seggenriede in Kopfbinsenriede und schließlich in Pfeifengraswiesen. Gleichzeitig konnten auf den trockner werdenden Flächen Kiefern und Birken Fuß fassen, und es deuteten sich erste Versauerungen an. Aus dem Basen-Zwischenmoor wurde mit nachlassender Wasserversorgung ein saures Zwischenmoor mit Wollgräsern und Torfmoosen. Heute ist das Moor vollständig kultiviert. Zu seinen geologischen Besonderheiten zählen ebenfalls Quellkalke, die als Kalktuff- und Almbänke bis zu einem Meter Stärke in die Torfe eingelagert sind. Sie wurden hier in Quellkolken ausgeschieden.

Auch wenn die großen Talmoore an Donau und Isar heute keine lebenden Moore mehr sind, so sollten sie dennoch genannt werden. Ihre Entstehung, ihr Aufbau und ihre Umwandlung entsprechen doch in überraschender Weise den Grundzügen der bereits behandelten Durchströmungsmoore im mitteleuropäischen Tiefland.

Das moorreichste Gebiet im südlichen Mitteleuropa ist das durch eiszeitliche Gletscher geformte Alpenvorland. Die tiefen, von Gletschern ausgeschürften Mulden und Wannen sowie die durch das unter den Moränen vergrabene und später getaute Eis (Toteis) verursachten Kessel und Becken boten schier unübersehbare Möglichkeiten für die Bildung von Mooren. Die hohen Niederschläge, die im Trauf der Alpen 1800 mm jährlich erreichen können, bewirkten, daß überall dort, wo das Moor aus dem Grundwasserspiegel hinausgewachsen war, d.h., wo der Nachschub von Zulaufwasser aus der Umgebung nachließ, Regenmoorkalotten aufwachsen konnten. So finden wir nahezu alle möglichen hydrologischen Moorformen: Verlandungsmoore entstanden an den großen Voralpenseen, Kesselmoore in zahllosen Toteishohlformen und Durchströmungsmoore, meist gesäumt von Quellmooren, in den von den Gletschern ausgeschürften Mulden und Becken.

Die Moorgebiete des Alpenvorlandes können zwanglos entsprechend den Moränen der großen Alpengletscher gegliedert werden. Im Westen nehmen die Moränen des Rheingletschers mit dem Bodensee den größten Raum ein. Nach Osten schließt sich das Gebiet der Iller-Lech-Wertach-Moränen an. Es folgen schließlich die Moränenlandschaften der Ammer-, Würm- und Isargletscher. Den Abschluß bilden im Osten die Moränenlandschaften des Salzachgletschers.

Sehen wir uns zuerst die Moore am Bodensee an, die zu den bemerkenswertesten Moorbildungen des schwäbischen Alpenvorlandes gehören. Da erstreckt sich das Wollmatinger Ried am Untersee zwischen Hegne und der

Grenze bei Konstanz auf einer Länge von 5,5 km und einer Breite von 300 bis 1500 m. Die Ufer des Untersees bestehen hier aus den sogenannten Schnegglisanden, zentimetergroßen Kalkknollen, in denen sich oft Reste von Schneckengehäusen befinden. Die Kalkschichten auf den Schneckengehäusen wurden von Blaualgen abgesondert. An der Wasserlinie hat der See aus den Schnegglisanden Strandwälle aufgeworfen, die als natürliche Uferwälle das Abfließen des sommerlichen Hochwassers verzögern und die Vermoorung begünstigen. Die so entstehenden Moore sind demzufolge keine typischen Verlandungsmoore, sondern sie entsprechen vielmehr Überflutungsmooren.

Unter dem Einfluß einer jahrhundertealten Streunutzung hat sich eine charakteristische Riedvegetation herausgebildet. Die wichtigsten Vegetationsformen sind Röhrichte und Steifseggenriede. Landwärts schließen sich Pfeifengraswiesen mit Massenbeständen der Sibirischen Schwertlilie *(Iris sibirica)* an. Die größte Kostbarkeit des Wollmatinger Riedes ist die Sumpfsiegwurz *(Gladiolus palustris)*, die vornehmlich in den Pfeifengraswiesen wächst. In das Vegetationsmosaik von Steifseggenrieden und Pfeifengraswiesen gehören auch Kopfriedbestände mit Mehlprimel *(Primula farinosa)* und Herbstwendelorchis *(Spiranthes spiralis)*.

Die Erhaltung der an diesem Standort halbnatürlichen Vegetationsformen, die hier von Natur aus nur relativ kurzlebige Stadien bilden würden, ist an eine Mahd gebunden. Sie verhindert eine Verbuschung und Bewaldung.

Das bedeutendste Verlandungsmoor Schwabens, der Federsee, liegt eingebettet in die Endmoränen der vorletzten Eiszeit, die im Alpenraum als Rißeiszeit bezeichnet wird. Über viele Jahrtausende war die Verlandung des Seebeckens, also das Zuwachsen des Sees, von den Rändern her unbedeutend. Erst als der Seespiegel zum Ende der Mittleren Wärmezeit und in der Nachwärmezeit absank, bildeten sich über den kalkigen Lebermudden kilometerbreite Schwingmoore, hauptsächlich aus den Torfen der Blasenbinse *(Scheuchzeria palustris)* bestehend. Auf diesem Schwingmoor legten jungeiszeitliche Siedler ihre Behausungen an. In der Nachwärmezeit wuchs auf dem Schwingmoor in der großen Südbucht des Seebeckens ein Regenmoor auf, ohne daß der Restsee weiter verlandete. Noch im 18. Jahrhundert hatte dieser Restsee eine Größe von mehr als 1000 ha. Dann erfolgten künstliche Seespiegelabsenkungen und lösten eine schnell fortschreitende Verlandung aus, so daß die Wasserfläche heute kaum 250 ha beträgt. In dem jetzt sehr flachen See entstehen immer neue Röhrichtinseln, die zu Röhrichtgürteln zusammenwachsen. An das Röhricht schließen sich Seggenriede an, und diese gehen in Feuchtwiesen über. Seggenriede und Kopfbinsenriede verdanken auch hier ihre einst weite Verbreitung der früher üblichen Streunutzung.

Ähnlich dem Federsee liegt auch das Wurzacher Ried in einem weiten rißeiszeitlichen Zungenbecken des Rheingletschers. Hier begann das Moor ebenfalls seine Entwicklung als Verlandungsmoor. Der Wurzacher See war jedoch flacher und verlandete deshalb schneller als der Federsee. Wahrscheinlich schon am Ende der Späten Wärmezeit war das ganze Seebecken von dem Verlandungsmoor ausgefüllt, das nun, ernährt durch Quellen an seinem Rande, als Durchströmungsmoor weiterwuchs. Die Quellschüttung war an einigen Stellen so stark, daß sich im wachsenden Moor Quelltöpfe und Quellkolke bildeten. Sie gehören zu den interessantesten Erscheinungen des Wurzacher Riedes.

In den weniger stark durch kalkreiches Quellwasser beeinflußten Moorteilen konnten vornehmlich in der Nachwärmezeit Regenmoorschilde aufwachsen. Sie erreichten mit über 400 ha beachtliche Größen. Die Regenmoorkalotte des Haidgauer Riedes wird sogar als das größte und am besten erhaltene Regenmoor Mitteleuropas bezeichnet. Es ist ein typisches Bergkiefernmoor mit ebener und größtenteils von Bergkiefern-Torfmoosbülten bewachsener Oberfläche. Zum Rande hin werden die Bergkiefern größer und bilden schließlich Spirken-Moorwälder.

Nicht minder wertvoll sind die Basen-Zwischenmoore mit Braunmoos-Seggenrieden und der seltenen Fadenwurzligen Segge *(Carex chordorrhiza)*. Sie wurden lange Zeit auch als Streuwiesen genutzt. Das gleiche gilt für die Davallseggenriede und Kopfbinsenriede der stärker quelligen Moorstandorte.

Bevor die großen Alpengletscher aus ihren engen Tälern herausflossen, schürften sie besonders tiefe Becken aus. Diese durch Glet-

Die Verlandungsetappen des Federsees (nach Karl Bertsch 1928 und 1950 und Lore Kuhn 1961)

1 Rand des Mineralbodens, 2 Regenmoorkalotten (ursprüngliche Ausdehnung nicht mehr rekonstruierbar)

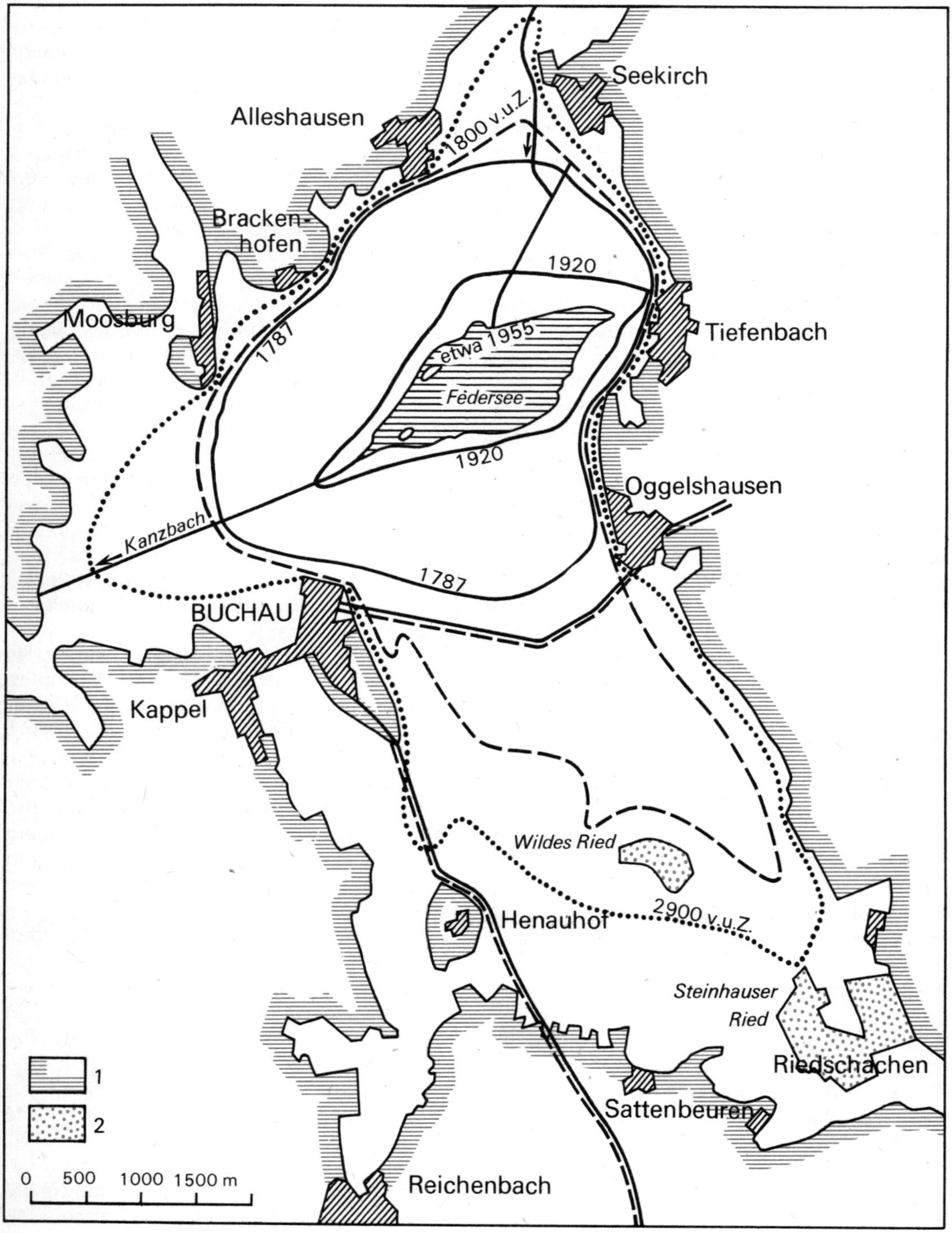

Vegetationskarte des Murnauer Moores (nach G. Kaule 1974)

1 Kolke und Gräben, 2 schilfreiche Großseggenriede, 3 Bestände der Binsenschneide, 4 Davallseggenriede, 5 Krummoos-Seggenriede (Übergangsmoor), 6 Bergkiefernmoore (Armmoore), 7 Spirken, 8 Fichten, 9 Wirtschaftsgrünland, 10 Durchragungen

schererosion entstandenen Becken am Alpenrand werden nach Albrecht Penck, dem Erforscher der alpinen Vereisungen, als Stammbecken bezeichnet. Im Gebiet der Inn- und Chiemseegletscher sind diese Stammbecken nach Norden weit geöffnet, während sie im Gebiet der Ammer- und Loisachgletscher durch parallel zum Alpenrand verlaufende

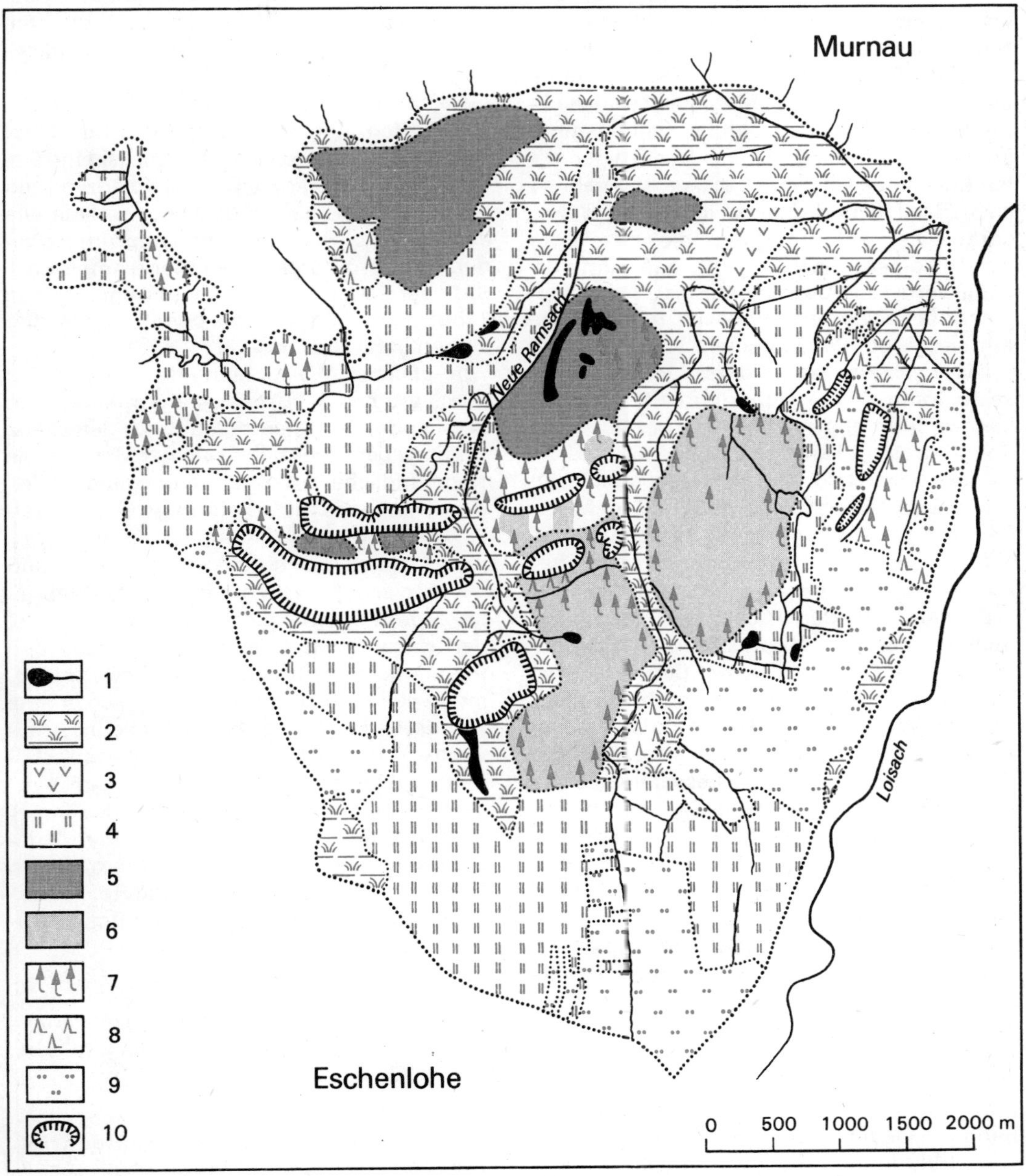

Molasseriegel »abgeriegelt« wurden. Man spricht dann von Stammtrichtern. Hier, in diesen Stammtrichtern, finden wir die größten Moore im Alpenraum. Besonders der Murnauer Stammtrichter und der Kochelsee-Stammtrichter sind von mächtigen Mooren erfüllt. Wir wollen uns nun einen Überblick über die Eigenheiten des Murnauer Moores verschaffen.

Das Moor wird im Westen und Osten von voralpinen Flyschbergen eingeschlossen. Im Norden versperrte ein Molasseriegel den Ausgang des Tales. Dennoch hat hier wohl kaum ein See bestanden; das Moor wuchs auf einer Fläche von 2300 ha als Durchströmungsmoor auf der sandig-tonigen, nach Norden geneigten Ebene des Gletscherbeckens, aus zahlreichen Bächen und Quellen mit Wasser versorgt. Die Wassermassen, die das Moor durchströmen, sind so groß, daß sein Fassungsvermögen überschritten ist. Dem Moor entspringen Quellen und Bäche, und es bildeten sich Moorblänken sowie Kolke. Diesem Wasserreichtum verdankt das Moor bis heute seine weitgehende Unberührtheit. Bei einer Längserstreckung von 8 km liegt der Nordrand des Moores um 13 m tiefer als der Südrand. Im Norden bewirkt der Molasseriegel offensichtlich einen Wasserstau, so daß größere Moorflächen schwingmoorartig aufschwimmen können. Hier findet man den treffenden Flurnamen »Kühwampen«.

Zu den charakteristischen Vegetationsformen des Murnauer Moores gehört das Davallseggenried. Die Davallsegge *(Carex davalliana)*, ursprünglich in den Quellsümpfen oberhalb der Waldgrenze zu Hause, konnte auf jenen kalkreichen Quellmooren unterhalb der Waldgrenze große Flächen besiedeln, die seit Jahrhunderten zur Streugewinnung gemäht wurden. Gleiches gilt für das Mehlprimel-Kopfbinsenried, das im Murnauer Moor ähnlich verbreitet ist wie die Riedflächen mit der Davallsegge.

In den vom oberen Moorrand weiter entfernten Flächen ist das Moorwasser bereits stärker an Nährstoffen und Kalk verarmt, so daß hier schwach basische bis schwach saure Zwischenmoore entwickelt sind. Vorherrschende Vegetationsformen stellen Krummmoos-Seggenriede und bültige Braunmoos-Seggenriede dar. In der Umgebung der Quellkolke treffen wir Schneidenröhrichte mit dem Skorpionsmoos *(Scorpidium scorpidioides)* und andere moosreiche Vegetationsformen der Zwischenmoore an.

Im Bereich lokaler Wasserscheiden konnten auf dem Durchströmungsmoor mehrere Regenmoorkalotten aufwachsen, wie das Schwarze Seefilz und das Ohlstädter Filz. Es sind die uns aus dem Alpenvorland bereits vertrauten Bergkiefernmoore. Im Zentrum dominieren Bergkiefern-Torfmoosbülten, wobei die Kiefernkusseln 0,5 bis 1 m hoch werden, während das Randgehänge von Spirken-Moorwäldern bewachsen ist.

Die Streuwiesen des Murnauer Moores sind seit Jahren aufgelassen, und das Schilf hat sich stark ausbreiten können. Das ist eine Gefahr für konkurrenzschwache Pflanzenarten der Pfeifengraswiesen und Seggenriede wie das Karlszepter *(Pedicularis sceptrum-carolinum)*. Als größter lebender Moorkomplex der BRD verdiente das Moor wohl endlich den Schutz, den Helmut Gams bereits in den 40er Jahren gefordert hatte.

In gleicher Weise bemühte sich Helmut Gams um den Schutz eines Moorgebietes im Bereich der Moränen des Salzachgletschers, das unter der Bezeichnung »Ibmer Moos« in die moorkundliche Literatur eingegangen ist. »Diese ausgedehnte, einförmige Fläche, welche über 1200 Hektar Raum einnimmt, hat etwas Düsteres, Geheimnisvolles an sich, und wer an dieser Stelle zur Nachtzeit das Gebrüll der Mooskuh, wie die Große Rohrdommel hier genannt wird, vernommen hat, den nimmt es nicht wunder, daß die Bewohner jener Gegend meist mit Angst und Scheu jene Gründe betreten und daß sich allerlei Aberglaube an jene Moorsümpfe knüpft«, so schilderte der bekannte Botaniker Friedrich Vierhapper vor mehr als 100 Jahren das Ibmer Moos, den größten geschlossenen Moorkomplex Österreichs. Heute ist es zu 80 % kultiviert. Was seine Einmaligkeit für Österreich ausmacht, sind nach den Worten von Robert Kri-

Moorlandschaft bei Ibm in Oberösterreich, Rekonstruktion des ursprünglichen Zustandes (nach H. Gams 1941)

1 Seen und Kolke, 2 Seggen-Braunmoosmoore (Durchströmungsmoore), 3 Armmoore (»Latschenfilze«), 4 Grundmoräne

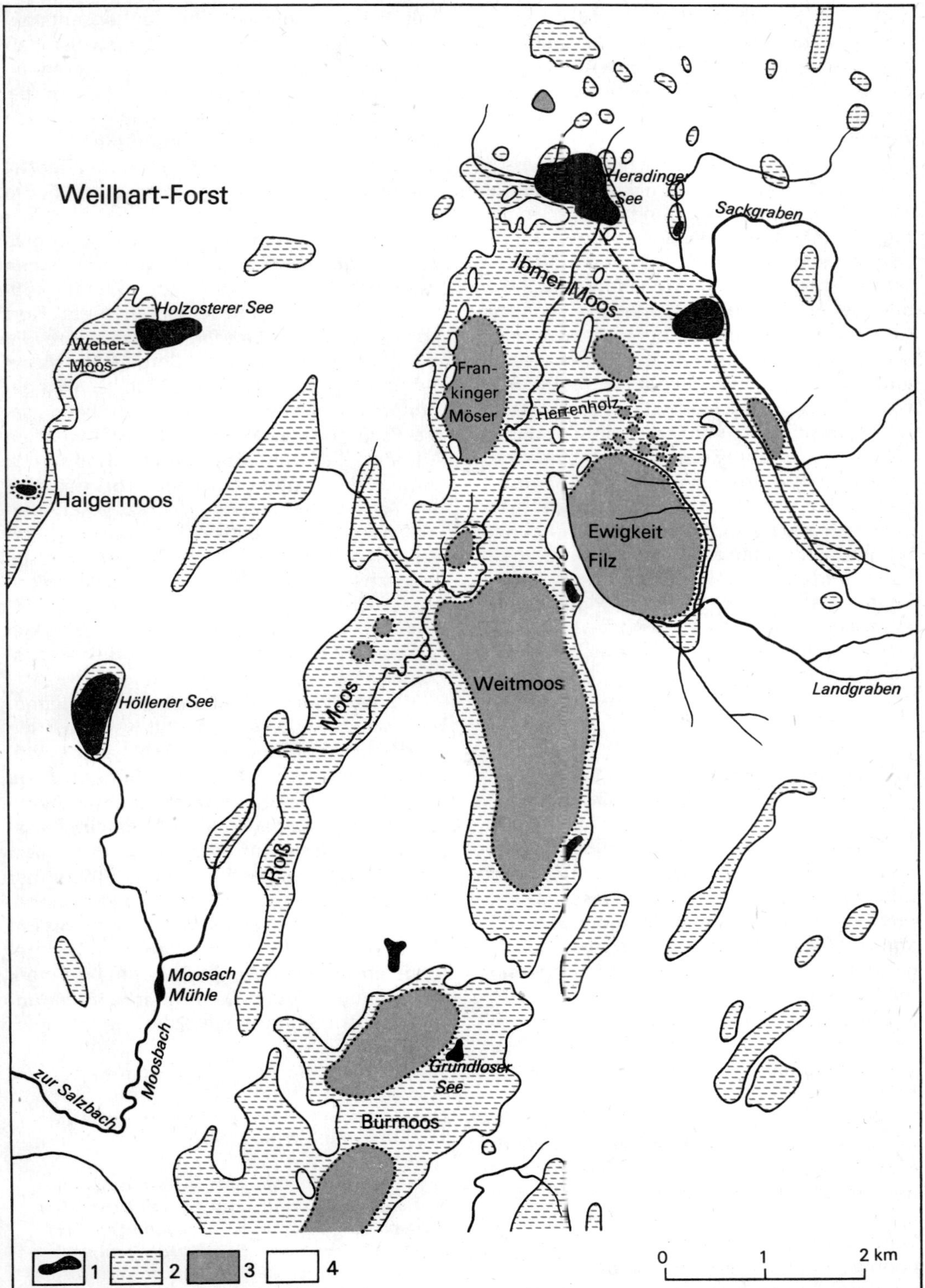

Weilhart-Forst
Heradinger See
Sackgraben
Ibmer Moos
Holzosterer See
Weber-Moos
Frankinger Möser
Herrenholz
Haigermoos
Ewigkeit Filz
Weitmoos
Landgraben
Höllener See
Moos
Roß
Moosach Mühle
Moosbach
zur Salzbach
Grundloser See
Bürmoos
1
2
3
4
0
1
2 km

sai, der sich nachdrücklich für die Erhaltung dieses Moores eingesetzt hat, die Vielfalt an Moortypen, die flächenmäßige Ausdehnung seiner Übergangsmoorbestände und sein trotz aller Eingriffe immer noch vorhandener Artenreichtum.

Es gleicht in mancher Hinsicht dem Murnauer Moor, wie jenes ist es ein Durchströmungsmoor. Quellen am Moorrand und in den umliegenden Moränen entspringende Bäche versorgen es mit Wasser. Die beiden großen am oberen Moorrand gelegenen Moorblänken sind Heradinger See und Leitensee. In den tiefer gelegenen Teilen des Ibmer Mooses wuchsen mehrere Regenmoorkalotten auf, die hier, außerhalb des Verbreitungsgebietes der Spirke, von typischen Latschenformen der Bergkiefer bestanden sind. Dazu gehören besonders schwach saure Zwischenmoore mit Braunem und Weißem Schnabelried (*Rhynchospora fusca* und *Rh. alba*) und der Alpenhaarsimse *(Trichophorum alpinum)*. An den Seerändern findet man auch noch letzte Reste der einst verbreiteten Kopfried-Gesellschaften. Besonders wertvoll im Ibmer Moos ist das »Ewigkeitsfilz«, denn es beherbergt das am tiefsten gelegene Vorkommen der Latsche im Alpenvorland.

Alpenmoore

Zum Abschluß unserer Betrachtung mitteleuropäischer Moorlandschaften wollen wir auch noch den Alpen einen kurzen Abschnitt widmen, beherbergen sie doch eine große Fülle von Torflagern unterschiedlichster Ausprägung. In den breiten Alpentälern konnten sich ausgedehnte Regenmoore entwickeln, während die Moore an den Hängen, in den Hochtälern auf Hangschultern und in den Karmulden vorwiegend durch Mineralbodenwasser ernährt werden.

Hans Schreiber vertrat 1911/12 die Meinung, daß die meisten Alpenmoore tot seien, also keinen Torf mehr bilden. Das erscheint uns heute in dieser Verallgemeinerung übertrieben, gibt es doch inzwischen zahlreiche Beschreibungen von durchaus wüchsigen Alpenmooren. Es konnte sogar nachgewiesen werden, daß auch hier noch in historischer Zeit Torflager nach Waldrodungen entstanden sind. Allerdings scheint festzustehen, daß die heute über der Waldgrenze existierenden Torflager in einer wärmeren Klimaperiode, etwa der Späten Wärmezeit, aufgewachsen sind. Tatsächlich findet man größere Moore in den Randalpen nur unterhalb 1000 m über NN und im Alpeninnern lediglich bei etwa 1500 m über NN.

Die Bedingungen für die Entwicklung größerer Regenmoore waren in den nördlichen Längstälern der Alpen besonders günstig, z. B. im oberen Ennstal und im oberen Murtal. Dort finden wir schöne Latschen-Regenmoore, die meist von geschlossenen Bergkiefern-Moorgebüschen überzogen sind. Doch die nicht gestörten Moore, wie das international bedeutsame Pürgschacher Moos im Ennstal westlich Admont, besitzen eine zentrale Hochfläche mit vollwüchsigen Bergkiefern-Torfmoosbülten. Auch in Nebentälern der großen Quertäler finden wir gut entwickelte, wüchsige Regenmoore, z. B. das Reither Moos am Wildsee westlich Innsbruck. Die Vitalität der roten Torfmoose *Sphagnum magellanicum* und *Sphagnum rubellum* ist so groß, daß die Bergkiefern nur mit den Astspitzen aus den Torfmoospolstern herausragen.

Aus den östlichen Inneralpen sind Regenmoore beschrieben worden, die sich wie die nordischen Kermimoore durch typische höhenparallele Schlenken und Bültenstränge auszeichnen. Das beste Kermimoor der Alpen ist das Rotmoos bei Weichselboden im Salzatal. Es handelt sich um ein nahezu kreisrundes, kuppelförmig aufgewölbtes Moor 700 m über NN. Das Moor ist von hohen Bergen so eingeschlossen, daß es von Mitte November bis Ende Januar ständig im Schatten liegt. Das bedingt ein extremes Temperaturklima mit stark kontinentalen Zügen. Der Erforscher des Moores, Heinrich Ullmann, stellte fest: »... die geo-

Die »Kraterhochmoore« im Röthelmoos bei Ruhpolding (nach G. Kaule 1974)

1 Schlenke, 2 Bergkiefern-Torfmoosbülten, 3 Bergkiefern-Moorgebüsche, 4 Bergkiefern-Pfeifengras-Stadium, 5 Randsumpf mit Torfmoos-Seggenrieden, 6 Davallseggenried, 7 Rüllen, hauptsächlich im Bereich von Erosionskomplexen, 8 Grauerlen-Fichten-Auwald

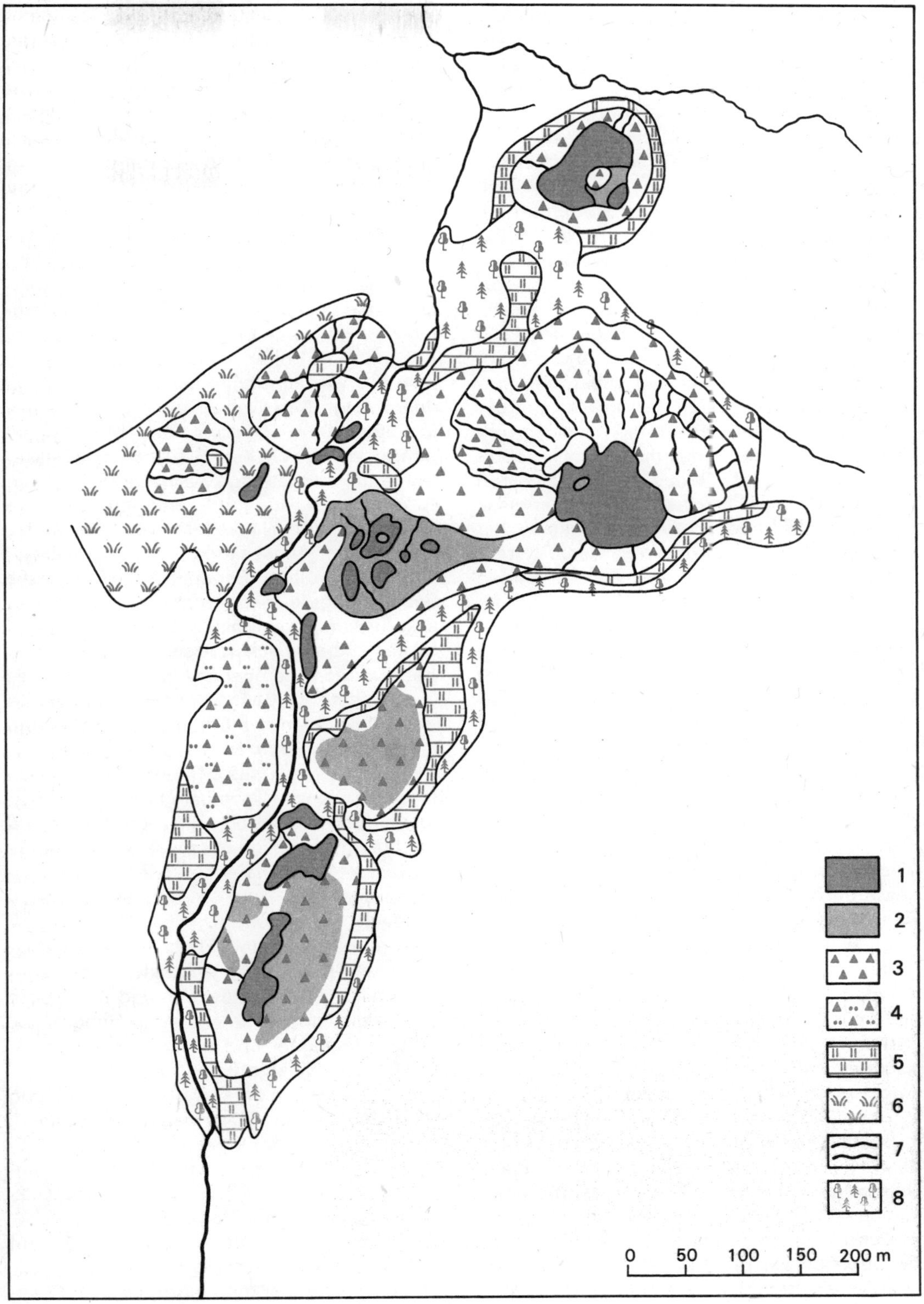

1
2
3
4
5
6
7
8
0
50
100
150
200 m

logischen, hydrologischen und geländemorphologischen Gegebenheiten und die zugleich vorhandene klimatische Situation haben durch ein einzigartiges Zusammenwirken dieses skandinavische Hochmoor gerade an dieser Stelle der Alpen entstehen lassen ...«

In den Schlenken wächst *Sphagnum cuspidatum*, an den Rändern der Schlenken sind *Sphagnum tenellum* und auch *Sphagnum recurvum* anzutreffen. An den Schlenkenabflüssen tritt gehäuft *Sphagnum papillosum* auf, das den kontinentalen Regenmooren des Nordens bereits fehlt. In den Bültensträngen ist *Sphagnum fuscum* die wichtigste Torfmoosart neben *Sphagnum rubellum* und *Sphagnum magellanicum*. Die Rauschbeere *(Vaccinium uliginosum)* wächst zusammen mit der Gemeinen Krähenbeere *(Empetrum nigrum)* und der Bergkiefer *(Pinus mugo)* auf den Bültenflächen. Im Zentrum des Moores lösen sich Schlenken und Bülten auf. Möglicherweise gab es hier früher eine zentrale Blänke.

Heinrich Ullmann weist mit Recht darauf hin, daß das Rotmoos bei Weichselboden eines der hervorragendsten Naturdenkmäler Mitteleuropas ist, obwohl seine Größe nur 8 ha beträgt.

In den Hochlagenmooren zwischen 1000 und 1700 m über NN ist der Mineralbodenwassereinfluß so dominierend, daß es dort keine reinen Regenmoore mehr gibt. So findet ein äußerst langsames Torfwachstum statt, deshalb ist die Aufwölbung dieser Moore sehr gering. Zwischen die Bülten mit einer weitgehend durch Niederschlagswasser ernährten Torfmoosvegetation schieben sich zunehmend größere Mineralbodenwasserschlenken. Man hat solche Moore in den Alpen auch als Inselhochmoore bezeichnet. Es sind typische Rasenbinsen-Wollgrasmoore, die in ihrer Morphologie und Hydrologie an die hochnordischen Aapamoore erinnern. Außer den Inselhochmooren wurden vor allem von Helmut Gams aus den Alpen sogenannte Kraterhochmoore beschrieben, die Hugo Osvald auch als Ringhochmoore bezeichnete. Im Gegensatz zu den Inselhochmooren sind die Kraterhochmoore echte Regenmoore mit deutlich aufgewölbtem Torfkörper. Das Randgehänge ist in der Regel von Bergkiefern-Moorgebüschen bewachsen, dessen Rand eine tiefer liegende zentrale Fläche umwallt, so daß eine kraterartige Bildung entsteht. Diese Vertiefung ist nichts anderes als der Rest einer zentralen Blänke oder mehrerer Kolke, deren Wasser den Kraterrand durchbrochen hat und abgeflossen ist. Alfred Ringler, der sich vor wenigen Jahren ausführlich mit den hydrologischen »Funktionstypen« der Alpenmoore auseinandersetzte, wies auf die Entstehung der Kratermoore aus »Hochtalmooren mit zentralen Achsenkolken« hin.

Solche Kratermoore beschrieb Helmut Gams im Rotmooszug bei Lunz. Sie verdanken ihre eigenartige Form den lokalen hydrologischen und klimatischen Bedingungen. Es handelt sich um kleine Moore, die unter dem Einfluß extrem hoher Niederschläge (bis zu 2000 mm jährlich) aufgewachsen sind. Bei einem zu großen Wasserüberschuß wird die Torfbildung im Zentrum des Moores gehemmt, es entsteht eine Schlenke. Das besser dränierte Randgehänge wächst jedoch weiter. So entstehen aus der zentralen Schlenke schließlich eine Blänke oder mehrere Kolke, sogenannte Achsenkolke. Solche kleinen, stark aufgewölbten Regenmoore sind für die niederschlagsreichen Hochtäler der Alpen außerordentlich charakteristisch.

Aus den bayerischen Alpen soll das Röthelmoos in den Chiemgauer Alpen als typisches Kraterhochmoor genannt werden. Es liegt in einem Hochtal in den Chiemgauer Alpen und bildet einen durch Bäche voneinander getrennten Komplex aus 6 Regenmoorkalotten. Besonders eindrucksvoll sind die natürlichen Entwässerungsbahnen, die den Kraterrand durchbrechen. Einige auf diese Weise bereits entwässerte Krater werden wieder von Torfmoosschlenken- und Bültengesellschaften besiedelt.

In den nördlichen Kalkhochalpen bestehen bedeutend ungünstigere Entwicklungsbedingungen für Moore. Deshalb sind die Moore meist klein, und es überwiegen Hangmoore mit Braunseggen- und Rasensimsengemeinschaften. Als Kalkmoore enthalten sie die alpinen Ausbildungen der Davallseggenriede und Kopfriedbestände. Diese »alpinen Kalkflachmoore« verdienen unsere besondere Aufmerksamkeit, weil hier, wie bereits angedeutet, die Heimat vieler Vertreter unserer Kalk- und Basenmoore der Tieflagen ist.

Eine lebendige Schilderung der alpinen und subalpinen Kalkflachmoore verdanken wir dem Altmeister der mitteleuropäischen Pflan-

Vorhergehende Seite: Aufgelassene Feuchtwiese, besiedelt mit Hochstaudenfluren. Im Hintergrund Seggen-Lorbeerweidengebüsch

Die Binsenschneide (Cladium mariscus) als Besiedler der Quellmoore auf reinen Travertinkalken im Tatravorland

Braunmoose – wichtigste Tuff-(Dauch-)bildner in Kalk-Quellmooren. Das Astmoos Cratoneurum filicinum ist hierfür eine typische Art.

Sphagnum warnstorfianum – charakteristisch für Versauerungsstadien der Kalk-Zwischenmoore

Kalksumpf mit Davallseggenried

Das in Mitteleuropa aussterbende Mehlprimel-Kopfbinsenried

Schwingkantenried eines nährstoffbelasteten Sees

Die Enzian-Pfeifengraswiese im Blühaspekt des Sumpfherzblattes (Parnassia palustris), noch vereinzelt am Rande der Kalkgebirge zu finden

Schilfröhrichte und Erlen-Grauweidengebüsche – die charakteristische Vegetation eines nährstoffreichen Verlandungsmoores

Fransenenzian (Gentiana ciliata) in einer Enzian-Pfeifengraswiese auf einem Kalkmoor am Tatrarand

Schlankseggenried auf einem Überflutungsmoor in der Elbaue

Der Beinwell-Schwertlilien-Erlenbruchwald – die nährstoffreichste Ausbildung der Moorwälder

Sommerknotenblume (Leucojum aestivum) – eine charakteristische Pflanze südeuropäischer nährstoffreicher Überflutungsmoore. Hier Bestand an der nördlichen Arealgrenze im Spreewald

Feuchtwiese auf einem Reichmoor im Frühling

Salzbinsenrasen im Juni mit blühender Grasnelke (Armeria maritima) am Barther Boden (Mecklenburg)

Strandbeifußflur (Artemisia maritima) auf einem unbeweideten Küsten-Überflutungsmoor der Wismarbucht

Salzbinsenrasen mit fruchtenden Strandastern (Aster tripolium) am Barther Bodden (Mecklenburg)

Der Schwarzstorch, ein seltener Bewohner der fließgewässerreichen Auen-Überflutungsmoore

Blühender Bestand des Gemeinen Strandflieders (Limonium vulgare) an der westlichen Ostseeküste (Insel Poel)

Die noch immer in allen Moorniederungen vorkommende Rohrweihe

Die in allen Seggensümpfen verbreitete Bekassine

Die Sumpfohreule, selten in offenen Moorlandschaften anzutreffen

Selten in großen Schilfröhrichten vorkommend – die Bartmeise

Heidelibelle an Weißem Schnabelried

Das Birkhuhn, früher eine Charakterart unbewaldeter Moore

Männlicher Moorfrosch im Hochzeitskleid

Das Dubringer Moor, bedeutendstes Durchströmungsmoor im Altmoränengebiet zwischen Elbe und Oder

Das Schönwolder Moor, letztes westmecklenburgisches Regenmoor mit einer waldfreien zentralen Plateaufläche

Sehestedter Außendeichsmoor, der Rest eines riesigen Regenmoores im Angriffsbereich der Nordsee

Durchströmungsmoor im Flußtal der Trebel in Nordostmecklenburg

Großes Serrahnbruch in Mecklenburg, nach Absenkung des Sees vor 150 Jahren entstanden

Junges Versumpfungsmoor in den Dünen des Łeba-Nationalparkes in Polen

Rasenbinsen-Latschenkiefermoor (Pančicka louka) im Riesengebirge

Das Brackfenn, eines der größten Deckenmoore des belgischen Hohen Venns

Das Strohner Maarchen, ein sauer-oligotrophes Kesselmoor in einem Eifelmaar

Das Moor Trijezerni slat im Böhmerwald besitzt mehrere Kolke

Kieselgurschild des Sooser Moores bei Cheb (Nordwestböhmen), gespeist durch Mineralbodenwasser

zensoziologie Josias Braun-Blanquet. Der Forscher stellte fest, daß die subalpinen Davallseggenmoore von 1000 bis 2280 m über NN reichen. Sie treten vorwiegend an Quellbächen und Ufersäumen von stehenden Gewässern auf. Das Mehlprimel-Kopfbinsenried ist in Höhenlagen von 1000 bis 1900 m über NN optimal entwickelt, wobei auch hier die Standorte unterhalb der Waldgrenze, wenn sie nicht ab und zu gemäht werden, allmählich verbuschen. Das Davallseggenried ist an ausgesprochene Quellstandorte gebunden, während das Kopfbinsenmoor als Glied einer Verlandungsserie auftritt.

Auf kalkfreier Unterlage oder bei größerer Torfmächtigkeit herrschen Braunseggen-Rasensimsenmoore vor. Oft sind es jedoch nur Anmoore mit deutlichen Erosionserscheinungen, die darauf hinweisen, daß kein Torfwachstum mehr stattfindet, das Moor also wirklich tot ist.

In den Hochlagen der Urgesteinsalpen (Kristallin-Alpen) wurde das in den Ötztaler Alpen im oberen Gurgltal gelegene Hangmoor Rotmoos besonders gründlich untersucht. Es ist ein typisches Braunseggenmoor, in dem als Besonderheit das Laubmoos *Drepanocladus exannulatus* auftritt. In die bis zu einem Meter mächtigen Torfe sind wiederholt mineralische Einschwemmungen eingelagert. Die Entwicklung des Moores begann in der ausgehenden Mittleren Wärmezeit mit einer Hangversumpfung durch ein anspruchsvolleres Seggenried, das dann bald in ein Braunseggenmoor überging.

Ein anderes kleines Moor in 2150 bis 2200 m über NN begann seine Entwicklung in einem Gletschersee in der Frühen Wärmezeit. In der ersten Hälfte der Mittleren Wärmezeit war die Verlandung des Sees abgeschlossen, und das Moor wurde vom Wald erobert. Erst kurz vor Beginn unserer Zeitrechnung ersetzte den Wald auf dem Moor eine torfbildende Vegetation. Zu dieser Zeit rodete man die Wälder in der Umgebung des Moores und brannte den Birkenbruchwald auf dem Moor nieder, so daß die Wiederbelebung des Moores mit großer Wahrscheinlichkeit auf den Einfluß des Menschen zurückgeht. Das Moor wuchs als Durchströmungsmoor und bildete in 2100 Jahren noch 1 m Torf, wobei eine Tendenz zur Vernässung beobachtet wurde.

Damit wäre nicht nur die These widerlegt, daß alle Hochlagenmoore tot seien, sondern auch die bisherige Annahme, daß in Höhen von über 2000 m über NN der menschliche Einfluß auf die Moorentwicklung keine Rolle gespielt habe.

überblick

über die Moore der Erde

Die Verbreitung der Moore, ihre Häufigkeit, ist ebensowenig zufällig wie das Auftreten bestimmter hydrologischer und ökologischer Moortypen in den verschiedenen Klimagebieten der Erde. Die stärkste Torfbildung finden wir in den gemäßigten Klimaten, also auch in Mitteleuropa. Die größten Moorflächen der Erde hingegen liegen in der borealen Nadelwaldzone, dem sogenannten Taigagürtel der Nordhalbkugel. Im Bereich der nördlichen Baumgrenze gibt es in ebener Lage kaum nichtvermoortes Land, doch sind die Torfdekken nur dünn, und die Torfbildungsrate ist gering.

Über die Moorverbreitung in den wärmeren Klimazonen liegen nur sehr unzureichende Angaben vor. So wissen wir wenig über Flächengröße von Mooren und Umfang der Torfvorräte in Afrika, Mittel- und Südamerika, Ostasien und Australien. Ausnahmen sind lediglich Indonesien und Malaysia. Doch haftet den vorliegenden Zahlen große Unsicherheit an.

Der sowjetische Moorforscher Tjuremnov rechnete mit 150 Mill. ha Moorland auf der Erde, das würde etwa 1% der Landfläche ausmachen. Hugo Sjörs dagegen schätzt die Flächengröße der Moorvorkommen auf mindestens 500 Mill. ha. Davon sollen wenigstens 400 Mill. ha wirklich nennenswerte Torflager darstellen. Der gleiche Autor meint, daß etwa 30 Mill. ha Moorland inzwischen entwässert, abgebaut und intensiv landwirtschaftlich genutzt werden, so daß sie ihren Moorcharakter vollständig verloren haben. Wie wir bereits erfuhren, gehören dazu auch sehr viele mitteleuropäische Moore.

Schätzung der Torfvorräte der Länder in % des gesamten Torfvorrates der Erde (aus Tjuremnov 1976)

Land	Torfvorrat in % der gesamten Torfressourcen
UdSSR	66,0
Finnland	8,3
Kanada	7,8
USA (ohne Alaska)	4,3
Großbritannien und Irland	3,0
Schweden	2,9
BRD	2,3
Polen	2,0
DDR	1,0
Indonesien	0,8
Norwegen	0,6
Kuba	0,3
Japan	0,2
Dänemark	0,08
Italien	0,08
Neuseeland	0,056
Ungarn	0,04
Niederlande	0,03
Österreich	0,03
Argentinien	0,03
Rumänien	0,03
Jugoslawien	0,01
ČSSR	0,01
Spanien	0,004

Land	Moorfläche in km^2 = 100 ha	Moorfläche in % der Landesfläche
UdSSR gesamt	715 000	3,2
davon RSFSR, asiatischer Teil	414 000	3,7
RSFSR, europäischer Teil	233 000	3,9
Belorussische SSR	26 000	12,5
Ukrainische SSR	22 000	3,6
Estnische SSR	7 000	15,5
Lettische SSR	7 000	11,1
Litauische SSR	5 000	7,6
Grusinische SSR	1 000	1,4
USA	215 000	2,7
Indonesien	170 000	8,4
Kanada	100 000	1,0
Finnland	100 000	32,0
Schweden	55 000	14,5
Norwegen	30 000	9,2
Malaysia	23 510	7,0
Großbritannien	15 819	6,6
davon Schottland	8 214	10,7
Irland	12 000	17,1
Polen	13 000	4,8
BRD	11 250	4,5
Island	10 000	9,7
DDR	4 890	4,5
Japan	2 190	2,8
Neuseeland	1 670	1,5
Kuba	1 500	3,9
Italien	1 200	0,4
Frankreich	1 200	0,2
Dänemark	1 000	2,3
Ungarn	1 000	1,1
Uruguay	1 000	0,6
Argentinien	450	0,02
Niederlande	450	1,3
ČSSR	330	0,3
Österreich	220	0,3
Griechenland	100	0,08
Jugoslawien	100	0,04
Rumänien	70	0,03
Spanien	60	0,01
Schweiz	55	0,1
Israel	50	0,2
Belgien	10	0,03
Bulgarien	10	0,01

Verbreitung der Moore in den einzelnen Ländern der Erde (nach Schneider in Göttlich 1980)

Bereits bei der Darstellung der hydrologisch-entwicklungsgeschichtlichen und ökologischen Moortypen wurde auf die große Abhängigkeit der Moore von den äußeren Umweltbedingungen, wie Klima, Oberflächenformen und geologischem Untergrund, verwiesen. Moore sind jedoch mehr als andere ökologische Systeme in der Lage, ihrerseits die Umwelt zu beeinflussen und sie zu verändern, wenn das Klima moorfreundlich genug ist. Stellen wir uns den Nordwesten der mitteleuropäischen Tiefebene vor, wenn der Mensch die Entwicklung der Moore nicht unterbrochen hätte. Dann wäre dieses Land wahrscheinlich zu mehr als 50% von Mooren bedeckt, ähnlich wie heute die westsibirische Tiefebene. Wir werden darauf noch ausführlicher eingehen.

Moore in Europa

Beginnen wollen wir unseren Überblick in Europa, denn hier sind die Moore seit Jahrzehnten Gegenstand intensiver Forschungsarbeiten und deshalb bekannter als anderswo. Wir wollen versuchen, das fein abgestimmte Zusammenspiel von torfbildender Pflanzendekke, Moorform und Klima in großen Zügen nachzuzeichnen, wobei wir uns auf zahlreiche Arbeiten finnischer, schwedischer, sowjeti-

Folgende Seite:
Verteilung der Moore auf der Erde (aus Tjuremnov, 1976 verändert)

1 Gebiete stärkster Torfbildung (Vermoorungen auf mehr als 10% der Fläche) 2 Gebiete starker Torfbildung (Vermoorungen auf mehr als 1% der Fläche) 3 Gebiete geringer Torfbildung (Vermoorungen auf 0,01 bis 1% der Fläche) 4 Berg- und Gebirgsgebiete mit meist schwachen Torfbildungen 5 Polargebiete mit schwachen Torfbildungen 6 Gebiete mit sehr geringfügigen oder ohne Torfbildungen (Moorbildungen auf weniger als 0,01% der Fläche)

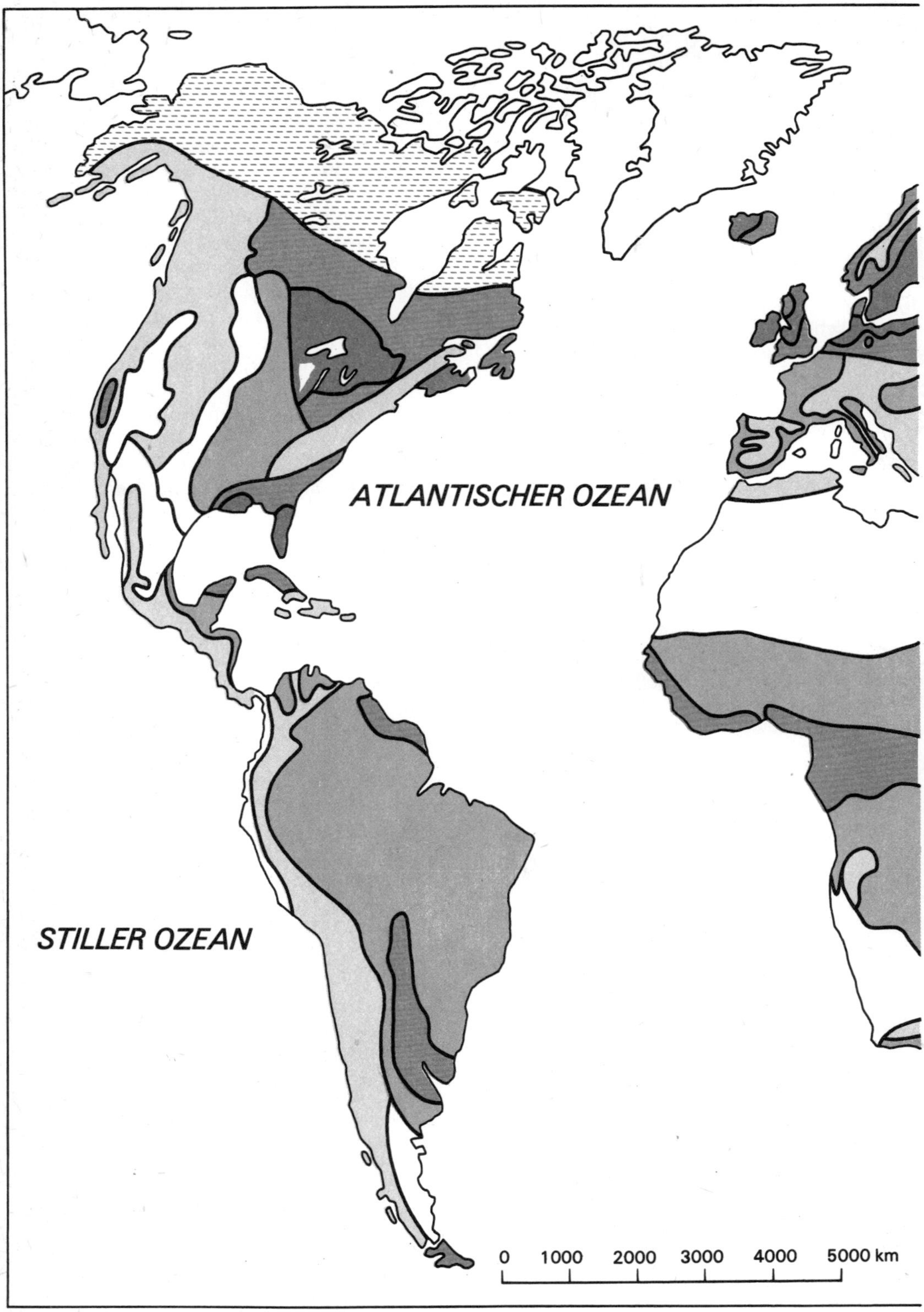
ATLANTISCHER OZEAN
STILLER OZEAN
0 1000 2000 3000 4000 5000 km

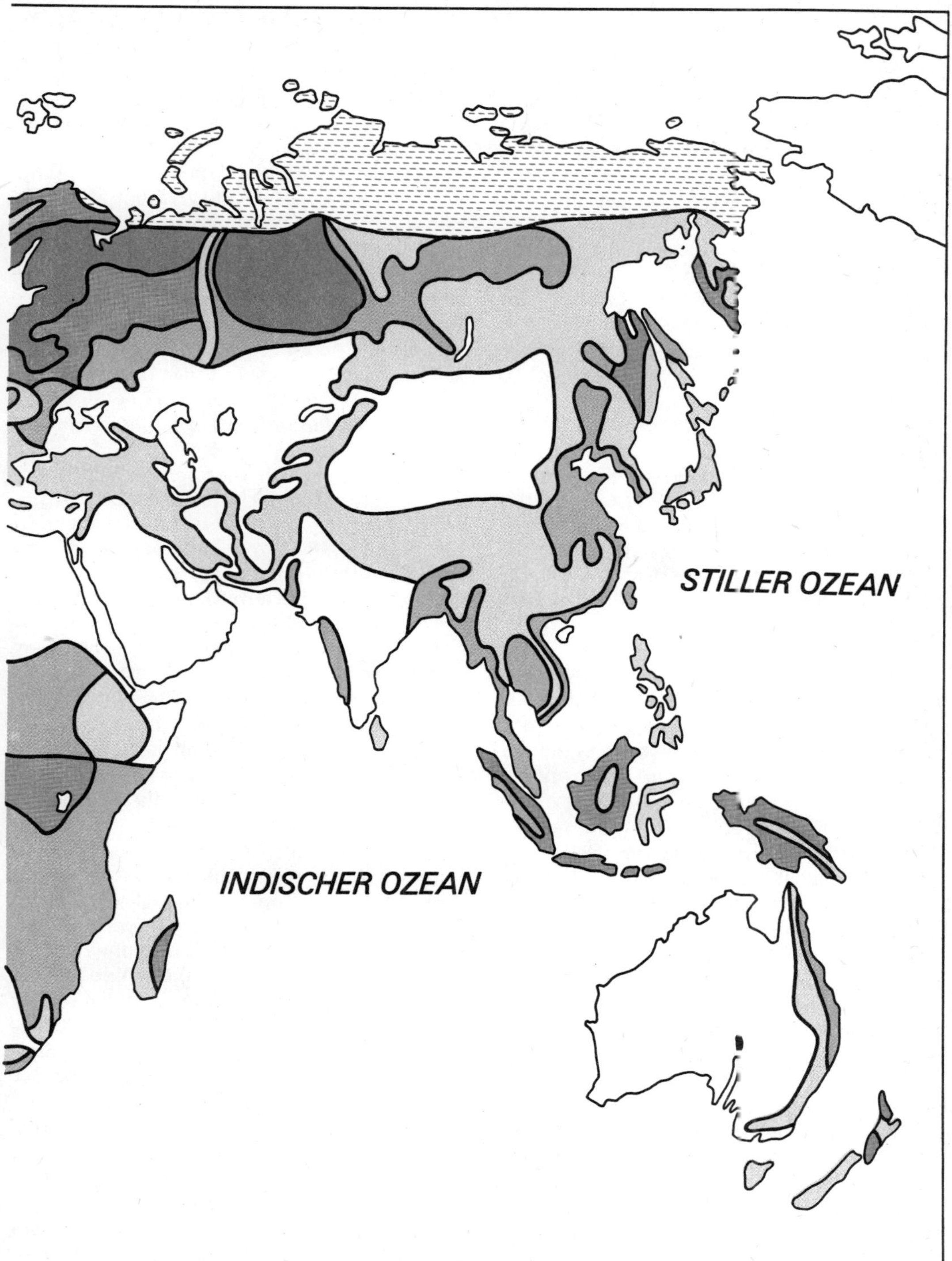

STILLER OZEAN
INDISCHER OZEAN
1
2
3
4
5
6

scher sowie englischer und deutscher Autoren stützen. Hier ist vor allem die grundlegende Arbeit von Klaus Dierßen über die Pflanzengesellschaften der Moore Nordwesteuropas zu nennen. Entsprechend dem von West nach Ost gestaffelten Ozeanitätsgefälle des Klimas und dem von Süd nach Nord gestaffelten Temperaturgefälle ergibt sich ein grobmaschiges Netz europäischer Moorprovinzen. Wegen des ausgeglicheneren Temperaturklimas im äußersten Westen Europas dominieren hier nord-süd-gerichtete Grenzlinien, vorwiegend durch das Ozeanitätsgefälle bedingt, während sich im kontinentaleren Europa die Moorzonen zu west-ost-orientierten Gürteln anordnen.

Die arktischen Polygonmoore sind an das Gebiet des Dauerfrostbodens gebunden, das Europa nur im äußersten Norden berührt (Moorzone I). Erst jenseits des Ural werden sie in der Tundra in ebener Lage zu einer verbreiteten Erscheinung.

Als Vorposten des Dauerfrostbodens reichen die Palsamoore (Moorzone II) bis nach Nordskandinavien. Sie treten dort vornehmlich zusammen mit den Aapamooren auf. Die Stränge der Aapamoore können zu mehrere Meter hohen Torf- und Eishügeln aufwachsen. Die torfbildende Vegetation der Stränge und der Palsas läßt kaum Unterschiede erkennen, nur daß auf den hohen Palsas die Torfmoose weitgehend durch Flechten ersetzt sind. Diese Vegetationsform wurde als Sumpfporst-Torfmoosrasen (Ledo-Sphagnetum fusci) beschrieben. Es ist die wichtigste torfbildende Pflanzengemeinschaft in der ganzen östlichen Regenmoorregion einschließlich Westsibiriens. Im nordwestlichen Skandinavien wird sie auf den trockneren Regenmoorstandorten von Krähenbeer-Torfmoosrasen (Empetro-Sphagnetum fusci) abgelöst. Das skandinavische Palsamoorgebiet (Moorzone II_1) setzt sich im Osten auf dem küstennahen Festland fort (Moorzone II_2). Erst jenseits des Ural weitet es sich zu einem breiten Gürtel (Moorzone II_3) aus, in dem die Moore mehr als 50% der Fläche einnehmen.

Die eigentliche Aapamoorregion reicht in Skandinavien weit nach Süden. In diesen Bereichen liegt die Jahresmitteltemperatur unter +2,5°C. Diese Aapamoorregion geht nahtlos in das finnisch-karelische Aapamoorgebiet (Moorzone III_2) über. Typische Aapamoore treten dann wieder im Einzugsgebiet der Petschora nordwestlich vom Ural auf. Im Uralgebirge selbst dürften sie ebenfalls nicht fehlen, wobei unklar ist, wie weit sie nach Süden reichen. Die Stränge der Aapamoore können noch stärker unter Mineralbodenwassereinfluß stehen, sie sind dann meist als Sauer-Zwischenmoore ausgebildet. Wichtige Torfbildner stellen hier Seggen-Torfmoosbülten mit *Sphagnum subsecundum, Sph. warnstorfii* oder *Sph. papillosum* dar. Die nassen Rimpiflächen zwischen den Strängen sind meist als Braunmoosschlenken ausgebildet, ebenso verbreitet sind jedoch auch Torfmoosschlenken mit den Riedgräsern *Carex rotundata, Carex limosa, Carex chordorrhiza* und den Torfmoosen *Sphagnum lindbergii, Sph. riparium, Sph. dusenii* und *Sph. tenellum*.

In der ganzen Aapamoorregion sind Hangmoore außerordentlich verbreitet, und es gibt viele Übergänge zu den typischen Aapamooren. Ebenso fehlen im Gebiet der Aapamoore die kuppelförmig aufgewölbten Kermimoore nicht vollständig. Kermimoore sind in der Zone der Regenmoore in engerem Sinne (Moorzone IV) der vorherrschende Moortyp, was mindestens für ganz Osteuropa gilt.

Im äußersten Westen der Regenmoore, an den schottischen Küsten und im Bergland von Nordwales, sind, begünstigt durch das ständig feuchtkühle Klima, riesige Deckenmoore aufgewachsen. Wichtigster Torfbildner ist hier der Astmoos-Glockenheiderasen (Pleurozio-Ericetum tetralicis). In küstenferneren Lagen wird er durch die Glockenheide-Torfmoosrasen (Erico-Sphagnetum magellanici) abgelöst, und in den Deckenmooren der Bergländer tritt das Blaubeer-Glockenheidemoor (Vaccinio-Ericetum tetralicis) an seine Stelle.

Neben den Deckenmooren sind Planregenmoore (Planhochmoore) im irisch-englischen Regenmoorgebiet (Moorzone IV_1) eine verbreitete Erscheinung. Es ist die Domäne der Glockenheide-Torfmoosrasen. In diesen Mooren treten vielfach Kolke auf, in denen interessante *Eriocaulon*- und *Lobelia*- Gesellschaften angetroffen werden.

Das Deckenmoor- und Planregenmoorgebiet der britischen Inseln setzt sich in Norwegen fort (Moorzone IV_2). Die Moore sind hier auf das westlichste Küstengebiet, in dem die Jahresmitteltemperatur mindestens +5°C übersteigt, beschränkt. Während im Süden die Glockenheide-Torfmoosrasen als Torfbildner vorherrschen, stellen im nördlichen Bereich Krähenbeer-Torfmoosrasen (Empetro-Sphagnetum fusci) wichtigste Torfbildner auf den Regenmooren dar. Die trockensten Regenmoorflächen werden von dem auffälligen Laubmoos *Rhacomitrium lanuginosum* besiedelt. Die Deckenmoore überschreiten den 65. Breitengrad nicht, Planregenmoore fand Dierßen bis hinauf zu den Lofoten.

Das Gebiet der Planregenmoore greift von Südnorwegen nach Südwestschweden (Moorzone IV_3) über und nimmt hier einen schmalen Küstenstreifen ein. Die Gesellschaft der Glockenheide-Torfmoosrasen verleiht auch diesen Mooren ihr Gepräge, und selbst das ganze Regenmoorgebiet des nordwestlichen Mitteleuropas (Moorzone IV_4) wurde einst von dieser Pflanzengesellschaft beherrscht. Im skandinavischen Kermimoorgebiet (Moorzone IV_5) wird die ausgesprochen ozeanisch verbreitete Gesellschaft der Glockenheide-Torfmoosrasen von der östlichen Parallelgesellschaft, dem Sumpfporst-Torfmoosrasen (Ledo-Sphagnetum fusci), abgelöst. Anstelle des roten *Sphagnum magellanicum* gewinnt hier das braune *Sphagnum fuscum* die Vorherrschaft. Während die Glockenheide-Torfmoosrasen weitgehend baumfrei sind, können sich auf den Sumpfporst-Torfmoosrasen niedrig bleibende Kiefern halten. Man hat diese locker mit Kiefern bewachsenen östlichen Regenmoore früher öfter irrtümlich auch als Waldhochmoore bezeichnet. Die einzelnen Bäume stehen jedoch so locker, daß von einem Wald gar keine Rede sein kann. Es entwickeln sich höchstens Kiefern-Moorgehölze.

In der östlichen Umrahmung der Ostsee (Moorzone IV_6) dominiert in den Regenmooren noch immer das rote *Sphagnum magellanicum*, und die Kiefern treten im Zentrum der Moore deutlich zurück. Wir rechnen diese Moore schon zu den Kermimooren, doch ist ihre Übergangsstellung zu den mitteleuropäischen Plateauregenmooren nicht zu verkennen.

Auf der Ostseite Südschwedens (Moorzone V_4) reicht der Niederschlagsüberschuß wegen geringerer Niederschlagswerte und höherer Jahresmitteltemperatur nicht mehr aus, um Regenmoore zu ernähren, so sind die Armmoore dieses Gebietes überwiegend den Versumpfungsmooren, wie sie vor allem in der Moorzone V auftreten, zuzurechnen. Daneben sind besonders in den Kalkgebieten von Öland und Gotland Basen- und Kalk-Zwischenmoore reich vertreten.

An das baltische Regenmoorgebiet (Moorzone IV_6) schließt sich eine Regenmoorzone von Litauen bis zum Ural (Moorzone IV_7) an, wo der Anteil der Moore zwischen 16 und 30% der Landfläche schwankt. Sie sind klassische Kermimoore mit höhenparallel nachgeordneten Schlenken und langgestreckten Bülten

Folgende Seite:
Moorzonen und -provinzen Europas und Westsibiriens

I Zone der Polygonmoore, I_1 Grönland, I_2 Spitzbergen, I_3 Nowaja Semlja, I_4 Nordsibirien, II Zone der Palsamoore, II_1 Nordskandinavien und Kolahalbinsel, II_2 Petschora-Küstenregion, II_3 Nördliches Westsibirisches Tiefland, III Zone der Aapamoore und Hangmoore, III_1 Island, III_2 Skandinavien, Finnland und Karelien, III_3 Petschoratiefland und Timanberge, III_4 Ural, IV Zone der aufgewölbten Regenmoore, IV_1 Irland und Nordengland, IV_2 Westnorwegen, IV_3 Südnorwegen und Westschweden, IV_4 Nordwestliches Mitteleuropa, IV_5 Skandinavien, IV_6 Östliche Ostseeküstenländer, IV_7 Nordosteuropäisches Tiefland, IV_8 Westsibirisches Tiefland, IV_9 Hohes Venn, IV_{10} Harz, IV_{11} Thüringer Wald und Erzgebirge, IV_{12} Sudeten, IV_{13} Rhön, IV_{14} Vogesen, IV_{15} Schwarzwald, IV_{16} Alpenvorland und Alpen, IV_{17} Karpaten, V Zone der durch Mineralbodenwasser ernährten Wald- und Wiesenmoore, V_1 Südostengland, V_2 Westfrankreich, V_3 Mitteleuropa, V_4 Südostschweden, V_5 Mittleres Osteuropa, V_6 Südliches Westsibirien, VI Zone der Seggen- und Schilfniedermoore des Waldsteppengürtels (kalkreiche Versumpfungs- und eutrophe Überflutungsmoore), VI_1 Südliches Osteuropa, VI_2 Südsibirien-Mittelasien, VII Zone der Brackwassermoore des Steppengürtels (Salzmoore und eutrophe Überflutungsmoore), VII_1 Südosteuropäisch – mittelasiatische Steppengebiete, VII_2 Mündungsgebiet des Guadalquivir, VII_3 Rhônedelta, VII_4 Donaudelta, VII_5 Tiefland des Rion (Kolchis), VII_6 Kuratiefland, VII_7 Araxtiefland, VI/VII Übergangsgebiete von Waldsteppenmooren zu Brackwassermooren Südosteuropas, VI/VII_1 Becken des Neusiedler Sees, VI/VII_2 Tiefland der Theiß (Große Ungarische Tiefebene), VIII Zone der Gebirgsmoore Südeuropas und Vorderasiens

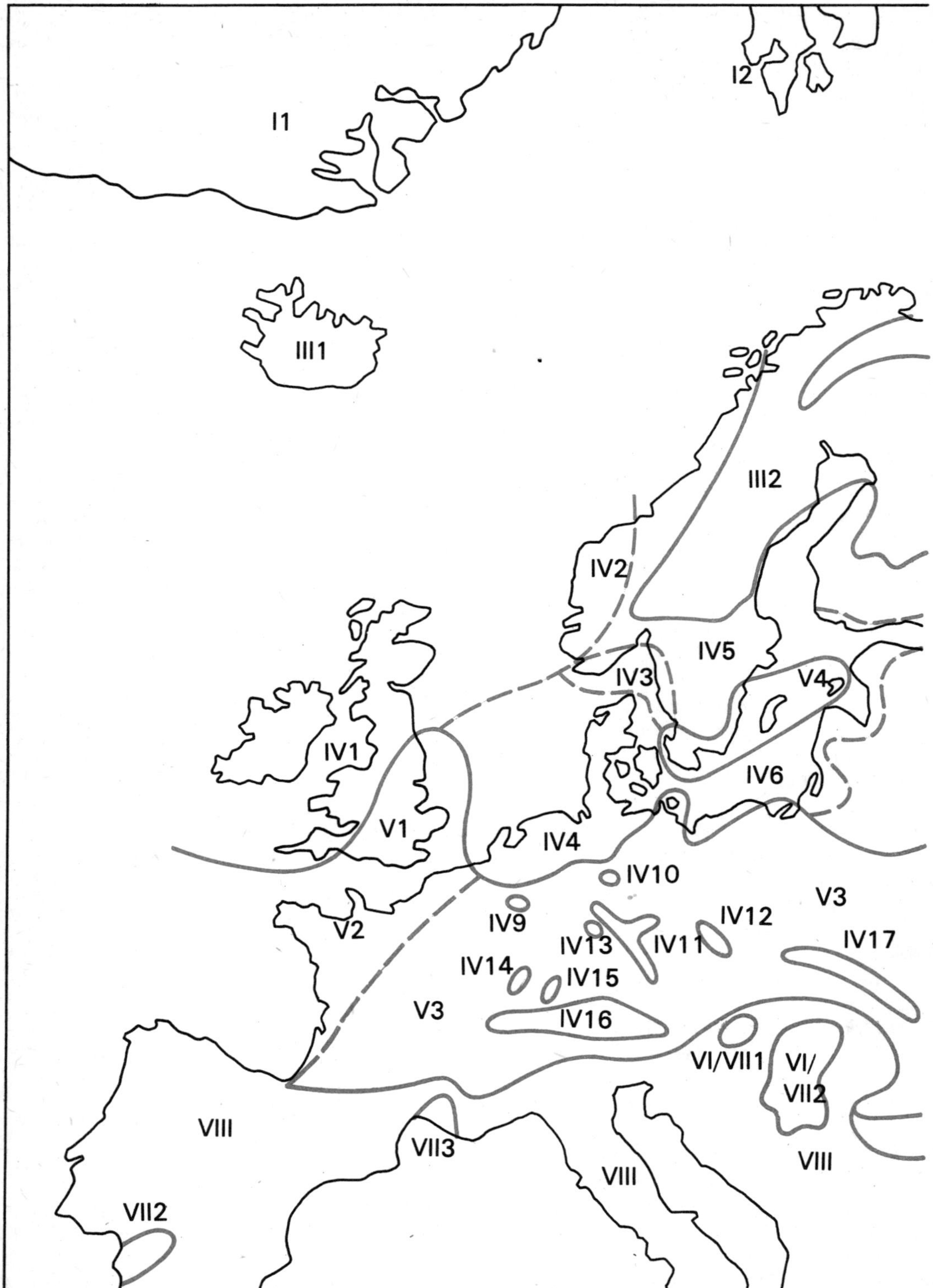
I1
I2
III1
III2
IV2
IV5
IV3
V4
IV1
IV6
V1
IV4
IV10
V3
V2
IV9
IV12
IV13
IV11
IV17
IV14
IV15
V3
IV16
VI/VII1
VI/
VII2
VIII
VII3
VIII
VIII
VII2

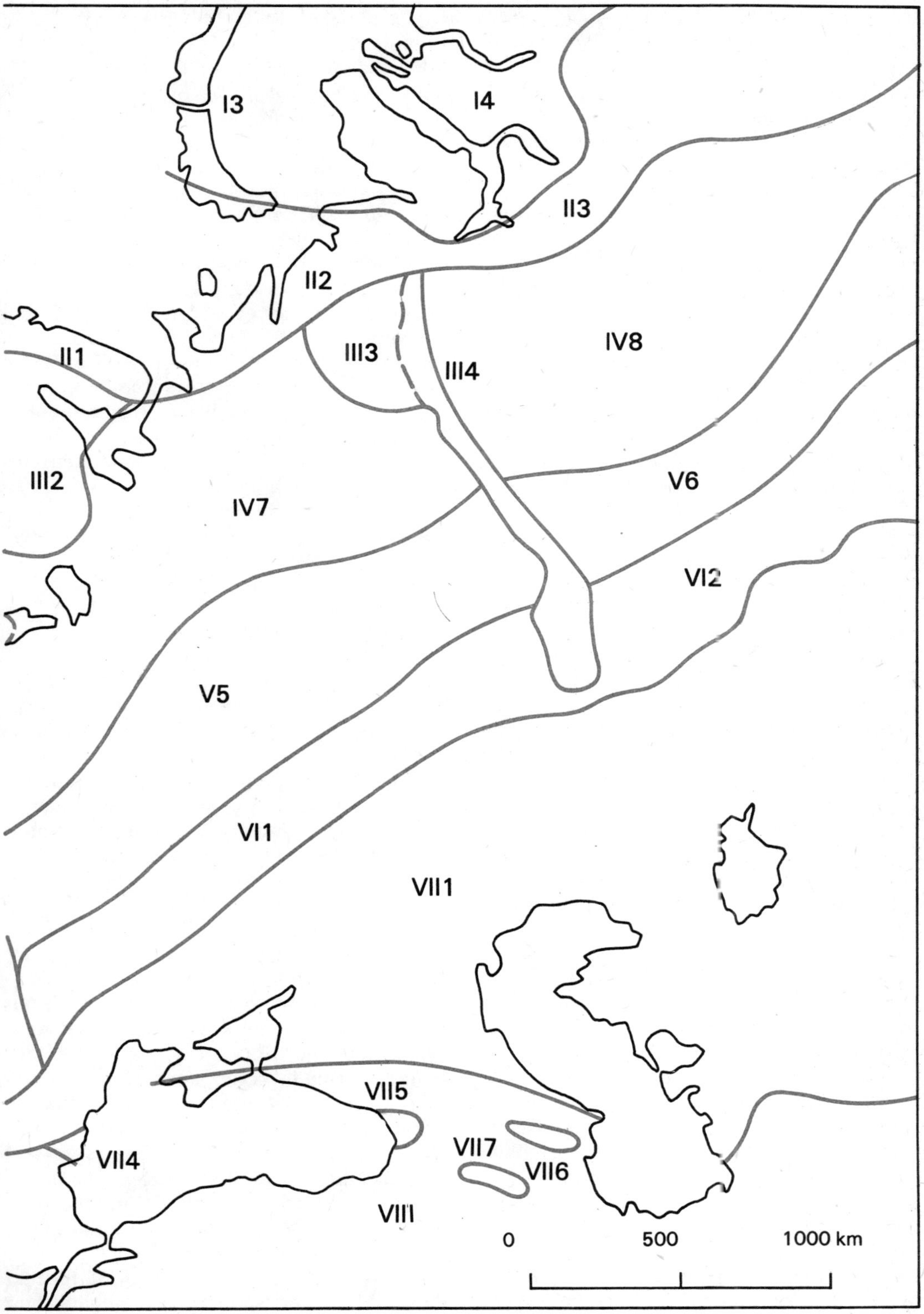
I3
I4
II3
II2
II1
III3
III4
IV8
III2
IV7
V6
VI2
V5
VI1
VII1
VII5
VII7
VII6
VII4
VIII
0
500
1000 km

(Kermis). Die Sumpfporst-Torfmoosrasen enthalten als charakteristisches Element die Moorheide *(Chamaedaphne calyculata)*.

Einen besonders hohen Vermoorungsgrad weisen die Einzugsgebiete der Petschora und Dwina auf, wo Torfmächtigkeiten bis zu 7 m erreicht werden.

Verglichen mit dem nordeuropäischen Regenmoorgebiet, sind die mitteleuropäischen Regenmoorinseln (Moorzone IV_9 bis IV_{17}) in den Mittelgebirgen und im Alpenraum nur winzige Vorposten des transkontinentalen Regenmoorgürtels, der eigentlich dem borealen Nadelwaldgürtel angehört und nur im deutlich ozeanisch beeinflußten West- und Mitteleuropa auf die gemäßigte (temperate) Florenzone übergreift.

Im Süden schließt sich an den Regenmoorgürtel die Zone der von Mineralbodenwasser ernährten Wald- und Wiesenmoore an. Der Niederschlagsüberschuß in dieser Moorzone reicht im allgemeinen nicht aus, um die Existenz von Regenmooren zu gewährleisten. Es herrschen Versumpfungs- und Verlandungsmoore vor, die jedoch sehr leicht versauern und dann von Torfmoosen erobert werden. In den Tälern der Jungmoränenlandschaften treten Durchströmungs- und Überflutungsmoore auf, und in den unzähligen abflußlosen Hohlformen sind Kesselmoore aufgewachsen. In diesen Kesselmooren sowie in großen Versumpfungsmooren mit einer geringen Wasserbewegung können zwar von Torfmoosen beherrschte Vegetationsformen große Flächen einnehmen. Diese sind jedoch meist nicht in der Lage, aus dem Grundwasserspiegel der sie umgebenden Landschaft herauszuwachsen.

In Westeuropa gehört ganz Südostengland zum Gebiet der von Mineralbodenwasser ernährten Moore (Moorzone V_1). Im Binnenland sind es meist mesotrophe Versumpfungsmoore, an den buchtenreichen Küsten große Überflutungsmoore. Das größte Küstenmoor Südostenglands lag einst in der Bucht des Wash. Bereits in der Römerzeit begann seine Kultivierung, und heute hat die Landschaft ihren Moorcharakter vollständig verloren. Nur die Torflager unter dem Marschklei erinnern an die einstigen Überflutungsmoore.

Entlang der französischen Atlantikküste zieht sich ein bemerkenswertes Heidemoorgebiet hin (Moorzone V_2). Es besteht meist aus flachgründigen Versumpfungs- oder Quellmooren auf den Hochflächen der Bretagne oder jungen Dünentalmooren an den Küsten der Gascogne. Das größte Moor der Bretagne umfaßt 1500 ha. Mit seinen Torfmoosbülten inmitten ausgedehnter Seggenriede läßt es noch Anklänge an die Regenmoore erkennen. Regenmoorinseln dürften auch in den Ardennen und im Mittelgebirgsland der Sevennen auftreten. Selbst für die Pyrenäen werden »Hochmoore« angegeben, doch sind rein ombrotrophe Standorte mit ausschließlicher Regenwasserernährung hier nicht mehr zu erwarten.

In Mitteleuropa besitzen nur die Tiefländer einen höheren Vermoorungsgrad (Moorzone V_3). Hier treten nahezu alle vorstellbaren ökologischen und hydrologischen Moortypen auf, von denen wir bereits charakteristische Beispiele kennenlernten.

In Osteuropa überwiegen Versumpfungs-, Durchströmungs- und Überflutungsmoore bei weitem (Moorzone V_5). Die berühmte Poleßje in der russischen Tiefebene war einst zu 40% von Mooren und Sümpfen bedeckt. Neben den ausgedehnten Überflutungsmooren in den Tälern des Pripjat und seiner Nebenflüsse nahmen Versumpfungsmoore große Flächen ein, von denen erfreulicherweise noch zahlreiche schöne Beispiele erhalten blieben. Besonders interessant sind hier Kiefern-Torfmoosmoore mit dem Sumpfporst-Kiefernwald (Ledo-Pinetum) als wichtigster torfbildender Vegetation. Danach treten Braunmoos-Seggen-, Seggen- und Schilfmoore sowie, besonders auch im Überflutungsbereich, Erlenbruchmoore auf.

Die sowjetischen Moorforscher Boč und Masing lassen in Osteuropa auf den Gürtel der Wald- und Wiesenmoore die Zone der Seggen- und Schilfniedermoore (Moorzone VI) folgen, die sich im wesentlichen mit dem Waldsteppengürtel deckt. In den Flußtälern befinden sich in erster Linie Überflutungsmoore mit Großseggen und dem Schilf als wichtigsten Torfbildnern. Außerhalb des Überflutungseinflusses entwickeln sich stellenweise auch große Durchströmungsmoore als Basen-Zwischenmoore. Torfmoose spielen in diesem Moorgürtel keine Rolle mehr, doch fehlen sie keineswegs.

Ein insuläres Auftreten von Moorformen dieser Moorzone kann in den ungarischen

Tiefebenen angenommen werden, doch deutet sich hier bereits der Übergang zu den Brackwassermooren des Steppengürtels (Moorzone VII) an, der auch die Halbwüstengebiete einschließt. Als besonders moorreich gelten die Mündungsgebiete der Flüsse Donau, Dnepr, Wolga und Ural sowie die Uferbereiche des Asowschen Meeres und des Kaspisees. Diese Moorlandschaften werden öfter auch als Flußmarschen bezeichnet. Die Ähnlichkeit mit den mitteleuropäischen Marschmooren ist in der Tat sehr auffällig.

In ganz Südeuropa finden wir Salzmoorinseln (Moorzone VII) in den Mündungsgebieten der größeren Flüsse. Es sind meist Landschaften, die als Überwinterungsgebiete für ziehende Wasservögel bekannt wurden, z. B. die Cota Doñana (Moorzone VII_1), das Rhônedelta, das Donaudelta (Moorzone VII_3) und in Transkaukasien das Riondelta (Moorzone VII_5) und die Salzsümpfe im Kura- und Araxtal (Moorzone VII_6 und VII_7). Die übrigen Moorbildungen dieser Regionen (Moorzone VIII) sind meist an Quellen oder stehende Gewässer gebunden. Es handelt sich entweder um kleinflächige Bildungen, die in den Gebirgen besonders oberhalb der Waldgrenze auftreten, oder um sehr alte Torflager in geologischen Senkungsgebieten.

Zu den merkwürdigsten europäischen Mooren zählt das 5000 ha große Moor von Philippi im griechischen Ostmazedonien. Das Moor liegt in einem geologischen Senkungsgebiet. Seit dem Ende des Tertiärs konnte es sich ohne Störungen durch die Eiszeiten entwickeln, so daß Torfmächtigkeiten von 200 m erreicht wurden. Die Torfe gehen nach unten in Weichkohlen über. Heute ist das Moor vollständig entwässert und wird ackerbaulich genutzt. Nach den Untersuchungen von Kimon Christianis (1983) wuchs das Moor wenigstens in den letzten 30 000 Jahren als waldfreies Versumpfungsmoor auf, wichtigste Torfbildner waren Riedgräser und vor allem die Binsenschneide *(Cladium mariscus)*. Die Untersuchung der Schichtenfolge (Stratigraphie) des Moores erlaubte eine sehr eingehende Darstellung der Klimageschichte dieses Zeitraumes. Die Entwicklung des Moores wurde lediglich durch Vulkanausbrüche gestört, deren Aschen im Torf konserviert sind, sowie durch mehrfache tektonische Senkungen, die das Moor unter Wasser setzten.

Ein ähnliches sehr mächtiges Niedermoor, das weit ins Pleistozän zurückreicht, ist aus Spanien in der Nähe von Padul bekannt geworden. Auch in Mitteleuropa entwickelten sich in den warmen Interglazialzeiten Torfmoore, doch wurden sie hier in den nachfolgenden Kaltzeiten immer wieder zerstört.

Moore in Nordasien

Jenseits des Ural schließt sich das westsibirische Regenmoorgebiet an, das allein 700 000 km² umfaßt (Moorzone IV_8). Der Mooranteil kann bis zu 50 %, stellenweise sogar bis zu 85 % betragen. Nach neueren Untersuchungen vergrößert sich die Moorfläche hier jährlich um 10 000 ha. Das Moorland entsteht durch Waldversumpfung, wobei die Waldbrände eine große Rolle spielen. 1905 brannten allein 4 Mill. ha Wald nieder und fielen größtenteils der Vermoorung anheim.

Das größte Moor im Bereich Wasjungan hat allein eine Fläche von 5,4 Mill. ha, das ist etwa die Hälfte der Fläche der DDR. Die großen Moore erreichen im Zentrum Aufwölbungen von 10 m. Ein besonderes Phänomen dieser großen Moore ist das Zusammenwachsen von Schlenken zu größeren Kolken und Blänken, aus denen schließlich regelrechte Moorseen hervorgehen. Dabei soll die Zersetzung des Torfes durch austretendes Methan bewirkt werden. Die westsibirischen Regenmoore erhalten durch die Sibirische Zeder *(Pinus sibirica)* auf den trockenen Torfmoosbülten mit *Sphagnum fuscum* eine besondere Note. In den Schlenken findet man vor allem *Sphagnum dusenii* und *Sphagnum balticum* zusammen mit Blasenbinse *(Scheuchzeria palustris)* und Schlammsegge *(Carex limosa)*. An den Schlenkenrändern ist *Sphagnum papillosum* ein häufiges Torfmoos.

Westsibirien steht heute wegen seiner reichen Erdöl- und Erdgasvorkommen im Blickfeld einer breiten Öffentlichkeit. Zunehmend werden Überlegungen angestellt, wie die großen Moore, die einer industriellen Erschließung Widerstand entgegensetzen, sinnvoll genutzt werden können. Immerhin schätzt man den hier lagernden Torfvorrat auf 14,3 Mrd. t.

Im südlichen Sibirien jenseits des Ural setzt sich die Zone der von Mineralbodenwasser ernährten Moore im Anschluß an das westsibirische Regenmoorgebiet fort. Sie reicht hier von der südlichen Taiga bis in die Randbereiche der Waldsteppen (Moorzone V_6). In den Versumpfungsmooren dominieren Braunmoos-Seggenriede, die einer zunehmenden Versauerung unterliegen. In den Basen-Zwischenmooren entstehen Inseln von Sauer-Zwischenmooren, die sich zu Regenmooren weiterentwickeln können. Meist sind diese Inseln bewaldet und deshalb besonders auffällig.

In Westsibirien greift die Zone der Seggen- und Schilfniedermoore (Moorzone VI) auf Teile des Steppengürtels über, wo Versumpfungsmoore überraschend häufig sind. In der Barbarasteppe bedecken Braunmoos-Seggenmoore bis zu 50% der Fläche.

Die Zone der Brackwasser- oder Salzmoore (Moorzone VII) umfaßt Südsibirien und Mittelasien. Besonders in den Mündungsgebieten der Flüsse Syrdarja und Amudarja treten Salzmoore mit Torfmächtigkeiten bis zu 7m auf. Als Torfbildner spielen hier in Mitteleuropa gut bekannte Röhrichtpflanzen, wie Gemeine Strandsimse *(Bolboschoenus maritimus)*, Salzteichsimse *(Schoenoplectus tabernaemontani)*, sowie eine Reihe salztoleranter Riedgräser eine Rolle. Die Torfakkumulationsrate in diesen Mooren ist verständlicherweise gering, und die Torfe sind relativ mineralreich. Es handelt sich ausnahmslos um Überflutungsmoore.

Eine Sonderstellung nimmt die Kolchis ein, sie ist das bedeutendste Moorgebiet Transkaukasiens im Tiefland des Rion (Moorzone VII_5). Aus dieser sumpf- und wasserreichen Landschaft sind sogar Torfmoosmoore von über 2000ha Größe beschrieben worden. Die sehr hohe Luftfeuchtigkeit und günstige Temperaturen ließen Torflager mit Mächtigkeiten von 12m entstehen. Hier sind auch die bisher höchsten Wachstumsraten für Torfmoostorfe von 20mm im Jahr ermittelt worden. Im Überflutungsbereich des Riondeltas entwickelten sich außerdem ausgedehnte Erlenbruchwaldmoore mit *Alnus barbata*.

Viel weniger wissen wir über die Moore des kontinentalen östlichen Sibirien. Im südlichen Jakutien, in den Becken der Lena und Wiljui muß mit riesigen Mooren gerechnet werden. Das von dort beschriebene Moor Sileen-Badaraan weist z.B. eine Flächengröße von 30000ha auf. Diese sibirischen Moore sind vorwiegend Basen-Zwischenmoore oder Sauer-Zwischenmoore, die den Charakter von Aapamooren mit bis zu 5m hohen Palsas haben.

Die zentralasiatischen Gebirge zeichnen sich durch ein extrem kontinentales Klima mit sehr geringen Niederschlägen und großen Temperaturschwankungen aus, so daß größere Moore nicht zu erwarten sind. Dennoch fehlen auch hier Torflager nicht vollständig. So geben aus dem östlichen Pamir Boč und Masing Kobresia-Polstermoore an. In Höhen von 3000 bis 3900m ü. NN nehmen Hang- und Talmoore immerhin noch 2 bis 4% der Fläche ein. Es handelt sich vor allem im Bereich der Talböden um verhältnismäßig flachgründige Moore im Gebiet des Dauerfrostbodens. Hier schließen sich die Moore der Mongolei an, die ebenfalls an Standorte mit Dauerfrostboden gebunden sind.

Die Dauerfrostbodengrenze verläuft südlich von Ulan-Bator, etwa in gleicher Breite wie Wien, so daß in der gesamten nördlichen Mongolei bis in die Waldsteppen und Steppenzone und z.T. noch am Rande der Gobiwüste Niedermoorbildungen auftreten. Grundwasserführende Talniederungen, insbesondere die Ober- und Mittelläufe der Bäche in der Waldsteppenzone oberhalb 1200m ü. NN, weisen großflächige Dauereisbodenmoore auf. Diese Eismoore tragen natürlicherweise lichte übermannshohe Birkengebüsche, durchsetzt mit Strauchweiden. Der Boden ist von einem dichten Moospolster aus *Aulacomnium palustre* überzogen. Unter einer dünnen Torfdecke von meist weniger als einem halben Meter folgt in der Regel ein kompakter Dauereiskörper von z.T. mehr als einem halben Meter, der in den heißen Sommern teilweise abtaut und zahlreiche in den Mooren entspringende Bäche ernährt.

In den tiefer gelegenen Tälern der Steppenzone mit intensiver Weidenutzung finden wir dagegen ausgedehnte Torfhügelmoore (Bugrimoore), wie wir sie im nördlichsten Europa kennengelernt haben. Diese Bugrimoore sind die wichtigsten Frühsommerweidegebiete für die Pferdeherden der Nomaden. In den langen niederschlagsfreien und damit auch schneefreien Wintern herrscht extreme Trockenheit.

Nur auf den Dauerfrostbodenmooren sprießt mit der fortschreitenden Erwärmung ab Ende Mai durch die Auftauprozesse eine üppige Wiesenvegetation, die bis zum Einsetzen der sommerlichen Monsunregen Ende Juni die Nomaden mit ihren Viehherden anlockt. Diese Moorweiden schmücken sich im Verlaufe des Sommers mit immer neuen Blühaspekten. Ist es Ende Mai das Rot der Mehlprimel *(Primula farinosa* ssp. *sibirica)*, so erscheinen im Juni rot- und weißblühende Läusekraut-*(Pedicularis-)*Arten zusammen mit rotblühenden Knabenkräutern, und im Juli herrscht das Gelb der großen Blütenköpfe von *Ligularia sibirica.*

An Quellaustritten der Talränder kommt es außerdem zur Bildung von sogenannten Aufeishügeln, die ihr winterliches Aufwölben dem zuströmenden Grundwasser verdanken. Im Gegensatz zu den Palsas am Rande der Tundra schmilzt hier in heißen Sommern der gesamte, meist nur von einer geringmächtigen Torfdecke überzogene Eiskörper, dessen Höhe übrigens mehrere Meter betragen kann. Es entstehen kleine Teiche. In kühlen Sommern bleibt das Eis dagegen weitgehend erhalten.

Im Fernen Osten der Sowjetunion hebt sich das Gebiet der Amurtiefebene als Bereich mit intensiver Torfbildung heraus. Neben den Überflutungsmooren im engeren Flußtal treffen wir auf alten Flußterrassen ausgedehnte Torflager an, die wahrscheinlich als Durchströmungsmoore aufwuchsen, aber auch echte Regenmoore fehlen nicht. Von besonderem Interesse sind Palsamoore in verschiedenen Stadien des Zerfalls. Man spricht vom Phänomen des Thermokarstes und versteht darunter die Entstehung von Hohlformen durch Ausschmelzen von Eiskernen in den Torfhügelmooren.

Die milderen Winter auf Sachalin und Kamtschatka und vor allem die höhere Luftfeuchtigkeit waren dort der Entwicklung von Mooren sehr förderlich. Immerhin gehört Westkamtschatka zu den moorreichsten Gebieten der Sowjetunion, denn die Torflager nehmen etwa 80% der Fläche ein. In erster Linie handelt es sich um Regenmoore vom Typ der Kermimoore. Im Einflußbereich der aktiven Vulkane sind sie zum Teil unter halbmeterstarken Ascheschichten begraben. Auch von Sachalin wurden Regenmoore mit bis zu 7m mächtigen Torfmoostorfen bekannt. Die Pflanzendecke dieser Moore ist durch zahlreiche im ostasiatischen Raum verbreitete Sippen gekennzeichnet, z. B. durch *Myrica tomentosa* und *Larix gmelinii.*

Auf den japanischen Inseln scheinen echte Regenmoore selten zu sein. Auf der Insel Hokkaido soll es aber 167000 ha Niedermoore geben, wohl hauptsächlich als Versumpfungs- und Überflutungsmoore, 19000 ha Übergangsmoore und 33000 ha Hochmoore, bei denen es sich jedoch größtenteils um stark durch Zulaufwasser geprägte Armmoore handeln dürfte.

Ausgesprochene Regenmoorstandorte kommen nur in 2 größeren Moorkomplexen auf Hokkaido vor. In der Küstenebene Nordwesthokkaidos liegt im Schutze einer Nehrung das Sarobetsu-Moor und im östlichen Hokkaido das Konsen-Moor. Eingehender wurde das Sarobetsu-Moor von Akira Miyawaki und seinen Mitarbeitern untersucht. Es handelt sich um einen ausgedehnten Moorkomplex, der aus einem Strandsee hervorgegangen ist und eine Fläche von etwa 5000 ha einnimmt. Die rein ombrotrophen Moorteile sind mit etwa 20 ha ausgesprochen klein, und ihre Aufwölbung ist nur gering, damit entsprechen sie wahrscheinlich den Planregenmooren, wie wir sie aus Nordwesteuropa kennen. Neben Torfmoosen *(Sphagnum magellanicum, Sph. fuscum, Sph. papillosum)* gehören Zwergsträucher, wie z. B. die Torfgränke *(Chamaedaphne calyculata)*, Krähenbeere *(Empetrum nigrum)* und Moltebeere *(Rubus chamaemorus)*, zum charakteristischen Artengefüge der Torfmoosbülten. Sumpfporst *(Ledum palustre)* und Gagelstrauch *(Myrica gale)*, jedoch beide mit eigenen Unterarten, treten hier nebeneinander auf. Auch die regellos über das Moor verteilten Schnabelriedschlenken mit *Sphagnum pulchrum*, Langblättrigem Sonnentau *(Drosera anglica)* und Sumpfbärlapp *(Lycopodiella inundata)* erinnern stark an das Bild der westeuropäischen Planregenmoore. Die flachen Regenmoorkalotten, die in ausgedehnte Zwischenmoore eingebettet sind, weisen sogar typische Kolke auf.

Für die vorwiegend durch Mineralbodenwasser ernährten Moore sind das Gras *Moliniopsis japonica* und die Segge *Carex middendorfii* charakteristisch, wobei letztere auch auf den Regenmoorstandorten nicht fehlt. Die typischen Röhricht- und Riedniedermoore werden von Schilf *(Phragmites)* und *Calamagrostis langsdorfii* beherrscht. Bruchmoore bildet die Japanische Erle *(Alnus japonica)*.

In den dicht besiedelten Küstenniederungen der japanischen Insel Honshu sind nur noch Reste der einstigen Röhricht- und Erlenbruchmoore erhalten, denn hier gedeihen heute vornehmlich Reiskulturen. Ungewöhnlich schöne und interessante Moore können wir dagegen in den Gebirgen Mittelhonshus in der Vegetationsstufe der sommergrünen Breitlaubwälder in Höhenlagen von 1000 bis 2000 m ü. NN antreffen. Diese Moore haben sich in Quellmulden oder auch über verlandeten Seebecken entwickelt und stehen wohl ausnahmslos unter dem Einfluß von Mineralbodenwasser.

Der größte Moorkomplex Honshus, das Ozegahara-Moor im Nikko-Nationalpark, gehört gleichzeitig zu den eindrucksvollsten und repräsentativsten Mooren ganz Japans. Es bedeckt eine Fläche von 800 ha und füllt einen langgestreckten Talzug aus. Die Mächtigkeit des Torflagers erreicht 6 m. Das Moor wird von zahlreichen Zuflüssen ernährt und besitzt eine geneigte Oberfläche. Nach unserer entwicklungsgeschichtlichen Moorgliederung handelt es sich um ein typisches Durchströmungsmoor, in dem auf Grund des nährstoffarmen Zulaufwassers und der relativ hohen Niederschläge schöne Armmoore entwickelt sind. Wichtigste und verbreitetste Vegetationsform dieser Armmoore ist das Moliniopso-Sphagnetum papillosi. Das zur Bültenbildung neigende Papillentorfmoos *(Sphagnum papillosum)* formt vor allem strangartige Strukturen, während die ausgesprochenen Plateauflächen von *Sphagnum compactum*-Teppichen mit dem Riedgras *Carex omniana* gebildet werden. Eingeschaltete Schlenkenzüge sind durch eine *Moliniopsis-Sphagnum pulchrum*-Gesellschaft ausgezeichnet. Das Gras *Moliniopsis* vertritt in den japanischen Mooren offensichtlich unser Schmalblättriges Wollgras *(Eriophorum angustifolium)*. In den *Sphagnum pulchrum*-Schlenken finden wir eine Fülle bekannter Moorpflanzen aus den Gattungen *Rhynchospora, Drosera, Eriocaulon* und *Carex*. Selbst die Blasenbinse *(Scheuchzeria palustris)* ist hier nicht selten. Die Zwischen- und Reichmoorvegetation setzt sich aus Seggenrieden, wiesenartigen Vegetationsformen und Röhrichten zusammen. Besonders fällt ein bachbegleitendes Staudenried im Überflutungsbereich der Moorbäche mit *Lysichiton camtschatcense* auf, einem im zeitigen Frühjahr blühenden Aronstabgewächs (Aracee). Dort, wo der Wasserzulauf besonders stark ist und es zu einem Wasserstau kommt, erweitern sich die Schlenken zu höhenparallel angeordneten Kolken, die vielfach von teilweise schwimmenden Inseln durchsetzt sind.

Neben solchen typischen Durchströmungsmooren wie dem Ozegahara-Moor, findet man auch Quellmuldenmoore mit ebener Oberfläche. Ein sehr schönes Beispiel für diesen Moortyp ist das Hiragadake-Moor, ebenfalls in Mittelhonshu in 2100 m ü. NN gelegen. Mit 25 ha ist es ein recht kleines Torflager. Auch hier handelt es sich um ein Armmoor. Seine Oberfläche besteht aus einem regellosen Mosaik von Kolken und Torfmoosinseln, die von der *Moliniopsis-Sphagnum-papillosum*-Gesellschaft gebildet werden. An das Quellmuldenmoor schließen sich vielfach Hangmoorbildungen an, die hauptsächlich oberhalb der Grenze der geschlossenen Wälder anzutreffen sind.

Moore in Nord- und Mittelamerika

Jenseits des Stillen Ozeans breitet sich von Alaska im Westen bis zu den Küsten des Atlantiks im Osten ein Moorgebiet aus, das mit Westsibirien vergleichbar ist. Im nordwestpazifischen Bereich findet man baumarme Torfmoosmoore auf geneigter Unterlage ohne deutliche Oberflächenstrukturen. Offenbar begünstigen die milderen Winter und die ausgeglichen hohen Niederschläge die Entwicklung deckenmoorartiger Torflager von beachtlicher Ausdehnung. Streckenweise beherrschen sie das Landschaftsbild.

Alaska besitzt insgesamt beinahe ebensoviel Moorland wie die übrigen Vereinigten Staaten von Amerika. Es sind vor allem die aus dem nördlichen Skandinavien bekannten Aapamoore und verwandte Moorformen, die unter den Bedingungen des kalten Kontinentalklimas im gesamten Gebiet der nördlichen

Nadelwaldzone bis zur Hudsonbay vorherrschen. Etwa die Hälfte der Fläche ist vermoort, die höchste Dichte erreichen die Moore auf den wasserundurchlässigen Böden rund um die Hudsonbay. Hier finden wir vor allem auch aufgewölbte Moore, die den Ausbildungsformen der Kermimoore Westsibiriens entsprechen.

Insgesamt ähneln die Moorzonen des nördlichen Nordamerika weitgehend denen, die wir in Europa unterschieden haben. Auf die Zone der arktischen Polygonmoore folgen nach Süden die Zonen der Palsa- und Aapamoore (string fens) und schließlich die Zone der aufgewölbten Regenmoore. Entsprechend dem starken Ozeanitätsgefälle von Ost nach West ändern sich die Formen der Regenmoore in ähnlicher Weise, wie wir es von Europa geschildert haben. Im Gebiet östlich der Hudsonbay sind Deckenmoore eine verbreitete Erscheinung, sie werden nach Westen von Plateauregenmooren und im Gebiet der Großen Seen von kuppelförmig aufgewölbten Regenmooren, die in vollkommener Weise den europäischen Kermimooren entsprechen, abgelöst. Weiter westlich treten dann fast nur noch ebene Waldmoore auf, die von den kanadischen Moorforschern als »continental boreal bogs« bezeichnet werden.

Wichtigste torfbildende Pflanzen der Regenmoore sind die uns aus Europa vertrauten Torfmoose *Sphagnum magellanicum, Sph. fuscum, Sph. balticum, Sph. compactum, Sph. nemoreum, Sph. rubellum* und *Sph. cuspidatum.* Allerdings scheinen Flechten hier eine größere Rolle zu spielen als in den europäischen Regenmooren. Die grasartigen Pflanzen, wie z. B. die Wollgräser, gehören jedoch bereits anderen Arten an *(Eriophorum virginicum, E. spissum)*. Auch der Sumpfporst wird durch *Ledum groenlandicum,* eine nahe verwandte Art, vertreten. Daneben erscheinen auf den Regenmooren mit *Gaylussacia, Gaultheria* und *Kalmia* 3 für uns neue Gattungen der Heidekrautgewächse.

Auf den nordamerikanischen Armmooren bilden die Nadelbäume Ostamerikanische Lärche *(Larix laricina)* und Schwarzfichte *(Picea mariana)* sehr lockere, oft krüppelartige Bestände. Regelrechte Moorwälder mit *Picea mariana* trifft man dagegen auf den Waldmooren und den flachen, zur Versumpfung neigenden Wasserscheiden. Auch der Abendländische Lebensbaum *(Thuja occidentalis)* kann in Moorwäldern der borealen Zone Nordamerikas zur dominierenden Baumart werden.

Über den Flächenanteil der Moore Kanadas gehen die Schätzungen weit auseinander. Allein die von Schneider angeführten Zahlen schwanken zwischen 100 000 km^2 und 1 290 000 km^2, Sjörs rechnet mit 170 Mill. ha. Die kanadischen Torfvorräte sollen jedoch nur 7,8% der Weltvorräte betragen, womit Kanada nach der Sowjetunion und Finnland den dritten Platz einnehmen würde.

An das kanadische Regenmoorgebiet schließen sich die Regenmoore in den nördlichen und östlichen Laubwaldgebieten der Vereinigten Staaten mit den bedeutendsten Torfvorräten der USA an, deren Moorflächen 215 000 km^2 ausmachen sollen.

Dieses Regenmoorgebiet geht nach Süden ohne scharfe Grenzen in ein Gebiet über, in dem Versumpfungsmoore vorherrschen. Vor allem in den Grenzgebieten zu den sommergrünen Laubwäldern müssen Seggenmoore verbreitet gewesen sein. Nach Rüdiger Knapp waren z. B. 3,24% des Staates Wisconsin von offenen Großseggensümpfen bedeckt. Die Entwicklung dieser Moore ist durch Präriebrände stark beeinflußt worden. Das gleiche dürfte auch für baumfreie Kalk-Zwischenmoore, die vornehmlich in Bereichen mit kalkreichem Grundwasser auftreten, zutreffen.

Einen einzigartigen Komplex stellen die Sumpfmoore und Moorwälder im Süden und Südosten der Vereinigten Staaten mit der Sumpfzypresse *(Taxodium distichum)* als bekanntester Baumart dar. Es sind vorwiegend Überflutungsmoore in den Flußtälern und im Küstenbereich oder Versumpfungsmoore, die aber größtenteils durch Zulaufwasser gespeist werden. Weltberühmtheit erlangten die Everglades, die grandioseste Sumpflandschaft Nordamerikas. 500 000 ha waren einst baumfreies Riedgrasmoor mit bis zu 3 m mächtigen, hochzersetzten Torfen, die vom Meer her in den Randzonen salzwasserbeeinflußt und von Mangrovegehölzen durchsetzt sind, vom Lande her aber mit Süßwasser versorgt werden. Im Nationalpark auf Florida ist ein kleiner Ausschnitt dieser Sumpflandschaft geschützt und dennoch vielen Gefahren ausgesetzt. Das Moor wird dort aus dem See Okeechobee ernährt, dem man aber zunehmend Bewässerungswasser entnimmt.

Die Sumpfzypressenwälder können sich in den Everglades nur dort entwickeln, wo der Boden wenigstens alle 10 bis 20 Jahre einmal trockenfällt. Zusammen mit der Sumpfzypresse bildet der Tupelobaum *(Nyssa aquatica)* imposante Moorwälder, die jenen Waldmooren im Tertiär ähnlich sind, aus denen die mitteleuropäischen Braunkohlenlagerstätten hervorgingen. Auf aufgewölbten, also offensichtlich ausschließlich von Regenwasser ernährten Mooren tritt ein Weißzedern-Moorwald als torfbildende Vegetationsform auf. Damit leiten diese Moore zu den subtropischen und tropischen Regenmooren über. Es scheinen die einzigen dieser Art auf dem amerikanischen Kontinent zu sein.

Moorwälder und vor allem baumfreie Riedgrasmoore mit *Cladium jamaicense* kommen an vielen Stellen der mittelamerikanischen Küsten in größerer Ausdehnung vor. Die teilweise mehrere Meter mächtigen Torflager wuchsen mit dem steigenden Meeresspiegel in die Höhe. Gleiches gilt für die Torflager der Schlickgrasmarschen an den Küsten der gemäßigten Klimazone Nordamerikas. An den Küsten von Massachusetts wurden Salztorflager mit Torfmächtigkeiten von 30 m untersucht, die in etwa 12000 Jahren aufwuchsen. Außer der hohen Produktivität der Schlickgrasmarschen ist sicher auch ein hoher Eintrag an silikatischem Material für das schnelle Torfwachstum von 3 bis 4 m im Jahrtausend verantwortlich zu machen.

Es mag zweifelhaft sein, ob die Mangrove auf Torfsubstraten an den subtropischen und tropischen Küsten, von denen aus dem mittelamerikanischen Raum berichtet wird, noch zu den Mooren zu zählen sind. Doch wird hier organische Substanz akkumuliert, und aus dem Bestandesabfall der Mangrovegehölze und eingespülten Meeresmakrophyten entsteht schließlich Torf. Über Verbreitung und Mächtigkeit dieser Mangrove-Torflager ist aber kaum etwas bekannt.

Moore in Südamerika

Wenden wir uns den Mooren Südamerikas zu. Das moorreichste Land des Kontinents dürfte wohl Brasilien sein, obgleich bisher keinerlei statistische Angaben vorliegen. Der Geobotaniker Kurt Hueck beschreibt Igapo-Wälder in den Auen der sedimentarmen Schwarzwasserflüsse. Aber es ist unklar, inwieweit sie auf organischen Böden stocken. Interessanter noch dürfte die Varzea-Formation der Weißwasserflüsse sein; zwischen den Uferwällen am Fluß und dem überflutungsfreien Land haben sich riesige Sumpflandschaften mit Hochgrassümpfen, schwimmenden Wiesen und den Varzea-Wäldern entwickelt. Ob es sich hier wirklich um Moorland handelt, wird von manchen Autoren bestritten, andere sprechen von den typischen Mooren Südamerikas. Obwohl kaum Torf gebildet wird – gelangen doch zur Sedimentation hauptsächlich silikatische Mudden –, vertritt man die Auffassung, daß im Amazonasgebiet das größte Überflutungsmoor der Erde existiert.

In den pazifischen und karibischen Regenwaldgebieten Venezuelas und Kolumbiens sind Sumpfregenwälder als schwer zu durchdringende Sumpfwildnis mit der charakteristischen Palmengattung *Mauritia* beschrieben worden. Solche Versumpfungsmoore dürften ursprünglich auch im Übergangsbereich der tropischen Regenwälder zu den Feuchtsavannen verbreiteter gewesen sein. Diesen Bereich müssen wir uns als ein Gemisch von Feuchtwäldern und Sümpfen vorstellen. Auch in den großen abflußlosen Gebieten der argentinischen Pampa haben Versumpfungsmoore einst sicher eine große Rolle gespielt. Die gegenwärtige Moorfläche von 450 km^2 ist dagegen verschwindend klein.

Bereits zu Beginn unseres Jahrhunderts beschrieb Gustav Gassner aus Uruguay »Wiesenmoore« und »rohrsumpfartige Moore«, die von der Bevölkerung als Bañados bezeichnet wurden. »Die rohrsumpfartigen Bañados, die uns vor allem als Begleiter der Flußlaufvegetation begegnen, finden sich hauptsächlich an mehr lehmigen Stellen, die langandauernden periodischen Überflutungen ausgesetzt sind; sie setzen sich in der Hauptsache aus dichten Horsten hoher Gräser zusammen, unter denen *Panicum*- und *Paspalum*-Arten die häufigsten sind.« Dagegen boten die in Geländesenken anzutreffenden Wiesenmoore, die im Osten Uruguays »in größter Ausdehnung« auftraten, einen ganz anderen Anblick, denn hier bestimmten kleine Gräser und Riedgräser das Bild. Auch Moose fehlten nicht. Gassner gibt sogar Torfmoose an. Es handelt sich hier offenbar um nährstoffärmere Versumpfungsmoore auf sandiger Unterlage.

An den Küsten des Atlantiks boten die Dünentäler von Brasilien bis Uruguay günstige Bedingungen für die Entstehung kleiner Versumpfungsmoore mit dem Gras *Paspalum pumilum*, der Simse *Eleocharis sellowiana* und Dreizack-*(Triglochin-)*Arten. Über diese Moore sind wir durch die Arbeiten von Jürgen Pfadenhauer und Jürgen Schwaar unterrichtet.

Schwaar hat auch den »Hochmooren Feuerlands« mehrere Studien gewidmet. Feuerland bildet den südlichsten Zipfel des südamerikanischen Kontinents und reicht bis in das antarktische Klima- und Vegetationsgebiet hinein. Die Moore nehmen offenbar einen erheblichen Teil der Landflächen ein, sie werden hauptsächlich aus Torfmoosen und Zwergsträuchern gebildet. Über Größe und Mächtigkeit der einzelnen Torflager ist bisher nichts bekannt. Wichtigster Torfbildner dürfte das Rote Torfmoos *(Sphagnum magellanicum)* sein, Wollgräser fehlen, dafür tritt das Binsengewächs *Tetronium magellanicum* als »grasartige Komponente« der Vegetationsdecke auf. Die Zwergsträucher rekrutieren sich aus zwergwüchsigen Südbuchen *(Nothofagus antarctica)*, der Roten Krähenbeere *(Empetrum rubrum)* und dem Heidekrautgewächs *Pernettya pumila*.

Neben diesen Torfmoosmooren beobachtete Schwaar aber auch torfmoosfreie Armmoore, wo anstelle der Torfmoose das Haarmützenmoos *(Polytrichum alpestre)* die Mooroberfläche beherrscht. Den feuerländischen Hochmooren fehlen auch Kolke und Schlenken nicht. Hier gedeihen Seggen-Torfmoosrasen mit *Carex magellanica*, wie sie auch in entsprechenden Mooren auf der Nordhalbkugel verbreitet sind. Diese Vegetationsformen stehen in engem Zusammenhang mit den subantarktischen Niedermooren. Neben *Carex magellanica* sind dort jedoch Braunmoose der Gattung *Drepanocladus* wichtigste Torfbildner. Häufig dürfte es sich um Hangversumpfungen handeln, doch bietet das glazial geprägte Relief auch Kesselmooren Entwicklungsmöglichkeiten. In den Tälern Feuerlands und Patagoniens sind neben den waldfreien Hochmooren auch Wald- oder Bruchmoore verbreitet. Selbst auf diesen Torflagern bildet die Südbuche Bestände von 3 bis 6m Höhe, wie sie z.B. von Kurt Hueck aus dem argentinischen Nationalpark Nahuel Huapi beschrieben wurden. Außerdem schildert Hueck patagonische Bruchmoore mit dem Zypressengewächs *Pilgerodendron uviferum* als bestandsbildender Baumart. *Pilgerodendron* besiedelt nicht nur mesotrophe Bruchmoore, sondern auch die Ränder von Armmooren. Sein Verhalten gleicht in vieler Hinsicht dem unserer Kiefer.

Bruchmoore sind auch aus der Regenwaldstufe der Südanden bekannt geworden. Wichtigster Bestandsbildner ist hier das volkstümlich als Alerce bezeichnete Zypressengewächs *Fitzroya patagonica*. Es sind bis zu 60m hoch werdende mächtige Bäume, die öfter mit den Riesenmammutbäumen Nordamerikas verglichen wurden. Hueck verweist besonders auf die *Fitzroya*-Waldmoore (»Sumpf-Alercales«) im argentinischen Nationalpark Los Alerces.

Werfen wir noch einen Blick auf die südamerikanischen Gebirge. Als sehr eigenwillige Formation verdient die Páramo-Vegetation in den Hochlagen der Anden unsere Aufmerksamkeit. Die Pflanzengeographen verstehen darunter jenes tropisch-alpine Anmoor- und Heideland, in dem die Humusakkumulation durch ein extremes Tageszeitenklima mit häufigen Niederschlägen, Nebel und Bodenfrost beeinflußt wird. Hier treten flachgründige Versumpfungsmoore mit ausgedehnten Torfmoosdecken auf, die von zwergwüchsigen Farnbäumen der Gattung *Lomaria* durchsetzt sind.

Die Páramo-Vegetation findet im Süden in der Puna-Vegetation des Altiplano ihre Fortsetzung. Insbesondere in der feuchteren Puna sind Vermoorungen nicht selten, wenn sie meist auch nur kleinflächig auftreten. Besonders bekannt geworden sind hier die Hartpolstermoore, bei denen es sich vorwiegend um Hang- oder Quellmoore handelt. Torfmoos- und Riedgrasmoore treten auch in tieferen Lagen auf, es handelt sich jedoch wohl immer weitgehend um von Mineralbodenwasser ernährte Moore mit geringeren Torfmächtigkeiten. Torfmoose scheinen als Torfbildner auf der Südhalbkugel überhaupt nur eine untergeordnete Rolle zu spielen. Eine Ausnahme macht, wie bereits geschildert, Feuerland.

Jedoch wird auch von Torfmoosmooren in

den immergrünen Regen- und Nebelwäldern der nördlichen Anden berichtet. Über Ausdehnung und Mächtigkeit dieser Torflager ist allerdings wenig bekannt.

Moore in Afrika

In Afrika zeichnet sich vor allem das Kongobecken durch eine intensive Torfspeicherung aus. An erster Stelle sind die von dem Geobotaniker Rüdiger Knapp beschriebenen Moorregenwälder als torfspeichernde Ökosysteme zu nennen. Es handelt sich eigentlich nicht um Auenwälder, vergleichbar den südamerikanischen Igapo-Wäldern, sondern Versumpfungsstandorte mit lange stagnierendem, sehr hohem Grundwasserspiegel. Welche Fläche der Moorregenwald im Kongobecken einnimmt, ist noch unbekannt. Es wurde berichtet, daß man dort Moorprofile mit einer Mächtigkeit von 50 m erbohrte. Solche Moortiefen dürften nur in geologischen Senkungsgebieten zu erwarten sein. Es sind aschereiche, hochzersetzte Torfe.

In die afrikanischen Grasländer sind zahlreiche große, von Moorgebüschen bewachsene Geländesenken eingebettet. In ihnen läuft während der Regenzeit Oberflächenwasser zusammen, so daß diese abflußlosen Senken lange Zeit des Jahres überflutet werden und deshalb Standorte mit stärkerer Humusspeicherung entstehen. Rüdiger Knapp gibt an, daß solche Moorgebüsche in Ostafrika vom Sudan bis Moçambique und im Norden von Guinea bis zum Ostsudan verbreitet sind.

Ganz eigene Züge tragen die Moorbildungen in der Zone der immergrünen Hartlaubgehölze in Nord- und Südwestafrika. Zum größten Teil handelt es sich um Kalkmoore, oder sie sind salzwasserbeeinflußt (Brackwassermoore). Wir finden hier eine Reihe uns vertrauter Moorpflanzen, wie z.B. das Schwarze Kopfried *(Schoenus nigricans)* und die Binsenschneide *(Cladium mariscus)*, die diese Moore an Gewässerufern oder in versumpften Geländesenken aufbauen. Auf etwas trockneren Moorstandorten schließen sich in Südafrika an das Riedgrasmoor Gebüschgesellschaften mit bis zu 5 m hohen *Rhus*- und *Myrica*-Arten an. Moorwälder scheinen dagegen zu fehlen.

In den afrikanischen Gebirgen südlich der Sahara sind in Höhenlagen von 1200 bis 2800 m ü. NN in den niederschlagsreicheren Gebieten Versumpfungsmoore mit weniger hochwüchsigen Riedgräsern keine Seltenheit. Diese Moore zeichnen sich durch einen bemerkenswerten Reichtum an Orchideen, Liliengewächsen und Schwertliliengewächsen aus. Zu den Hauptbestandsbildnern gehören auch hier *Cyperus*- und *Miscanthidium*-Arten.

Kurzrasige Riedgrasmoore treffen wir in den ostafrikanischen Gebirgen erst in Höhenlagen von 2400 bis 3600 m ü. NN an. Neben verschiedenen *Carex*-Arten sind Vertreter der Binsengewächse wichtige Torfbildner.

An den Grenzen des tropischen Regenwaldes gehen die Moorregenwälder in nasse Hochgrasfluren über, die sich ebenfalls durch sehr humusreiche Böden auszeichnen. An der Küste treten schließlich Moorregenwälder in enger Verbindung mit der Mangrove auf.

Grasmoore wurden als Verlandungsmoore an den großen afrikanischen Seen seit langem bekannt, z.B. die Papyrussümpfe. Auch Schwingrasenbildungen hat man von den Seen beschrieben.

An den Ufern der großen, aber meist nur flachen Seen in Zentralafrika sind solche schwimmenden Verlandungssümpfe außerordentlich verbreitet. Besonders ausgedehnte Papyrussümpfe mit Zypergras *(Cyperus papyrus)* finden wir an den Ufern des Victoriasees, des größten Süßwassersees der Alten Welt. Grasmoore, wohl meist als Versumpfungsmoore aufgewachsen, spielten hier ebenfalls eine bedeutende Rolle. In Uganda sollen sie einst 7% der Landfläche eingenommen haben. Heute sind sie größtenteils kultiviert. Als charakteristische Bäume können auf diesen Grasmooren die Sumpfpalme *(Phoenix reclinata)* und *Raphia*-Palmen auftreten. Bei stark saurem Boden siedeln sich auch Torfmoose an, ohne daß sie als Torfbildner eine Rolle spielen.

Zu den größten Sumpfgebieten Afrikas gehören die Lukanga-Swamps und der Bangweulu-See mit dem Kampolombo-See in Simbabwe. Der Durchmesser des Bangweulu-Kampolombo-Sumpfgebietes soll 150 km betragen. Zu den Torfbildnern gehören hier, ähnlich wie auch am Victoriasee, tropische *Cyperus*-Arten und das Riesengras *Miscanthidium violaceum*. Die bis zu 4 m hohen Bestände wachsen auf weniger nassen Stellen in den *Papyrus*-Sümpfen. Heinrich Walter fielen beim Überfliegen dieses Sumpfgebietes eigenartige Oberflächenmuster auf, die ihn an die Strangmoore der Nordhalbkugel erinnerten. Solche Strukturen gehen hier wahrscheinlich auf ehemalige Uferwälle, also Seeufer, zurück. Im Wasser der Seen finden wir untergetauchte Rasen flutender Gräser mit wilden Reisarten *(Leersia, Oryza)* und dem Gras *Vossia cuspidata*, wobei hier eigentlich noch nicht von einer Torfbildung gesprochen werden kann.

Paramoähnliche Vegetationsformen wurden von verschiedenen Autoren in den höchsten Lagen der afrikanischen Gebirge beschrieben. In der alpinen Stufe des Kilimandscharo und Ruwenzori bestimmen die »baumförmigen« Greiskraut- und Lobelienarten das Vegetationsbild. Sie dringen auch in die hier häufigen Seggen-Moosmoore ein, in denen endemische Torfmoosarten und das Riedgras *Carex monostachya* die wichtigsten Torfbildner sind. Die bis ein Meter mächtigen Torfdecken dieser Seggen-Moosmoore wurden auf dem Kenia und dem Kilimandscharo noch bis in 4400m und am Ruwenzori bis 4300m ü. NN gefunden.

Die Moore Madagaskars waren verschiedentlich Gegenstand eingehenderer Untersuchungen. Auch Rüdiger Knapp schenkte ihnen im Rahmen seiner Vegetationsmonographie besondere Aufmerksamkeit. Es wurde festgestellt, daß Moore in allen Höhenstufen auftreten. Oberhalb der Waldgrenze, in Höhen von 2000m ü. NN, sind sogar kleinflächig Torfmoosmoore entwickelt. Zu den Torfbildnern gehören Restionaceen, Xyridaceen und Eriocaulaceen, deren Vertreter für tropische und subtropische Moore charakteristisch sind.

Unterhalb der Waldgrenze wurden im Hochland von Madagaskar von Herbert Straka typische Hochgrasmoore mit Torfmächtigkeiten bis zu 8m erkundet. Wichtigste Torfbildner sind hier das bis zu 4m hoch werdende *Cyperus madagascariensis*, daneben *Cyperus latifolia*. Es handelt sich um typische Versumpfungsmoore, deren Bodenoberfläche das ganze Jahr unter Wasser steht. Auf weniger nassen Standorten werden diese »Zozoro-Moore« von farnreichen Riedgrasmooren abgelöst. Unter den Farnen finden wir auch mit dem in Europa vorkommenden Sumpflappenfarn *(Thelypteris palustris)* nahe verwandte Sippen.

Im Bereich der tropischen Tieflandsregenwälder auf der Ostseite Madagaskars waren Moore einst weit verbreitet. Es handelt sich um Wald- und Gebüschmoore, aber auch offene Riedgrasmoore fehlen nicht. Zu den bemerkenswertesten Pflanzen dieser Tieflandsmoore gehört eine endemische Kannenpflanze *(Nepenthes madagascariensis)*.

Moore in Süd- und Südostasien

Die großen zentralasiatischen Wüsten besitzen keine Moore, erst im Hochland von Tibet wurden an den Nordhängen Formationen beobachtet, die wir zu den Mooren zählen können. Hier bedeckt *Kobresia tibetanica* mit ihrer Wurzelmasse geringmächtige Torflager, die in den Verwandtschaftskreis der Hartpolstermoore gehören. Die Blätter von *Kobresia* sind so hart, daß sie selbst für Kamele ungenießbar bleiben. Die tibetanischen Kobresia-Moore erinnern mit ihren Oberflächenmustern an die nordischen Aapamoore.

Aus dem Himalaja sind Moore bisher nicht bekannt geworden. Erst in den Tälern der großen Ströme, die im Himalaja ihren Anfang haben, treten ständig durchfeuchtete Standorte auf, so daß eine Akkumulation organischer Substanz stattfinden kann. Im Tal des Brahmaputra waren Hochgrassümpfe, wie wir sie aus dem tropischen und subtropischen Afrika bereits kennengelernt haben, weit verbreitet. Sie wurden immer mehr in Kulturland verwandelt und sind heute fast nur noch in Reservaten anzutreffen. Besonders am Südfuß des Himalaja waren einst Hochgrassümpfe und Sumpfwälder recht häufig. Bekannt geworden sind sie als Sumpfdickicht »Tarai«. Auch die Mündungsgebiete der südasiatischen Ströme begünstigen mit ihrem Wasserreichtum die Speicherung organischer Substanz, doch wurden sie bis auf schmale Küstensäume nahezu gänzlich kultiviert. Das gilt auch für das Indusdelta. Östlich der Indusmündung ist jedoch im küstennahen Binnenland eines der größten indischen Sumpfgebiete mit der seltsamen Bezeichnung »Der Große Rann von Katsch (The Great Rann of Kutch)« erhalten geblieben.

Die feuchten Tropen und Subtropen des asiatischen Festlandes sind auf Grund ihres Gebirgscharakters weniger reich an Mooren als vergleichbare Landschaften Amerikas oder Afrikas. In erster Linie kommen auch hier als günstige Standorte für eine Moorentwicklung die Flußtäler in Frage. Doch wurde gerade in den Flußtälern seit alters her eine intensive Reiskultur betrieben. Wilde Formen des Reises erwähnten wir bereits als Bewohner subtropischer Sümpfe in Afrika. Der Reisanbau in den ehemals versumpften Flußtälern und Küstenebenen Südostasiens gehört zu den größten Kulturleistungen der Menschheit. Nur die unmittelbar vom Salzwasser beeinflußte Küstenmangrove widersetzt sich bis heute der Kultivierung.

Sumpfflächen größeren Ausmaßes existieren heute noch im Gebiet des Sees Tonle' Sap in Kampuchea. Der etwa 120km lange See steht mit dem Mekong in Verbindung und unterliegt großen Seespiegelschwankungen. Wie der Tonle' Sap als Ausgleichsbecken im Einzugsgebiet des Mekong fungiert, so besitzt auch der wasserreichste Strom Chinas, der Jangtsekiang in der mittelchinesischen Ebene, als Ausgleichsbecken die Seen Tungtinghu (4800km^2) und Pojanghu. Hier gab es einst wohl die größten Schilfsümpfe Asiens, doch heute sind auch sie größtenteils in Reisanbauflächen verwandelt.

Wenden wir uns nun noch der südostasiatischen Inselwelt und ihren Mooren zu. Die torfreichsten Länder der Tropen befinden sich in Südostasien. Allein Indonesien verfügt über 170000km^2 Moorland. Der Torfvorrat soll mehr als 2,5 Mrd. t betragen. Damit ist es nach der Sowjetunion das moorreichste Land Asiens. Insbesondere auf den Inseln Sumatera und Kalimantan (Borneo) bedecken riesige Torflager (11% der Landfläche) die Küstenebenen. Ebenso sind große Flächen der Küstenebene Westneuguineas vermoort. Es handelt sich größtenteils um Waldmoore mit 6 bis 8m mächtigen Torfen. Die Moore auf Sumatera und Kalimantan sind als erste tropische Hochmoore, also mit ausschließlicher Regenwasserernährung, beschrieben worden.

Ende des 19. Jahrhunderts wurde auf Sumatera das erste tropische Moor überhaupt entdeckt. Auf Veranlassung von Robert Potonié lieferte der Botaniker S.H. Koorders die erste Beschreibung dieses Waldmoores, das von glattschäftigen, 15 bis 25m hohen Bäumen bestanden war. Koorders schrieb: »Meist war der Boden fast nackt, und die kleinen Zwischenräume waren zwischen den in gedrängtem Stande überall über die Oberfläche ragenden, aufrecht wachsenden Kniewurzeln und kegelförmigen Atemwurzeln nur durch einige, wenig auffallende kleine Kräuter und sonst nur durch dicke Schichten abgefallener, in Zersetzung begriffener Blätter der Waldbäume bedeckt. Sphagnen fehlten ganz und andere Moose, sowie Lebermoose, Flechten und krautartige Pteridophyten waren nur sehr spärlich vertreten.«

Ganz besonders war Koorders von den Brettwurzeln und den Atemwurzeln der Bäume auf dem Moor beeindruckt, beobachtete er doch bereits auch jene merkwürdigen »besenartigen Luftwurzeln«, die horizontal aus den Stämmen wachsen. Diese Luftwurzeln haben die Botaniker wiederholt beschäftigt. Dabei handelt es sich nur um Anpassungen der Bäume an den bis zur Oberfläche wassergesättigten, sauerstofffreien Moorboden.

Auf Westkalimantan wurden Regenmoortorfe von 15m Stärke erbohrt. Wie das Wachstum dieser aufgewölbten Moore vor sich geht, scheint noch ungeklärt, denn Moose spielen ja hier keine Rolle. Große Moorgebiete Indonesiens wurden schon vor Jahrzehnten entwässert und kultiviert.

Nach Koorders bemühte sich der Geologe Kurt Keilhack 1913 auf Ceylon (heute Sri Lanka) um die Aufklärung der Natur tropischer und subtropischer Moore. Keilhack entdeckte im Hochland der Insel bei Nurelia das erste subtropische »Hochmoor«, ein Hangmoor mit Torfmächtigkeiten von 0,5 bis 0,75m. Das Moor war baumlos. Als Torfbildner stellte er Riedgrasgewächse *(Cyperus distans, C. cuspidata, Carex lindleyana)* und Gräser *(Vetiveria zizanoides, Arundinaria densifolia)* fest. Das Hangmoor von Nurelia grenzte an einen See mit einem Verlandungsmoor. Hier fand er neben Riedgräsern *Eriocaulon*-Arten und Xyridaceen als wichtigste das Moor aufbauende Pflanzen. Schließlich entdeckte Keilhack im tropischen Küstensaum Ceylons einen ganz andersartigen Moortyp, den wir zu den Küstenüberflutungsmooren rechnen können.

Das bis zu einem Meter mächtige Torflager war vom Meer durch einen 50 bis 200 m breiten Strandwall getrennt. Nach der Abriegelung der Lagune durch den Strandwall wuchs das Moor auf einem Korallenriff, von den Gräsern *Ischaemum aristatum, Panicum interruptum* und *Leersia hexandra* beherrscht und in seinen nässesten Teilen von Tümpeln mit riesigen Beständen der Lotosblume durchsetzt. Die trockneren Stellen nahmen Sträucher *(Barringtonia racemosa)* und Bäume ein. Unter den Holzgewächsen fehlten auch Vertreter der Mangrove *(Bruguiera gymnorhiza)* nicht und belegen, daß das Moor aus einem Mangrovesumpf hervorgegangen ist.

Moore in Australien und Neuseeland

Schließlich wollen wir noch einen Blick auf Australien werfen. Hier ist nur im Ostaustralischen Bergland mit einer nennenswerten Torfspeicherung zu rechnen. In den temperierten Regenwäldern entstehen nach häufigen Bränden Riedgras-Versumpfungsmoore mit *Mesomelaena sphaerocephala* als der wichtigsten torfbildenden Pflanzenart. Es sind nährstoffarme Moore mit Restionaceen und Sonnentau-*(Drosera-)* sowie Wasserschlauch-*(Utricularia-)*Arten. Auch in den Winterregengebieten Süd- und Westaustraliens kann es in den Hartlaubwäldern lokal zu Versumpfungen kommen. Der Torf besteht dann aus der Wurzelmasse von Restionaceen. Hier ist auch die eigenartige Kannenpflanze *Cephalotus* zu Hause.

Daneben begünstigen im Bereich der Baumgrenze in den Gebirgen auf der Ostseite des Kontinents bestimmte Standorte die Bildung von Mooren. Es wird von Hangmooren mit Riedgräsern und Torfmoosen berichtet, aber ebenso von »Hochmooren« mit Torfmoosbülten *(Sphagnum cristatum)* und Schlenken *(Polytrichum commune)* ist die Rede. Auf den Bülten fehlen auch Sträucher nicht. Anstelle der Heidekrautgewächse (Ericaceae) sind es hier Vertreter der Australheidegewächse (Epacridaceae).

Auf der Ostaustralien südlich vorgelagerten Insel Tasmanien kommen ebenfalls Moore vor. Besonders die Westseite Tasmaniens mit Niederschlagshöhen bis zu 2500 mm ist stark vermoort und deshalb vollständig unbesiedelt. Außerdem sind auf den Hochflächen in über 1000 m ü. NN Hartpolstermoore als sogenannte Wombat-Moore entwickelt. Die harten Polster von *Abrotanella forsteroides* haben freilich nur eine sehr geringe Stoffproduktion, und entsprechend dürftig sind die Torfmächtigkeiten dieser Wombat-Moore.

Auf Neuseeland, das nach der vorliegenden Statistik über 1670 km² Moorland verfügen soll, gibt es in erster Linie die feuchten Tussockgrasländer als torfspeichernde Ökosysteme. Die Tussockgräser wachsen horstförmig und können bis zu 2 m hoch werden.

Das »Tall-Tussock«-Grasland, vor allem mit dem Horstgras *Danthonia rigida,* hat seine Hauptverbreitung in den Gebirgen oberhalb der Waldgrenze. Über den tonig verwitternden Grauwacken- und Glimmerschieferböden kommt es bei Niederschlägen von über 1000 mm und relativ niedrigen Tagestemperaturen zur Bildung von Torfen, die aber wohl nur geringe Mächtigkeiten erreichen.

Besonders ausgeprägt sind die Tussock-Moore auf dem stark zur Vernässung neigenden Plateau am Fuße der Vulkane Ruapelu und Ngauruhe auf der Nordinsel Neuseelands. Dagegen kommen auf der neuseeländischen Südinsel im Bereich der feuchten Luvseite Sumpfwälder mit *Podocarpus dacrydioides* vor. In der Bodenvegetation dieser Sümpfe ist der Sisalhanf *(Phormium tenax)* zu Hause. Torfmoosmoore, wie wir sie auf Feuerland finden, fehlen auf Tasmanien und Neuseeland anscheinend vollständig.

Bei unserer Überblicksbetrachtung über die Moore der Erde haben wir bewußt einen sehr weiten Moorbegriff verwendet, der nicht nur Torflager in engerem Sinne umfaßt. Es standen zwar Gebiete mit intensiver Torfspeicherung im Vordergrund, wir hielten es jedoch für angebracht, auch jene Formationen einzubeziehen, in denen von einer Torfspeicherung in »europäischem Sinne« nicht geredet werden kann, die aber dennoch in irgendeiner Weise zum großen Komplex der Moor- und Feuchtgebiete gehören, z. B. die periodisch überfluteten Standorte in den feuchten Grasländern. Dabei konnten wir feststellen, daß die riesigen torfspeichernden Moosmoore der nördlichen gemäßigten Zone auf der Südhalbkugel keine Entsprechung haben. Eine tertiäre Moorentwicklung scheint nur auf wenige Gebiete im Bereich des tropischen Regenwaldes in Südostasien beschränkt zu sein. Sekundäre Moorentwicklungen sind dagegen in den Gebirgen, wo sie als Hangmoore auftreten, verbreiteter. Überhaupt spielt bei allen Moorentwicklungen in den tropischen und subtropischen Klimaten der Erde die Ernährung durch Zulaufwasser eine ganz entscheidende Rolle. Reine Versumpfungsmoore, wie wir sie für Mitteleuropa definiert haben, dürften in diesen Gegenden viel seltener sein. Am meisten verbreitet sind dagegen Überflutungs- und Verlandungsmoore als primäre Entwicklungstypen.

nutzen
der Moore

Wie wir schon erfahren haben, läßt sich die Nutzung von Mooren in Mitteleuropa gesichert mindestens seit Beginn der Bronzezeit, also für einen Zeitraum von mehr als 4000 Jahren, nachweisen. In dieser Zeit war das Gebiet zunächst von Indoeuropäern besiedelt, von der vorrömischen Eisenzeit bis zur Völkerwanderungszeit siedelten hier germanische Stämme. Der ostelbische Raum wurde vom 6./7. Jahrhundert bis ins 12. Jahrhundert von Slawen bewohnt, danach setzte eine deutsche Besiedlung ein. Mit der Entwicklung der menschlichen Gesellschaft hat man auch die Moore immer intensiver genutzt. Der jeweilige Entwicklungsstand der Produktivkräfte spiegelt sich vielfältig in der Nutzungsweise der Moore wider. Über die Anfänge der Moornutzung geben fast ausschließlich archäologische Funde Auskunft; vom 12. Jahrhundert ab gibt es dann auch schriftliche Berichte.

Bereits seit dem Beginn der Bronzezeit ist Brenntorfgewinnung durch in Mooren konservierte ballartige oder auch ziegelförmige getrocknete Brenntorfstücke sowie auch durch Torfstichgruben belegt. Im Alpenvorland wurden z. B. über 20 Torffundstellen in Gebieten mit Kupfererzvorkommen bekannt. Schon seit dem vorigen Jahrhundert fand man hier beim Torfabbau kleine, aus Flachsteinen errichtete Kästen, in denen runde, einst luftgetrocknete Torfstücke von 10 bis 14 cm Durchmesser lagen, zusammen mit Fehlgüssen bronzener sogenannter Rudernadeln, also früher Schmuckstücke. Es dürfte sich dabei um Opferstellen gehandelt haben, die auf die Verwendung des Torfes als Brennmaterial für die Bronzeherstellung hinweisen. Luftgetrockneter Brenntorf hat im Gegensatz zu Holz und Kohle eine gut regulierbare und gleichbleibende Brenntemperatur, die zwischen 800 und 2200 °C eingestellt werden kann – eine wichtige Voraussetzung für die Kupfer- und Zinnschmelze und die Bronzeherstellung. So ist für die Anfänge der »süddeutschen Bronzezeit« die Torffeuerung von großer Bedeutung.

Es gibt aber auch Hinweise für die außerordentlich frühe Verwendung von Torfsoden beim Brennen von Tongefäßen, die möglicherweise bis in die Jungsteinzeit reicht. Auf die Nutzung des Torfes als Brennmaterial deuten auch zahlreiche Funde von Torfstichen hin, die durch späteres Überwachsen im Moor sichtbar blieben. So sind in ihnen z.B. Moorleichenfunde, besonders aus der Eisenzeit, bekannt.

In der Eisenzeit (etwa ab 4. Jahrhundert v. u. Z.) begann man dann auch mit einer weiteren Nutzungsform der Moore. In ihnen wurde das Raseneisenerz für die Eisengewinnung abgebaut, eine Erzbildung, die hauptsächlich an Versumpfungsmoore gebunden ist. So war dieser bis ins 19. Jahrhundert betriebene Produktionszweig vornehmlich in den Talsandgebieten mit ihren Urstromtälern und Niederungen anzutreffen. Seit der römischen Kaiserzeit (etwa ab 2. Jahrhundert v. u. Z.) sind auch Kalkbrenngruben bekannt, die den aus Moorniederungen abgebauten Wiesenkalk verarbeiteten. Besonders seit dem 13. und 14. Jahrhundert hatten der Abbau und die Verarbeitung von Wiesenkalk zur Herstellung von Branntkalk für Feld- und Backsteinmauerwerk eine große Bedeutung. Die Ablagerung von Wiesenkalk (Seekreide) tritt bei der Verlandung kalkreicher Gewässer (Gewässerverlandungsmoore) auf. Örtlich wird bis heute noch Wiesenkalk als Bodenverbesserungsmittel abgebaut.

Die Torfnutzung in großem Umfang setzte sich aber erst mit der Holzverknappung in der zweiten Hälfte des 18. Jahrhunderts durch, bis sie zu Beginn des 20. Jahrhunderts durch die Brikettfeuerung abgelöst wurde. Hauptabbaustellen des begehrten Brennmaterials waren die großen Regenmoore im südlichen Nordseeküstenraum, entsprechende Moore in den Mittelgebirgen und im Alpenvorland sowie die ausgedehnten Talmoore und kleinen Kesselmoore der Grundmoränen des nordöstlichen mitteleuropäischen Tieflandes mit ihren mächtigen Torfbildungen.

Torf nutzte man außerdem schon frühzeitig als Streu oder zur Bodenverbesserung. Gegenwärtig sind Moorsubstrate als Lieferant organischer Substanz zur Erhöhung des Humusgehaltes landwirtschaftlich genutzter Mineralböden und besonders im Gartenbau sehr gefragt.

Erst vom 18. Jahrhundert an wurden Moore auch zu produktiven Grünlandstandorten entwickelt. Die gewaltigen Fortschritte der Wissenschaft und Technik im 19. und 20. Jahrhundert führten zu einer breiten Anwendung sich ständig verbessernder Kulturmaßnahmen. Bedeutende Standorte für die intensive landwirtschaftliche Nutzung wurden Versumpfungsmoore in Talsandgebieten, Durchströmungsmoore im Bereich der jungpleistozänen Grundmoränen, Überflutungsmoore der Flußauen und nach spezifischen Kulturmaßnahmen auch die großen Regenmoore. Heute sind Moore wegen ihrer hohen Produktivität zu wichtigen Grünlandstandorten geworden. Häufig werden vor allem flachgründige Moore in fruchtbares Ackerland umgewandelt.

In der ersten Hälfte des 19. Jahrhunderts wurde der aus den Mooren gewonnene Torf erstmals auch für medizinische Zwecke (Balneologie) verwendet, es entstanden die ersten Moorbäder. Heute sind Moorbäder als medizinische Behandlungsart nicht mehr wegzudenken.

In den nächsten Jahrzehnten wird man die hochorganischen Torfe und auch Mudden verstärkt als Industrierohstoff nutzen.

Wir wollen nach diesen einleitenden Betrachtungen die wichtigsten Nutzungsformen der Moore ausführlicher besprechen, um uns einen kurzen Überblick über die einstige, jetzige und zukünftige Bedeutung der Moore zu verschaffen.

Raseneisenerznutzung

Das Raseneisenerz ist die jüngste aller geologischen Eisenbildungen. Es entsteht noch heute an Stellen, die durch Melioration nur wenig beeinträchtigt sind. So trifft der Bergmannsgruß »Es wachse das Erz« zumindest für die Raseneisenerze noch voll zu. Für Raseneisenerz, das man wissenschaftlich als Limonit (Ferrum palustre) bezeichnete, kennen wir eine Reihe von Volksnamen, wie Raseneisenstein, Brauneisenstein, Wiesenerz, Sumpferz, Modererz, Moorerz, in Mecklenburg meist Klump. Die Ablagerung von Raseneisenerz (Ferrihydroxidhydrat) ist fast ausschließlich an vermoorte Niederungen, die in Sandgebieten liegen, gebunden. Die Eisenlieferanten waren über Jahrtausende die Sandböden der Umgebung von Niederungen. Das Auswaschen und Verlagern des Eisens wurde mit dem Einsetzen eines feuchten Klimas vor etwa 8000 Jahren gefördert. Zusätzlich wurden diese Vorgänge durch die Ausbreitung der Heiden seit Ende der Steinzeit (vor etwa 5000 Jahren) verstärkt. Das eisenhaltige Mineralbodenwasser lagert dabei in den Niederungen den Raseneisenstein an, der einen Eisengehalt von 25 bis maximal 55% aufweist. Er bildet sich meist zwischen dem Sanduntergrund und den untersten Torflagen in Schichten von 10 bis 50 cm Stärke. Am meisten tritt Raseneisenstein in flachgründigen Mooren auf. Wir finden ihn deshalb also selten tiefer als 0,5 bis 1 m unter der Erdoberfläche.

Raseneisenerzablagerungen sind für Randlagen von Versumpfungsmooren in Talsandgebieten des Tieflandes charakteristisch. Der oft mit Raseneisenstein verwechselte Ortstein, der sich auf grundwasserfernen Standorten bildet, ist dagegen nicht für die Eisengewinnung geeignet. Beim Ortstein handelt es sich um eine Verkittung der Sandkörner durch eisenhaltige Humusverbindungen. Ebenso ist

Eisenocker, eine schlammig-gallertige Bildung eisenhaltiger Grundwasseraustrittsstellen, für die Eisengewinnung nicht verwendbar.

Das Vorkommen und die Nutzung des Raseneisenerzes hatten große Bedeutung für die Entwicklung der menschlichen Gesellschaft unseres Gebietes von der vorrömischen Eisenzeit bis ins vorige Jahrhundert. Während dieses Zeitraumes war das in den Niederungen gewonnene Eisen eine bedeutende Grundlage für die Entwicklung der Produktivkräfte. Über einen Zeitraum von mehr als 2000 Jahren wurde der ständig zunehmende Eisenbedarf der ansässigen Bevölkerung überwiegend aus dem heimischen Raseneisenerz gedeckt. Es wurde sogar eine ganze Gesellschaftsepoche, die Eisenzeit, nach dem Beginn der Nutzung des Eisens durch die menschliche Gesellschaft benannt. Wie bereits erwähnt, begann im nördlichen mitteleuropäischen Tiefland die Nutzung des Raseneisenerzes in der Älteren Vorrömischen Eisenzeit, etwa im 4. Jahrhundert v. u. Z.

Es wurde eine Rohstoffquelle für die Eisenerzeugung erschlossen, die zunehmend zur Verwendung eiserner Geräte in der Bauernwirtschaft führte. So ist es auch nicht verwunderlich, daß die bis dahin kaum besiedelten Sandgebiete wegen ihrer Eisenvorkommen nun verstärkt bewohnt wurden. Archäologische Funde lassen vermuten, daß fast jede germanische Siedlung ihre eigenen Eisenverhüttungsstellen besaß.

Mit dem Einwandern der Slawen in das Gebiet zwischen Elbe und Oder im 6. Jahrhundert wurde die bäuerliche Nutzung des Raseneisenerzes fortgeführt. Wir kennen heute fast 100 Fundorte mit Eisenschlacke, Luppe und Schmelzofenresten. Die Funde stammen meist aus der jungslawischen, vereinzelt aber auch der altslawischen Zeit. Ein geringer Teil an Eisenerzeugnissen, wie Schwerter, Kettenhemden und Helme, wurde allerdings eingeführt. In der vorgeschichtlichen Zeit konnten nur 20 bis 30% des Eisengehaltes des Raseneisensteins gewonnen werden. Wegen dieser schwierigen Eisenerzeugung wurde auch Schrott wieder umgeschmiedet.

Im frühen Mittelalter entwickelte sich die Eisenerzgewinnung weiter. Höhere technologische Kenntnisse wie die Nutzung der Wasserkraft zum Antrieb von Blasebälgen beim Schmelzen des Eisens und von Eisenhämmern zum Schmieden des Eisens waren dabei wichtige Voraussetzungen.

Während vom 11. bis 15. Jahrhundert die Eisengewinnung meist nur örtliche Bedeutung hatte, erfolgte im 16. Jahrhundert ein weiterer Aufschwung, der bis zum Dreißigjährigen Krieg währte. In dieser Zeit standen an allen abbauwürdigen Orten Eisenhämmer, allein im mecklenburgischen und brandenburgischen Raum dürften es etwa 50 gewesen sein. Oft existierten diese Anlagen nur kurzfristig, bis das Vorkommen völlig abgebaut war. Andere Eisenhämmer hingegen im Bereich ausgedehnter Raseneisenerzvorkommen und in günstiger Verkehrslage produzierten nahezu kontinuierlich über mehrere Jahrhunderte hinweg, wie die Eisenhämmer von Peitz, Zehdenick u. a.

Eine anschauliche Schilderung vom Abbau des Raseneisenerzes sowie von der Gewinnung und Verarbeitung des daraus gewonnenen Eisens gibt Agricola in seiner Schrift »De re metallica« von 1556. Um Raseneisensteinvorkommen feststellen zu können, wurden damals spitze Eisenstäbe in die Humus- und Moordecken der Niederungen geschlagen. Man baute das Erz dann mit Hacke, Kratze und Spaten ab. Der »wilde, unordentliche Abbau« führte zu einer starken Zerstörung der Wiesenflächen. In günstigen Gebieten konnte an geeigneten Stellen nach 10 bis 20 Jahren erneut gegraben werden. Das »nachgewachsene Eisen« hatte aber nicht die Qualität des ursprünglich gewachsenen. Die gewonnenen Raseneisenerzbrocken wurden von groben erdigen Verunreinigungen gesäubert, anschließend zu »Haufen« gesetzt, zu »Kasten« gemessen und zur Eisenerzhalde gefahren. Die Verhüttung erfolgte anfangs in Erdgruben und bis zur Mitte des 18. Jahrhunderts überwiegend in einfachen Öfen, die überall rasch aufgebaut werden konnten (sogenannte Luppenfeuer). Allerdings errichtete man bereits in den Jahren 1664 bis 1666 auf dem Eisenhammer in Zehdenick den ersten Hochofen, wo zu dieser Zeit beispielsweise jährlich 600 »Fuder« Eisenstein verarbeitet wurden. Außer Munition für das kurfürstliche Militär stellte man Tiegel, Töpfe, Pfannen, Öfen und Gewichte her.

Einen enormen Aufschwung brachte die im westlichen Deutschland entwickelte, 1720 in

Preußen zum ersten Mal angewandte Feuerung von Hochöfen mit Holzkohle. Später bediente man sich teilweise auch der Torfkohlefeuerung. So begann nach dem Dreißigjährigen Krieg im 18. Jahrhundert eine neue Blütezeit der inländischen Eisengewinnung. Beispielsweise ließ Friedrich II. in seiner Regierungszeit etwa 10 neue Eisenhütten gründen, die auf der Grundlage von Raseneisenstein arbeiteten. Es erfolgten auch eine Spezialisierung und Konzentration der Hüttenbetriebe. Für den Betrieb der Hochofenanlagen, die inzwischen kleineren Fabriken glichen, mußten die Verkehrslage günstig sowie Raseneisenstein, Feuerung (Holz oder Torf zur Erzeugung von Holz- bzw. Torfkohle) und Wasserkraft vorhanden sein.

Als ein bedeutender Eisenhammer im ostelbischen Raum verarbeiteten die Zehdenikker Eisenhütten in der ersten Hälfte des 18. Jahrhunderts jährlich 1200 »Fuder« Eisenstein, der zu einem großen Teil aus der Prignitz und der Altmark herangeschafft werden mußte. Die 1754 gegründete Torgelower Hütte war der bedeutendste Hüttenbetrieb Vorpommerns. Nach anfänglicher Roheisenerzeugung für Hämmerwerke wurde im 19. Jahrhundert vornehmlich Gußeisen erzeugt, womit man ganz Vorpommern belieferte. Dieses Werk verarbeitete 1855, kurz vor Einstellung der Produktion, noch 27185 Zentner Eisenstein.

Nach einer kaum hundertjährigen Blütezeit kam es im 19. Jahrhundert zum endgültigen Niedergang dieses Industriezweiges. Die letzten großen Eisenhütten, die auf der Basis von Raseneisenerz arbeiteten, stellten in der zweiten Hälfte des 19. Jahrhunderts ihren Betrieb ein. Allerdings wird für die 30er Jahre unseres Jahrhunderts bei Sykau (Südwestmecklenburg) noch ein Abbau von monatlich 2000t als Beimengung für den Lübecker Hochofen genannt.

In der zweiten Hälfte des 19. Jahrhunderts wuchs durch die kapitalistische Entwicklung der Eisen- und Stahlbedarf stark an und konnte deshalb nicht mehr mit Raseneisenerz gedeckt werden. Eine enorme Entwicklung des bergmännischen Eisenabbaus im schlesischen und westdeutschen Raum setzte ein, wo sich die für die moderne Wirtschaft notwendige »Gemeinschaft von Steinkohle und Eisen« herausbildete.

Da während des gesamten Mittelalters die Eisenerzgewinnung im nördlichen mitteleuropäischen Tiefland fast ausschließlich auf der Basis von Raseneisenstein erfolgte, galten die ergiebigen Fundstätten in späterer Zeit generell als »verhauen«, d.h. als ausgebeutet. Für die letzten noch arbeitenden größeren Betriebe bedeutete das einen kostenaufwendigen Antransport des Raseneisensteins aus entfernten und abgelegenen Gebieten, so daß es später aus ökonomischen Gründen nicht mehr zum Abbau der restlichen Vorräte kam.

Im Mittelalter wurde Raseneisenstein lokal auch als Bau- und Mauerstein verwendet. Insbesondere in der Lausitz, im Südwesten Mecklenburgs, in Schleswig-Holstein und Niedersachsen wurden in zahlreichen mittelalterlichen Kirchen, Stadtmauern und anderen Bauten Raseneisenerzbrocken oder behauene Quader vermauert, die wegen ihrer großen Festigkeit auch heute noch gut erhalten sind. In Quappendorf/Bärwinkel im Oderbruch existieren noch einige Landarbeiterhäuser, die fast gänzlich aus dem dort reichlich vorhandenen Raseneisenstein gefertigt wurden. Auch in Südwestmecklenburg finden sich Wohnhäuser, deren Mauerwerk man gänzlich aus Raseneisenstein errichtete. Man verwendete Raseneisenstein auch zur Beschotterung von Wegen.

Wir wollen auch eine eisenhaltige Substanz nicht vergessen, die sich in unseren Mooren unter Sauerstoffabschluß einlagert: Blaueisenstein oder Vivianit. Das bereits 1731 von Degner erwähnte Material findet sich gelegentlich nesterweise in Torfen und Mudden der verschiedensten Moortypen. Dieses phosphorsaure Eisen ist weiß, wird aber an der Luft (nach Oxidation) blau. Man benutzte es gern als blaue Anstrichfarbe für Bauernhäuser, so z.B. im Spreewald. Ferner wurde aus Mooren gewonnener Eisenocker als gelbe und bei vorherigem Glühen als rote Farbe verwendet.

Wiesenkalknutzung

Eine charakteristische Erscheinung der meisten Verlandungsmoore, insbesondere im nordöstlichen mitteleuropäischen Tiefland sowie im Alpenvorland, sind mächtige kalkhaltige Sedimente unterhalb des Torfkörpers.

Diese Ablagerungen entstanden durch den in kalkreichen Gewässern von Pflanzen und Tieren abgeschiedenen und ausgefällten Kalk. Man bezeichnet diese Bildungen als Seekreide, Seekalk, Seemergel, Kalkgyttja, Moorkalk, Kalkmudde, Wiesenkalk, Wiesenmergel, Wiesenkreide, Characeenkalk, Schneckenkalk oder Schindelerde. Derartige Sedimente haben einen Kalkkarbonatgehalt bis zu 98%. Als Begleitbestandteile enthalten sie weiterhin organische tierische und pflanzliche Reste, Phosphor und andere anorganische Stoffe, wie Sandkörner und Schluff. Solche Kalkablagerungen erreichen z. B. im nordöstlichen mitteleuropäischen Tiefland Mächtigkeiten bis zu 24 m (Thymensee bei Fürstenberg; Augrabental zwischen Recknitz und Zehlendorf bei Güstrow).

Wir können eine Nutzung von Wiesenkalk seit der Römischen Kaiserzeit nachweisen. Mehrfach fand man bei Ausgrabungen mit Lehm und Geschieben ausgekleidete Gruben, in denen sich Reste von Wiesenkalk aus den umgebenden Moorniederungen nachweisen ließen. Das Brennen des Wiesenkalks erfolgte mit Erlenholz oder auch mit in Gruben gebrannter Holzkohle. Diese Kalkbrennöfen aus der Zeit des 2. bis 4. Jahrhunderts lagen am Rande oder außerhalb der Siedlungen, meist zusammen mit Eisenschmelzen. Wir nehmen heute an, daß der gebrannte Kalk als Hausanstrich verwendet wurde, schreibt doch der römische Schriftsteller Tacitus in seiner Germania: »Nicht einmal behauene Steine oder Ziegel benutzten die Germanen; ohne Rücksicht auf gefälliges und schönes Aussehen verwendeten sie zu allem unbehauenes Holz. Doch bestreichen sie ihre Häuser an gewissen Stellen ziemlich sorgfältig mit einer so blendend weißen Erdart, daß es wie Bemalung und Verzierung mit farbigen Ornamenten aussieht ...«

Im frühen Mittelalter wurde gebrannter Kalk zur Herstellung von Mörtel benötigt. Für den Bau der oft gewaltigen Mauerwerke der Klöster, Kirchen, Burgen, Stadtmauern und Häuser war die Baukalkherstellung eine wichtige Voraussetzung. Da in der nördlichen mitteleuropäischen Tieflandregion mit geringen Ausnahmen keine Kalkgesteinsformationen an die Oberfläche treten, mußte man bei den damals geringen Verkehrsmöglichkeiten sämtliche örtlichen Kalkvorkommen nutzen. So begann auch der Abbau von Wiesenkalk in Moorniederungen (sogenannten Kalkgruben).

Ziegel- und Kalkbrennereien wurden vom frühen Mittelalter ab gemeinsam erbaut. Die Bewohner bereiteten den Mörtel für ihre Bauten selbst aus Wiesenkalk, der zu Ziegeln gestrichen und gebrannt wurde. Auch um die Mitte des vorigen Jahrhunderts war in vielen Gebieten noch der Kalkabbau in Niederungen zur Deckung des Brandkalkbedarfs üblich. Da der Wiesenkalk nur die niedrige Garbrandtemperatur von 990 °C braucht, die in jedem Ziegelofen erreicht wird (Kalkgestein benötigt dagegen 1200 °C), hatten diese Kalke eine große Bedeutung. Außerdem besitzt der mit organischem Anteil behaftete, aus Wiesenkalk hergestellte Mörtel eine besonders hohe Bindekraft. So ist wahrscheinlich die oft bestaunte Festigkeit mittelalterlichen Mauerwerks zu erklären.

Der Kalk wurde aus den Gewässern mit an langen Stangen befestigten Schöpfern gewonnen oder in den Mooren nach Abheben der Torfschichten gestochen. Der geschöpfte sowie der breiige Wiesenkalk kamen in durchlöcherte Behälter, damit das Wasser abfließen konnte. Teilweise wurde der Kalk auch in Ziegelform gebracht und anschließend oft wochenlang in Stapeln oder Haufen an der Luft getrocknet. Häufig erfolgte auch eine Gefriertrocknung über Winter. Örtlich brannte man bis zum 18. Jahrhundert den Wiesenkalk in einfachen Erdgrubenöfen. Schon zu Beginn des 19. Jahrhunderts bestanden größere Zement-, Mörtel- und Kalksandsteinfabriken, die auf der Basis von Wiesenkalk arbeiteten. Mit dem Ausbau des Eisenbahnnetzes am Ende des vorigen Jahrhunderts ging die örtliche Nutzung des Wiesenkalks zurück, da man nun den Kalkstein auch aus entfernteren Gebieten beschaffen konnte.

Heute wird im Tiefland kein Wiesenkalk für die Zementherstellung mehr abgebaut. Nur örtlich verwendet man ihn noch als Baumaterial, z. B. in Magdala (Thüringen). Hier wird der an organischen Bestandteilen und Schneckengehäusen reiche Kalk mit einem Viertel Lehmbodenanteil zu Brei vermengt, in Formen gestrichen und an der Luft getrocknet. Er ergibt haltbare Mauersteine.

Außer als Baustoff spielte der Wiesenkalk in der sich im 19. Jahrhundert stark entwickelnden Landwirtschaft als Mineraldünger eine zunehmende Rolle. Zuerst grub man den Kalk meist aus nassen Wiesen. Mit den in der zweiten Hälfte des 19. Jahrhunderts aufkommenden Torfstechmaschinen wurde im Tagebaubetrieb auch mehrere Meter tief unter Wasser nach Kalk gestochen. Der Wiesenkalk diente insbesondere zur Verbesserung schwerer Lehm- und Ton- sowie saurer Sand- und Moorböden. Wiesenkalk wurde auf Standorten ehemaliger Seen großtechnisch im Tagebau gewonnen. So erfolgte in den 50er und 60er Jahren auf der Friedländer Großen Wiese und bei Röbel ein Abbau im Tagebau. Man brachte den Kalk in einem Radius bis zu 50 km auf die Äcker. Aus ökonomischen Gründen wurden diese Unternehmungen aber inzwischen aufgegeben.

Torfnutzung

Im Jahre 973 reiste eine maurische Gesandtschaft an den Hof Kaiser Ottos I. Sie nahm ihren Weg über Utrecht. Einer der Teilnehmer der Gesandtschaft namens Ibrahim ibn Ahmed ad-Tartuschi hat einen Bericht über diese Reise geschrieben, von dem Bruchstücke erhalten sind. Darin äußert er sich zur ältesten Verwendungsart des Torfes, der Nutzung als Brennmaterial, in den heutigen Niederlanden: »Itraht (Utrecht) ist eine große Stadt im Lande der Franken mit weitem Territorium. Ihr Land ist eine Sebcha (eigentlich Salzsumpf, hier offenbar Torfmoor), auf der keine Saaten und Pflanzungen gedeihen. Den Lebensunterhalt der Bewohner liefert das Vieh, seine Milch und seine Wolle. In ihrem Lande gibt es kein Holz, das sie zum Brennen verwenden könnten, sondern nur einen Lehm, der die Stelle des Brennholzes vertritt. Das geschieht in der Weise, daß sie im Sommer, wenn die Wasser ausgetrocknet sind, auf ihre Wiesen gehen und dort Lehm mit Beilen in Ziegelform schneiden. Ein jeder schneidet sich davon, so viel er braucht, und breitet ihn an der Sonne zum Trocknen aus. Infolgedessen wird er sehr leicht. Bringt man ihn ans Feuer, entzündet er sich, und das Feuer erfaßt ihn, wie es Brennholz erfaßt, und er macht ein großes Feuer mit mächtiger Glut wie das Feuer eines Blasebalgs der Glaser. Ist ein Stück verbrannt, so hinterläßt es keine Kohle, sondern Asche.«

Aber die Nutzung von Torf als Brennmaterial ist schon mindestens seit Beginn der Bronzezeit bekannt, wie einführend (s. S. 9) bereits kurz dargestellt wurde. Erste schriftliche Kunde gibt uns Plinius im 1. Jahrhundert u. Z. In Ostfriesland war er Augenzeuge, »wie dieses Volk seine Speisen mit Erde« kocht: »Den mit den Händen gewonnenen Torf trocknen sie mehr mit Hilfe des Windes als der Sonne, und mit Erde wärmen sie die Speisen und den vom Nordwind erstarrenden Körper.«

Es ist anzunehmen, daß der Gebrauch des Torfes zu Feuerungszwecken in vielen holzarmen, aber moorreichen Gebieten unserer Erde bereits lange vor der Zeit, in der Plinius lebte, üblich war. Aus Siedlungsgebieten des Nordseeküstenraumes belegen uns Werkzeugfunde ein Stechen von Brenntorf schon in frühgermanischer Zeit. Für das ostelbische Gebiet gibt es aber dafür bisher keine Anhaltspunkte. Ebenfalls fehlen sichere Hinweise für eine Brenntorfnutzung während der Zeit der Slawenbesiedlung.

Die im 13. Jahrhundert einsetzende Besiedlung des ostelbischen Gebietes durch deutsche Siedler läßt, da es sich teilweise um Friesländer handelte, eine Torfgewinnung annehmen. Aber wegen des damaligen Holzreichtums (die Dörfer entstanden auf Rodungsflächen) dürfte diese Nutzung nur lokale Bedeutung gehabt haben und schließlich in Vergessenheit geraten sein. So sind in Urkunden aus dem 13. und 14. Jahrhundert mehrfach Bezeichnungen wie Torfwiesen, Torve oder lateinisch caespites enthalten, während sich später nur noch wenige Hinweise auf Torfnutzung finden lassen, wie in der Chronik von Pommern aus der Mitte des 16. Jahrhunderts. Hier schreibt der Chronist: »Es hat wenig Holtzes auff dem Lande zu Rhugen; darum müssen sie in vielen Ortern aufgetrogte Rasen vor Holtz brennen, welches sie Torff heissen.«

Erst im 18. Jahrhundert setzte sich auch östlich der Elbe die Nutzung der Torfmoore für die Brenntorfgewinnung durch. Sie war offenbar eine Folge der Holzverknappung durch die Zunahme der Bevölkerung. Die Wiedereinführung der Torfnutzung erfolgte von Holland aus zunächst in Holstein und dann über Mecklenburg und das Hannoversche nach Preußen. Bereits 1658 erschien von Martin Schook in Holland das erste und damit älteste Torfbuch. Für die weitere Ausbreitung der Torfnutzung war das erste deutsche Torfbuch des Holländers J. H. Degner im Jahre 1731 von großer Bedeutung. Der deutsche Titel lautet bezeichnenderweise: »Teutschlands neu entdeckte Goldgrube, das ist: Joh. Hartm. Degneri Phys. und chymische Erörterung vom Torf vorstellend einen Bericht von denen brennenden Rasen so in denen mehresten Landschaften Europas in Sonderheit aber in Holland angetroffen, und anstatt des Holtzes gebraucht werden. Zum nützlich- und nöthigen Unterricht bey dem von Tag zu Tag sich mehr einfindenden Holtz-Mangel in Teutschland, aus dem Lateinischen übersetzt von Domandros.« In diesem Buch erfahren wir nicht nur etwas über die Gewinnung des Torfes, sondern auch über die verschiedenen Torfarten und ihre unterschiedliche Güte.

Die Verwendung des Torfes erfolgte fast ausschließlich als Feuerungsmittel. Damals war bereits die Herstellung von Torfkohle, die einen ähnlichen Heizwert wie Holzkohle hat und für hitzeintensive Feuerung Verwendung fand, bekannt. Sie wurde für Bier- und Essigbrauereien, Branntweinbrennereien, Eisenschmelzen und Färbereien empfohlen. Torfkohle fand weiterhin in sogenannten Feuertöpfen als Fußwärmer Verwendung. So ist »zur Winterzeit in der Kirche ein jeder mit solchen Feuerkästen angetan«. Torfasche sowie der Torfstaub aus den Lagerscheunen sollten, mit Mist vermischt oder auch allein, als Dünger für die Äcker genutzt werden. Getrockneter Torf sei als Fundament für den Hausbau und bei »ganz armen Leuten« auch für die Errichtung von Hauswänden geeignet.

Im Jahre 1795 erscheint von Eiselen die erste umfassende praktische Anleitung zur Anlage von Torfgräbereien, die bereits 1802 eine zweite Auflage fand. In einem zweiten, 1811 erschienenen Band wird der Transport des Torfes geschildert, und 1823 erschien von Dau die erste naturwissenschaftliche Schrift über Moor und Torf im deutschsprachigen Raum. Hier werden die Moore schon nach der Genese in Hochmoore, Wiesen- oder Sumpfmoore, Holzmoore und Meermoore eingeteilt. Eingehend erörtert Dau auch landeskulturelle Probleme der Moornutzung und gibt an, daß im Nord- und Ostseeraum etwa die Hälfte sämtlicher Feuerung aus Torfmooren stamme und damit Probleme der Moorerhaltung bzw. Wiedererneuerung der Torflager bestünden. In Holstein sollte nach Dau bei der damaligen Bewirtschaftung in höchstens 200 Jahren der Vorrat verbraucht sein.

Streubel schildert 1791 recht anschaulich die Einführung der Brenntorfgewinnung in Mecklenburg. Er wurde 1716/17 bei einem Aufenthalt bei Dömitz an der Elbe mit der Torfstecherei bekannt und durch die Schrift von Degner angeregt. Er schreibt, »der damalige Kommandant Obrist von Bugenhagen hatte zuerst damit den Anfang machen lassen und ausfindig gemacht, daß in Mecklenburg Torf sey und zur Feuerung genutzt werden könne ... Bis dahin hatte sich niemand, soviel mir bekannt geworden, um dieses Feuermaterial gekümmert. Es war in Mecklenburg Holz genug und hatte sich im Dreißigjährigen Krieg ausnehmend vermehrt, und auf den verwüsteten, von Besitzern entblößten Fluren, sich auch vermehren können«. Als der Verfasser 1730 Beamter in Schwerin wurde, griff er die Anwendung des Torfgebrauches auf: »Es erneuerte sich die Begierde, die Torfstecherey eingeführt zu sehen, und es zeigte sich zuerst bey Lübtheen, daß daselbst in einem Weideort, Torf vorhanden sey ... Hier ging also das Torfstechen an, darauf folgte das Dorf Pichter, auf dessen Felde ein ziemlich großes Torfmoor entdeckt wurde, welches nachher nur allzu zeitig außer Gebrauch gerieth, da man den Schulzen und der Bauernschaft das Stechen überlassen hatte. Es fehlte damals an gelernten und geübten Torfstechern ... Dieses schöne Moor wurde durchgewühlt, nicht tief genug ausgestochen, und es mag wohl nur die Hälfte zum Gebrauch und das übrige verwühlt worden seyn ... In der Zeitfolge wurden mehrere Torfmoore aufgesucht. Sie ließen sich bey Strahlendorff, Görries, Wittenförden, Pingelshagen, Dalliendorf und endlich im Wikkendorfer Moor antreffen. Es wurden nunmehr ordentliche Torfstecher bestellt, die Bauern mußten den Stecherlohn für ihre Quote bezahlen und die Forst-Bediente-Aufsicht und Berechnung führen. Die Bemühungen, die Landsleute an den Torf zu gewöhnen, ging weit, und nur erst nach einigen Jahren half der Zwang, was Ermahnung und Befehle nicht vermochten.«

Über die Anfänge der Torfstecherei im brandenburgischen Raum erfahren wir von Berghaus in seinem 1854 erschienenen Landbuch. »Die Ausbeutung des Torfes ist übrigens in der Mark nicht so alt als man gewöhnlich glaubt, denn sie steigt mit einer Ausnahme im 16. Jahrhundert nicht über die Zeit Friedrich Wilhelms I. hinaus, unter dessen Regierung die ersten Versuche mit Torfgräbereien bei Potsdam und in dem von diesem König urbar gemachten Havelländischen Luche bei Königshorst gemacht wurden.« Diese Versuche wurden in den ersten Regierungsjahren Friedrichs II., namentlich seit 1746, wieder aufgenommen, aber auch damals »ohne sonderlichen Erfolg«. Seit 1759 stellte man Untersuchungen über Torflager in weiten Teilen der Mark an, und 1761/62 wurden schließlich mit großen Kosten Torfgräber aus den Fürstentümern Minden und Ostfriesland herangezogen. Berghaus stellte dazu fest: »Wie heut zu Tage ein Vorurteil gegen die Braunkohle herrscht, so war das damalige Publikum, welches nur an Holz als Brennmaterial gewöhnt war, gegen den Torf sehr eingenommen und man fand ihn bald zu theuer, bald nicht gut genug.« Der Torfabbau erfolgte bis 1788 vornehmlich im Havelländischen Luch, danach wegen der sehr guten Torffunde bei Linum im Rhinluch. Hier entwickelte sich das Hauptabbaugebiet für die nun ständig anwachsende Brenntorfbelieferung von Berlin. Zur Beförderung des Absatzes nach Berlin wurde eigens ein Kanal gebaut. Seit dieser Zeit war das Rhinluch der wichtigste Fundort des Torfes in der Mark Brandenburg.

Recht anschaulich wird die Torfstecherei im Rhinluch bei Wustrau in der Mitte des 19. Jahrhunderts von Fontane in seinen »Wanderungen durch die Mark« beschrieben.

So stand die Torfstecherei in der Mitte des 19. Jahrhunderts in allen moorreichen Gebieten Mitteleuropas in Blüte. Durch steigende Holzarmut wurde Torf zum dominierenden Brennstoff. Das galt sowohl für die häusliche Feuerung, wozu spezielle großvolumige Torffeuerungsöfen gebaut wurden, als auch für die zahlreichen lokalen Industrien. Die Salinenbetriebe, Seifensiedereien, Malzdarren, Branntweinbrennereien, Teerhütten, Glashütten, Gips- und Kalkbrennereien, Keramikbrennereien, Ziegeleien und Raseneisensteinschmelzen gingen nach anfänglicher Holzfeuerung am Ende des 18. Jahrhunderts zunehmend zur Torffeuerung über, die dann in der ersten Hälfte des 19. Jahrhunderts ihren Höhepunkt erreichte.

Im südlichen Ostseeraum waren die großen Talmoore (Durchströmungsmoore) und die kleinen Kesselmoore die wichtigsten Torfabbaustätten. Ihre viele Meter mächtigen Torfablagerungen lieferten einen ausgezeichneten Brenntorf, zumal die Torfe einen relativ geringen Aschegehalt und nur selten Holzreste aufwiesen. Die Nutzung von Regenmooren hatte wegen der wenigen Vorkommen im küstennahen Raum nur örtliche Bedeutung – im Gegensatz zu Holland, Nordwestdeutschland, dem Mittelgebirgsraum und dem Alpenvorland, wo Regenmoore damals und noch heute die Haupttorflieferanten sind.

Ein Augenzeugenbericht soll uns eine Vorstellung über die schwere Arbeit der Torfgewinnung, die Arbeitsabläufe und das Leben der Torfstecher in der Mitte des vorigen Jahrhunderts vermitteln. Der Reisende J. G. Kohl besuchte die Torfstecher im Teufelsmoor, einem der großen Regenmoore im damaligen Herzogtum Bremen: »Wie in der Schweiz die Hirten auf die Alm, und die Ungarn auf ihre Pusten, so ziehen hier nämlich im Frühjahr die Torfarbeiter aufs Moor, um ihren Torf zu ärndten. Aus Strauchwerk und Torferde bauen sie sich temporäre Behausungen, die das Primitivste von menschlichen Wohnungen sind, was man sehen kann, und die in der Dürftigkeit ihrer Ausstattung noch tief unter den Sennhütten stehen. De Huttens, so nennen die Leute selbst diese Sommer-Paläste des Hochmoores, sehen aus wie alte vermooste Strohdächer, die man vom Hause abhob und auf den Boden stellte. Die Leute beziehen sie schon ganz früh im Frühjahr, am Ende April oder Anfang Mai, wo ihre Torfarbeiten beginnen. Es sind die ärmeren Bewohner entlegener Dörfer, die wenig eigenen Grundbesitz haben, und die den großen Bodeneigenthümern kleine Abschnitte des Moores abpachten oder abkaufen und diese dann für sich ausbeuten. Da im Moore nichts Eßbares lebt und wächst, ja nicht einmal ein trinkbares Wasser träufelt, so müssen sie sich ihre Lebensmittel mitbringen und diese sind bei so schwerer Arbeit nüchtern genug ... Die Beschäftigung der Leute ist so schwer, so einförmig und so wenig poetisch wie die Sklavenarbeit der Neger in

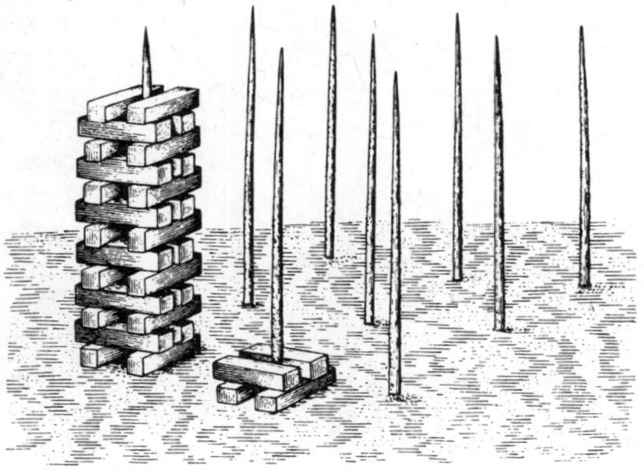

Aufstocken (Stapeln) des Torfes im regenreichen Bayern in einer Darstellung aus dem vorigen Jahrhundert

den Diamantenwäschen Brasiliens. Den ganzen Tag bewegen sie sich schleichend und mühselig im kalten schwarzen Sumpfe. Da stehen sie mit nackten Beinen in tief ausgehölten Gräben, in denen sie die schmutzigen Erdschollen lösen, um sie 10 oder 12 Fuß hoch auf die Oberfläche hinaufzuschwingen. Oben fangen ihre Helfershelfer die übelriechenden Moderlaibe mit Gabeln auf, packen sie auf Schiebkarren, um sie zu einem geebneten

Geräte für die Handtorfgewinnung im vorigen Jahrhundert (Stieker, Spaten, Forke, Stecheisen)

Platze zu transportieren, auf dem sie weiter verarbeitet und geformt werden sollen. Die Räder der Karre sind dabei, um das Einsinken zu vermeiden, mit dichtem Strohgeflechte umwunden und zuweilen die Füße der Arbeiter selber desgleichen. Auf dem Lagerplatz wird der ganze Brei gleichmäßig ausgearbeitet und hier beginnt dann das ›Petten‹.

Der Torf, wenigstens die beste Sorte desselben, der sogenannte Backtorf muß wie das Brod geknetet werden ...

Stundenlang stampfen und tanzen sie mit bloßen Füßen in dem Teiche herum, um ihm größere Compactheit und gleichmäßige Dichtigkeit mitzutheilen. Es ist der schwerste Theil ihrer schwierigen Arbeit ..

Nach dem ›Petten‹ wird die ganze zerarbeitete Masse auf dem Lagerplatze ausgebreitet wie ein großer Kuchen von derjenigen Dicke, von welcher die Torfstücke werden sollen. Mit breiten Holzschuhen springen sie hinauf, treten den Brei nieder und machen ihn auch noch mit Brettern und Schaufeln glatt und eben. Darnach, bevor sie das Ganze in solche Stükke, wie sie gewünscht werden, von der Form und Größe unserer Ziegelsteine, zerlegen, warten sie wieder einige Zeit, damit die Massen etwas mehr Consistenz gewinnen ...

Das Zerlegen geschieht in zwei Tempos. Zuerst werden Längslinien durchschnitten in einem Abstande von 9 bis 10 Zoll, so lang jedes einzelne Torfstück werden soll, und auf diese Weise der ganze Kuchen in sogenannte Bänke zertheilt. Hierdurch ist er schon vor dem Reißen geschützt. Nach einer abermaligen klei-

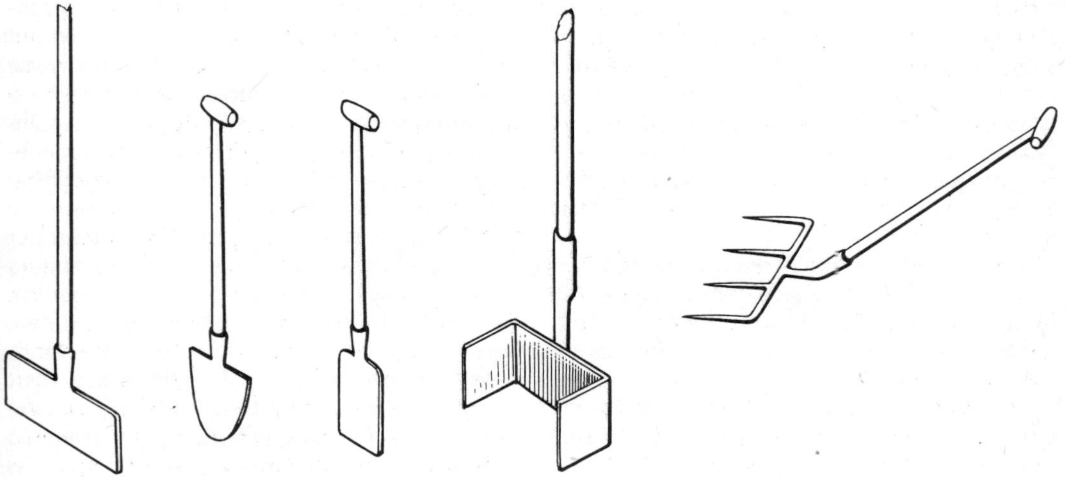

nen Pause von ein paar Tagen, damit die Schnitte etwas vernarben, schreitet man zu den Querschnitten, die in den engern Abständen der Breite der Torfstücke gemacht werden, und nun sind diese – der Form nach – fertig und können zum völligen Ab- und Durchtrocknen abgenommen werden ...

Daß ›Ringeln‹ besteht darin, daß man die nun schon ziemlich steifen Törfe in kleine runde Kegel so über einander legt, daß sie nur mit den Spitzen auf einander fassen, und möglichst große Zwischenräume zwischen ihnen bleiben. Die Kegel sind inwendig hohl und in dieser Aufstellungsweise können Licht und Luft am besten einwirken, die Törfe völlig stärken und auch innerlich austrocknen. Das beste thut daran der Wind, der durch die durchlöcherten ›Ringeln‹ hinzieht ...

Da der Wind natürlich die Spitze der kleinen Kegel kräftiger angreift als den Fuß, so wird es zuweilen nöthig gefunden, in diesen Ringeln das Unterste zu oberst zu bringen, oder wie sie hier sagen, ›umzuringeln‹ ...

Ist der Sommer sehr naß, so dürfen die armen geplagten Leute sich die Mühe nicht verdrießen lassen, ihre Pyramiden aufzubauen und wieder einzureißen, wochenlang zu ›ringeln‹ und wieder ›umzuringeln‹. – ...

Mitten in dieser Zeit der Haupternte, in welcher ich das Land besuchte, ist der Anblick ein recht unterhaltender. Da aus mehrfachen Ursachen nicht alle mit ihren Arbeiten ganz gleichmäßig fortschreiten, so sieht man die verschiedenen Zustände des Torfs und die mannigfaltigen Verrichtungen auf ein Mal. Hier stehen sie noch in den Gräben, und klauben die klebrige schwere Masse los. Dort tanzen sie auf den hochliegenden Lagerplätzen und stampfen den Boden mit hundert beweglichen Füßen. Auf einem andern Stück sind sie mit großen Tranchirmessern beim Aufschneiden und Zerlegen beschäftigt. Hier wiederum bauen sie ihre Pyramiden, wie Kinder ihre Kartenhäuser, ›ringeln‹ die Brocken, und ›ringeln‹ sie um.«

Mit der Entwicklung der kapitalistischen Wirtschaft veränderte sich dann auch die Abbautechnologie. Bereits 1842 wurde die Torfstechmaschine (s. Abb. oben) erfunden, die sich bis zum Ende des vorigen Jahrhunderts überall verbreitete. Mit diesem Gerät konnte auch unter Wasser 3 bis 5m tief gestochen werden. Obgleich ihre Leistung bei 4 Mann

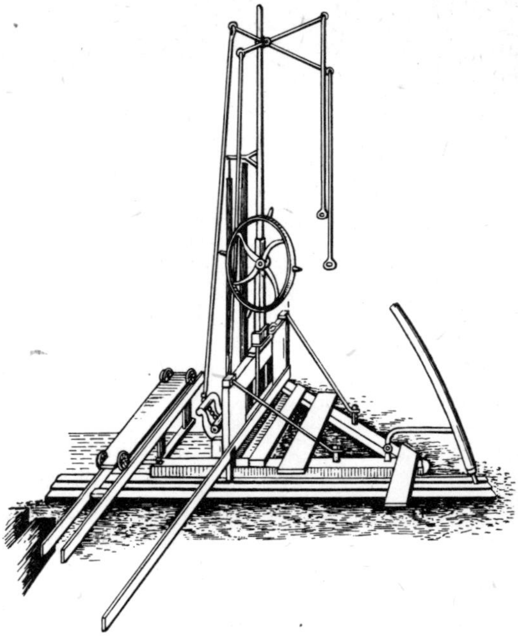

Ansicht der mit der Hand betriebenen Torfstechmaschine, wie sie in der Mitte des vorigen Jahrhunderts entwickelt wurde

Bedienung mit etwa 10000 bis 12000 Soden pro Tagewerk etwa die gleiche wie bei der Handtorfstecherei war, bedeutete diese Technologie doch einen wesentlichen Fortschritt. Die Moore konnten nun großflächiger und tiefer abgebaut werden. Im bäuerlichen Betrieb blieb die Handtorfstecherei aber weiterhin dominierend. Obgleich um die Jahrhundertwende dampfbetriebene Aggregate entwickelt wurden, waren viele Torfstechmaschinen noch Mitte unseres Jahrhunderts in Betrieb. Später rüstete man diese Kraftstecher mit Dieselmotoren aus. Ein Kraftstecher fördert in einer Stunde soviel Torf wie eine Handstechmaschine an einem Tag.

Über die Verwendung von Torf geben uns viele damals erschienene Handbücher Auskunft. In den 70er und 80er Jahren des vorigen Jahrhunderts war der Höhepunkt der Torffeuerung (als Torfgas und Torfkoks) für die Eisen- und Stahlindustrie. Ab 1880 wurde dann der Torf verstärkt zur Streu (Torfmull) genutzt, als Material für die Viehhaltung (als Streumittel) sowie für die Bodenverbesserung, aber

Der Vogelskopf, ein Grindenmoor im Nordschwarzwald

Die Schwarze Lackn am Gerzkopf/Pongau (Österreich), die mit ihren Oberflächenstrukturen an die Aapamoore Skandinaviens erinnert

Das Pürgschachenmoos, ein gut erhaltenes Bergkiefernmoor im Ennstal (Steiermark)

Hartpolstermoor in den Hochanden Perus in 4600 m Höhe

Das Rotmoos bei Weichselboden, ein kreisrundes Kermimoor im Salzatal

Eismoor in der Waldsteppenzone der Nordmongolei

Blühaspekt der Mehlprimel (Primula farinosa ssp. sibirica) in einem Eismoor in der mongolischen Waldsteppenzone im Frühjahr (Juni)

Blühaspekt von Ligularia sibirica in einem Eismoor in der nordmongolischen Waldsteppenzone im Sommer (Ende Juli)

Bugri-Moor in der Waldsteppenzone der Mongolei im zeitigen Frühjahr (Ende Mai) – ein Lebensraum mit Dauerfrost, vergleichbar den Tundren

Durch Mineralbodenwasser ernährtes Sauer-Zwischenmoor in der Buchenwaldstufe Mitteljapans im Frühherbstaspekt

Mangrovesumpf an einer südostasiatischen Küste

Zentraler Kolk eines Kermimoores in der Estnischen SSR

Torfhügelmoor am Nordkap (Norwegen)

Hangmoor in der Tundra mit Wollgras (Eriophorum scheuchzeri) auf der Kolahalbinsel

Abschmelzender Palsa-Moorhügel in Finnisch-Lappland

Deckenmoor in Westnorwegen

Schottisches Deckenmoor der unteren Bergstufe mit Erosionsrinnen

Zentrales Plateau eines küstennahen Regenmoores nördlich Leningrad

Eutrophes Verlandungsmoor im Mündungsgebiet des Ropotamo an der südbulgarischen Schwarzmeerküste

Salzmoor im Überflutungsbereich des Kaspisees nördlich Sumgait (Halbwüstenzone)

Salzmoor in der südlichen Steppenzone Kasachstans

Ausgepflügte Raseneisensteinbrocken in einem akkerbaulich genutzten flachgründigen Versumpfungsmoor am Rande des Spreewaldes

Abbau von Wiesenkalk für industrielle Zwecke

Bäuerliche Torfgewinnung im Handstechverfahren am Rande des Biebrza-Moores (Ostpolen)

Eine früher verbreitete Handarbeit, das ›Ringeln‹ der mit der Stechmaschine gewonnenen Torfsoden

Weißtorfgewinnung mit Hilfe einer speziellen Schneckentechnik

Maschineller Torfabbau mit Sodentorfgewinnung im Tatravorland bei Nowy Targ

Schwarztorfgewinnung

Abbau von Niedermoortorf zur Bodenverbesserung

Produktive Feuchtwiesen, das Ziel der Grünlandwirtschaft noch vor 25 Jahren

Hochproduktives Moor-Saatgrasland, wie es kurzphasig nach Komplexmeliorationen Anfang der 70er Jahre entstand

Winderosion in hochgradig melioriertem Niedermoor. Ein Entwässerungsgraben ist weitgehend mit vermulltem Torfmaterial zugeweht.

Degradierter (vermullter) Moorboden. Auf ihm gelingt es nur noch schwer, Neuansaaten hochzubringen.

Ertragsschwache Quecken- und Brennesselfluren in einem zu stark entwässerten Niedermoorgrasland

Moorregeneration in ehemaligen bäuerlichen Handtorfstichen an der südlichen Ostseeküste

Stelzwurzeln einer 35jährigen Erle. Sie kennzeichnen den Moorschwund von fast 40 cm.

Auf ehemaligen Torfabbauflächen sich regenerierendes Regenmoor in Nordmecklenburg

Aktiviertes Torfwachstum durch Schließung der Entwässerungsgräben in einem Kesselmoor

Großflächige Wiedervernässung eines flach abgetorften Sauer-Zwischenmoores in der Lausitz

Bohlenweg in einem Moornaturschutzgebiet in den Bergwäldern Japans

auch als Bindepulver für Trockenklos und zur Reinigung und Geruchsminderung von Abwasser. Man setzte dem Torf auch Melassefutter zu, benutzte ihn als Wärmeschutz und Isoliermittel sowie als Füllstoff für die Gipsplattenherstellung. Ende des 19. Jahrhunderts unternahm man Versuche, Leuchtgas, Torföl, Paraffin, Spinn- und Gewebefaser (aus Wollgrastorf), Pappe, Papier und Holzspiritus (100 kg Trockentorf ergeben 6 l Alkohol) aus Torf herzustellen, die aber nicht wirtschaftlich genug waren und deshalb früher oder später aufgegeben wurden. Auch bewährte sich zeitweilig ein Gemisch von Torf mit Steinkohle für die Lokomotivenbeheizung.

Insgesamt hatte aber zu Beginn unseres Jahrhunderts die Torfstecherei im nordöstlichen Mitteleuropa ihren Höhepunkt überschritten. Brenntorf wurde nur noch örtlich in Notzeiten, wie nach den beiden Weltkriegen, gewonnen. Der letzte bedeutende Niedermoortorfstich Mecklenburgs, der Brenntorf erzeugte, ging Mitte der 60er Jahre ein.

Es werden aber immer noch Regenmoore abgebaut, um den Torf zur Bodenverbesserung bei gärtnerischen Kulturen, aber auch als Torfmullstreu für die Tierintensivhaltung zu verwenden. Allerdings ist heute der überwiegende Teil der Regenmoore bereits abgetorft, und auf den kleinflächigen Mittelgebirgsregenmooren wurde kürzlich der Abbau eingestellt. Die letzten erhalten gebliebenen Reste sollen als Naturschutzgebiete gesichert werden.

In Holland, Nordwestdeutschland und dem süddeutschen Raum dagegen, wo ausgedehnte Regenmoore vorkommen, wurden Ende des vorigen Jahrhunderts große Maschinentorfwerke errichtet, die sogar den Betrieb von Kraftwerken ermöglichten. So entstand 1905 in Ostfriesland das erste Kraftwerk, das aus Torf elektrische Energie gewann. Die Anlage lieferte jährlich aus 135000t Brennstoff 100 Mill. kWh. Sie war noch bis 1966 in Funktion. Wegen der immer höher werdenden Torfabbaukosten wurde aber in der BRD 1974 der Betrieb des letzten Torfkraftwerkes eingestellt.

Der Torf hat dagegen für die Gewinnung von elektrischer Energie in der Sowjetunion, Finnland und Irland nach wie vor eine Bedeutung. Man brikettiert meist einen im Fräsverfahren gewonnenen Schwarztorf. 50 t Frästorf ergeben 20 t Torfbriketts. In Irland werden solche Briketts, in Plast verpackt, auch als Hausbrand verkauft.

Das Veredeln von Brenntorf durch Verkokung – ein Verfahren, das im Meilerbetrieb schon im 17. Jahrhundert entwickelt wurde – hat bis heute noch seine Bedeutung behalten. Der aus Torf gewonnene Koks sowie die Aktivkohle sind wegen ihrer hohen Ansprüche an den Reinheitsgrad auf dem Weltmarkt immer mehr gefragte Artikel, die hauptsächlich in den Niederlanden und der BRD hergestellt werden. Der hochporöse Torfkoks hat einen Kohlenstoffgehalt von 99% und extrem niedrigen Asche- und Schwefelgehalt. Er wird bei der Härtung von Metall für Eisenlegierungen, in Gießereien, zur Herstellung von Feuerleichtsteinen und für verschiedene chemische Zwecke, z. B. als Katalysatorträger, zur Abwasser-, Frischwasser-, Gas- und Abgasreinigung und als Entfärbungskohle, sowie schließlich für die Futtermittelindustrie benötigt. Die Aktivkohle, ein enorm leichter und dabei ungewöhnlich poröser Stoff, dient in der pharmazeutischen, chemischen und Lebensmittelindustrie verschiedenen Zwecken. 1 g dieses Stoffes hat eine Oberfläche von vielen Quadratmetern!

Während der Torf als Brennstoff im Laufe der letzten 50 bis 100 Jahre ständig an Bedeutung verloren hat, erlangt seine Nutzung als Bodenverbesserungsmittel immer größere Verbreitung. In vielen Ländern kann der Bedarf schon nicht mehr gedeckt werden. So führt z. B. Japan in größeren Mengen Regenmoortorf für den Gartenbau aus der VR Polen ein.

Man verwendet den Torf als Einstreu bei der Tierhaltung und bringt ihn anschließend als Dünger auf die Äcker. Er wird aber auch im Gartenbau oder als organische Substanz zur Verbesserung der Humusstruktur von Ackerschlägen benutzt. So begann sich eine regelrechte Torfstreuindustrie bereits vor 100 Jahren zu entwickeln. Nachdem 1879 im Gifhorner Moor bei Hannover das erste Torfstreuwerk errichtet worden war, wurden 1881 bereits 18 derartige Werke im westlichen Deutschland erwähnt. Sie erzeugten etwa 20000t Torfstreu. Heute ist schwach humifizierter Regenmoortorf, sogenannter Weißtorf, der ein sehr hohes Aufsaugungsvermögen besitzt, sehr begehrt.

Die Verwendung des Torfs als ausschließliches Bodenverbesserungsmittel wurde erst in den 50er Jahren voll anerkannt. So stellte sich die Torfindustrie Westeuropas von Brenntorf auf Düngertorf um. In Westeuropa wird Weißtorf meist im Sodentorfverfahren gewonnen. Dabei schneidet man den Torf in den entwässerten Mooren maschinell jeweils 70 bis 80 cm tief in Sodenform von je 15 cm × 15 cm × 42 cm und legt ihn auf dem Trockenfeld ab. Eine Stechmaschine kann 40 bis 60 m^3 Torf in der Stunde abbauen. Die Torfsoden haben einen Wassergehalt von 90%, der durch Wind und Sonne bei langer Lagerung und mehrfachem Umsetzen sowie durch Ausfrieren des Wassers während einer Winterperiode auf einen Gehalt von weniger als 50% gebracht wird. Erst diesen Torf kann man in den Fabriken weiterverarbeiten. Oft werden die trockenen und wasserabweisenden Torfe in großen Torfmieten gelagert, um sie kontinuierlich über das ganze Jahr verarbeiten zu können.

Der stärker humifizierte Regenmoortorf, der auch als Schwarztorf bezeichnet wird, macht meist den größten Anteil in den Mooren aus. Er wird im Frästorfverfahren gewonnen. Man teilt die abzubauenden Moorflächen in lange schmale Felder, die von Entwässerungsgräben durchzogen werden. Diese Felder erhalten nach der Planierung eine deutliche Wölbung zu den Gräben hin, damit das Niederschlagswasser rasch oberflächig abfließen kann. Die an eine Raupe angehängte Fräse ist mit Frässcheiben ausgestattet, die sich vertikal bis zu 50 cm in den Torf einschneiden und rotierend den Torf aus der Lagerstätte herausschleudern. Er wird in einem Auffangbehälter mittels Schnecke durchmischt, verdichtet und dann als Soden hinter der Maschine abgelegt. Auf dem Feld an der Luft trocknend, werden die Soden nach Bedarf mehrfach maschinell gewendet. Wenn sie trocken genug sind, können sie gesammelt und abtransportiert werden. Das Frästorfverfahren wurde 1926 in der Sowjetunion entwickelt.

In Niedermooren werden heute bei der Torfgewinnung überwiegend Greifbagger eingesetzt, man gewinnt dann den sogenannten Klumpentorf. Dieser an Stichkanten z. T. mehrere Meter tief aus dem Wasser gehobene Torf erhält einen Zusatz von Rindenabfällen und Mineraldünger (insbesondere Stickstoff). Dann wird er in großen Mieten gelagert, mehrfach umgearbeitet und schließlich lose auf Mineralbodenäcker ausgefahren und untergepflügt, um ihnen Humus zukommen zu lassen. Wegen des zunehmenden Humusmangels auf vielen intensiv genutzten Äckern gewinnt dieses Verfahren in jüngster Zeit immer breitere Anwendung. Eine Anreicherung von Dauerhumus ist damit aber kaum erreichbar. Um die Bodenfruchtbarkeit nachhaltig zu verbessern, wurden dagegen mit ton- und schluffreichem, aber kalkarmem Seeschlamm (Mudde) gute Ergebnisse erzielt.

Am meisten werden die sauren Torfe der Regenmoore, neuerdings aber auch die Niedermoortorfe im Gartenbau eingesetzt. Zuerst verwendete man Torfkompost, dann Torfschnellkompost, einen Torf, dem neben Erdanteilen bereits Mineraldünger zugesetzt wurde. Später brachte man den Torf bei gleichzeitiger Mineraldüngung in den Boden, und heute verwendet man auch Torfmischdünger. Geradezu eine Revolution im Gartenbau war die Entwicklung der Einheitserde, einer Mischung aus Torf, Ton und Mineraldünger, in der jede Pflanzenart gut gedeiht. Die in jüngster Zeit vervollkommneten Torfkultursubstrate, bei denen der Torf mit Hauptnährstoffen sowie Spurennährstoffen versetzt ist, lassen auch auf schlechtesten Böden ein üppiges Pflanzenwachstum zu.

Das neueste Ergebnis ist Torf in granulierter Form mit erhöhter Wirkungsdauer. Diese Form wurde entwickelt, da Torf sonst schwer unter Sträuchern und auf Rasen auszubringen ist. Die wichtigsten Wirkungen des Torfes bestehen darin, als physiologisch aktive Bindegrundlage die Ionenaustausch- und Sorptionseigenschaften zu erhöhen sowie den Wasser- und Lufthaushalt und damit auch den Wärmehaushalt der Mineralböden zu verbessern. Wenig zersetzte Torfe enthalten dabei wegen ihres hohen Porenvolumens viel Luft. Stärker zersetzte und damit feinporigere Torfe verfügen dagegen über eine größere Wasserkapazität. Somit sollten wir in schwere Böden, in denen die Luftkapazität zu erhöhen ist, wenig zersetzte Torfe einarbeiten, während in leichte Böden, deren Wasserkapazität zu erhöhen ist, stärker zersetzte Torfe einzubringen sind. Da für viele Pflanzen leicht saure Böden mit einem *p*H-Wert von 5 bis 5,5 optimal sind, bevorzugt man im Gartenbau insbesondere schwach saure Torfe bzw. saure Torfe, die leicht aufgekalkt werden können. Zusätzlich fördern das Pflanzenwachstum im Torf enthaltene Wirkstoffe. Wirkstoffart und -menge sind je nach Torfart und Torfzersetzungsgrad unterschiedlich. Besonders den Huminsäuren wird eine Stimulierung des Pflanzenwachstums zugeschrieben.

Man verwendet den Torf im Gartenbau für Zierpflanzen, um den hohen Qualitätsansprüchen gerecht werden zu können, aber auch im Gemüsebau, im Gewächshaus und im Freiland oder in Baumschulen sowie als Pflanzhilfe für größere Bäume und Sträucher. Selbst die Blumenbeete zwischen den modernen Häuserblöcken, die keine Verbindung mehr zum gewachsenen Boden haben, sind unter den extremen Bedingungen des Stadtklimas für veredelte Torfsubstrate dankbar.

Torf wird auch für medizinische Zwecke, insbesondere als Bademedium, benutzt. Die heilende Wirkung von Schlammen ist schon seit dem Altertum bekannt. Erste Nachrichten über die Benutzung von Moorsubstraten für Bäder erreichten uns von Marienbad und Franzensbad aus der Zeit um 1815. Bereits 1822 bzw. 1827 wurden diese Kurorte mit Moorbadehäusern ausgestattet. Das erste Moorbadehaus überhaupt dürfte 1818 in Bad Meinberg (Nordrhein-Westfalen) errichtet worden sein. Gegenwärtig existieren in Mitteleuropa über 100 Heilbäder, in denen man Moorkuren absolvieren kann.

Die schlammartigen Erdheilmittel werden als Peloide bezeichnet. Außer Torfschlammen dient auch eine Reihe weiterer Schlamme als Heilmittel, die wir hier nicht näher betrachten wollen.

Der für das Moorbad verwendete Torf wird in Torfstichen mit Torfstechmaschinen, Greif- oder Schaufelbaggern gewonnen, ungetrocknet gemahlen und zu einem homogenen Brei (Schlamm) gemischt.

Für ein Moorbad benötigt man 140 kg naturfeuchten Torf, der etwa 14 kg Trockentorf entspricht, und 70 kg Wasser, die zu einem Brei gemischt werden. Außer dem breiförmigen Moorbad gibt es auch die Torfpackung, eine plastische Torf-Wasser-Mischung mit einem Wassergehalt von weniger als 90%, die auf den Körper aufgetragen wird.

Als Badetorfe werden Regenmoortorfe mit einem Säuregrad zwischen 3,5 und 5, Niedermoortorfe mit Werten zwischen 5 und 7 und vereinzelt auch Eisenvitrioltorfe, die wegen ihres hohen Schwefelsäuregehaltes z. T. Säuregradwerte unter 1 aufweisen, verwendet. Außer dem Säuregrad spielt auch die Quellfähigkeit eines Badetorfes eine Rolle. Sie ist bei den aschearmen Regenmoortorfen besonders hoch. Der Moorbrei kühlt sich im Vergleich zum Wasser sehr viel langsamer ab, leitet aber auch die Wärme von Moorteilchen zu Moorteilchen viel langsamer. Die Heilwirkung des Moorbades beruht z. T. auf dieser thermophysikalischen Eigenschaft der Wärmehaltung. Große Bedeutung hat auch die chemische Zusammensetzung des Badetorfes. Generell werden nur hochzersetzte Torfe verwendet, in denen durch stoffliche Auf- und Abbaureaktionen und Umlagerungen die ehemalige Moorvegetation stark aufgeschlossen ist. Der Torf enthält, wenn man den Wasseranteil nicht berücksichtigt, etwa 30% Zellulose und Hemizellulose, 30% Huminsäuren, 20% Humine und Lignine, 10% Bitumen, 6% Pektine und 4% Mineralstoffe.

Die Moorbäder werden nie länger als 15 bis 25 Minuten bei Temperaturen von 40 bis 42 °C genommen. Man empfindet sie aber durch die gebremste Nachlieferung des Wassers an die Haut nicht heißer als 37 °C. So herrscht an der Haut nicht die Temperatur des Moorbreis. Moorbäder haben damit eine intensive gleichmäßig andauernde Wärmewirkung auf den Körper. Dem Körperinnern wird aber im Vergleich zum Wasser die bis zu 7fache Wärmemenge zugeführt.

Die chemische Wirksamkeit des Moorbades beruht auf dem Eindringen bestimmter Wirkstoffe durch die Haut in den Körper. Große Bedeutung haben hier die Huminsäuren als schwach organische Säuren. Des weiteren wird die Ausscheidung körperfremder und toxischer Stoffe vom Körper des Badenden durch die Haut angeregt. Torfe haben auch antimikrobielle Wirkungen, sie bewirken das Abheilen mikrobieller und pilzlicher Ekzeme. Bestimmte wasserlösliche, in Torfen vorhandene Stoffkomplexe biogener Stimulatoren dürften ebenfalls auf den Organismus wirken. Derartige Stoffe aktivieren im Organismus die Lebensvorgänge und steigern die physiologische Reaktion.

Heute wird bei einer Reihe von Krankheiten wegen der guten Wirkung die Moortherapie durchgeführt. An erster Stelle stehen die rheumatischen Krankheiten sowie degenerative Gelenk- und Wirbelsäulenleiden, wie Arthrosen, Spondylosen und Osteochondrosen, aber auch Knochen- und Knorpelerkrankungen als Folgen von Verletzungen und Operationen, weiterhin Muskelrheumatismus und Neuralgien.

Gute Ergebnisse erzielt man mit Moorbädern auch bei Frauenleiden, z.B. bei chronischen Entzündungen des Genitalbereiches, Zyklusstörungen, Sterilität, klimakterischen Beschwerden und als Nachbehandlungen von Operationen.

Schließlich verwendet man sie bei chronischen urologischen Leiden, wie chronischer Prostatitis und chronischen Infektionen der harnleitenden Wege.

Es sei noch erwähnt, daß wegen der Heilerfolge und Erfahrungen der nunmehr 150jährigen Moortherapie in den letzten Jahrzehnten zahlreiche medizinische Moorpräparate hergestellt werden, die sowohl äußerlich als Badepräparate, Packungen und Salben als auch innerlich als Tinkturen, Kapseln und neuerdings auch als Lebensmittel mit »Moorzusatz« angewendet werden. Für all diese Präparate extrahiert man wichtige Inhaltsstoffe der Torfe.

Zum Abschluß dieses Kapitels sei noch auf eine Nutzungsform der Torfe hingewiesen, die heute allgemein in Vergessenheit geraten ist. Gemeint ist die Salztorfgewinnung, die mindestens schon seit dem 9. Jahrhundert an der südlichen Nordseeküste betrieben wurde. Die erste schriftliche Kunde davon gibt 1151 der dänische Geschichtsschreiber Saxo Grammaticus, die letzten Nachrichten reichen in Nordfriesland bis zum Ende des 18. Jahrhunderts. Da das antlantische kühlfeuchte Klima eine Verdunstung des Meerwassers in Salzgärten – wie am Mittelmeer, am Schwarzen und Kaspischen Meer üblich – nicht zuließ, mußte man sich zur Gewinnung des dringend benötigten Salzes (z.B. für Salzheringe) einer anderen Methode bedienen. So wurden die an der südlichen Nordseeküste verbreiteten, stark von Salzwasser durchtränkten Torfablagerungen abgebaut, vorgetrocknet und verascht. Die Asche hat man dann ausgelaugt und die so gewonnene Salzsole in eisernen Kesseln durch Sieden zu Salz verkocht. Wahrscheinlich wurden die Salzpfannen mit Torf beheizt.

Wenn wir an die vielen Nutzungsformen der Moore in den letzten 2000 Jahren denken, ist es verständlich, daß wir heute kaum noch ein vom Menschen unberührtes Moor finden.

Landwirtschaftliche Moornutzung

Was der deutsche Moorforscher Carl Albert Weber (1856–1931) in seiner die moderne Moorforschung einleitenden Dissertation (Berlin 1902) für das Hochmoor von Augstumal im Memeldelta voraussah, ist heute in Mitteleuropa Wirklichkeit geworden. Nur noch in kleinflächigen Resten gibt es naturnahe Moorvegetation und die mit ihr aufs engste verbundene eigenständige Tierwelt. Moorland, auf dem noch vor 100 Jahren eine Nutzung nur in sehr extensiver Form erfolgte, ist heute zu einem produktiven Grasland und teilweise auch zu Ackerland geworden, das sich durch nichts mehr von den umgebenden Mineralbodenstandorten unterscheidet. Oft wird es uns heute nicht einmal bewußt, daß unser Fuß über Moorboden schreitet, so stark sind die Moorlandschaften abgewandelt und überformt worden. Doch lassen wir den Moorforscher Carl Albert Weber zu Wort kommen: »Noch um die Mitte des achtzehnten Jahrhunderts war das Augstumalmoor eine von weiten, sumpfigen Wäldern, von ungeheuren Schwingrasen, von Röhrichten und nassen Rieden umgebene, ernste und schauerliche Wildnis, über der regenschwer sich türmende Wolken vom nahen Gestade des baltischen Meeres dahinzogen. Genährt von ihrem Naß, wucherten hier Jahrtausende hindurch die bleichen Rasen der Torfmoose. Moorschneehühner, Birkhühner und Kraniche belebten zeitweilig das Moor, und hin und wieder zog, vorsichtig den Grund prüfend, ein Rudel Elche über die weite, wüste Fläche. – Von einem Elche fand ich im Sommer 1893 noch eine Fährte; seitdem soll sich keiner mehr auf diesem Moore haben blicken lassen. Die Schneehühner sind seit einer Reihe von Jahren ausgerottet, und von den Kranichen sollen nur noch wenige Paare an einer schwer zugänglichen Stelle im Nordostteil des Moores horsten ...

Der Verödung der Tierwelt folgte die Zerstörung der ursprünglichen Vegetation. Unter dem menschlichen Einflusse begann unser Hochmoor, das seiner Vegetation nach bis dahin ein Moosmoor gewesen war, sich zunächst nur langsam in ein Heide- und Kulturmoor zu verwandeln. Aber durch die nunmehr von seiten des preußischen Staates mit Umsicht und Energie eingeleitete Urbarmachung des Moores wird vielleicht schon vor Ablauf eines Jahrzehntes der letzte Rest seiner ursprünglichen Physiognomie gänzlich verschwunden sein. Auf dem südöstlichen Abschnitte, wo ich 1898 noch mühevoll und langsam vordringend das pfadlose Moosmoor durchquerte, konnte ich im Herbste 1900 auf gebahnten, festen Wegen sicher und rasch verkehren; neuerbaute Häuser leuchteten mir entgegen, und die der ersten Bestellung harrenden umgehackten Äcker dehnten sich aus, soweit das Auge trug. Wo kurz vorher noch in der weiten, lautlosen Öde der einsame Wanderer bei dem anstrengenden Marsche nur das Pochen des eigenen Herzens vernahm, wo der verlorene Schrei eines rasch vorüberstreifenden Vogels oder das leise, klagende Sausen des Windes in den verkümmerten Föhren kaum das erhabene Schweigen der Wildnis unterbrach, da wird bald Lerchenjubel und Wachtelschlag ertönen und der fröhliche Lärm spielender Kinder die Luft erfüllen; wo der von dem beschwerlichen Wege Ermüdete seinen Hunger einst dürftig mit Beeren stillte, da werden in reicher Fülle menschenholde Ähren rauschen, und wo scheue Kraniche spärlich zwischen bleichen Moosen ästen, da werden Rinder mit strotzendem Euter in üppigem Grase weiden, und die Sense rühriger Schnitter wird erklingen, um den reichen Segen der Wiesen zu ernten.

Wer den alten Zustand des Moores aus Erfahrung kennen gelernt hat und ihn mit dem der nächsten Zukunft vergleicht, wird nicht in Zweifel sein, welchem er den Vorzug geben soll, wenn er auch als Naturfreund und als Naturforscher die Ursprünglichkeit der Natur mit einem Gefühle schmerzlichen Bedauerns schwinden sieht.«

Moore sind erst sehr spät, meist als letzte der zur Verfügung stehenden Bodenflächen landwirtschaftlich genutzt worden. Am bekanntesten ist die Kultivierung der ausgedehnten Regenmoore des südlichen Nordseeküstenraumes. Das Ausmaß dieser Moorumwandlungen allein in Niedersachsen veranschaulichen sehr eindrucksvoll die beiden Karten auf Seite 230 und 231.

Der große Angriff auf diese Moore begann am Ende des 16. Jahrhunderts in Holland. In die aufgewölbten Moore wurden Kanäle geschnitten, und von diesen Kanälen aus wurde der hochzersetzte Schwarztorf bis zum mineralischen Untergrund abgebaut. Die Kanäle bewirkten die Entwässerung und dienten gleichzeitig dem Abtransport des Torfs in die Städte, denn in dem holzarmen Land bestand schon damals großer Mangel an Brennmaterial. Der zuoberst liegende, geringzersetzte, für Brennzwecke weniger geeignete Weißtorf wurde vorher abgeräumt und zurückgesetzt. Man vermischte ihn nach der Abtorfung mit dem Sand des Untergrundes, mit Stalldung und Siedlungsabfällen, und so bildete er einen fruchtbaren Acker- und Wiesenboden. Der Brenntorfgewinnung folgte also die landwirtschaftliche Kultivierung, und entlang den Kanälen entstanden immer mehr Siedlungen.

Diese berühmt gewordene holländische »Fehnkultur« dehnte sich im 17. Jahrhundert auf die nordwestdeutschen Moore aus. Als erste deutsche Moorkultivierung wurde 1630 in Ostfriesland die große Fehnkolonie Papenburg begründet. Im 18. Jahrhundert entstanden weitere Fehnsiedlungen in den Emsmooren, im bremischen Teufelsmoor und in den anderen großen Moorgebieten zwischen Weser und Elbe. Eine vielbekannte Pionierleistung war damals die durch den königlich-hannoverschen Moorkommissar Jürgen Christian Finndorf (1720–1793) begonnene Erschließung und Besiedlung des 80000 ha großen Teufelsmoores vor den Toren Bremens.

Der schon bei der Brenntorfnutzung erwähnte Reisende J. G. Kohl gibt uns ein anschauliches Bild von dem Leben der Moorbauern in der Mitte des vorigen Jahrhunderts: »Auf den noch ganz wilden Partien des Teufelsmoors findet man ... die Armen des Moors, die ersten noch unbemittelten Besiedler einer noch wilden Gegend. Sie wohnen Winter und Sommer in ... primitiven ›Hutten‹. ... Die Mauern oder Fundamente derselben bestehen in kleinen dünnen aufgehäuften Torfsoden. Die Dächer ... sind aus schilfbedeckten Zweigen und Sträuchern componirt. Im Innern ist Alles ein zusammenhängender,

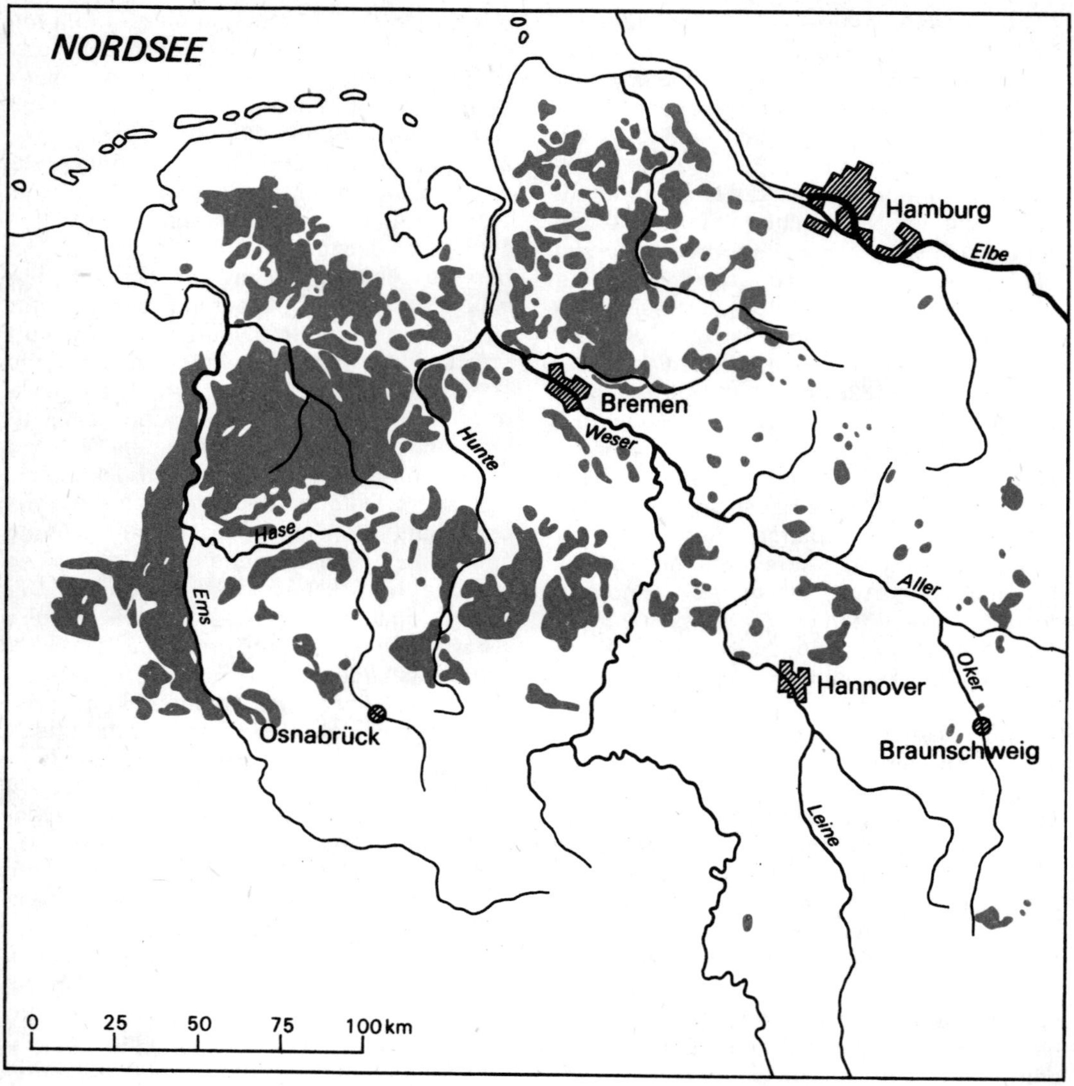

Verbreitung unkultivierter Moore (überwiegend Regenmoore) in Niedersachsen am Ende des 18. Jahrhunderts (aus Overbeck 1975)

der Wärme wegen möglichst enger Raum, in welchem durch einige unbehobelte Baumäste für die Schlafstätte der menschlichen Bewohner so wie für die Stallung der einen magern Moorkuh und der drei zottigen Moorschafe, aus denen ihr Viehbestand besteht, Abtheilungen und Verschläge zu Stande gebracht sind. Die uralte etwas abgetrocknete Oberfläche des Hochmoors bildet den Flur und die weiche Tenne des Hauses, die keines Teppichs bedarf. In der Mitte derselben ist statt des Heerdes ein wenig Sand angehäuft. ... Ein Paar wurzelreiche Torfsoden, die man draußen grub, glimmen und schweelen Tag und Nacht auf diesem Sandheerde. Um ihn kriechen die kleinen magern Kinder herum, und daneben sitzt die Mutter auf einem Klotz, wie eine Irländerin ihr kurzes Tabackpfeifchen im Munde, als wäre die Athmosphäre noch nicht räucherig und trübe genug ... Für den Rauch und alle Dünste des Hauses giebt es nur einen Ausgang, die enge Thür, die nach Süden hin in der

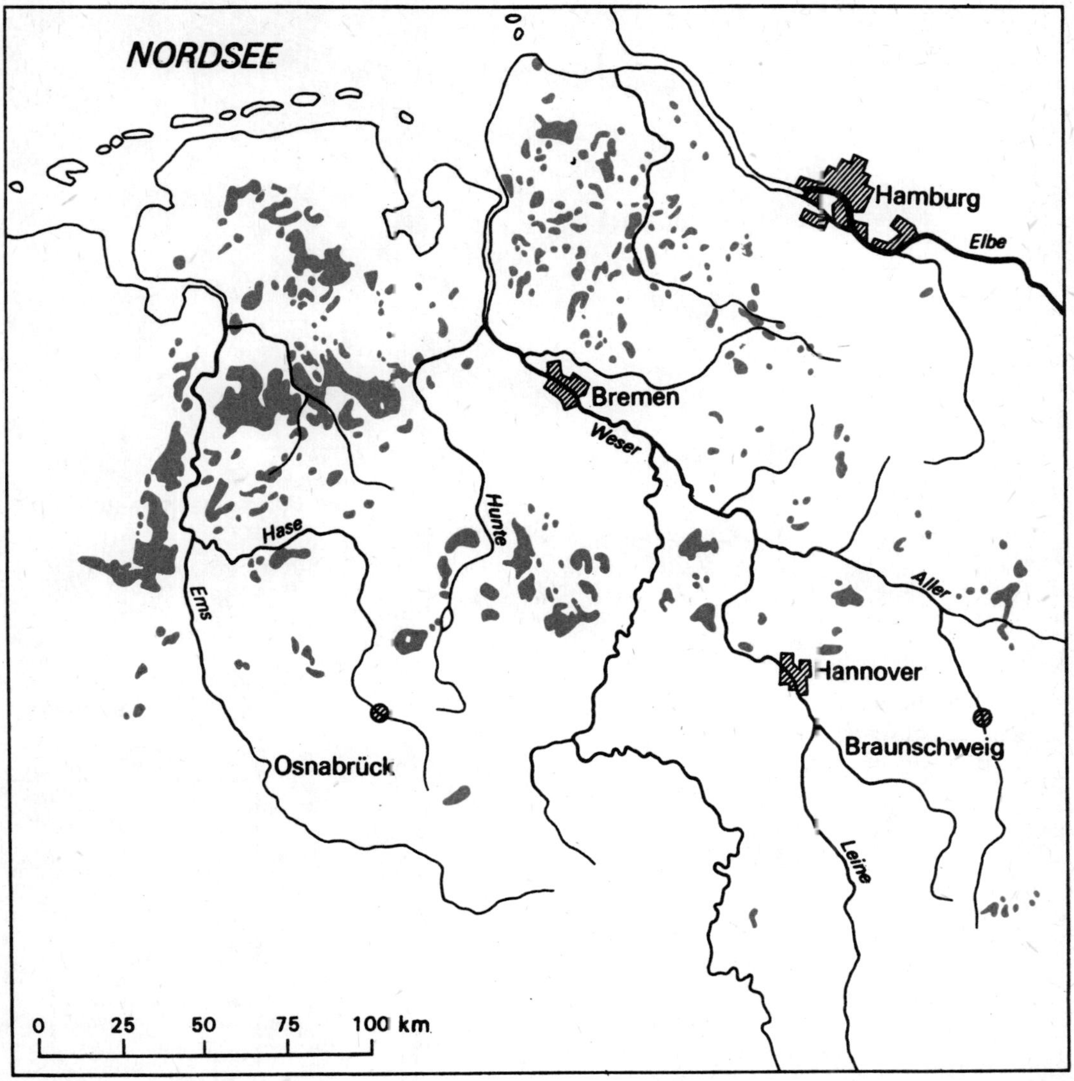

Verbreitung unkultivierter Moore in Niedersachsen Mitte des 20. Jahrhunderts (aus Overbeck 1975)

Torfmauer ausgeschnitten ist, und zugleich auch den Eingang für Menschen und Vieh und für die aus- und einkriechenden treuen Hunde darstellt. Die Aeste und natürlichen Auswüchse, welche man an den Dachsparren auf dem Gebälke der Hütte gelassen hat, dienen zum Aufhängen der Kleider, der Werkzeuge und aller kleinen Habseligkeiten, welche rings in dem Hüttchen herumhängen ... Was mit der Zeit aus den Nachkommen dieser armseligen Hüttenleute, – wenn sie den Torf in ihrer Nähe fleißig bis auf den Untergrund wegarbeiten, wenn durch den Verkauf des Torfes ihre kleinen Capitalien sich mehren und kräftigen, wenn sie den entblößten Boden sorgfältig zu düngen und zu bepflügen anfangen, und wenn ihnen namentlich ein schiffbarer Graben, eine Canalisierung des Landes dabei zu Hülfe kommt, – werden kann, das sah ich mir nun am folgenden Tage an, ... in einer schon ganz cultivirten und mit zahlreichen Vehncolonien, stark bevölkerten und mit wohlhabenden Dörfern besäeten Partie des Teufelsmoo-

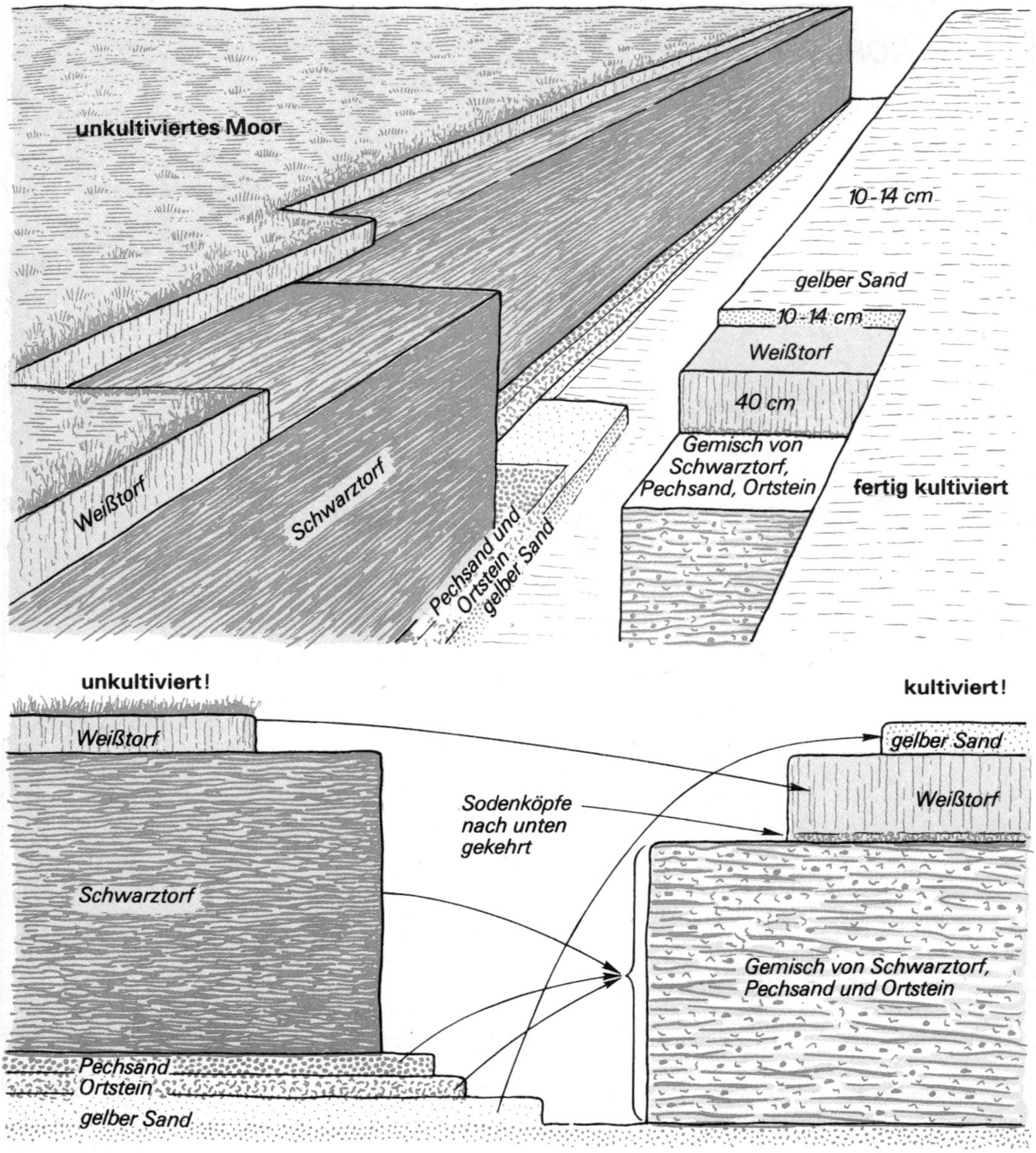

Herstellung einer Fehnkultur, der frühesten Kultivierungsart der Regenmoore für eine landwirtschaftliche Nutzung (aus Overbeck 1975)

res. ... Hier ist seit etwa 150 Jahren auf einem mehrere Meilen langen Striche das garstige Teufelsmoor bis auf wenige Reste weggegraben, und es leben dort nun in einer Lokalität, wo ehedem wie gesagt, nicht ein Mal Füchse existiren mochten, Tausende von zufriedenen Menschen. Ich spazierte einen ganzen Tag lang durch eine Reihe von freundlichen Dorfschaften, von denen die eine vor 30, die andere vor 50, die dritte vor 100 Jahren begründet war. Man kann keinen stärkeren und wohlthuenderen Gegensatz sehen als den eines solchen Coloniedistrikts mit dem zur Seite liegenden grauenhaften Hochmoore ...

Eine schönere, erfreulichere und nützlichere Eroberung hat die Civilisation der Neuzeit wohl nirgend zu Stande gebracht als in der Beseitigung der Nordwestdeutschen Hochmoore und in ihrer zauberhaften Umwandlung von den unlieblichsten Wüsten zu lachenden Fluren. ... Ich ließ mir von den Leuten, ... erzählen, wie ihr Vater oder Großvater als ein armer ›Hüttenbewohner‹ mit einer Kuh oder mit ein Paar magern Schaafen ausgesetzt, aus wie weiter Ferne er für diese Thiere das spärliche Gras und Heu zusammengesucht, wie mühselig er erst den Buchweizen, dann seine Kartoffeln und endlich ein kleines Getreidefeld cultivirt habe; – wie ihm dann ›der Canal‹ zu Hülfe gekommen, und wie nun der Torf kräftig weggeschafft, ausgeräumt und – verhandelt sei, wie dadurch die Capitalkräfte sich gemehrt und gestärkt hätten, und mit ihnen dann die Heerde, die Stallungen, das Wohnhaus und der Acker so erweitert und gewachsen seien, wie ich sie jetzt im Besitze des Enkels erblickte.«

Diese Schilderung macht uns den Leitspruch der Generationen von Moorbauern verständlich: »Dem ersten den Tod, dem zweiten die Not und erst dem dritten das Brot.«

Außer der **Fehnkultur** gab es aber auch andere wichtige Kultivierungsverfahren für die Regenmoore. Mindestens ebenso alt wie das Verfahren der Verfehnung ist die **Moorbrandkultur.** Ähnlich dem Brandroden von Wäldern – wie es heute noch vielfach in den Tropen angewendet wird – zündete man das Moor nach dem Abtrocknen durch schwaches Vorentwässern und Auflockern der Oberfläche an. Der oberflächig abbrennende Torf belegte sich mit einer Ascheschicht, die das Fruchtbett für den Buchweizen darstellte, der zugleich nach dem Moorbrennen in den noch warmen Boden eingesät wurde. Die Fruchtfolge bestand aus Buchweizen, dem wieder Buchweizen, dann Hafer, manchmal auch Kartoffeln, schließlich Ackerspark (Spörgel) und einige Jahre später Roggen folgten. Nach 7 bis 10 Jahren waren die Nährstoffreserven des Bodens erschöpft. Es mußte eine 30jährige Brachephase folgen. Das Moor regenerierte sich mit Heidekrautfluren, die wiederum als Nahrungsgrundlage für Heidschnucken und Bienen dienten. Eine solche extensive Moornutzung beanspruchte weite Flächen bei einem kärglichen Leben der Moorbauern.

Die Moorbrandkultur, ebenfalls um 1700 aus dem Holländischen nach Nordwestdeutschland eingeführt fand eine weite Verbreitung in vielen Teilen Europas. Allein in der Provinz Hannover bereitete man zum Ende des 19. Jahrhunderts jährlich etwa 10000 ha Moorland durch Brandkultur für den Buchweizenanbau vor. Das Moorbrennen brachte alljährlich im Frühjahr dem gesamten südlichen Nordseeraum eine Umweltbelästigung, die sich bei bestimmten Wetterlagen bis nach Frankreich oder gar Galizien auswirkte. Der Moorqualm, auch als Höhen- oder Heerrauch bezeichnet, verdunkelte tagelang die Sonne und belästigte insbesondere die Bewohner der Städte. Das Verfahren erregte zunehmend öffentliches Ärgernis. So wurde 1870 der Norddeutsche Verein gegen das Moorbrennen gegründet, um »diesen großartigsten Unfug, der gegenwärtig in deutschen Landen betrieben wird«, wie der Geograph Petermann seinerzeit schrieb, abzustellen. Auf Veranlassung dieses Moorvereins wurde 1876 die Zentrale Moorkommission mit Sitz in Berlin ins Leben gerufen, und 1877 gründete man die erste wissenschaftliche Moorinstitution der Welt, die Moorversuchsstation in Bremen.

Wenn auch das Moorbrennen in Deutschland erst 1923 gesetzlich verboten wurde, so konnte doch diese Moorversuchsstation zur Einschränkung des Verfahrens beitragen und dafür sorgen, daß die **Deutsche Hochmoorkultur** die Moorbrandkultur rasch ablöste. Dieses Kulturverfahren schuf die Voraussetzung für eine großangelegte intensive landwirtschaftliche Moornutzung und Besiedlung weiter Flächen. Bereits 1890 waren in Nordwestdeutschland 250 Moorkolonien mit rund 60000 Bewohnern, die etwa 55000 ha Moorland bewirtschafteten, entstanden.

Bei dieser Moorkultivierung erfolgt mit Hilfe eines engen Grabennetzes, später meist durch Dränung abgelöst, eine ausreichende Moorentwässerung, verbunden mit Aufkalkung und Vorratsdüngung durch Kaliphosphat und Kupferschlacke. Allerdings kommt es bei ständiger Ackernutzung zur Verdichtung des Bodens und damit zu Luftmangel, so daß heute weitgehend die Gründlandnutzung vorherrscht. Etwa ein Drittel der Regenmoore des nordwestlichen mitteleuropäischen Tieflandes ist heute durch dieses Kultivierungsverfahren geprägt. Fast ein weiteres Drittel der

Moorflächen kann nicht landwirtschaftlich kultiviert werden und unterliegt der Abtorfung. Der Rest ist durch die Verfahren der **Sandmischkultur** umgestaltet worden.

Diese sich vor allem in den letzten Jahrzehnten unseres Jahrhunderts ausbreitende Kultivierungsart schafft gänzlich neue Bodenprofile. Man kann zwei Kultivierungsverfahren unterscheiden. Bei dem einen Verfahren der Sandmischkultur fördert ein 20t schweres Raupenfahrzeug mit Hilfe eines verstellbaren Saug- und Förderrohres aus maximal 3,50 m Tiefe den unter dem Moor lagernden Sand an die Oberfläche, der ein- oder beidseitig in einer Breite von 6 bis 7 bzw. 12 bis 14 m auf der Mooroberfläche abgelagert wird. Auf diese Art und Weise entstehen 7 bzw. 14 cm starke Sanddecken. Die durch die Förderung entstandenen Saugrohrschlitze werden mit Torf verfüllt und haben die Funktion von Erddränen. Durch anschließendes etwa 20 cm tiefes Pflügen entsteht eine oberflächliche Torf-Sand-Mischung, die sich vielseitig landwirtschaftlich nutzen läßt.

Das zweite Verfahren, die sogenannte **Deutsche Sandmischkultur** durch Tiefkultur, ist dagegen nur auf Mooren mit maximalen Moortiefen von 1,40 m Mächtigkeit anwendbar. Spezielle Moorpflüge mit Pflugtiefen bis zu 2,40 m brechen, meist von mehreren Raupen gezogen, die Moorprofile vollständig um. Auf diese Weise durchziehen in engem Abstand auf etwa 135° gekippte Sandbalken den gesamten Moorkörper. Die Mooroberfläche wird danach mit Erdhobeln oder Planierraupen bearbeitet, so daß hier eine Durchmischung des Torfes mit etwa einem Drittel Sandanteil erfolgt. Die im Unterboden nicht mehr durchmischten Sandbalken wirken gleichzeitig als Dräne. Das Verfahren wurde zunächst für die flachgründigen Regenmoore entwickelt, ist aber zunehmend auch auf Standorten mit alten Fehnkulturen bzw. auf den durch die Torfindustrie abgetorften Mooren angewendet worden. Es entstehen hochproduktive Standorte mit dauernder Ackerfähigkeit. Wasserregulierungsmaßnahmen entfallen, und mikroklimatisch sind diese Böden wesentlich günstiger als die unbesandet kultivierten Moore.

Bodenprofile bei den verschiedenen Moorkultivierungsverfahren (aus Göttlich 1978)

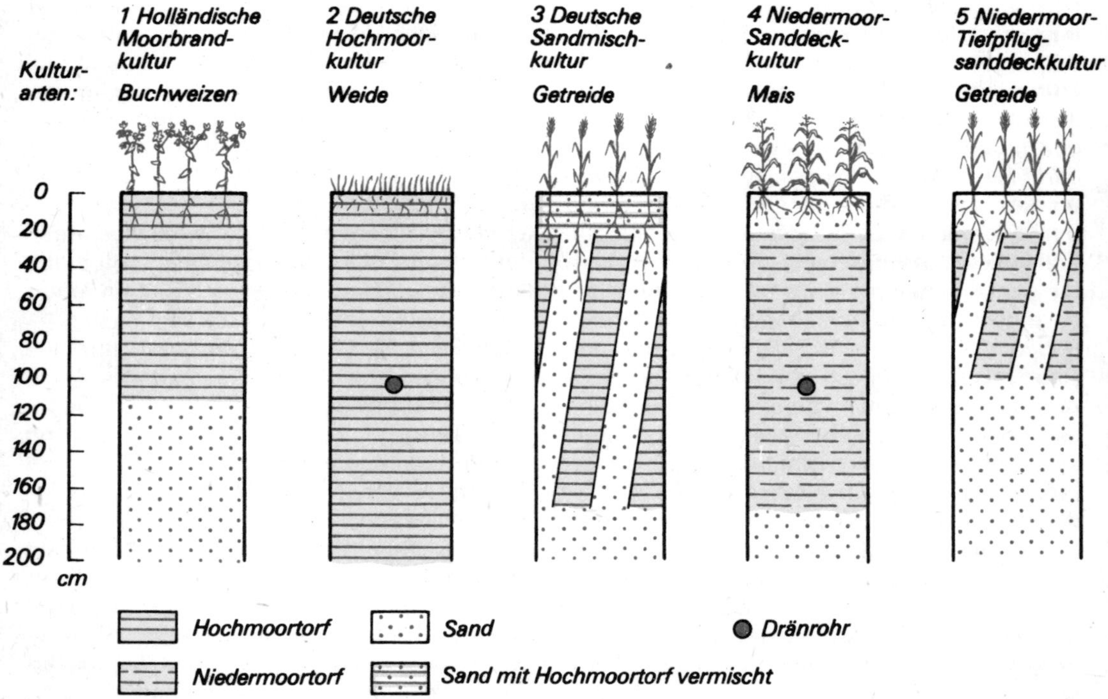

In der BRD wurden bis heute 180000 ha Regenmoorfläche auf diese Weise tiefgepflügt. Für weitere 100000 ha (vor allem für alte Fehnkulturen, gealterte Deutsche Hochmoorkulturen sowie zukünftig abzutorfende Flächen) wird dieses Verfahren im nächsten Jahrzehnt angewendet werden.

Im südlichen Ostseeraum spielen alle diese Kultivierungsverfahren keine Rolle, da hier nur lokal und kleinflächig Regenmoore auftreten. Nach dem Torfabbau erfolgt meist forstliche Nutzung. Das trifft auch für die Regenmoore im Mittelgebirgsraum zu.

Die Niedermoore, die in der DDR mit etwa 500000 ha mehr als 95% der Gesamtmoorfläche einnehmen und in der BRD immerhin einen Flächenanteil von etwa 300000 ha und damit fast 50% des gesamten Moorlandes aufweisen, haben eine andersartige landwirtschaftliche Nutzungsgeschichte. Es ist anzunehmen, daß bereits in vorgeschichtlicher Zeit die meist gehölzbestandenen nährstoffreichen flachgründigen Versumpfungsmoore zumindest in ihren Randlagen einer extensiven Waldweidenutzung dienten. Die ausgedehnten Seggenriede der Durchströmungsmoore wurden sicher schon frühzeitig als Kuhweiden genutzt. Wahrscheinlich erfolgte auf den wüchsigen süßgrasreichen Überflutungsmooren mit ihren natürlichen Rohrglanzgras- und Wasserschwadenwiesen bereits frühzeitig eine Mähnutzung. Der Beginn dieser Nutzungsweisen ist aber heute kaum noch zu ermitteln.

Zu den frühesten geschichtlich überlieferten Meliorationen dieser Niedermoore gehören die bereits 1106 begonnene Entwässerung und Urbarmachung der großen Sumpfniederungen um Bremen. Aber auch die auf den Wurten siedelnden Bewohner Nordfrieslands haben im Schutze von Deichen bereits vor 1362 Moorweideland gewonnen. Die die Moore überlagernden Mineralbodendecken wurden abgegraben und Entwässerungsgräben angelegt. Dieses Kulturland ist allerdings in den großen Sturmfluten des 14. Jahrhunderts wieder untergegangen. Die Kultivierung von Randlagen des Pfrunger Riedes, eines großen Niedermoores in Oberschwaben, ist bereits aus dem 11./12. Jahrhundert urkundlich belegt.

Zisterziensermönche, die im 13. Jahrhundert im ostelbischen Raum siedelten, erkannten die Bedeutung der Niedermoore zur Futter- und Stalldung-(Streu-)Gewinnung und führten die ersten systematisch betriebenen Moorentwässerungen in sumpfigen Niederungen durch.

Diese Moorkultivierungen des frühen Mittelalters sind meist mit der Verelendung des Bauerntums im Spätmittelalter sowie als Folge der Auswirkungen des Dreißigjährigen Krieges verlorengegangen. Erst mit der allmählichen Wirtschaftsentwicklung ab Ende des 17. Jahrhunderts und verstärkt im 18. Jahrhundert setzte eine spürbare landeskulturelle Tätigkeit zur Hebung der Bodenfruchtbarkeit ein. Das spiegelt sich auch in der zunehmend intensiveren landwirtschaftlichen Nutzung der Niedermoorgebiete wider. Ausgangspunkt dafür waren großangelegte Hydromeliorationen, die besonders durch die preußischen Könige stark gefördert wurden. Während der Amtszeit Friedrich Wilhelms I. begann 1718 die Melioration des Havelländischen Luchs. Bereits 1735 setzte die Entwässerung des Randow-Welse-Talmoores ein. Das 1765 durch Friedrich II. erlassene Urbarmachungsedikt bildete die Grundlage für die zielgerichtete Kultivierung des Oder-, Netze- und Wartebruchs. Das gewonnene Land kam der Angliederung einer neuen Provinz gleich. In dieser Zeit wurden aber auch das bayerische Donaumoos bei Ingolstadt sowie das Landstuhler Bruch in der Pfalz und viele weitere süddeutsche Moorgebiete kultiviert.

Entsprechend ihrer vielfältigen Entstehungsbedingungen sind die Kultivierungsmöglichkeiten bei Niedermooren recht unterschiedlich.

Bei den Versumpfungsmooren mit ihren flachgründig sandunterlagerten Torfen stoßen Hydromeliorationen auf die geringsten Schwierigkeiten. Auf solchen natürlicherweise überwiegend nährstoffreichen, mit Erlenbruchwäldern bedeckten Mooren betrieb man zunächst Waldweide, verbunden mit Gehölzauflichtung. Eigentliches Moorgrünland ist durch umfassende Rodungen meist erst im 18. Jahrhundert entstanden. Diese Rodungen zur Wiesengewinnung waren zu Anfang des 20. Jahrhunderts abgeschlossen und der größte Teil der einstigen Erlenbruchwälder in Wiesenstandorte überführt.

Durch Grabenentwässerung hat man allmählich intensiv nutzbare Grünlandstandorte geschaffen. Am Ende des 19. Jahrhunderts breitete sich auf diesen Standorten das von dem Rittergutsbesitzer Rimpau in der Altmark entwickelte Verfahren der **Sanddeckkultur** rasch aus. In den Mooren wurden in 20 bis 25 m Abstand tiefe und breite Vorflutgräben ausgehoben, der dabei gewonnene Torf zum Abdecken der Grasnarbe auf das Grünland gebracht und mit einer 10 cm starken Sandschicht überdeckt. Bei flachgründigen Mooren konnte man diesen Sand aus den Vorflutgräben gewinnen, oder er wurde den umgebenden Moorrändern entnommen. Dann pflügte man die Standorte flach und ermöglichte so eine Ackernutzung.

Doch dieses sehr aufwendige Verfahren wendet man schon seit langem nicht mehr an. Der größte Teil der Sanddeckkulturen ist durch zu tiefes Pflügen und damit durch Vermischen der Sanddecke mit dem Torfuntergrund schnell »gealtert«. Im Gegensatz zu den nährstoffarmen sauren Regenmooren ergeben nährstoff- und basenreiche Niedermoorstandorte bei Sandmischkulturen schwer zu bewirtschaftende staunasse und unkrautwüchsige Böden, die dann kaum noch als Akkerland zu nutzen sind.

Aus diesen Erfahrungen lernte man, daß eine dauerhafte Ackernutzung solcher Moorstandorte nur bei Sanddecken von 30 cm möglich wird. Im letzten Jahrzehnt ist das Verfahren der **Tiefpflug-Sanddeckkultur** für Niedermoore entwickelt worden. Dabei wird, vergleichbar mit dem Verfahren auf den Regenmooren, durch spezielle Pflügetechnik eine Sanddecke aufgebracht. Der Torfkörper der Moorstandorte darf allerdings 80 cm Mächtigkeit nicht überschreiten. Durch das Pflügen gewährleistet man, daß die schräggestellten Torf- und Sandbalken von einer mindestens 30 cm starken, aus dem Untergrund hochgepflügten Sandschicht überdeckt werden. Dieses die Torfsubstanz erhaltende Verfahren ist beispielsweise in der DDR auf etwa 50000 ha Moorfläche anwendbar.

Für die vor allem im südlichen Ostseeküstenraum verbreiteten Durchströmungsmoore mit ihren mächtigen, meist aus Seggen gebildeten Torfkörpern sind solche torferhaltenden Verfahren nicht möglich. Diese Moore machen immerhin ein Drittel der Moorstandorte der DDR aus. Ihre ständig intensivere landwirtschaftliche Nutzung ist mit einer immer stärkeren Entwässerung verknüpft.

Ein sehr anschauliches Bild von der beginnenden Nutzungsphase unserer großen Durchströmungsmoore in den Flußtälern liefern die Schwedischen Matrikelkarten, die in der Zeit von 1692 bis 1698 für das Gebiet Vorpommerns angefertigt wurden. Auf diesen gemarkungsweise angelegten Karten ist der größte Teil der Talmoore noch als »Brüche und Moräste« eingetragen. Grüne Punkte und auch kleine, vereinzelt stehende Baumsignaturen weisen auf lichten, niedrigen Gehölzwuchs hin. Lediglich der schmale Flußüberschwemmungssaum ist als oft parzellierte Wiese eingetragen. Daran anschließende, sich bis zum Talrand hin erstreckende Moorflächen werden als »Weiden« geführt. Aber die Weiden der damaligen Zeit sind mit unserem heutigen Weideland nicht zu vergleichen; sie bezeichnen lediglich Flächen der extensivsten Nutzungsform, auf die die primitiven Hausrindrassen der damaligen Zeit vom zeitigen Frühjahr bis zum Eintritt des Frostes getrieben wurden. In den Ausrechnungsbüchern der Matrikelkarten heißt es z. B., »daß die Weide zum großen Teil so sumpfig, daß sie in nassen Jahren lebensgefährlich für das Vieh ist«, oder die »Weide ist sehr schlecht, nur mit Mühe kann das Vieh auf das Moor gebracht werden«.

Bis etwa 1750 sind in den mecklenburgischen Flußtalmooren die natürlichen hydrologischen Verhältnisse kaum verändert worden. Während der dann einsetzenden Phase der zielstrebigen umfangreichen Meliorationstätigkeit ging es zunächst darum, die Abflußverhältnisse der Flüsse günstiger zu gestalten. Eine Verordnung der Landesregierung zu Mecklenburg-Schwerin von 1763 verpflichtete z. B. die Anlieger der Recknitz, jährlich um Johanni die Krautung des Flusses vorzunehmen. Weiterhin wurde die Entfernung aller »Fischhölzer« angeordnet.

Die um 1786 nach den Flurkarten der mecklenburgischen Direktorialvermessung von 1765 bis 1780 entstandene Wiebekingsche Karte und die daraus abgeleitete Schmettausche Karte (1788) zeigen uns in den Talmooren des früheren Mecklenburgs noch überwiegend naturnahe Moorvegetation. Es sind aber schon erste Gräben angelegt. Große Niederungspartien weisen bereits dichteren Gehölzwuchs auf, der jedoch eigentlich noch nicht als Wald angesprochen werden kann. In der fol-

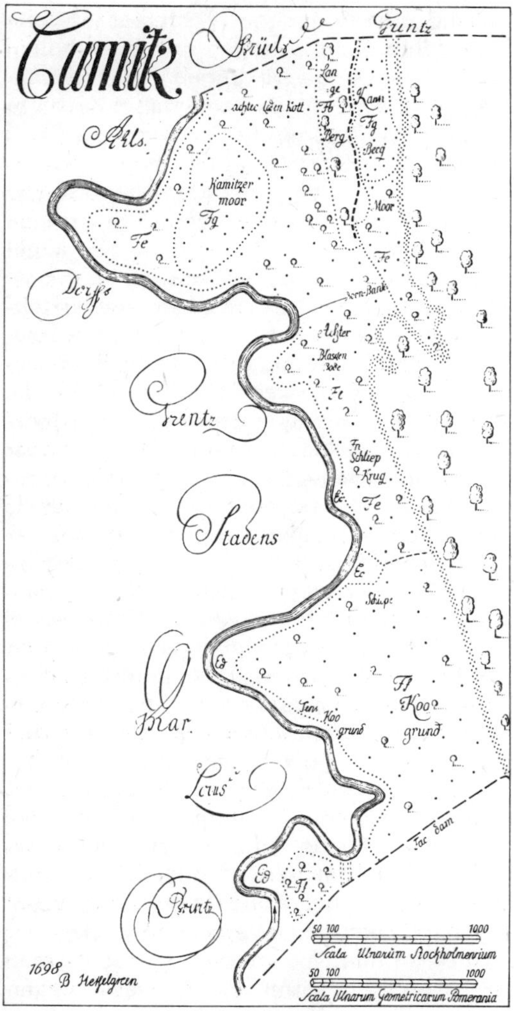

Historische Kartendarstellung des Recknitztalmoores von 1696 (schwedische Matrikelkarte)

genden Zeit nahmen die Grabenentwässerungen in starkem Maße zu. Der weiche, oft schlammige Boden bereitete allerdings beim Anlegen von Gräben große Schwierigkeiten, denn manchmal waren diese schon nach wenigen Jahren wieder zusammengesunken.

Die landwirtschaftliche Bedeutung der Niederungen blieb noch bis zur Mitte des vorigen Jahrhunderts sehr gering. Im wesentlichen herrschten Seggenriede und Gehölzwiesen vor. Das Grundwasser stand allerdings lange Zeit im Jahr unter Flur, so daß die Flächen besser betretbar wurden. Den überwiegenden Teil dieser Seggenriede mähte man einmal jährlich oder beweidete ihn extensiv. Es wurden zahlreiche Dämme aufgeschüttet, um das gemähte Heu abfahren zu können. Aber an Wiesen im heutigen Sinne kann noch nicht gedacht werden. Die wirtschaftliche Bedeutung der Talmoore lag in dieser Zeit hauptsächlich in der stark aufblühenden Torfindustrie.

Die jährliche Mahd und damit die Entnahme der oberirdischen Pflanzenmasse führten zu einer ständig fortschreitenden Nährstoffverarmung der Standorte und zu immer ertragsärmeren Wiesen, die sich aber durch eine große floristische Mannigfaltigkeit auszeichneten. Zwar versuchte man örtlich durch gewisse Düngungs- und Pflegemaßnahmen, wie Torfasche- und Eisenschlackedüngung, Auffahren von Mergel, Kompost, Kaff und Stalldung sowie Auskratzen der Moose und Aufbringen von Sand, eine Verbesserung der vorherrschend nur einmal jährlich gemähten Pfeifengraswiesen zu erreichen, doch die Erfolge waren gering. Erst im 20. Jahrhundert entstanden durch mineralische Düngung allmählich produktive Grünlandstandorte vom Typ der Kohldistelwiesen mit regelmäßigem zweimaligem Schnitt und teilweiser Nachbeweidung.

Um die Jahrhundertwende waren erst 10% der Niedermoorfläche wirklich kultiviert. Grünlandumbrüche, verbunden mit Neuansaaten, stellten noch Ausnahmen dar. Die Gründung von Wiesenvereinen und Meliorationsverbänden sowie neue technologische Möglichkeiten trugen, besonders nach dem ersten Weltkrieg, zu einer ständig steigenden Wiesenkultur bei. Höchsterträge werden in dieser Zeit mit 80 bis 85 dt Heu pro Hektar angegeben. Damals dürften die letzten Reste naturnaher Moore kultiviert worden sein.

Heute werden auf unseren Niederungsmoorstandorten Erträge erzielt, von denen man sich früher kaum Vorstellungen machen konnte. Durch Verfahren der Plastrohr- und Maulwurfdränung und der damit angestrebten wechselseitigen Grundwasserregulierung ergeben geeignete Standorte mit Saatgrasanbau Erträge von 120 bis 140 dt Heu pro Hektar. Diese homogenen und weiträumigen Graslandflächen setzen sich aus wenigen leistungsstarken züchterisch bearbeiteten Grasarten und einigen Ackerunkräutern zusammen. Mit den früheren kraut- und blumenreichen Wiesen haben sie nichts mehr gemein.

Allerdings kommt es durch diese Kultur auf den basenreichen Niedermooren rasch zu Degradierungserscheinungen des Bodens. Ursachen dafür sind die Austrocknung bzw. Belüftung des obersten Torfkörpers durch die starke Entwässerung, die mehrfachen Umbrüche und die hohe Produktivität der Graslandbestände. Eine tiefe Entwässerung ist für den Einsatz der schweren Bearbeitungs- und Nutzungstechnik notwendig. Doch das führt zu einer immer stärkeren Moorsackung und zu starken Schrumpfungserscheinungen, hohem oxidativem Torfverzehr (Torfmineralisierung), Strukturveränderungen des Bodens bis zur Vermullung sowie starker Minderung der horizontalen und vertikalen Wasserdurchlässigkeit. So zeigen heute große Teile unserer intensiv genutzten Niedermoore derartige Bodenentwicklungsabläufe. In die kleinen Bodendellen wird das feinkörnige Moorbodenmaterial eingeschwemmt, dichtet die Oberfläche ab, und nach Niederschlägen entstehen ausgedehnte Wasserlachen. In Trockenphasen kommt es, insbesondere nach Umbrüchen, zu einer starken Winderosion. Schwarze Wolken von vermullten Torfteilchen sind dann ein immer häufiger zu beobachtendes Bild in den großen Moorniederungen. Neuaussaaten werden ständig schwieriger, Brennessel- und Queckenfluren breiten sich aus, eine Wasserregulierung ist auf den stark verdichteten Böden kaum noch möglich. Die günstigste Form der Nutzung der tiefgründigen Niedermoore ist nur das Dauergrünland, verbunden mit der Einrichtung von Weidebetrieben für Rinder bei höchstmöglichem Grundwasserstand.

Sehen wir uns zum Abschluß kurz die spezifischen Eigenheiten der landwirtschaftlichen Nutzung anderer Niedermoortypen an. Überflutungsmoore mit ihren oft ausgedehnten Süßgrasröhrichten aus Rohrglanzgras und Wasserschwaden sind in Mitteleuropa sicher schon sehr früh durch den Menschen als Mähwiesen genutzt worden. Wegen ihrer periodischen Überflutungen waren sie nur sporadisch und mit großem Risiko nutzbar. Durch Eindeichen wurden auch auf diesen Standorten vom 18. Jahrhundert an, meist gemeinsam mit Flußregulierungen, wertvolle Wiesenstandorte geschaffen. Vor allem der aus Holland übernommene Polderbetrieb, bei dem Winterüberstauungen mit ihren hohen natürlichen Düngerwirkungen erhalten bleiben, brachte wüchsige, regelmäßig nutzbare Dauergrünlandstandorte. Sie werden z.T. bis heute in dieser Form bewirtschaftet.

Dagegen dürften Verlandungsmoore, die natürlicherweise gehölzfreie Seggenriede und Schilfröhrichte tragen und bei abgeschlossener Gewässerverlandung in Moorwälder übergehen, seit dem Mittelalter extensive Weidestandorte für Kühe gewesen sein. Im 18. und 19. Jahrhundert hat man ihren Flächenanteil stark erweitert, indem zahlreiche größere und kleinere Gewässer abgesenkt bzw. völlig abgelassen wurden. Diese Gewässerregulierungen erfolgten in der Absicht, zusätzliche Grünlandstandorte durch freifallende Seeuferterrassen, aber auch neu entstehende Moorwiesen (ehemalige Seeböden) zu erhalten. Doch nur in den seltensten Fällen ergaben diese Standorte hochwertige Grünlandflächen. So blieben sie später ohne Nutzung oder wurden wieder angestaut. Die unter den dünnen Torfdecken liegenden mächtigen Muddekörper fungieren als Stauschichten und machen Wasserregulierungen problematisch. Hinzu kommt, daß durch Entwässerungen oft enorme Sackungen auftreten. Eine intensive landwirtschaftliche Nutzung ist meist nicht möglich. Deshalb tragen Verlandungsmoore in Mitteleuropa heute noch in größerer Anzahl eine relativ naturnahe Vegetationsdecke.

Auch an den Quellmooren versuchte man im 19. und 20. Jahrhundert Entwässerungen vorzunehmen. Das erwies sich als um so notwendiger, je mehr diese kleinflächigen Quellstandorte mit anderen als Grünland nutzbaren Flächen zusammen auftraten. Es gelang zwar, Quellmoore durch ein sehr enges offenes Grabennetz und später durch Dränage in bestimmtem Umfang zu entwässern und zumindest als Weide nutzbar zu machen. Doch nur in den seltensten Fällen sind mit modernen Maschinensystemen intensiv zu nutzende Standorte entstanden. Deshalb wird heute auf diesen kleinflächigen Arealen von den hier durchweg sehr kostenaufwendigen Hydromeliorationen Abstand genommen. Wenn sie, wie häufig, nicht genutzt werden, bewalden sich die Standorte meist rasch.

Kesselmoore spielten wegen ihrer kleinen Fläche für die landwirtschaftliche Nutzung von jeher eine untergeordnete Rolle. In Waldgebieten gelegen, blieben sie zu großen Teilen ohne Entwässerung und Nutzung. Sie tragen heute noch eine naturnahe offene Moorvegetation. Wenn eine Vorflut möglich war, wurden sie allerdings entwässert, und es entwickelten sich Waldbestände.

Kesselmoore in der Ackerlandschaft erhielten durch Abtragungsprozesse der sie umgebenden Mineralböden vielfach kolluviale Deckschichten. Im Gefolge bildeten sich oft Kleingewässer. Andere dieser Moorsenken wurden nach Anschluß an Vorfluter zu Grünlandstandorten, die bis in die 50er Jahre unseres Jahrhunderts besonders für den bäuerlichen Betrieb von einer gewissen Bedeutung waren. Für die moderne Pflanzenproduktion sind sie heute recht störend. Deshalb strebte man ihre Beseitigung, z.T. unter hohem Kostenaufwand, an, was aber nur selten erreicht wurde. Da sie in der Landschaft die hydrologische Funktion eines Wassersammlers erfüllen, sollten sie unbedingt erhalten bleiben.

Schließlich seien noch die Hangmoore erwähnt, die, wie wir bereits erfahren haben (s. S. 37), größtenteils erst durch die menschliche Rodungstätigkeit entstanden sind. Eine für diese Standorte früher charakteristische Weidewirtschaft und Mahd werden heute zunehmend aufgegeben, so daß sich die Moore allmählich wieder bewalden.

Moornutzung der Zukunft

Wenn in der Vergangenheit die Nutzung des Raseneisensteins, des Wiesenkalks und vor allem des Torfs als Brennstoff im Mittelpunkt des menschlichen Interesses stand, ist es gegenwärtig die landwirtschaftliche Nutzung der Moore. Zukünftig wird aber die Nutzung des Torfs als eines technischen Rohstoffs immer mehr an Bedeutung gewinnen. Die Erschließung und Nutzung der organischen Ablagerungen stehen erst am Anfang ihrer Entwicklung. Wegen des absehbaren Mangels an entsprechenden fossilen organischen Stoffen, wie Kohle, Erdöl und Erdgas, sind wir gezwungen, auch diese Stoffe zunehmend zu nutzen. Zahlreiche Inhaltsstoffe der Torfe und Mudden, z.B. Kohlenhydrate, Bitumen, Harze, Wachse, Huminsäuren, Vitamine, Hormone, Antibiotika, Enzyme, Pigmente, Chelatbildner, finden für technische und medizinische Zwecke, aber auch für die Erzeugung tierischen Futters immer mehr Interesse.

In der Volksrepublik Polen werden seit 20 Jahren aus Seggentorfen extrahierte Biostimulatoren und Bioinhibitoren in der Medizin angewendet. Diese in den Torfen vorhandenen biologisch aktiven Substanzen erhöhen z.B. auch die Kulturpflanzenerträge und führen zur Qualitätsverbesserung besonders auf Flächen mit Pestizidanwendung. Für medizinische Zwecke wurde das Torfpräparat TK_2 entwickelt, das eine positive Wirkung bei der Heilung von Bronchialasthma zeigt; es scheint auch ein effektives Arzneimittel gegen Krebs zu werden.

In den moorreichen Ländern, z.B. der Sowjetunion, den USA, Finnland, Schweden, Irland und der BRD, erfolgten in den letzten Jahren eingehende Erkundungen und Bilanzierungen der Torfvorräte. So könnten in Schweden beispielsweise 500000 ha Moorland für die Energiegewinnung abgebaut werden, das entspräche einem Öläquivalent von etwa 20000 bis 25000 t. Das Ziel dieser technischen Nutzung wird in einer Umwandlung der Torfe in Methanol gesehen. In der Sowjetunion, wo zunächst nur eine Brenntorfnutzung erfolgte und sich erst in den 30er Jahren unseres Jahrhunderts allmählich die landwirtschaftliche Flächennutzung von Torfmooren entwickelte, wird gegenwärtig die Verwendung des Torfs als Rohstoff für die verschiedensten Produkte untersucht. So läuft zum Beispiel ein großangelegtes Untersuchungsprogramm zur Gewinnung von Kohlenhydraten aus Torfen. Solche Kohlenhydrate werden mit hohem Wirkungsgrad von Hefen verwertet, die man schon heute als Viehfutter einsetzen kann. Sie können möglicherweise auch für die menschliche Ernährung Bedeutung erlangen. Aus einer Tonne Torf werden zur Zeit 100 kg Hefe gewonnen. Dieser Ertrag dürfte durch verbesserte Technologien auf 200 bis 300 kg zu steigern sein.

In den USA laufen Versuche, die relativ energieaufwendige Extraktion von Kohlenhydraten aus Torf durch enzymatische Prozesse abzulösen, die kaum Energie benötigen. Statt riesige Mengen des Torfes zur Energieerzeugung zu verbrauchen, wäre die realistische Alternative der Torfnutzung eine Erzeugung von technologisch und pharmazeutisch wichtigen Chemikalien. Der Moorforscher Fuchsmann aus den USA fordert zum Beispiel, daß der Rohstoff Torf vorsichtig in seine Bestandteile zerlegt und jede Stoffgruppe oder Molekülart, ihren Eigenschaften entsprechend, verwendet werden sollte, anstatt den Torf als Ganzes ins Feuer zu werfen.

Bei einer Schätzung des Weltpotentials an Energierohstoffen fielen auf Torf 6%, im Vergleich dazu auf Braunkohle nur 4,3%. So wird z. B. in den USA die Herstellung von Synthesegas aus Torf großtechnisch erprobt. Bei einem Vorrat von 109 Mrd. t lufttrockenen Torfs kann dieser Nutzung eine große Bedeutung zukommen. Torfe weisen zudem technologisch günstigere Eigenschaften als Kohle auf, da sie weit weniger Schwefel enthalten und bei geringeren Temperaturen vergast werden. Diese Nutzung dürfte insbesondere in den Tropen und Subtropen eine echte Energiealternative darstellen, da die dort vorkommenden Moore im Vergleich zu denen gemäßigter Breiten oft wesentlich geringere Feuchtegehalte besitzen. Als Nebenprodukte der Torfvergasung fallen so dringend benötigte Stoffe wie Koks, Aktivkohle und ölige Teerprodukte an.

Weiterhin ist die wachsende Bedeutung des Torfs als Filter- und Puffersubstanz im Umweltschutz zu nennen. So sind z.B. saure, starkzersetzte Torfe wegen ihrer hohen Schwermetallselektivität ideale Filter für Abwässer oder alkalische, die Grund- und Oberflächengewässer verunreinigende Siedlungsabfälle. Außerdem eignen sich Torfe in hervorragender Weise zur Bindung radioaktiver Stoffe oder zur Beseitigung von Mineralölabprodukten.

Mit Recht äußerte im Jahre 1974 der sowjetische Moorforscher Olenin: »Torf ist eines der edelsten Güter, die der Menschheit zur Verfügung stehen.« Torf stellt über lange Zeiträume gespeicherte Sonnenenergie dar. Dabei sind wachsende Moore Ökosysteme, die ständig Biomasse produzieren und ablagern, ohne daß der Mensch Hilfestellung leisten muß. Es sind also sich natürlich mehrende Naturressourcen.

Damit kommen wir bereits zu Problemen des letzten Abschnittes des Buches, in dem wir über den Schutz der Moore sprechen wollen. Der Schutz und die Erhaltung lebender, wachsender Moore müssen als ein Anliegen angesehen werden, das aus gesamtgesellschaftlicher Sicht den verschiedenen wirtschaftlichen Nutzungsformen in keiner Weise nachsteht. Der ungarische Moorforscher Tóth (1977) formulierte es so: »Moor und Torf repräsentieren mit ihren Eigenschaften einen Wert, der uns ihre rationelle Nutzung und ihren Schutz notwendigerweise zur Aufgabe stellt.«

Am Anfang dieses Kapitels wurde festgestellt, daß alle Formen einer intensiven menschlichen Nutzung von Mooren ihre Entwässerung voraussetzen. In jüngster Zeit zeichnet sich aber eine vermehrte gewerbliche Nutzung von Mooren ab, die nur auf wachsenden unentwässerten Mooren möglich ist: die systematische Ernte der hier wachsenden Wildbeeren. Wie wir im Kapitel über die Pflanzen- und Tierwelt erfahren haben, gedeihen auf unentwässerten nährstoffarm-sauren Moosmooren mehrere Beerenarten. In Mitteleuropa ist es insbesondere die Gemeine Moosbeere *(Oxycoccus palustris)*, im nordöstlichen Europa aber auch die Moltebeere *(Rubus chamaemorus)*. Wie sowjetische Autoren berichten, liefert 1 ha Moorland bis zu 30 dt Moosbeeren und 35 dt Moltebeeren. In früheren Jahrzehnten hatten die Aufkauforganisationen nordöstlich von Moskau Mühe, im September die mit Wildbeeren beladenen LKWs abzufertigen. Heute sind diese Beeren mit den Moorentwässerungen aus weiten Gebieten verschwunden. Die mit den Entwässerungen angestrebten Nadelholzbestände weisen einen geringen Zuwachs auf. Das erwirtschaftete Nutzholz bringt nur ein Zehntel des Gewinns, den man durch den Verkauf von Beeren erzielt hätte. Was nimmt es wunder, wenn jetzt in größerem Ausmaß Wasserableitungskanäle zugeschüttet und entwässerte Moore wieder in Moosbeerenplantagen zurückgeführt werden. In Belorußland wurde kürzlich bei Brest ein 2500 ha großes Moorgebiet speziell als Moosbeerenschutzgebiet angelegt, das als Freilandlaboratorium und Zuchtgarten für besonders ertragreiche Beeren dienen soll.

schutz

unserer Moore

Im dichter besiedelten Mitteleuropa war der Großangriff auf die Moore um die Mitte des 19. Jahrhunderts in vollem Gange. In Anbetracht der Geschwindigkeit, mit der die Kultivierung und Zerstörung der Moore voranschritten, konnte es nur eine Frage der Zeit sein, bis auch das letzte Moor entwässert, abgetorft und in Kulturland verwandelt sein mußte.

Der Wert der Moore wird erkannt

Als sich um die Jahrhundertwende verantwortungsbewußte Wissenschaftler, Künstler und Naturfreunde für die Erhaltung wenigstens kleiner Flächen unberührter Moore einsetzten, war es noch nicht zu spät. Ausgelöst durch eine Rede von Wilhelm Wetekamp im preußischen Landtag, erhielt Carl Albert Weber, seit 1894 Botaniker an der Bremer Moorversuchsstation, den Auftrag, eine Stellungnahme zu den Fragen des Moorschutzes auszuarbeiten. Diese Stellungnahme wurde als wissenschaftlicher Aufsatz »Über die Erhaltung von Mooren und Heiden Deutschlands im Naturzustande« 1901 publiziert. Weber kannte wie kein zweiter die Natur der norddeutschen Moore, ihre Empfindlichkeit gegenüber Kultureinflüssen und ihre geradezu universelle wissenschaftliche und landeskulturelle Bedeutung. Neben allgemein theoretischen Erörterungen schlug er vor, eine Reihe von Mooren sofort zu schützen.

Angeregt durch Carl Albert Weber, widmete Hugo Conventz 1904 in seiner epochemachenden Schrift »Über die Gefährdung der Naturdenkmäler und Vorschläge zu ihrer Erhaltung« den Mooren die ihnen gebührende Aufmerksamkeit, waren Moore in manchen Landschaften doch die letzten naturnahe verbliebenen Lebensgemeinschaften. So wurden dann auch bis zum Ausbruch des ersten Weltkrieges in einigen Ländern erste Moore von Heimatvereinen als Schutzgebiete erworben oder von den Staatsforstverwaltungen zu Schutzgebieten erklärt.

Nach dem Ausbruch des ersten Weltkrieges begann in Deutschland eine große Kampagne der »Kriegsmeliorierungen«. Kriegsgefangene wurden zur Melioration von Mooren eingesetzt. Da organisierte Hugo Conventz 1915 in Berlin die siebente »Konferenz für Naturdenkmalpflege in Preußen«, die ganz dem Schutze der Moore gewidmet war. Namhafte Gelehrte aus verschiedenen Ländern diskutierten Probleme des Moorschutzes und verabschiedeten eine Denkschrift »Über die Notwendigkeit der Schaffung von Moorschutzgebieten«.

Es ist bemerkenswert, daß die in dieser Denkschrift angeführten Begründungen für den Schutz der Moore auch heute noch ihre volle Gültigkeit haben. Neben dem Wert, den die Moore für die Wissenschaft besitzen, wird ihre Bedeutung als urwüchsiger Bestandteil der heimatlichen Landschaft gewürdigt und ihre Rolle als Lebensraum für bedrohte Pflanzen und Tiere betont. So heißt es dort: »Mag es auch einmal den Technikern gelingen, das entschwundene Wasser auf irgendeinem Wege für Kulturzwecke wieder herbeizuschaffen – ausgerottete Pflanzen und Tiere wieder einzuführen, ist meist ein aussichtsloses und vom wissenschaftlichen Standpunkt wenig empfehlenswertes Beginnen.« Heute wissen wir, daß die Wiedereinbürgerung ausgerotteter Arten oft das letzte Mittel ist, um sie überhaupt zu retten.

Diese Berliner Konferenz ging in die Geschichte ein als der erste Versuch, die Fragen des Moorschutzes auf eine breite wissenschaftliche Grundlage zu stellen. Wissenschaftler und Naturschutzorganisationen sollten auf die Notwendigkeit eines koordinierten Vorgehens hingewiesen werden. Die praktischen Erfolge für den Moorschutz waren jedoch bescheiden. Im Gegenteil – die Auswirkungen des Krieges zwangen viele Staaten zu einer verstärkten Nutzung der Torfvorräte, in vielen Gebieten lebte die Torfstecherei erneut auf. Auch in den letzten Jahrzehnten hat die Beanspruchung der Moore in einem bisher nicht gekannten Ausmaß zugenommen. Dabei sind Nutzungsformen wieder aktuell geworden, die bereits der Vergangenheit anzugehören schienen. Torf erweist sich in den moorreichen Ländern immer mehr als ein ernst zu nehmender Energieträger (s. S. 225). In vielen Ländern arbeiten bereits seit längerer Zeit Kraftwerke auf der Basis von Torf. Sie verschlingen in kurzer Zeit selbst große Moore. Auf der anderen Seite werden Moore nach wie vor für eine landwirtschaftliche oder forstwirtschaftliche Produktion melioriert, d. h. entwässert und damit einem allmählichen Abbau unterworfen (s. S. 229 f).

Bekanntlich gewinnt Torf auch als Rohstoff für die Produktion einer ganzen Reihe technischer Erzeugnisse eine wachsende Bedeutung. Es sei hier nur noch einmal auf den steigenden Bedarf an Aktivkohle hingewiesen, die unter anderem im Umweltschutz vielfache Verwendung findet. Und nicht zuletzt werden Moore an allen Orten leider auch als Deponieflächen für Abprodukte und Schadstoffe benutzt, da immer noch die Meinung verbreitet ist, sie seien ja sonst kaum nutzbar, also Ödland.

Am Ende stellt sich die bange Frage: Was wird von unseren Mooren bleiben? Welchen Wert werden die Moore neben ihrer Bedeutung als Rohstoff, als Substrat für eine landwirtschaftliche oder gärtnerische Produktion erlangen? Von der Beantwortung dieser Frage wird die Zukunft unserer Moore abhängen.

In den vergangenen Jahrzehnten hat die wissenschaftliche Moorkunde einen großen Erkenntniszuwachs erfahren. In vielen Ländern ist die Erforschung der noch verbliebenen naturnahen Moore intensiviert worden. Moore gehören für den Ökologen zu den interessantesten Forschungsobjekten. Nicht nur das aktuelle Geschehen, die Stoffkreisläufe und Stoffumwandlungen, die Akkumulation der organischen Substanz können untersucht werden, sondern es ist auch möglich, bestimmte Vorgänge bis in die Entstehungszeit der Moore zurückzuverfolgen. Moore erweisen sich als sichere Archive der Landschaftsgeschichte. Sie akkumulieren organische Substanz, Wasser, Mineralstoffe und damit auch Informationen, die zu entschlüsseln uns immer besser gelingen wird.

Die Pollenanalyse hat zusammen mit der Großrestanalyse in unserem Jahrhundert eine geradezu stürmische Entwicklung durchgemacht. Der in den schichtbeständigen Torfen konservierte Blütenstaub der Moorpflanzen, der Wälder und der übrigen Vegetationsformen der Offenlandschaften in der Umgebung der Moore ermöglicht eine Rekonstruktion der Moorentwicklung und der Veränderungen der Zusammensetzung der Pflanzendecke in den letzten 10000 bis 15000 Jahren. Mit Hilfe der Pollenanalyse konnte die Landschaftsentwicklung für viele Gebiete Europas seit dem Spätglazial dargestellt werden. Dabei standen in den vergangenen Jahrzehnten zunehmend Fragen des menschlichen Einflusses auf die Landschaft in prähistorischer Zeit im Vordergrund. Es konnte immer wieder eine überraschend kleinräumige Differenzierung nachgewiesen werden, vorausgesetzt, daß unterschiedliche Moore in ausreichender Zahl zur Verfügung standen. Alle wissenschaftlichen Disziplinen der Moor- und Landschaftsforschung einschließlich der Moorarchäologie sind auf unzerstörte Moore angewiesen.

Schließlich lassen sich die verschiedenen Moortypen mit ihrem biologischen Inventar, also den auf den Mooren lebenden Pflanzen- und Tiergemeinschaften, für die Erhaltung der biologischen Mannigfaltigkeit durch keinen anderen Lebensraum ersetzen. Mit dem Verschwinden der Moore drohen zahlreiche Pflanzen- und Tierarten auszusterben. In den sogenannten Roten Listen wird in den meisten europäischen Ländern eine besonders starke Gefährdung der Moorbiotope ausgewiesen.

Aber auch ohne daß ein Moor eine Vielzahl gefährdeter Pflanzen- und Tierarten beherbergen muß, kann es in einer Rangliste schutzwürdiger Gebiete an vorderster Stelle stehen. Wir kennen zahlreiche Moore, von denen jedes für sich in hydrologischer, geologischer und vegetationskundlicher Hinsicht einzigartig ist, eine besondere, durch Lage und Klima bedingte Gestalt, eine charakteristische Schichtenfolge sowie eine entsprechende Vergesellschaftung von Pflanzen und Tieren aufweist. Solche Moore verdienen auf Grund ihrer Einmaligkeit und auch wegen der Rolle, die sie in der Moorkunde gespielt haben, eine uneingeschränkte Erhaltung.

Der wissenschaftliche Wert und damit die Schutzwürdigkeit von Mooren liegen letztlich auch in der Arbeit der Wissenschaftler, die in ein solches Moor investiert wurde, begründet. Durch wissenschaftliche Bearbeitungen hob man Moore aus der Anonymität heraus und machte sie zu einem »Kulturgut«. Moornamen wie Augstumal, Zelau, Komosse, Sonnenberger Moor, Rotmoos bei Weichselboden, Schwarzes Moor in der Rhön und Biebrza sind Marksteine in der wissenschaftlichen Moorliteratur. Viele der nordwestdeutschen Moore, deren Untersuchung fundamentale Erkenntnisse lieferte, stellen heute nur noch »Ruinen« dar, wie etwa die Esterweger Dose oder das Bourtanger Moor.

Der wissenschaftliche Wert von Mooren ist also relativ einfach an der Zahl der wissenschaftlichen Publikationen, die sich mit ihnen befassen, ablesbar. Es sollte jedoch bedacht werden, daß der Zufall hier nicht selten seine Hand im Spiel hatte. Viele Moore sind bisher nicht in die wissenschaftliche Literatur eingegangen, weil sie einfach zu abgelegen waren und unbekannt blieben.

Seit Anfang der 70er Jahre werden im Rahmen eines »Internationalen Biologischen Programms« (IBP) in verschiedenen Ländern unter Anwendung neuester Methoden einzelne Moore oder ganze Moorkomplexe ökologisch erforscht. Dabei standen Fragen der biologischen Produktivität im Vordergrund. Zu den bedeutendsten Mooren, die im Rahmen des IBP untersucht wurden, gehören die riesigen Deckenmoore im englischen »Moor House National Nature Reservat«, in einem staatlichen Naturschutzgebiet mit einer Fläche von 4000 ha, und das System der Endla-Moore in der Estnischen Sowjetrepublik.

Bei allen Moorforschungen stand aber auch immer wieder die Frage nach dem Einfluß der Moore auf die umgebende Landschaft im Vordergrund.

Moorschutz in Europa

Nach dem zweiten Weltkrieg, als der Verlust an Mooren und Feuchtflächen immer offensichtlicher geworden war, nahmen sich internationale Naturschutzorganisationen dieser Probleme an. 1967 wurde von der Internationalen Naturschutzunion (IUCN) unter der Schirmherrschaft der UNESCO das Projekt »Telma« ins Leben gerufen, das die Erfassung aller noch erhaltungs- und schutzwürdigen Moore in Europa zum Ziel hat. Von Seiten der Ornithologen liefen unter Leitung des Internationalen Büros für Wasservogelforschung (IWRB) ebenfalls schon seit längerer Zeit Bemühungen um den Schutz von Mooren und Feuchtgebieten. Die internationale Konferenz zum Schutz von Feuchtgebieten, Wat- und Wasservögeln, die 1971 in Ramsar im Iran tagte, verabschiedete nach langwierigen Vorarbeiten den Entwurf einer entsprechenden Konvention. Die dieser Konvention beigetretenen Staaten, es sind inzwischen über 100, verpflichten sich, auf ihren Territorien Moore und Feuchtflächen, die für ziehendes Wasserwild von besonderer Bedeutung sind, in größtmöglichem Umfang zu erhalten. In nahezu allen europäischen Ländern wurde mit einer systematischen Aufnahme und Bewertung der noch vorhandenen Moore begonnen. Es wurden Moorschutzprogramme entwikkelt, an deren Realisierung man nunmehr arbeitet.

Wir möchten kurz auf die Situation des Moorschutzes in einigen bedeutenden europäischen Moorländern eingehen, wobei natürlich nicht an eine vollständige Übersicht aller Aktivitäten gedacht werden kann.

Besonders intensiv wurde in letzter Zeit in **Polen** an einer Inventur der Moore gearbeitet, so daß die Moore Polens heute als sehr gut bekannt gelten können. Nach den Erhebungen von Mieczysław Jasnowski verfügt Polen über 1 278 100 ha Moorland. Davon standen bereits 95 Moore mit einer Fläche von 5500 ha unter Schutz. Das sind weniger als 0,5%. Die Inventur ergab, daß weitere 156 Moore dringend des Schutzes bedürfen. Ihre Gesamtfläche beträgt 9600 ha. Somit könnten 1,18% der Moorfläche Polens als Naturschutzgebiet gesichert werden.

Unberücksichtigt bleibt dabei das bedeutendste Vorhaben des polnischen Moorschutzes, die Einrichtung eines Nationalparks im Talmoorkomplex an der Biebrza. Die Schaffung dieses Nationalparks bietet die einmalige Chance, das größte mitteleuropäische Moorgebiet – bisher durch Kulturmaßnahmen nur sehr wenig verändert – auf einer Fläche von 16 000 ha für kommende Generationen zu erhalten. Im Talmoorsystem der Biebrza besteht das bisher größte Moorreservat Polens, das Naturschutzgebiet Czerwone bagno, das mit einer Fläche von 2172 ha vornehmlich dem Schutz der Elche dient. Nur 42 Naturschutzgebiete sind in Polen dem Schutz ganzer Moorökosysteme gewidmet, oft werden lediglich Teilflächen von Mooren geschützt, die man wirtschaftlich ausbeutet. Die größte Anzahl schutzwürdiger Moore befindet sich in den nördlichen Landesteilen. Gerade dort ist der Schutz weiterer Moore vorgesehen, wurden doch bereits große Flächen geringmächtiger Moore durch eine intensive Entwässerung aufgebraucht. Im Bezirk Olsztyn sind etwa 50% aller Moorflächen vermullt. Die Nutzung des Torfes zur Energiegewinnung ist in Polen verboten, ein bedeutender Erfolg im Ringen um die Erhaltung der polnischen Moore.

In der **Sowjetunion**, die mit 165,1 Mrd. t Torf etwa 60% der Weltvorräte besitzt, werden jährlich etwa 200 Mill. t verbraucht, das sind 95,7% des Weltverbrauchs an Torf. Die Torfindustrie ist hier außerordentlich stark entwikkelt. Es ist auch abzusehen, daß der Torfverbrauch weiter steigen wird, so daß selbst im moorreichsten Land der Erde Fragen des Moorschutzes aktuell werden.

1968 konstituierte sich das nationale Telma-Komitee der Sowjetunion, das seit 1970 von Viktor Masing geleitet wird. Bereits 1973 legten M. S. Boč und V. Masing eine erste Liste der schutzwürdigsten Moore des europäischen Teils der Sowjetunion vor, und 1979 wurde eine solche Liste für die ganze Sowjetunion publiziert. Sie umfaßt 305 Moore mit einer Fläche von 1,5 Mill. ha. Inzwischen ist der größte Teil dieser Moore unter Schutz gestellt. Dabei kommen die verschiedensten Schutzformen zur Anwendung. In den meisten staatlichen Naturschutzgebieten sind wertvolle Moorflächen von bedeutendem Umfang vorhanden. Außerdem wurden Moore zu Naturdenkmalen oder Schongebieten erklärt. Schließlich richtete man die ersten Nationalparks ein, in denen ebenfalls Moore geschützt werden. Das Unionsforschungsinstitut für Naturschutz und Naturschutzgebiete in Moskau plant die Errichtung von über 100 Nationalparks in den kommenden Jahren.

Die Größen der geschützten Moore sind sehr unterschiedlich. Das Regenmoorökosystem Okean in der Autonomen Sowjetrepublik der Komi im Bereich der nördlichen Taiga nimmt eine Fläche von 178 975 ha ein. In der Zone der Waldsteppen und Steppen, wo Moore bereits selten sind, wurden auch Torflager von weniger als 1 ha Größe als schutzwürdig erfaßt.

Außer an den Moorschutzprogrammen auf Unionsebene arbeitet man in den einzelnen Republiken der Sowjetunion an erweiterten Schutzprogrammen. So wurde zum Beispiel für die Ukraine eine Liste der für den Naturschutz wertvollen Moore aufgestellt und von den zuständigen staatlichen Organen bestätigt. Diese Liste umfaßt allein 310 Moore mit einer Fläche von 151 100 ha. Inzwischen sind hier 35 der wertvollsten Moore zu staatlichen Schongebieten erklärt worden. Eine besondere Bedeutung besitzen die Wiesenmoore in der ukrainischen Steppe, denn sie spielen als »Trittsteine des Vogelzuges« eine Rolle. Es sind teilweise schon durch Salzwasser geprägte und unter dem Einfluß des Weidegangs der größeren Steppentiere sich entwikkelnde Moore.

Es ist kein Zufall, daß man sich besonders in der Ukraine intensiv um den Schutz der Moore bemüht, wurden hier doch die Folgen großzügiger Moormeliorationen drastisch sichtbar: das Absinken des Grundwasserspiegels, das Versanden der Flüsse, die Zunahme der Bodenerosion.

In **Finnland**, das mit 6 Mill. ha Moorland mit an der Spitze der moorreichen Länder steht, befindet sich der Naturschutz in einer schwierigen Lage. Vor einigen Jahrzehnten lief hier ein großes Moorentwässerungsprogramm an. Jährlich wurden bis zu 30000 ha Moor melioriert, denn 70 bis 80% der finnischen Moore sollen für die Holzproduktion entwässert werden. Außerdem wird in großem Stile Torf zur Bodenverbesserung in der Landwirtschaft und als Brennstoff abgebaut. So dürften in Südfinnland nur wenige nährstoffarme und schwer meliorierbare Moore übrigbleiben. 1966 wurde ein Plan beschlossen, in Südfinnland 44 Moornaturschutzgebiete mit einer Fläche von 35000 ha einzurichten. In den nördlichen Landesteilen sollen 130 Moore mit einer Fläche von 500000 ha unter Schutz gestellt werden. In kaum einem anderen Land haben sich Geologen und Botaniker so intensiv mit den Mooren beschäftigt wie in Finnland. So verfügt das Land über eine große Anzahl sehr gut erforschter Moore, die vom finnischen Karelien mit seinen Hang- und Kermimooren über die mittelfinnischen Aapamoore bis zu den lappländischen Palsamooren reichen.

In **Schweden** bedecken die Moore etwa 14% des Landes. Auch hier ging die größte Gefahr für die Moore von der Forstwirtschaft aus. Bis 1960 wurden 600000 bis 700000 ha Moorland entwässert und aufgeforstet. Insgesamt sind 3 Mill. ha zur Aufforstung vorgesehen, wobei diese Flächen hauptsächlich im Süden des Landes liegen, so daß hier manchem wertvollen Moor die Vernichtung droht.

Das größte geschützte Moorgebiet Schwedens befindet sich im Muddus-Nationalpark im nördlichen Lappland. Es handelt sich um eine Moorfläche von 22000 ha, verteilt auf 19 größere und zahlreiche kleinere Moore. Auch im Vadvetjakko-Nationalpark ist der Mooranteil bedeutend. Bis 1966 wurden in Schweden 40000 ha Moorland unter Schutz gestellt, davon lagen jedoch nur 10000 ha außerhalb der Nationalparks.

Inzwischen gelang es, mehr als 70 Moore mit einer Fläche von 3500 ha, die in den Kronwäldern liegen, durch eine Verordnung der Forstverwaltung unter Schutz zu stellen. Auch Privateigentümer und gesellschaftliche Organisationen haben sich im Moorschutz engagiert. Das berühmte Regenmoor Komosse befindet sich in Privatbesitz und wird vom Eigentümer zur Hälfte als Schutzgebiet behandelt. Auch der Schwedische Naturschutzverband und die Universität Uppsala sind Besitzer von wissenschaftlich wertvollen Mooren.

Im Rahmen des Telma-Projektes stellte man eine umfangreiche Liste der schutzwürdigen Moore Schwedens zusammen, auf deren Grundlage in den vergangenen Jahren Beispiele der wichtigsten Moortypen unter Berücksichtigung der pflanzengeographischen Besonderheiten als Naturreservate ausgewiesen wurden. Das Telma-Projekt mündete in die Inventarisierung der schutzwürdigen Feuchtgebiete Schwedens. Im Rahmen dieser Arbeiten wurden 3600 Objekte begutachtet, die etwa 8000 ha ausmachen, was ungefähr einem Zehntel der Gesamtmoorfläche des Landes entspricht. Ein großer Erfolg dieser Bemühungen war 1982 die Erklärung des Store mosse, eines 7550 ha umfassenden Moor- und Seengebietes auf dem Schwedischen Hochland (Jönköpings län), zum 17. Nationalpark Schwedens.

Der Mooranteil **Norwegens** ist mit 9% der Landesfläche zwar erheblich kleiner als der Schwedens, doch macht er immer noch 3 Mill. ha aus. In den 10 Nationalparks des Landes stehen wertvolle Moore unter Schutz.

Besonders gefährdet waren die Moore der Küstenebene, wo bereits zu Anfang unseres Jahrhunderts große Torflager zur Gewinnung von Brennstoffen abgebaut wurden. In den dichter besiedelten Gegenden im Süden hat man die meisten Moore beweidet oder zur Heugewinnung gemäht. Heute sind diese Formen der Moornutzung kaum noch aktuell, und da auch die Forstwirtschaft kaum noch Moore entwässert, um sie aufzuforsten, ist die Gefährdung norwegischer Moore geringer als in anderen Ländern.

Ebenso wie in der Sowjetunion, in Finnland und Schweden wurde auch in **Großbritannien** eine Moorinventur durchgeführt und eine Liste der wissenschaftlich wertvollen Moore erarbeitet. Das Vereinigte Königreich besitzt eine Moorfläche von 1,6 Mill. ha, was etwa 7% der Landesfläche entspricht. Es wird geschätzt, daß etwa 30% der Moore noch jungfräulich sind. Wegen dieser Fülle intakter Moore konnten strenge Maßstäbe bei der Auswahl schutzwürdiger Moore angelegt werden. Insgesamt sind in England in den letzten Jahren 63000 ha Moorland als »national bedeutende Schlüsselgebiete« unter Schutz gestellt worden. Damit konnten etwa 4% der englischen Moore für den Naturschutz reserviert werden. Das bedeutendste Moornaturschutzgebiet ist das Moor House Reservat in den Pennines. Weitere wertvolle Moore befinden sich in den Nationalparks, z.B. im Nationalpark von Dartmoor (95000 ha) in Südwestengland.

In den englischen Nationalparks, deren Schutzregime weniger streng ist als in anderen Ländern, wurden allerdings auch Moore aufgeforstet, oder es wurde vielfach die Beweidung mit Schafen beibehalten. Um die Torfmoose zugunsten von Gräsern und Zwergsträuchern zurückzudrängen, hat man die Moore seit alters immer wieder abgebrannt. Insbesondere die typischen Regenmoore im Tiefland sind dadurch stärker verändert. Es ist jedoch damit zu rechnen, daß die Ergebnisse der Moorinventur und der Moorforschungsprogramme auch zu einer Neubewertung der ursprünglichen Moorvegetation beitragen werden. Im Rahmen der Ramsar-Konvention wurden in England bedeutende Überflutungsmoore und Marschen als schutzwürdig eingestuft, so auch das riesige Küstenüberflutungsmoor der ostenglischen Washmarschen, das allerdings bereits in den vergangenen Jahrhunderten weitgehend kultiviert worden ist.

Nächst Finnland ist **Irland** mit einem Mooranteil von 17% das moorreichste Land Europas. Von den 1,2 Mill. ha wurde etwa die Hälfte noch nicht ausgebeutet oder abgebaut. Der bedeutendste Nationalpark mit großen Moorflächen ist Glenveagh mit einem Territorium von 10000 ha. Daneben sind weitere Moorgebiete für eine Unterschutzstellung vorgesehen, denn der Abbau irischer Moore zur Energiegewinnung schreitet schnell voran.

In den **Niederlanden** wurde auf der Grundlage einer Vegetationskartierung des gesamten Staatsgebietes eine ökologische Bewertung der Landschaft vorgenommen und eine größere Zahl besonders hochwertiger Gebiete ausgesondert. Bis 1985 sollen mindestens 21 neue Nationalparks rechtlich gesichert sein. Zwar sind von den einst riesigen Regenmooren der Niederlande nur kümmerliche Reste übriggeblieben, aber die großflächigen Überflutungsmoore, die wenigstens z.T. noch den Charakter von Schilfsümpfen und Feuchtwiesen haben, verdienen erhalten zu werden. In Nordwestoverijssel und Südwestfriesland bestehen bereits die großen Naturschutzgebiete Grote Brekken Rottige Menthe (540 ha) und Wieden (3375 ha), in denen Feuchtwiesen und Brüche ehemaliger Überflutungsmoore geschützt werden.

Das bedeutendste Moorgebiet **Belgiens**, Hautes Fagnes, ist seit 1955 Naturreservat; damit sollten die Entwässerung und Aufforstung dieser einzigartigen Moorlandschaft verhindert werden. 1969 folgte die Gründung des Parc Naturell Hautes Fagnes mit einer Größe von rund 68000 ha.

1904 erschien das klassische Werk von J. Früh und C. Schröter »Die Moore der Schweiz« mit einer Karte, in der einige tausend, freilich oft auch sehr kleine Moore eingetragen sind. 1978 wurde erneut eine Bestandsaufnahme in Angriff genomen, um die am stärksten gefährdeten Regenmoore zu erfassen.

Diese Erhebung ergab, daß in der **Schweiz** noch 400 Hochmoore im weitesten Sinne existieren; die meisten sind jedoch sehr klein, manche nicht größer als ein Tennisplatz. Alle diese Hochmoorreste zusammengenommen bilden eine Fläche von 1500 ha; davon sind nur noch 500 ha verhältnismäßig ungestörtes Moor.

Im Tal von Ponts-de-Martel im Schweizer Jura befindet sich mit 560 ha ein bedeutendes Schweizer Moornaturschutzgebiet. Es handelt sich, wie in diesem dichtbesiedelten Land nicht anders zu erwarten, um den Rest eines einstmals 1000 ha umfassenden Moorgebietes. Von den 4 Mooren dieser Moorlandschaft mit einer Fläche von 120 ha ist das Bois des Lattes das bedeutendste durch Regenwasser ernährte Bergkiefernmoor der Schweiz. Trotz großer Anstrengungen des Naturschutzes sind hier Eingriffe in den Wasserhaushalt, Torfabbau und intensive landwirtschaftliche Nutzung keineswegs gänzlich unter Kontrolle. Das ganze Gelände ist Privatbesitz und nicht öffentlich zugänglich.

Auch durch die Arbeiten von Frank Klötzli und seinen Schülern ist nachdrücklich auf eine Reihe wertvoller Moore aufmerksam gemacht worden. So stellen das Neeracher Ried, das letzte große Flachmoor der Nordschweiz, und das Robenhauser Ried am Pfäffiker See, ein gut erhaltenes Verlandungsmoor mit kalkarmen bis basenreichen Moorstandorten, auf denen durch frühere Torfstecherei und lange zurückreichende Mähnutzung Vegetationsformen der Zwischenmoore und Streuwiesen nachhaltig gefördert wurden, bemerkenswerte Moornaturschutzgebiete der Schweiz dar.

Einige weniger wertvolle Niedermoore, z. B. das Ermatinger Becken am Bodensee, sollen als internationale Feuchtgebiete geschützt werden.

Nach den Daten, die Grinzberger 1915 auf der Berliner Moorschutzkonferenz bekanntgab, existierten damals in **Österreich** in seinen heutigen Grenzen 1139 Moore mit einer Fläche von rund 22 000 ha. Eine moderne und verläßliche Grundlage für alle Fragen des Moorschutzes schuf Michael Steiner mit dem 1982 erschienenen »Österreichischen Moorschutzkatalog«. Von den 1290 als schützenswert erkundeten Mooren standen damals 173 Moore unter Schutz, allerdings nur 83 Moore in Naturschutzgebieten. Von den geschützten Mooren unterliegen nur 46 Hochmoore dem strengsten Schutzstatus.

Von besonderer Bedeutung ist die von Michael Steiner vorgenommene Bewertung der einzelnen österreichischen Moore als international, national oder lokal bedeutsam. 180 Moore wurden von ihm als international bedeutsam eingestuft, von diesen stehen aber leider nur 30 unter Schutz. Mit diesen Zahlen wird eindringlich auf die Notwendigkeit der Unterschutzstellung weiterer Moore hingewiesen.

Im östlichen Burgenland verdient der Neusiedler See mit seinen Randmooren, als herausragendes Moorgebiet genannt zu werden. Er gehört bereits in die Verwandtschaft der Steppenmoore, für die ein aufsteigender Grundwasserstrom charakteristisch ist. Wertvolle Teile des Gebietes wurden zum UNESCO-Biosphärenreservat erklärt, andere sind einfache Naturschutzgebiete. Das Reservat Hansag umfaßt den wertvollsten Teil dieses ausgedehnten Niedermoores.

Auch im westlichen Bundesland überwiegen Niedermoore. Mit einer Fläche von 1955 ha gehört das Rheindelta zu den größten schutzwürdigen Moorgebieten Österreichs. Neben der Verlandungsvegetation sind hier noch Streuwiesen und Kopfbinsenriede großflächig ausgebildet. Das gesamte Rheindelta stellt gleichzeitig ein Feuchtgebiet von internationaler Bedeutung dar.

Reich an Mooren ist auch das Bundesland Salzburg. Im großen Naturschutzgebiet Rosanin sind einige sehr schöne subalpine Rasenbinsenmoore gesichert. 12 Reservate dienen dem Schutz verschiedenartigster Moore.

Mit einer Fläche von 51 000 ha steht das Naturschutzgebiet Wildalpener Salzatal an der Spitze der für den Moorschutz bedeutsamen Naturschutzgebiete der Steiermark. Neben einer Reihe anderer schöner Armmoore enthält es auch das berühmte Rotmoos bei Weichselboden. Außer den Naturschutzgebieten wurden in der Steiermark auch mehrere große Landschaftsschutzgebiete zum Schutze von Mooren eingerichtet. Im mittleren Ennstal (5100 ha) werden die noch verbliebenen Reste der einst riesigen Regenmoore auf dem Talboden der Enns geschützt, von denen das Pürgschachenmoor heute das wertvollste ist.

Bereits in den 50er Jahren wurde in der **Tschechoslowakei** eine Bestandsaufnahme der Moore durchgeführt, wobei man alle Torflager erfaßte, die größer als 0,5 ha waren und deren Stärke 0,5 m überstieg. Diese Moorinventur erfolgte allerdings unter rein ökonomischen Gesichtspunkten, sie ergab eine Moorfläche von 34 200 ha. Unabhängig von dieser Erhebung wurden in der ČSSR im Verlauf der letzten Jahrzehnte alle bedeutenderen, noch halbwegs intakten Moore zu Naturschutzgebieten erklärt, so daß heute mit etwa 5500 ha rund 17% der Moorfläche des Landes geschützt sind. Dabei überwiegen die mehr oder weniger durch Regenwasser ernährten Moore in den das Böhmische Becken umrahmenden Mittelgebirgen und im Becken von Třeboň.

Von den einst riesigen Überflutungsmooren im Donautiefland, in den Auen der Morava (March), Vah und im Elbetal sind dagegen nur relativ unbedeutende Reste übriggeblieben. In den Tälern der Flußoberläufe ist es vielerorts auch zur Bildung von Durchströmungsmooren gekommen, die heute zu den floristisch wertvollsten Moorstandorten gehören. So wurde das Jestřebské blato (Habsteiner Moor) im Hügelland von Doksy als westlichster Fundort von *Ligularia sibirica* berühmt. Nur ein kleiner Teil dieses 500 ha großen Moores ist seit vielen Jahrzehnten Naturschutzgebiet. Die bedeutenderen Moornaturschutzgebiete der ČSSR wurden bei der Besprechung der Moorlandschaften vorgestellt (s. S. 143 f).

In **Ungarn** ist ganz ähnlich wie in den allermeisten anderen mitteleuropäischen Ländern ein engmaschiges Netz geschützter Flächen aufgebaut worden, in dem auch alle wichtigen Moorgebiete erfaßt sind. Überflutungs- und Versumpfungsmoore herrschen vor, jedoch spielen an den Ufern der großen Steppenseen auch Verlandungsmoore eine Rolle. Bedeutende Moorreservate sind der Balátasee (170 ha) und vor allem der Velencesee (2600 ha). Die letzten Reste der großen Überflutungsmoore werden in den Nationalparks von Kiskunság (31 000 ha) und der Puszta Hortobágy (115 000 ha) gepflegt. Einstmals waren es Schilf- und Seggensümpfe mit der Steifsegge *(Carex elata)*, die unter dem Einfluß der Beweidung aus den Schilfsümpfen hervorgingen. Ursprünglich breiteten sich hier anstelle dieser Moore Auenwälder aus. Erst nach ihrer Rodung im ausgehenden Mittelalter entstanden diese ungarischen »Ursümpfe«, die sich nach dem weitgehenden Ausschalten der Überflutungen durch die Flußregulierungen in Salzmoore verwandelten. Teilweise entstanden sogar steppenartige Vegetationsformen, deren Stabilität heute in erster Linie durch eine extensive Weidewirtschaft aufrechterhalten wird.

Auch in der **BRD** wurden inzwischen in den wichtigsten Bundesländern Moorinventuren durchgeführt. Nach Kuno Brehm sind in Schleswig-Holstein von den einstmals 40 000 ha Regenmoorfläche nur noch etwa 5000 ha vorhanden. Dabei handelt es sich jedoch fast durchweg um schon verheidete oder verbuschte Moore. Nach Eigner und Schmatzlaer sind höchstens noch 100 ha weitgehend waldfrei.

Die Fläche der Lauenburgischen Waldhochmoore, wobei es sich in erster Linie um Kesselmoore handelt, wird mit 400 ha angegeben. Die übrigen Niedermoore Schleswig-Holsteins sind zum allergrößten Teil als Intensivgrünland genutzt oder bewaldet. Von diesen Mooren stand bisher nur ein verschwindend kleiner Teil unter Naturschutz. Nach dem schleswig-holsteinischen Landschaftspflegegesetz von 1973 genießen jedoch alle Moore automatisch einen Schutz, denn Eingriffe in Moore, auch Torfabbau, wurden verboten, und nur der Minister für Ernährung, Landwirtschaft und Forsten kann Ausnahmen zulassen. Bedeutende Moore dieses Gebietes haben wir bereits bei der Besprechung der Moorlandschaften vorgestellt (s. S. 128).

In Niedersachsen existieren heute noch 250 000 ha Regenmoore und 200 000 ha Niedermoore. Durch die Moorinventur wurden 88 Moore mit einer Fläche von 185 000 ha einer Bewertung unterzogen, was etwa 75% aller Moore entspricht. Bei dieser beispielhaften Moorinventur, die gemeinsam vom niedersächsischen Landesamt für Bodenforschung und der Landesnaturschutzbehörde durchgeführt wurde, konnten alle untersuchten Moore hinsichtlich ihrer Schutzwürdigkeit bewertet werden. Dabei berücksichtigte man die Vegetation und ihre Nutzung, den Abtorfungszustand und die Regenerationsfähigkeit, die schutzwürdigen Pflanzengesellschaften bzw. Pflanzenarten sowie schutzwürdigen Tierarten. 6000 ha der niedersächsischen Regenmoore sind noch immer ziemlich baumarm, außerdem wurden 2000 ha natürliche Moorblänken und verlandende Torfstiche ermittelt. 7200 ha Regenmoorstandorte befinden sich im Pfeifengrasstadium mit einem zunehmend dichter werdenden Gehölzanflug, während 22 000 ha bereits mehr oder weniger dicht bewaldet sind und 3400 ha aufgeforstet wurden. 109 000 ha Regenmoore werden als Grünland genutzt, der Rest sind Äcker.

Als wertvollstes Moor wurde das Bissendorfer Moor ermittelt. Es liegt zwischen Weser und Aller nördlich von Hannover in einer größeren vermoorten Niederung, zu der auch das Otterhagener Moor gehört. Dem Rang nach folgt das Wietingsmoor, im südlichen Talsandgebiet gelegen, das mit dem Uchter Großen Moor und dem Geestmoor zum Feuchtgebiet Diepholzer Moorniederung gehört und internationale Bedeutung besitzt. Nach ihrer Bedeutung schließen sich das Lengener Moor auf der Oldenburgisch-Ostfriesischen Geest, das Ahlen-Falkenberger Moor in der Hadelner Bucht, das Krähenmoor, das Weiße Moor bei Kirchwalsede, das Große Moor bei Aurich, das Helstorfer Moor, das Schneerener Moor, das Diepholzer Moor, westlich Diepholz gelegen, und das Ipweger Moor an. Auf Grund dieser Moorbewertung konnte für eine Regenmoorfläche von 24 000 ha eine unmittelbare Naturschutznutzung vorgeschlagen werden. Bisher waren davon nur 3600 ha als Naturschutzgebiet rechtsgültig gesichert. Für weitere 28 500 ha, die gegenwärtig noch abgebaut werden, wurde eine spätere Unterschutzstellung empfohlen. Insgesamt 56400 ha Regenmoorfläche sollen künftig dem Naturschutz unterstellt werden. Das wären etwa 12% der niedersächsischen Regenmoore.

Für die moorreichen Bundesländer im Süden der BRD hat Giselher Kaule die Torfmoosmoore geobotanisch bearbeitet und unter dem Gesichtspunkt des Naturschutzes bewertet. Neben dem Murnauer Moor, das von Kaule zu den hochwertigsten Mooren der Bundesrepublik gezählt wird, nennt dieser Forscher eine Reihe weiterer international bedeutsamer Moore im bayerischen voralpinen Hügelland, vor allem die Moore bei der Wieskirche. Es sind 6 Moore; dazu gehört das Wiesfilz, das eine besonders seltene Moorform verkörpert. Als Beckenmoor enthält es seltene Schlenkengesellschaften, über die sich Braunmoos- und Torfmoosbülten erheben. Das ganze Moor ist locker von der Bergkiefer bestanden. Aus dem Chiemseegebiet nennt Kaule die Eggstedt-Hemmhofer Seenplatte als international bedeutendes Moorgebiet. Es handelt sich im wesentlichen um Toteishohlformen, in denen Kesselmoore aufwachsen. Die einst berühmten Chiemseemoore sind seit langem vollständig kultiviert. Von den Alpenmooren hielt Kaule nur das Röthelmoos in den Chiemgauer Alpen für so wertvoll, daß es in die Kategorie der international bedeutenden Moore eingestuft wurde.

Kürzlich hat Alfred Ringler eine Liste der Elitemoore der Alpen vorgelegt und die Inventur von Kaule weitergeführt. Ringler ging bei der Bewertung der Moore in erster Linie von Strukturmerkmalen sowie Lage- und Haushaltsmerkmalen aus. 22 orographisch-morphologische Moortypen ermöglichten eine sehr detaillierte Beurteilung der Moore. Neben den bekannten Moorformen Hang-, Kamm-, Plateau- und Riedelmoore wurden Grindenmoore, Talhochmoore, Karbodenhochmoore, Kargehängemoore, Karstufenmoore, Blockhaldenmoore, Kesselmoore, Aapamoore und eine Reihe von Quellmooren unterschieden. Die Liste der Elitemoore umfaßt 7 international bedeutsame Moore. Außer den bereits bei Kaule aufgeführten Mooren zählt Ringler aus dem Oberallgäu zu dieser Kategorie noch Engenkopf Hochwald, Kühberg, Gottesacker, Seealpe, die Hädrichmoore und das Hornmoos. Es handelt sich vorwiegend um Moore in Karen oder Karstschüsseln sowie Deckenmoore. Aus dem Ostallgäu nennt er die Halblech- und Halbammermoore und aus dem Gebiet Bad Tölz – Wolfratshausen die Steinbachalm. Außerdem führt Ringler 21 national bedeutsame Moore an und empfiehlt den Schutz von 43 regional bedeutsamen Mooren.

Im bayerischen Teil des voralpinen Hügellandes stuft Kaule 18 Moore und Moorgebiete als national bedeutsam ein, darunter das Sindelbachfilz, das er als schönstes voralpines Hochmoor bezeichnet.

Die wertvollsten baden-württembergischen Moore des Voralpenlandes sind bereits vor Jahrzehnten unter Schutz gestellt worden. Das gilt sowohl für die Niedermoore am Bodensee als auch für die Übergangs- und Regenmoore, darunter auch das international bedeutsame Wurzacher Ried mit der größten erhaltenen Regenmoorhochfläche Mitteleuropas. Es gelang jedoch nicht, auch nur einen repräsentativen Ausschnitt der großen Talmoore an der Donau zu erhalten. Lediglich 16 ha wurden 1966 im Donauried im Bereich ehemaliger Torfstiche als Nutzschutzgebiet ausgewiesen. Im Rahmen der Ramsar-Konvention hat man zwar eine Fläche von 8000 ha zum Feuchtgebiet von internationaler Bedeutung erklärt, doch damit wird das total entwässerte Moor nicht wieder zum Leben erweckt.

Die Torfmoosmoore des Schwarzwaldes, des Bayerischen Waldes und der bayerischen Rhön hat Kaule ebenfalls untersucht und bewertet. Das größte Reservat im südlichen Schwarzwald, das Naturschutzgebiet Feldberg (3231 ha), enthält eine Reihe national bedeutsamer Moore. Es folgen im nördlichen Schwarzwald das Naturschutzgebiet Wildsee und Hornisgrinde mit den international bedeutsamen Mooren Wildsee und Hohlohmisse. Das Schwarze Moor in der Rhön nimmt eine ähnlich herausragende Stellung ein wie das Rotmoos bei Weichselboden in den österreichischen Alpen. Im Bayerischen Wald treten nur verhältnismäßig kleine Moore auf, von denen 10 als national bedeutend eingestuft wurden. Sie sind alle im Nationalpark Bayerischer Wald geschützt.

Glücklicherweise ist die Zahl der intakten Moore im Alpenvorland und in den Alpen noch relativ groß. Die von Kaule untersuchten 414 Moore nehmen eine Fläche von rund

10700 ha ein, davon stehen 156 Moore mit etwa 3000 ha unter Naturschutz.

In der **DDR** sind von den etwa 500000 ha Moorland ungefähr 5000 ha in rund 250 Naturschutzgebieten gesichert. Genauere statistische Erhebungen, ein Moorkataster oder eine Erfassung der wissenschaftlich oder landeskulturell wertvollen Moore etwa im Rahmen einer landesweiten Biotopkartierung, stehen noch aus.

Der größte geschützte Moorkomplex ist das untere Peenetal, auch als Peenetalmoor bezeichnet. Die Fläche von 1500 ha wird heute zu etwa 75% von den Hochwassern der Peene überflutet. Nur die sich an den nördlichen Talrand anlehnenden Flächen sind als Durchströmungsmoor ausgebildet. Auch im Spreewald, in dem größten Überflutungsmoor der DDR, konnte in den letzten Jahren ein repräsentativer Ausschnitt als Naturschutzgebiet erklärt werden. Wenn künftig Überflutungen ausbleiben, da im Oberlauf der Spree ein großes Speicherbecken gebaut wurde, dürfte dieses Moor sein Wachstum gänzlich einstellen, ja es kann möglicherweise sogar zu einem Abbau der Torfe kommen.

Ungewöhnlich interessante Auenüberflutungsmoore im unteren Odertal und an der unteren Havel wurden im Rahmen der Ramsar-Konvention durch die Regierung der DDR zu Feuchtgebieten von internationaler Bedeutung erklärt.

Im Naturschutzgebiet Inseln Oie und Kirr im Barther Bodden wird das wertvollste Küstenüberflutungsmoor der DDR mit einer Fläche von rund 400 ha geschützt. Inzwischen stehen auch alle bedeutenden Regenmoore, soweit sie nicht abgetorft werden, unter Schutz. Die Spirkenmoore des Erzgebirges nehmen dabei den Rang einzigartiger Naturdenkmale ein.

Von der großen Anzahl der Kesselmoore der Jungmoränenlandschaften sind bisher nur sehr wenige gesetzlich geschützt. Man rechnet mit noch etwa 1000 intakten Kesselmooren mit einer Durchschnittsgröße von je 3 ha. Somit ließe sich bei einer Unterschutzstellung aller dieser Moore der Anteil der geschützten Moorfläche in der DDR beinahe verdoppeln. In Zusammenarbeit mit den staatlichen Forstwirtschaftsbetrieben wird versucht, vorerst alle noch Torf produzierenden Moore im Bereich der Waldflächen vor jeder Entwässerung und Aufforstung zu bewahren.

Von den Durchströmungsmooren sind vor allem in den Nordbezirken in den Tälern der Recknitz, Trebel, Tollense und Peene sowie im Landgrabental meist kleinere, aber dennoch sehr wertvolle Abschnitte unter Schutz gestellt worden. Die Größe der Schutzgebiete schwankt zwischen 20 und 500 ha. Alle diese Moore befinden sich nicht mehr im Naturzustand. Die größten Flächen werden von Gebüschstadien eingenommen. Besonders wertvoll sind jedoch die zu den Halbkulturformationen zu zählenden Feuchtwiesenflächen und Kleinseggenriede, deren Stabilität an eine regelmäßige Mahd gebunden ist. Wir wollen deshalb anschließend noch auf Probleme der Pflege von Moorbiotopen eingehen.

Schutz und Pflege von Moorbiotopen

Moore werden unter Schutz gestellt, damit ihre eigengesetzliche Entwicklung so wenig wie möglich durch menschliche Einwirkungen gestört wird. Da aber alle nährstoffärmeren Moore auf Nährstoffzufuhr außerordentlich empfindlich reagieren, muß damit gerechnet werden, daß es im Zeitalter einer globalen Umweltbeeinflussung keine ungestörten Moore mehr gibt. Diese Störung der Ökologie der Moore kann nur durch eine Verbesserung der allgemeinen Umweltsituation abgestellt werden. Wir wollen uns hier in erster Linie mit Fragen der Regeneration oder Renaturierung durch Entwässerung oder Torfabbau gestörter Moore beschäftigen, die sich unter der Regie des Naturschutzes befinden. Dabei sind die hydrologischen Besonderheiten eines jeden Moortyps zu beachten. Betrachten wir zuerst die Regenmoore.

Voraussetzung für eine Renaturierung durch Entwässerung gestörter Regenmoore ist die Unterbindung jedes unkontrollierten Wasserabflusses. Zu den ersten Maßnahmen gehört deshalb die sichere Schließung aller alten Entwässerungsgräben. Dabei ist sehr sorgfältig vorzugehen, denn es gibt nicht selten sehr alte, verwachsene Gräben, die dem Moor dennoch erhebliche Wassermengen entziehen. Da diese Moore wegen Moorsak-

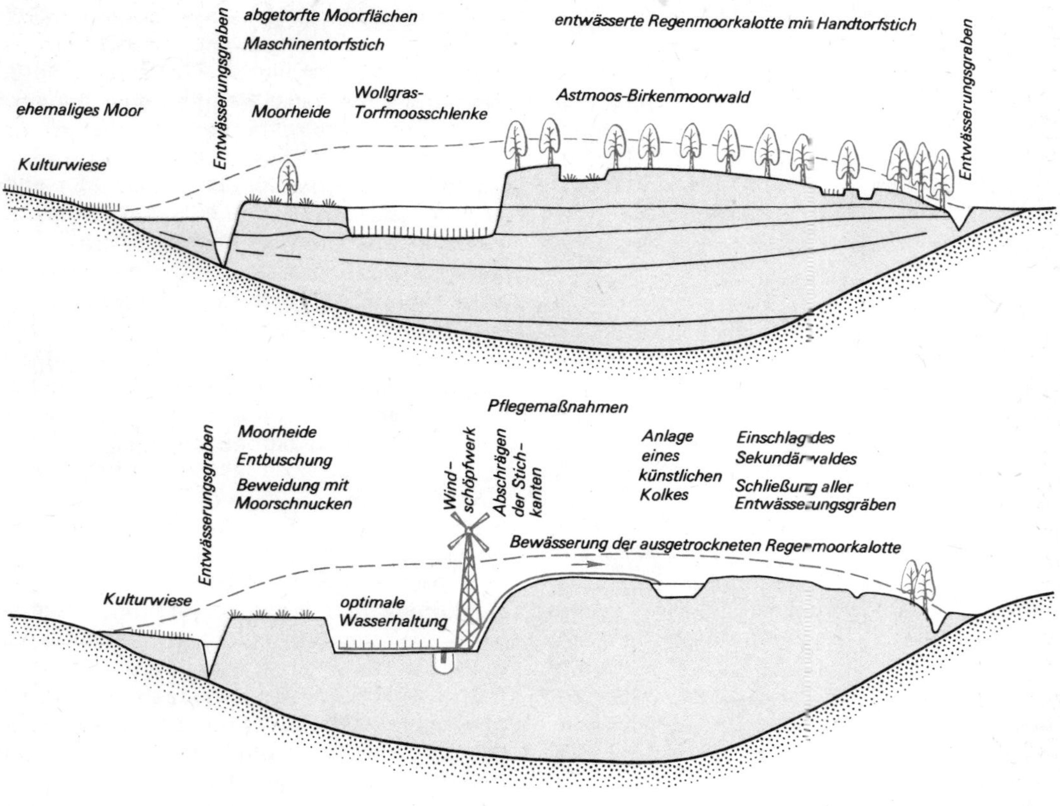

Naturschutzmaßnahmen in einem mitteleuropäischen Tieflandsregenmoor

kungen oft eine ziemlich unruhige Oberfläche besitzen, sind in die Hauptentwässerungsgräben mehrfach Staue einzubauen. Nur so kann eine maximale Wasserrückhaltung gesichert werden.

Nur wenn es gelingt, den Moorwasserspiegel so weit anzuheben, daß das Wasser während des größten Teils des Jahres an der Oberfläche des Moores steht, wird seine weitere Verschlechterung aufgehalten, und es kann sich auch wieder eine torfbildende Pflanzendecke bilden, die der ursprünglichen zumindest ähnlich ist. Wenn man dieses Ziel nicht erreicht, so muß wenigstens versucht werden, das Stadium der Moorheide zu erhalten. Dazu gehören in erster Linie die Mahd des Heidekrautes und eine Beweidung durch die anspruchslosen Moorheidschnucken. Mit diesen Pflegemaßnahmen, die allerdings regelmäßig durchgeführt werden müssen, gelang es in der Diepholzer Niederung, auf einigen Regenmooren die weitere Verbuschung und Bewaldung aufzuhalten.

Schließlich besteht auch die Möglichkeit, bei teilweise abgetorften Regenmooren mit Hilfe einer Pumpe nährstoffarmes, saures Moorwasser aus den Entwässerungsgräben des Abbaufeldes auf die stehengebliebene Regenmoorkalotte zu pumpen. Dabei wird ein künstlicher Kolk angelegt, in den das Wasser hineingepumpt werden kann. Von diesem künstlichen Kolk, der gleichzeitig wie eine Zisterne wirkt, sickert das Wasser dann in die ausgetrockneten Moorflächen ein. Es muß aber eine Beschädigung originaler Regenmoorkalotten so weit wie irgend möglich vermieden werden.

Zur Entlastung des Wasserhaushaltes durch Entwässerung gestörter Regenmoore müssen nicht nur die Bestände des Heidekrauts gemäht, sondern auch verbuschte und bewaldete Flächen vom Baumwuchs befreit werden. Die Reduzierung dieser Sekundärwälder er-

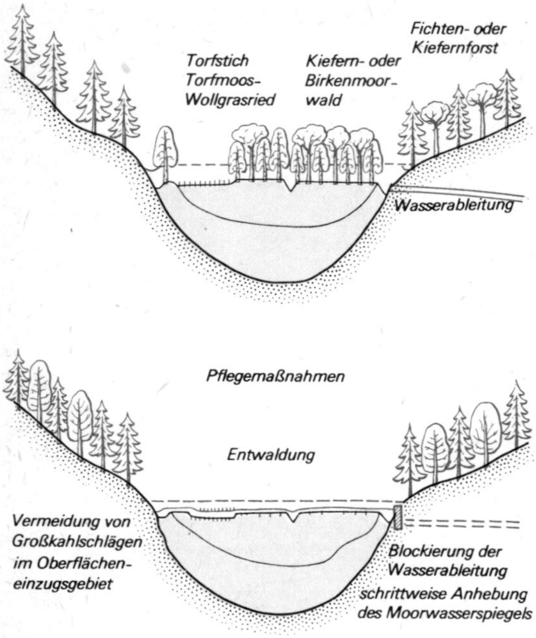

Naturschutzmaßnahmen in einem Kesselmoor in Waldlage, das durch Entwässerung und Torfstiche gestört ist

wies sich auf einigen mecklenburgischen Regenmooren als eine äußerst wirksame Pflegemaßnahme.

Anders verhält es sich mit den Waldbeständen auf dem Randgehänge von Regenmooren. Diese Wälder sind natürliche Dauerstadien, die, wo es sie noch gibt, nicht angetastet werden sollten. Gleiches gilt für die meist lokker mit schlechtwüchsigen Kiefern bestandenen östlichen Regenmoore. Sind solche Moore durch die Anlage von Entwässerungsgräben aus dem Gleichgewicht gebracht worden, ist zunächst die Schließung dieser Gräben erforderlich, ehe an eine Auflichtung des Baumbestandes gedacht wird. Oft stellt sich ohne weitere Eingriffe ein neues Gleichgewicht ein, so daß sich Torfmoose und Wollgräser ausbreiten können.

Bereits C.A. Weber beschäftigte sich 1901 in der zu Beginn des Kapitels genannten Schrift mit den Fragen der Regeneration durch Entwässerung gestörter Hochmoore. Dabei war noch unbekannt, daß sich entwässerte Regenmoore ziemlich schnell bewalden. In Zusammenhang mit der Erhaltung von Moorheiden schreibt Weber: »Eher ist eine Regeneration des Moosmoores zu erwarten, sobald man die Entwässerungseinrichtungen verfallen läßt.« Aber inzwischen sind wohl alle zu Webers Zeiten verheideten Moore dicht bewaldet, wenn sie nicht abgebaut oder kultiviert wurden.

Nur in ausgetorften Regenmooren findet man heute im mitteleuropäischen Tiefland noch großflächig eine torfbildende Vegetation. Nach der Einstellung der Torfgewinnung kam es öfter zu einem Verfall der Entwässerungsgräben, und damit begann eine spontane Vernässung der ausgetorften Flächen. Es gibt zahlreiche Beispiele, die nachdrücklich belegen, daß sich aufgelassene Abbaufelder innerhalb weniger Jahrzehnte auch ohne bewußtes Eingreifen des Menschen wieder mit Torfmoos-Wollgras-Gemeinschaften überziehen. Diese Vegetationsformen sind als Refugialbiotope für den Naturschutz von erstrangiger Bedeutung. Eine solche Regeneration der torfbildenden Vegetation wird um so eher erfolgen, je früher man den Wasserhaushalt aufgelassener Abbaufelder entsprechend den ökologischen Erfordernissen der torfbildenden Vegetation bewußt steuert. Dabei hält man den Moorwasserspiegel nach Möglichkeit das ganze Jahr hindurch an der Oberfläche des nackten Torfes, wobei die Flächen vor der Vernässung einigermaßen eingeebnet werden. Wenn noch intakte Torfmoos- und Wollgrasflächen in der Nähe sind, wird sich bald die gewünschte Pflanzengemeinschaft einstellen. Mit dem aufwachsenden Torfmoos kann dann der Moorwasserspiegel allmählich angehoben werden. In Anbetracht der großen bereits abgetorften und aufgelassenen Flächen in den mitteleuropäischen Regenmoorgebieten sind die bestehenden Möglichkeiten, waldfreie Torfmoos-Wollgras-Pflanzengemeinschaften zu regenerieren, noch nicht hinreichend genutzt.

Zu den stabilsten Mooren, die wir kennen, gehören die Kesselmoore, die nur schwer zu entwässern sind. Dennoch ist bei nicht wenigen Kesselmooren die oft sehr hohe Randschwelle durchstochen worden, um das überschüssige Wasser abzuleiten. Solche Arbeiten wurden vielfach im Rahmen der »Kriegsmeliorierungen« durchgeführt. Die Entwässerung hatte in der Regel Moorsackungen zur

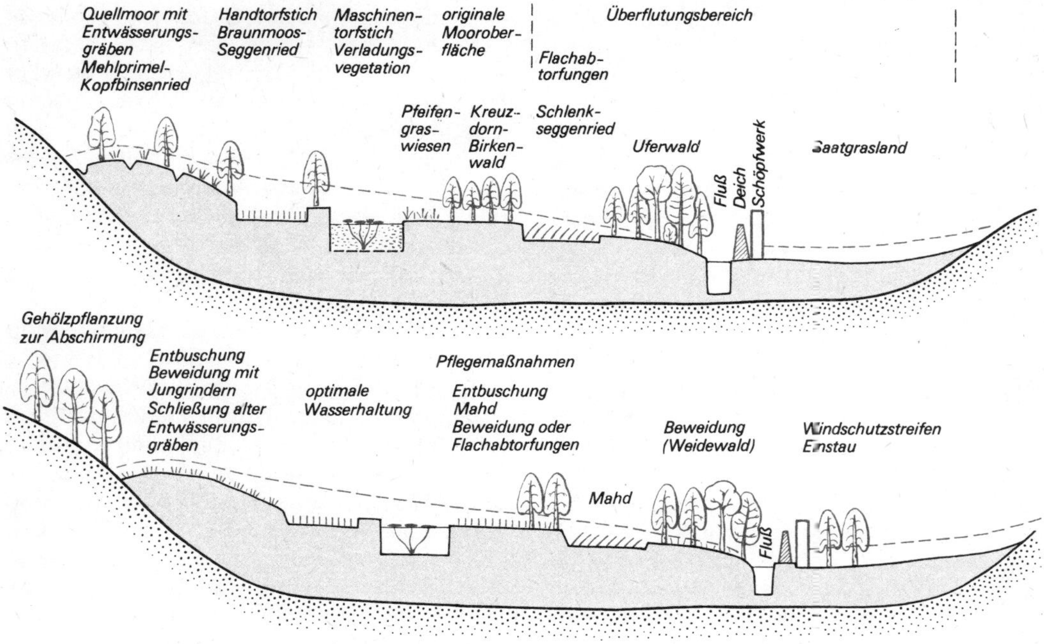

Naturschutzmaßnahmen in einem mitteleuropäischen Flußtalmoor (Durchströmungsmoor)

Folge, außerdem bewalden sich solche Moore, wodurch die Entwässerung weiter verstärkt wird. Deshalb sollte vor einer Wiedervernässung der Waldbestand eingeschlagen werden. Doch den Entwässerungsgraben einfach zu verschließen kann bei voraufgegangener tiefgründiger Entwässerung zu einer Überstauung des ganzen Moores führen. Eine solche Überstauung tritt mit Sicherheit auch dann ein, wenn das Einzugsgebiet des Moores erweitert wurde. Um dies zu verhindern, muß man die Renaturierung schrittweise einleiten. So sind in der Regel durch Entwässerung geschädigte Kesselmoore allein über eine wohldosierte Wiedervernässung durch regulierbare Staueinrichtungen neu zu beleben. Dabei ist es zunächst gleichgültig, ob es sich bei der sich einstellenden torfbildenden Vegetation um ein Röhricht, ein Seggenried oder eine Torfmoos-Wollgrasflur handelt.

Im Gegensatz zu den Torfmoosmooren genügt es in den mäßig nährstoffreichen Mooren, wie den Durchströmungsmooren, Hang- und Quellmooren, oft nicht, den Moorwasserspiegel anzuheben, eventuell aufgekommene Gehölze zu roden und alles weitere der Natur zu überlassen. Durch die Entwässerung ist es auf diesen Mooren im Normalfalle zu einer erheblichen Nährstofffreisetzung gekommen. Dieser Überschuß an Pflanzennährstoffen kann nur längerfristig über einen Entzug von Biomasse durch Mahd und Beweidung und die Festlegung von Nährstoffen im Torfbildungsprozeß ausgeglichen werden.

Bei einer Wiedervernässung ehemals entwässerter mesotropher Moorstandorte breitet sich meist das Gemeine Schilf *(Phragmites australis)* aus, das am besten durch eine Mahd während der Vegetationsperiode zugunsten von Seggenrieden zurückgedrängt wird. Außer der optimalen Gestaltung des Wasserhaushaltes ist bei diesen Mooren also auch eine Steuerung der Konkurrenzverhältnisse erforderlich, bis sich ein neues Gleichgewicht eingestellt hat. Auf stärker entwässerten Durchströmungsmooren, wo ein Verschluß alter Entwässerungsgräben keine ausreichende Wiedervernässung bewirkt, können über Flachabtorfungen günstige Startbedingungen für eine torfbildende Vegetation geschaffen werden.

Falls solche Flachabtorfungen nicht durchführbar oder zu kostenaufwendig sind, kann durch Abbrennen der oberen stark denaturierten Torfschichten eine Wiedervernässung erreicht werden. Dabei darf das Feuer natürlich nur unter absolut kontrollierbaren Bedingungen auf kleiner Fläche eingesetzt werden. Das Moor brennt gewöhnlich bis zum Grundwasserspiegel, so daß anschließend günstigste Startbedingungen für konkurrenzschwache Moorpflanzen gegeben sind.

Verlandungsmoore unterliegen naturgemäß einer schnelleren Sukzession, die in der Regel von waldfreien zu bewaldeten Vegetationsformen führt. In landeskultureller Hinsicht sind aber waldfreie Verlandungsmoore wertvoller als monotone Bruchwälder. Wenn die Möglichkeit einer schrittweisen Erhöhung des Wasserspiegels in den verlandenden Gewässern besteht, so können waldfreie Verlandungsstadien über längere Zeit erhalten werden. Wie bei allen anderen Sukzessionen bestimmt auch hier die Höhe der Produktion von Biomasse die Geschwindigkeit der Aufeinanderfolge verschiedener Vegetationsformen.

Bei Überflutungsmooren entscheidet neben den Inhaltsstoffen des Überflutungswassers, der Dauer und Häufigkeit der Überflutungen mehr als bei anderen Moortypen der Entzug von Biomasse über die Struktur und Zusammensetzung der Pflanzendecke.

Auf den Küstenüberflutungsmooren im Bereich der südlichen Ostseeküste ist die Lebensgemeinschaft des Salzgraslandes unlösbar mit dem Weidegang von Rindern verbunden. Wenn die Beweidung eingestellt wird, kommt es meist zum Ersatz des artenreichen Salzrasens durch ein Salzasterröhricht. Bei weiterer Eutrophierung können sich auch Quecken-, Melden- und Kamillenfluren ausbilden, und es beginnt ein rasanter Abbau der Torflager. Eine entscheidende Rolle spielt dabei auch das Netz der Priele und Moortümpel.

Als letzte Möglichkeit, ein seltenes Moor zu retten, an dessen Standort ein Bauwerk errichtet werden oder das einem Tagebau weichen muß, kommt eine Moorverpflanzung in Betracht. In der Schweiz ist vor etwa 15 Jahren ein solches Experiment, bei dem reiche Erfahrungen gesammelt werden konnten, unter der Leitung des Geobotanikers Frank Klötzli durchgeführt worden.

Der technische Aufwand, um den in einzelne Blöcke zerlegten Torfkörper des Moores zu verpflanzen, ist erheblich. Die durch die Verpflanzung ausgelösten Störungen der Moorvegetation, man spricht von einem Verpflanzungsschock, erfordern zusätzlich aufwendige Pflegemaßnahmen. Neben den technischen und finanziellen Voraussetzungen sind auch umfassende ökologische Kenntnisse für das Gelingen einer solchen Maßnahme entscheidend. Besondere Sorgfalt erfordert verständlicherweise die Gestaltung der hydrologischen Verhältnisse am Verpflanzungsstandort.

Wie wir gesehen haben, sind lebende Moore außerordentlich dynamische Ökosysteme, deren Erneuerung unter Berücksichtigung ökologischer Gesetzmäßigkeiten in bestimmten Grenzen möglich ist. Schließen wir mit einer Mahnung an die Moorfreunde: Alle lebenden Moosmoore, insbesondere Schwingmoore, sind sehr trittempfindlich. Deshalb sollten solche Flächen überhaupt nicht betreten werden. Wenn in Mooren regelmäßige wissenschaftliche Untersuchungen durchgeführt werden sollen, muß man solide Planken- oder Knüppelwege anlegen und dadurch eine großflächige Beeinträchtigung ausschließen. Als Lehr- und Anschauungsobjekte eignen sich auch meist weniger wertvolle Moore. Röhricht- und Riedflächen, Salzgrasländer und Bruchwälder sind zwar weniger störanfällig als Moosmoore, ihr Betreten kann jedoch ebenfalls aus Naturschutzgründen unerwünscht sein, weil sie oft Brutgebiete seltener Vogelarten sind.

Der weltweit fortschreitende Verbrauch der Moore hat das Bewußtsein geschärft, daß Moore eine vielfältig nutzbare Naturressource sind und daß mehr für ihren Schutz getan werden muß als bisher. Moore für eine umfassende Nutzung durch die menschliche Gesellschaft zu erhalten, erfordert einen äußerst haushälterischen Umgang mit den noch vorhandenen Torflagern. Dabei müssen Nutzung und Schutz eine Einheit bilden. Oberster Grundsatz der Moornutzung ist das Erhalten der Funktionstüchtigkeit dieser Standorte. Nur so bleiben sie uns heute, aber auch zukünftig nutzbar. Für die Rohstoffgewinnung sind nur entwässerte, also nicht mehr torfproduzierende Moore vorzusehen. Nach deren Abbau müssen sie so hergerichtet werden, daß erneutes Torfwachstum, also eine Renaturierung, beginnen kann. In Mitteleuropa ist es unbedingt notwendig, alle lebenden und damit wachsenden Moore als hochwertige organische Substanz speichernde Ökosysteme in ihrem Fortbestand zu sichern. Jedes Land sollte genauestens über seine Moore informiert sein. Weitere Forschungen und Moorerkundungen sind durchzuführen. Sie werden neue Erkenntnisse über die Moore liefern, aber auch Gegenstand beglückender Auseinandersetzung des Menschen mit seiner natürlichen Umwelt sein.

Denken wir daran: Das Schicksal der Moore und ihrer Pflanzen- und Tierwelt liegt in unserer Hand. Seien wir uns dieser Verantwortung immer bewußt!

anhang

Literatur

ABRAMOVA, F.G.; BOČ, M.S.; GALKINA, E.A.: Moortypen der UdSSR und Prinzipien ihrer Klassifizierung (russisch). Leningrad 1974

ALETSEE, L.: Begriffliche und floristische Grundlagen zu einer pflanzengeographischen Analyse der europäischen Regenwassermoorstandorte. Beiträge Biol. Pflanzen 43, 1967, S. 117–283

AKKERMANN, R. (Hrsg.): Regeneration von Hochmooren. Zielsetzungen, Möglichkeiten, Erfahrungen (Berichte des Moorsymposiums vom 9. bis 11. Juni 1980 in Vechta). Information zu Naturschutz und Landschaftspflege in Nordwestdeutschland, Bd. 3. Wardenburg 1982

BALATSCHEW, L.C.; ANDRIENKO, T.L.; KUSMISCHEW, A.J.; GRIGORA, I.M.: Veränderungen des Bewuchses und der Flora der Moore der Ukrainischen SSR unter dem Einfluß der Melioration (russisch). Akademie der Wissenschaften der Ukrainischen SSR, Botanisches Institut. Kiew 1982

BARBER, K.E.: Peat stratigraphy and climatic change (A palaeoecological test of the theory of cyclic peat bog regeneration). Cloth 1981

BENNE, L.: Hydrologisches Verhalten und Entstehungsbedingungen eines Sattelmoores im Hochsolling. Göttinger Bodenkdl. Ber. 49, 1977

BERTSCH, K.: Nachträge zur vorgeschichtlichen Botanik des Federseerieds. Veröffentl. Württemberg. Landesstelle f. Naturschutz Stuttgart, H. 19, 1950, S. 88–127

BICK, H.: Die Moorvegetation der zentralen Hochvogesen. Diss. Bot. 91. Vaduz 1985

BIRKHOLZ, B.; SCHMATZLER, E.; SCHNEEKLOTH, H.: Untersuchungen an niedersächsischen Torflagerstätten zur Beurteilung der abbauwürdigen Torfvorräte und der Schutzwürdigkeit im Hinblick auf deren optimale Nutzung. Naturschutz und Landschaftspflege in Niedersachsen 12. Hannover 1980

BOČ, M.S.; MASING, W.W.: Ökosysteme der Moore der UdSSR (russisch). Leningrad 1979

BREHM, K.: Das Sphagnum-Bult als Beispiel einer natürlichen Ionenaustauschersäule. Beiträge z. Biologie d. Pflanzen 47, 1971, S. 287–312

BRIEMLE, G.: Untersuchungen zur Verbuschung und Sekundärbewaldung von Moorbrachen im südwestdeutschen Alpenvorland. Diss. Bot. 57. Vaduz 1980

v. BÜLOW, K.: Allgemeine Moorgeologie. Handbuch der Moorkunde. Bd. 1. Berlin 1929

COENEN, H.: Flora und Vegetation der Heidegewässer und -moore auf den Maasterrassen im deutsch-niederländischen Grenzgebiet. Bonn 1981

DAU, J.H.CH.: Neues Handbuch über den Torf – dessen Natur, Entstehung, und Wiedererzeugung, Nutzen im allgemeinen und für den Staat usw. Leipzig 1823

DEGNER, J.H.: Physikalische und chymische Erörterung vom Torf. Frankfurt u. Leipzig 1731

DIERSSEN, B. u. K.: Vegetation und Flora der Schwarzwaldmoore. Beih. Naturschutz Landschaftspflege Baden-Württ. 39. Karlsruhe 1984

DIERSSEN, K.: Die wichtigsten Pflanzengesellschaften der Moore Nordwest-Europas. Genf 1982

DOHNAL, Z.: Československá rašeliniště a slatiniště. Praha 1965

DOKTUROWSKY, W.S.: Die Moore Osteuropas und Ostasiens. Handbuch der Moorkunde. Bd. 4. Berlin 1938

DU RIETZ, E.: Die Mineralbodenwasserzeigergrenze als Grundlage einer natürlichen Zweigliederung der nord- und mitteleuropäischen Moore. Vegetatio, Acta Geobotanica. Den Haag 5/6, 1954

EIGNER J.; SCHMATZLER, E.: Bedeutung, Schutz und Regeneration von Hochmooren. Naturschutz aktuell 4, 1980

EISELEN, J. Ch.: Handbuch oder ausführliche theoretisch-praktische Anleitung zur näheren Kenntnis des Torfwesens usw. Bd. 1, 2. Aufl. Berlin 1802. Bd. 2, Berlin 1811

EGGELSMANN, R.: Ökohydrologische Aspekte von anthropogen beeinflußten und unbeeinflußten Mooren Norddeutschlands. Dissertation Univ. Oldenburg 1981

EUROLA, S.: Über die regionale Einteilung der südfinnischen Moore. Annales Botanici Societatis Zoologiae Botanicae »Vanamo« 33. (Helsinki) 1962

FIRBAS, F.: Spät- u. nacheiszeitliche Waldgeschichte Mitteleuropas nördlich der Alpen. Bd. I, Jena 1949. Bd. II, Jena 1952

FRÜH, J.; SCHRÖTER, C.: Die Moore der Schweiz. Mit Berücksichtigung der gesamten Moorfrage. Beitr. Geolog. Schweiz, Geotechn. Serie 3. Bern 1904

FUCHSMANN, CH. H.: Peat-Industrial, Chemistry and Technology. Academic Press, New York, London 1980

GAMS, H.; RUOFF, S.: Geschichte, Aufbau und Pflanzendecke des Zehlaubruchs. Monographie eines wachsenden Hochmoors in Ostpreußen. Schriften der Physikalisch-ökonomischen Gesellschaft, Königsberg i. Pr. 66 Bd., Heft 1, 1929

GEHL, O.: Die Hochmoore Mecklenburgs. Nebst einem Beitrag zur Waldgeschichte des Küstenraums zwischen Elbe und Oder. Beihefte zur Z. Geologie. Berlin 2, 1952

GIES, TH.: Vegetation und Ökologie des Schwarzen Moores (Rhön) unter besonderer Berücksichtigung des Kationengehaltes. Diss. Botanicae. Lehre 20, 1972

GIVEN, P. H.; DICKENSON, C. H.: Biochemistry and microbiology of peats. In: Soil Biochemistry Band 3. New York 1975

GOODWILLIE, R.: European Peatlands. Concil of Europe 1980 (Nature and Environment Seria No. 19). Strasbourg 1980

GORE, A. J. P. (Hrsg.): Ecosystems of the World. 4 Mires: Swamp, Bog, Fen and Moor. A. General Studies. B. Regional Studies. Amsterdam 1983

GÖTTLICH, K. (Hrsg.): Moor- und Torfkunde. 2. Aufl. Stuttgart 1980

GÖTTLICH, K.: Ökohydrologische Untersuchungen an südwestdeutschen Niedermoorstandorten unter der Einwirkung kulturtechnischer Eingriffe 1961–1973. Schriftenreihe Kuratorium für Wasser und Kulturbauwesen. Hamburg/Berlin 30, 1977

GRÜNING, A.; VETTERLI, L.; WILDI, O.: Die Hoch- und Übergangsmoore der Schweiz – eine Inventarauswertung. Eidgen. Anstalt für das forstl. Versuchswesen, Berichte Nr. 281. Birmensdorf 1986

HAMOND, R. F.: The Peatlands of Ireland. To Accopany New Peatland Map of Ireland. Soil Survey Bulletin No. 35. Dublin 1979

HUECK, K.: Vegetationsstudien auf brandenburgischen Hochmooren. Beitr. z. Naturdenkmalpflege 10, 1925, S. 311–408

HUECK, K.: Die Vegetation und Oberflächengestaltung der Oberharzer Hochmoore. Beitr. z. Naturdenkmalpflege 12, 1928, S. 153–213

HUECK, K.: Die Vegetation und die Entwicklungsgeschichte des Hochmoors am Plötzendiebel (Ukkermark). Beitr. z. Naturdenkmalpflege 13, 1929

HUNDT, R.; SUCCOW, M.: Vegetationsformen des Graslandes der DDR. Wiss. Mitt. Inst. f. Geogr. u. Geoökologie AdW der DDR 14. Leipzig 1984

IVANOV, K. E.; NOVIKOV, S. M.: Die Moore im westlichen Sibirien, ihr Aufbau und ihre hydrologischen Verhältnisse (russisch). Leningrad 1976

JANKOVSKÁ, V.: Paläogeobotanische Rekonstruktion der Vegetationsentwicklung im Becken Třeboňská pánev während des Spätglazials und Holozäns. Vegetace ČSSR A 11. Praha 1980

JENSEN, U.: Die Vegetation des Sonnenberger Moores im Oberharz und ihre ökologischen Bedingungen. Naturschutz u. Landschaftspflege in Niedersachsen. Veröff. des Nieders. Landes-Verwaltungsamtes Naturschutz u. Landschaftspflege. Hannover 1, 1961

JENSEN, U.: Die Moore des Hochharzes. Naturschutz u. Landschaftspflege in Niedersachsen. Hannover 15 (1987), 1–93

KÄSTNER, M; FLÖSSNER, W.: Die Pflanzengesellschaften der erzgebirgischen Moore. II. Veröff. Landesverein Sächs. Heimatschutz. Dresden 1933

KATS, N. J. u. S. W.: Atlas der pflanzlichen Reste im Torf (russisch). Moskwa 1977

KATS, N. J.: Moore der Erde (russisch). Moskwa 1971

KAULE, G.: Die Übergangs- und Hochmoore Süddeutschlands und der Vogesen. (Landschaftsökologische Untersuchungen mit besonderer Berücksichtigung der Ziele der Raumordnung und des Naturschutzes). Diss. Botanicae. Lehre 27, 1974

KEILHACK, K.; RUDOLPH, K.: Die Soos bei Franzensbad in naturwissenschaftlicher und balneologischer Beziehung. Veröff. Zentralstelle f. Balneologie H. 13, 1929, S. 39–76

KLÖTZLI, F.: Die Grundwasserbeziehungen der Streu- und Moorwiesen im nördlichen Schweizer Mittelland, Beitr. Geobot. Landesaufn. der Schweiz. Bern 52, 1969

KLÖTZLI, F.: Zur Ökologie schweizerischer Bruchwälder. Ber. Geobot. Inst. Stiftung Rübel. Zürich 39, 1969

KNAPP, R.: Die Vegetation von Nord- u. Mittelamerika und der Hawaii-Insel. Jena 1965

KNAPP, R.: Die Vegetation von Afrika. Jena 1973

KOHL, J. G.: Das schwimmende Land von Waakhausen. Nordwestdeutsche Skizzen. Bremen 1864

KRISAI, R.; SCHMIDT, R.: Die Moore Oberösterreichs. Natur- und Landschaftsschutz in Oberösterreich. Linz 1983

KRISAI, R.: Die Vegetation der Trümer Seen (Salzburg). Diss. Botanicae 29. Vaduz 1975
KUŁCZYNSKI, S.: Peat bogs of Polesie (englisch). Mem. Acad. Sci. Cracovie, Ser. B. Kraków 1949
LANGE, E.; JESCHKE, L.; KNAPP, H.D.: Die Landschaftsgeschichte der Insel Rügen seit dem Spätglazial. Schriften zur Ur- und Frühgeschichte 38, 1986
LAZAREV, A.V.; KORCUNOV, S.S. (Hrsg.): Torfhandbuch (russisch). Moskwa 1982
LÜTTIG, G.W. (Hrsg.): Recent Technologies in the Use of Peat. Reports of the International Symposium of Deutsche Gesellschaft für Moor- und Torfkunde e.V. (DGMT) and Section II of the International Peat Society (IPS), Bad Zwischenahn, FRG, Nov. 5–8, 1979. Stuttgart 1983
MASING, V. (Hrsg.): Peatland Ecosystems. Estonian Contributions to the International Biological Programme, No. 9. Tallinn 1982
MOORE, P.D.; BELLAMY, D.J.: Peatlands. London 1974
MOORE, P.D. (Hrsg.): European Mires. London 1984
MÜLLER, K.: Zur Flora und Vegetation der Hochmoore des nordwestdeutschen Flachlandes. Schr. naturw. Ver. Schleswig-Holstein 36, 1965
NATIONALKOMITEE DER DDR, INTERNATIONALE MOOR- UND TORFGESELLSCHAFT. Torf in der Medizin. Symposium der Kommission VI, Bad Elster, 3. Bd. Bad Elster 1983
NEUHÄUSL, R.: Subkontinentale Hochmoore und ihre Vegetation. Studie ČSAV Praha, 13, 1972
NEUHÄUSL, R.: Hochmoore am Teich Velké Darko. Vegetace ČSSR, A 9. Praha 1975
NEUSTADT, M.I.: Die wissenschaftlichen Voraussetzungen für die Verwertung der Moore im westlichen Sibirien (russisch). Moskwa 1977
OBERDORFER, E. (Hrsg.): Süddeutsche Pflanzengesellschaften. Teil I. Pflanzensoziologie. Jena 10, 1977
OSVALD, H.: Die Vegetation des Hochmoores Komosse. Sven. Växtsociologiska Sällsk. Handb. VII. Uppsala 1923
OVERBECK, F.: Botanisch-geologische Moorkunde. Neumünster 1975
PAUL, H.; RUOFF, S.: Pollenstatistische und stratigraphische Mooruntersuchungen im südlichen Bayern. I. Teil: Moore im außeralpinen Gebiet der diluvialen Salzach-, Chiemsee- und Inngletscher. Ber. Bayer. Bot. Ges. 19, 1927, S.1–84. II.Teil: Moore in den Gebieten der Isar-, Allgäu- und Rheinvorlandgletscher. Ber. Bayer. Bot. Ges. 20, 1932
PIETSCH, W.: On the relation between the vegetation and the absolute and relativ ion content of mire waters in middle Europe. Proceedings 5th Intern. Peat Congress. Poznań 1976, S.62–72
PJAVČENKO, N.I. (Hrsg.): Die Bedeutung der Moore für die Biosphäre. Hydrologische Aspekte (russisch). Moskwa 1980
RINGLER, A.: Die Alpenmoore Bayerns – landschaftsökologische Grundlagen, Gefährdung, Schutzkonzeption. Berichte ANL 5, 1981, S.4–98
RUDOLPH, K.: Die bisherigen Ergebnisse der botanischen Mooruntersuchungen in Böhmen. Beih. Bot. Centralbl. II., Abt. 45, 1929, S.1–180
RUDOLPH, K.; FIRBAS, F.; SIGMOND, H.: Das Koppenplanmoor im Riesengebirge. Lotos 76, 1928, S.13–222
RUUHIJÄRVI, R.: Über die regionale Einteilung der nordfinnischen Moore. Annales Botanici Societatis Zoologiae Botanicae »Vanamo« 30. (Helsinki) 1960
RYBNIČEK, K.: Die Vegetation der Moore im südlichen Teil der Böhmisch-Mährischen Höhe. Vegetace ČSSR A 6. Praha 1974
RYBNIČKOVÁ, E.: Die Entwicklung der Vegetation und Flora im südlichen Teil der Böhmisch-Mährischen Höhe während des Spätglazials und Holozäns. Vegetace ČSSR A 7. Praha 1974
SCHWICKERATH, M.: Das Hohe Venn und seine Randgebiete, Vegetation, Boden und Landschaft. Jena 1944
SJÖRS, H.: Myrvegetation i Bergslagen. Acta Phytogeographica Suecica. Uppsala 21, 1948
SJÖRS, H.: Peat on earth: Multiple use or conservation. Ambio 6, 1980, S.303–308
STEFFEN, H.: Vegetationskunde von Ostpreußen. Pflanzensoziologie 1. Jena 1931
STEINER, G.M.: Österreichischer Moorschutzkatalog. Wien 1982
STRAKA, H.: Zur spätquartären Vegetationsgeschichte der Vulkaneifel. Arbeiten zur Rheinischen Landeskunde 1, 1952
SUCCOW, M.: Landschaftsökologische Moorkunde. Jena 1988
TOŁPA, St.; JASNOWSKI, M.; PAŁCZYNSKI, A.: System der genetischen Klassifizierung der Torfe Mitteleuropas. Zeszyty problemowe nauk Rolniczych. Warszawa 76, 1967
TJUREMNOV, C.N.: Torflagerstätten (russisch). Moskwa 1976
WALTER, H.: Die Vegetation Osteuropas, Nord- u. Zentralasiens. Stuttgart 1974
WALTER, H.: Sibirien, die größte Peino-Holobiome der Welt. Vegetatio 34, 1977, S.167–178
WEBER, C.A.: Über die Erhaltung von Mooren und Heiden Norddeutschlands im Naturzustand sowie über die Herstellung von Naturwäldern. Abh. Nat. Ver. Bremen 15. (Bremen) 1901/3
WEBER, C.A.: Über die Vegetation und Entstehung des Hochmoores von Augstumal im Memeldelta, mit vergleichenden Ausblicken auf andere Hochmoore der Erde. Berlin 1902
WEBER, H.E.: Vegetation des Naturschutzgebietes Balksee und Randmoore (Kreis Cuxhaven). Naturschutz und Landschaftspflege in Niedersachsen H.9. Hannover 1978
TELMA Berichte der Deutschen Gesellschaft für Moor- und Torfkunde. Hannover ab 1970 jährl.

Bildquellen

Die Zahlen geben die Seitenzahlen an, auf denen die Bilder stehen.

Prof. Dr. KLAUS DIERSSEN, Kiel: 173 oben, 175 Mitte, 175 unten, 209 oben, 215 Mitte, 215 unten

Dr. PETER GUTTE, Leipzig: 210 oben rechts

Dr. LEBRECHT JESCHKE, Greifswald: Titelbild, 49, 50 oben, 51 oben links, 52 unten links, 55 unten, 56 unten, 60 (2), 62 oben, 63 unten, 64 oben, 98, 99 unten rechts, 100 unten, 101 oben rechts, 104 oben rechts, 104 unten, 105 oben, 105 unten, 106 oben, 107, 109 oben links, 109 unten, 110 oben links, 110 oben rechts, 111, 161, 163 unten, 168 (2), 169 oben, 172 unten, 173 unten, 174, 175 oben links, 175 oben rechts, 176 (2), 214 oben, 218 oben, 218 Mitte, 219, 220 oben links, 222, 223 oben, 223 unten rechts

Prof. Dr. ELSBETH LANGE, Berlin: 215 oben

Prof. Dr. AKIRA MIYAWAKI, Yokohama: 213 oben

Dr. HEINZ SCHLÜTER, Jena: 224 unten

WOLF SPILLNER, Wendisch-Rambow: 102 oben, 106 unten rechts, 169 unten links, 170 oben, 170 Mitte, 170 unten rechts, 171 (3), 214 unten links

Dr. GERT-MICHAEL STEINER, Wien: 209 unten, 210 oben links, 210 unten

Dr. MICHAEL SUCCOW, Eberswalde: 50 unten, 51 oben rechts, 51 unten, 52 oben, 52 unten rechts, 53 (3), 54 (4), 55 oben links, 55 oben rechts, 56 oben, 57, 58 (3), 59 (2), 61, 62 unten, 63 oben, 64 unten, 97 (2), 99 oben, 99 unten links, 100 oben, 100 Mitte, 101 oben links, 101 unten, 102 unten links, 102 unten rechts, 103 (3), 104 oben links, 105 Mitte, 106 unten links, 108, 109 oben rechts, 110 unten, 112 (2), 162 (3), 163 oben, 164, 165 (3), 166 (3), 167, 169 unten rechts, 170 unten links, 172 oben, 211, 212 (3), 214 unten rechts, 216 (3), 217 (3), 218 unten, 220 oben rechts, 220 unten links, 220 unten rechts, 221 (3), 223 unten links, 224 oben

Dr. HENRY WITT, Greifswald: 213 unten

Register

Die halbfetten Ziffern weisen auf Abbildungen hin